民國建築工程期刊匯編

MINGUO JIANZHU GONGCHENG QIKAN HUIBIAN

39

《民國建築工程期刊匯編》編寫組 編

廣西師范大學出版社
GUANGXI NORMAL UNIVERSITY PRESS
·桂林·

第三十九册目録

河北省工程師協會月刊

19509

中華民國二十二年十月出版　一卷九期第十期合刊

黃河專號

河北省工程師協會月刊

張繼題

北甯鐵路簡明行車時刻表

中華民國二十二年八月十四日重訂

下行車

站別	列車次數 開到時刻	第七次慢膳各等車	第三次特快膳各等臥車		第九次快膳各等車	第五次特快膳各等車	第一〇二次特快膳各等車臥	第一〇一次快膳各等臥車	第一五三次混合次等
北平前門	開	五•五〇	八•二五		一四•一〇	一六•二五	一七•一五	二〇•二五	二〇•三五
豐台	開	六•二四	八•五五		一四•四二	一六•五五	一七•四四	二〇•四八	二一•一〇
郎坊	開	七•四四	不停		一五•四七	不停	不停	二一•〇八	〇•二〇
天津總站	開	九•二六	一一•一六		一七•二〇	一九•一六	二〇•一一	二二•四二	二•四〇
天津東站	到	九•三五	一一•二五		一七•三〇	一九•二五	二〇•二〇	二三•五〇	二•五〇
天津東站	開	九•四五	一一•三五		一七•四五	停	二〇•三〇	二四•〇〇	四•五〇
塘沽	開	一〇•四八	一二•三三		一八•四五	平	開	一•一〇	七•一七
蘆台	開	一一•五四	一三•二六		一九•四五	津	往	二•一三	九•五五
唐山	開	一三•〇二	一四•二四		到 二〇•五五	直	浦	三•二四	一四•四五
古冶	開	一三•四八	一五•〇六		二一•二四	達	口	四•一四	一六•三〇
灤縣	開	一四•四三	一五•四六		二二•一三	特		五•〇六	一八•四六
昌黎	開	一五•五四	一六•二七		二三•一〇	別		六•一七	二一•〇六
北戴河	開	一六•四四	一七•一六		二三•四五	快		七•二九	二二•一三
秦皇島	開	一七•一三	一七•四四		〇•一〇	車		七•三七	二三•一五
山海關	到	一七•三五	一八•〇〇		〇•三〇			七•五九	二三•五〇
錦縣									
遼寧總站									

上行車

站別	列車次數 開到時刻		第一六三次混合次等	第八次慢膳各等車	第二〇二次特快膳各等車臥	第四次快膳臥各等車	第十次快膳各等車	第二〇一次快膳臥各等車	第六次特快膳各等車
遼寧總站									
錦縣									
山海關	開		三•三〇	五•五五		九•一五	一三•〇〇	二一•五五	
秦皇島	開		四•一三	六•二三		九•三八	一三•二六	二二•二一	平
北戴河	開		五•一二	六•五三		一〇•〇七	一三•五八	二三•〇七	津
昌黎	開		六•四三	七•四三	自	一〇•三五	一四•二八	二四•〇〇	直
灤縣	開		九•〇五	八•四九	浦	一一•三八	一五•二〇	一•〇二	達
古冶	開		一〇•四四	九•四七	口	一二•二四	一六•〇七	二•〇〇	特
唐山	到		一一•五三	一〇•二一	開	一二•五七	一六•四五	二•四〇	別
唐山	開		一四•三〇	一〇•三三		一三•〇〇		三•二一	
蘆台	開		一七•一三	一一•五一	來	一四•〇五	一七•四八	四•三二	快
塘沽	開		二〇•二五	一三•一三		一四•五六	一八•五三	五•三三	車
天津東站	到		二三•一八	一四•二二	七•三五	一五•五五	一九•四五	六•二七	九•一三
天津東站	開		〇•一五	一四•三四	八•〇〇	一六•〇〇	二〇•〇三	六•五〇	
天津總站	開		〇•三五	一四•五二	八•一一	一六•一三	二〇•一一	七•〇六	九•三三
郎坊	開		三•二四	一六•三二			二一•二七	八•二八	
豐台	開		七•一〇	一七•四二	一〇•四三	一八•四八	二二•四八	九•四三	一一•四五
北平前門	到		八•一七	一八•二〇	一一•〇九	一九•一五	二三•二五	一〇•一六	一二•二二

河北省工程師協會月刊

中華民國二十二年十月出版

一卷九期

本刊啟事

本刊一卷九期，原定九月出版。嗣因改爲「黃河專號」，搜集材料，印製圖表，稍費時日，不爲已延至本月始能出版。諸希 讀者原諒是幸！ 十月 日

啟事一

本會第一屆年會照片，係由法租界志同照像館拍攝，加印每張洋壹元，願印者請逕與該館接洽。

啟事二

按照本會簡章第十四條之規定，「仲會員及初級會員至相當時期，得函請執行委員會按章升級，」希仲會員初級會員隨時將經歷函執行委員會，以便審查照章升級。

啟事三

凡本會各級會員，對于會務進行有何意見，及通訊處如有更動時，請逕函本會會務主任王華棠君。

啟事四

前據執行委員會議決關于製做本會徽章案，曾向會員徵求設計式樣，現爲時已逾數月，應徵者尚極寥寥，茲再展期以十一月二十日爲截止之期，凡我會員務請巧運匠心，於期前寄交王華棠君，以便彙齊選製爲盼。

河北省工程師協會月刊（黃河專號）

一卷九期目錄

19515

民國二十二年十月出版

19517

東明縣境黃河決口城堤搶險狀況之二

河北省長垣縣水災後房屋淤沒情形

論壇

豫冀兩省黃河工事之回顧與前瞻

朱延平

河南河北兩省境內黃河，自決口以來，已是二十多日了，在這二十多日之中，余閱各報關於人民被難之記載，心中實在是不舒服，凡我同胞見着這項記載，當然沒有不表同情心的，而余表同情心，應當比旁人深一點，怎麼說呢。從前齊宣王見人殺牛釁鐘，心中不忍，教人以羊易之，因爲他見牛未見羊，可見表同情心的程度，見與不見是大有分別的了，余對於被難人民表同情心既是深一點，人微言輕，究有何用，無已，將此次決口之前因後果，就記憶所及與預計所到之事，拉雜的寫出來，請大家知道大概，或者於被難人民不無多少裨益。

余從事河工多年，這蘭封考城長垣東明各縣決口底地方，全係余舊遊之地，民國八年，余奉督辦運河工程總局之命，測量黃河，在蘭封考城兩縣城以及外鎮三義寨紅廟雷集各處，

19521

測量新黃河之流量，與大新舊兩江槽之平地形等項，足足的盤旋了個巴月，見那龍門口迤下，靠近雷集方面之南堤，高才不過三五尺，又均是沙性之土，無論其不能抵禦頂衝大溜，即漲水浸及其處而稍有回溜，或稍有風浪，均足將其沖潰。

又民國十九年，余長河北省黃河河務局時，甫於七八兩月費盡心力將高村迤下十三垻險工搶住，北一段石頭莊迤上香里張一帶，黃河由串溝漫下之水，又直至堤脚，因堤已多年未培，水去堤頂不過尺許，還有漏子數個，幸均搶住，由其地乘船赴河邊視察，漫地而過，亦有地面稍高，必繞道而過之處，但甚少，經過之村莊，低處房屋，固已多毀，即高處者，其高於水面亦不過尺許，其有圩堤之莊村，由外視之，儼如鍋底，行約十餘里，至串溝之口，大溜尙然而下，已將溝口村莊沖去三個，此由串溝而下之水，於抵大堤之後，沿堤東流，直至行約百里之老大垻迤上．始復歸入正溜沿堤察視，見那臨河一面，於目之所至，無非是水，其有樹木若沉若浮之處，始爲村莊．當時余謂從人，此不能復謂之爲黃河，稱之爲黃海，豈不名符其實，黃河灘地本不應住人，人民迫於生活，而不能不生聚成村，在主持河政者，不能維護保持，雖不能不問心有愧，而以爲非職責所在，尙有可說，若大堤有失，淹沒背河村莊，那眞是罪不容死了，當經督責一二兩段員兵，竭力防守，幸已九月，水未再漲，得慶安瀾，因思當年最高水位，並未高逾尋常，倘遇異常高漲之年，臨河村莊均必遭淹沒，固不待言，香里張一帶之堤，當時高過水面，僅約尺許，設水再高尺許，漫堤而過，雖有民夫，其何所施，長垣濮陽及其下游，難免民歎其魚，因擬次年春工，將此一段大爲加培，未幾政變去職。二十及二十一兩年，聞孫局長慶澤亦曾顧及，爲之加培，但加培至若何程度，不得而知，以理推之，當必有限。蓋九萬元之春工經費，僅能敷衍北三北四南三南四各段險工而猶虞不足，其撙節分潤於南北一二三四段平工者，應爲有限。

近年以來，財政支絀，各河春工經費，往往遲至春季始發，往時春工經費，皆於年前撥發，黃河險工，必須用料，料有正雜之分，正料爲高粱稭，雜料爲青麻木椿，在年前時，農民需錢而有工夫故料賤，稭料可不及兩枚銅元一斤，年後農民不急於用錢而又沒工夫，至不得不假手於料販，稭料乃至三枚或四枚一斤，最急至搶險時，乃至五六枚一斤，在公家早晚總得發給足額之欵，而在辦河工者，晚得欵之效益，僅及早得欵之效益之一半。二十一年一月河北省建設廳召集河務會議，余以顧問名義參加末議，曾以此意提案，請早發一工欵子，議決通過，而本年二月於北平晤孫局長，詢及春工欵子，尚無着落，在當時用兵之際，，國且不保，何有於河，亦自成理，後雖勉爲撥發，爲時當已甚晚。

河北省黃河南岸第一段之堤，緊接河南省考城縣境之堤，土帶沙性，不足抵禦洪水，所幸距河尚遠，小水之年，水不至堤，當然無事，即水稍大，漫流至堤，而沿河之堤脚，植有葦草，藉其護之，亦可不至出事，若水漲異常，漫串溝而入，稍有激浪，此段數十里之堤．處處可以決口，隨時可以決口，且此段關係山東西部甚鉅．先本由山東出資派員修理，嗣有歸於河北省管理，而定由山東每年撥欵若干萬元．充作修理之費，但迄未照撥。

黃河決口，每每在平工之處，蓋平工本已少人注意，而近年財政支絀，所撥欵子，救濟險工，已虞不足，對於平工，雖知其有緊要之處，而以無欵辦理，不能不渡其得過且過之生活，僥倖之事，不可常恃，二十年陝州最高水位，在八月十二日，爲九十四公尺又千分之七八五，未至決口，本年八月十日最高水位爲九十七公尺又千分之零六零，較高二公尺又千分之二七五，所以有此次之決口，此次之決口，雖不是人人預知之事，而在該段河流任事之人，與夫沿河明達之士，固無不知之，無不知之，而猶不能預防之，在當事者固不能辭其咎；而政府之未能先事努力，人民未能盡協助之能事，亦不能不分任其咎。

余竊怪在未決口之先，政府與人民均不大重視此段工程，既出事之後，各方面動言若何治本，河口若河整理．新堤若何數築，而於此各決口之堵復，似猶未能積極進行，賢者識其大者，不賢者識其小者，理固宜然，而愚見所及，以爲畫餅充飢，在畫之者，固不妨越大越好，而在受之者，似尚不如得一塊小餅乾之爲愈，決口而後，南岸由考城至運河三百餘里間，北岸由長垣至運河三百餘里間，被淹沒者，不下一二十縣，此一二十縣之人民，在高處之村莊田地，其受災程度，容或較輕，其大多數之人民，田廬漂沒，物產蕩然，於洪流之中逃得生命，已爲萬幸，逃得生命後，無衣無食，無處棲止，在此秋初，衣住兩項，尙易對付，轉瞬深秋嚴冬，啼飢號寒，更何以堪，故遇小災，首先急務，在於辦賑，閱報知當局業已積極進行，賑有急賑工賑之分，工賑一項，或浚河，或培堤，或修公路，應有充分籌備，以免臨事周章。

尙憶民國十九年，余在東明高村十三埧督同搶險，十二埧全壞沖失後，繼之以大堤亦爲沖透，僅餘新培之後戧，支持洪流，藉爲做埽之依據，又十三壩迤上，即後戧亦僅餘二尺之寬，附近大堤之數十個村莊，以爲已決難幸免，所有各村人民，扶老携幼，全行移居堤上，打棚住宿，上下二三十里間，幾無隙地，呼號之聲，慘不忍聞，其畏水乞天之狀，雖屬迷信，迹其心之焦急，殊爲可憐，由水中出來一般異狀之蛇，呼之爲九龍帥，由水中出來一個蠍虎，呼之爲楊四將軍，繼之出來一小小蛇呼之爲朱大王，均向之焚香拜禱，乞其少迴狂流，救此一方，一日，正在督同二三千工人搶培後戧之際，忽然一鬨而散，四處奔逃，迨派警追回，細詢所以，則牲口繫於樹上，繩鬆而解，牧者呼「開了」，而入誤爲河開之故，此可見人民怕水心理之程度，據關係方面言，此次決口上下百數十里間，堤上全是此類逃出之人民，民國十九年人民之逃出，係預避災難，此則多是事後逃出，其相差之鉅，直不可以道里計，不有大規模之辦賑，恐是無濟於事。

辦賑固急，而堵復決口，也不能不同時進行，蓋決口早堵復一日，下游一二十縣之地面，其在較高地位者，如能早日晾乾，尚可播種秋麥，其他低地，亦可於來年不誤春耕，若侈談治本，於此事略事遲延，人民損失，即又增鉅。統計此次決口，八月初土匪在北岸長垣縣石頭莊附近扒開二口，旋於五日起由河務局將第二扒口堵住，十日大水猝至，香里張燕廟一帶水及堤頂，十一日晨張武才閻廟二郎廟漫口四個，香亭漫口二個，各寬數十丈，十一日上午考城原寨地方漫口一個，寬百餘丈，此處去河北省長垣轄境才五里，不數小時，在河北省轄南一段十七舖下十八舖上，龐大莊地方，漫決一口，寬二百餘丈，上則蘭封由蔡樓小新堤漫出，順故道而下，水與堤平，又上則溫縣沿堤十餘里，漫水數十方里，盡成澤國，統觀水災情形，自以前述由考城長垣至運河一帶爲最重，査前述各決口，均在平工，人民先事無所預備，據云洪流驟至，不數小時，下游百里之間，無論臨背河，均爲淹沒。所有房屋，一律倒盡，其有一二好建築，亦僅見屋頂，所有器物，自然皆爲漂失，有事耕種，重新購置，人民多來不及，應籌欵多設借貸，以供農借貸，於收穫之後，出售穀米歸還。

所有決口，應早當日堵復，前邊已經說過，這些口子，均在平工說起來，堵也容易，但也有困難，這些口子出水，雖然是不少，但均是分流，而不是奪流，觀口門迤下，如李升屯洛口等處猶復搶險可知，漲水由門流出，起初雖然很猛，但南岸有舊黃河槽限之，北岸有金堤限之，而在此限之內，又無河流，水由決口出去，經過平地，只能漫流，不能冲刷成槽，順其就下之性，待過汎期以後，水退歸槽，此各決口，可無水流變爲旱口，變爲旱口，則堵復之，僅用上工就行，豈不容易，不過自來少此做法，因爲用新土所築之堤，難以抵禦冲刷此各決口，雖距正流尙有一二十里，而串溝有槽，一有漲水，即順溝至堤，沿堤腳下流，新堤若無防冲設備，難免再開，防冲設備，一爲小規模之邊埽，一爲沿堤腳拋堆塊石，否則須於口門之上，敷築挑水埧，以迴水流，使不至堤根，惟挑水頭，亦須廂埽，或拋石以禦水流，先前石頭庄上下，本築有挑水埧甚多，嗣以險工變爲平工，所有各挑水埧，均已多年失修，然尙遺有形迹，可以利用，提起廂埽拋石，這困難問題就出來了，廂埽須物料，物料以需用稭料爲最多，此次水災，所有臨背河數十里寬之地，均經淹沒，其地中之高粱稭，當均已腐毀，故預備稭料，須去甚遠之地購辦，展轉費時，價値自增，至於石料，尤爲困難，河北省黃河河務局向由河南鞏縣購備石料，石料在鞏縣，每方不過四元，而運到河北省險工處所交卸，則每方即需三十元，今需石之處，距河岸尙有一二十里，若石船不能由串溝進入，而須用大車由河岸運至口門，那價値可就更多了，設若地面尙濘，道不能行，那可就連運也不行了，故現在爲秋麥計，爲春耕計，各口門應赶緊籌備堵復，籌備堵復口門，應及早籌備物料。

至爲防備將來大水，豫冀魯三省大堤，均應大加修理，並於緊要處所，修建石埧，而現下尤以河北省境之一段爲不可或緩，河南省境自前淸光緒十三年鄭州大工以來，從未決口，雖由於在事者之努力，亦以石埧之功爲多，山東省境內石埧亦不少，河南省石埧，據云爲許仙屏先生所力主，山東省石埧，據云爲周玉山先生所力主，二公造福於兩省之人民，實不爲淺，河北省境，去山甚遠，上而河南，下而山東，欲利用其石料，均須費用鉅欵，所以遲久未辦，然爲長久計，豈可因費用鉅欵，遂不進行，此爲余擬請當局注意之一事。

至若根本治理之法，如英國水利專家費禮門先生之計畫，將河線定爲直綫，來水刷沙，將河面限爲若干尺寬，河底限爲若干尺深，坡岸以混凝土築護之，此種辦法，不但中國前此所無，即英國亦屬少見，德國水利專家方修斯與恩格思兩先生之計畫，較費禮門先生之計畫，爲比較的合於實際而易於實行，先築成與河流方向適合而帶弱曲之窄堤，寬度約在五六百公尺，近堤之處，植以叢木，以保護堤身，設計堤內河體橫斷面，只使其能容普通每年之大水，利用此每年大水以冲刷河底，並於新堤上設溢水段，使特別大水溢入新舊二堤之間，三先生之計畫，均是根本計畫，但以現在之中國經濟力量，均不能澈底實現，故此三先生之計畫，可以說是佛家所謂之佛境，必得累世修行，方能達到，中國現在正在隨修隨證，隨證隨修地時代，不能說不能達到，只要努力，總應當越走越近，時間是快的，果能實現，千百年猶旦暮過之。（二十二年九月八日書於杭州）

黃河水災善後之我見

蔭桐

本年八月間，大雨時行，各河暴漲。黃河水位，在陝州地方達九十七公尺又千分之零六零，超過二十年，最高水位二公寸有餘。卒因防範不力，洪水橫流，陝豫晥蘇冀魯等六省同遭慘禍。據黃河水利委員長李儀祉君於八月三十日行政院第一二三次會議席上報告：「黃河暴漲，沿河省份，受災面積，約一萬五千六百零六方里，受災人數，爲一百一十四萬八千四百八十人」。此僅爲八月三十日以前之報告，其後河水仍狂，災害時作，截至水消害少之時，其數目更不止此。哀我同胞，遭此慘禍！

吾人雖未親臨災境，但閉目試思，或披報展望，遙想洪濤所至，人畜漂零，房屋倒塌，老弱飽魚腹，少壯攀樹登屋，其幸而苟存者，亦苦衣食無着，轉眼秋寒，凍餒堪虞，其待救之急，可想而知。且此萬劫餘生，於烈日狂風，怒濤疾雨之中，飽嘗艱苦驚恐，倍感哀痛流離；在此情形之下，能不病者幾希！故大水之後，時疫流行，是災區防疫事項，又不能不大加注意。否則，災民固不免死亡，他處亦難免波及。災區不得復興，各處安寧亦受莫大影響，其關於中華國運前途實爲至大且鉅。

至於救急賑款，行政院曾於第一二三次會議議決爲二百萬元至三百萬元，不無杯水車薪之憾。其他省市縣政府及各團體，雖均多方籌劃，然均無若何成績，前途實難樂觀。願全國上下本「己飢己溺」之懷，羣起籌劃救濟。更願執政要公，少會議，少討論，多作事；應知當袞袞諸公，堂皇坐論之時，正小民哀哀待死之頃也。且此次河北長垣濮陽東明三縣水災，不減於魯豫，而救濟欵項，則獨嘆向隅。甚盼中央亦一視同仁，公平賑濟，則河北災黎幸甚。

其次爲修復堤埝，以免再度漫淹。此爲目前之急，自應刻不容緩。據黃河水利委員長報告：「冀魯豫三省黃河，兩岸堤線總長一千三百八十基羅米達，其修築費，加高培厚，計需洋四百五十五萬元，修復埽埝計需洋六百一十萬元，共計一千零六十五萬元」。爲數不多，輕而易舉，尚望早日實現。然此爲一時權宜計則可，若爲治河政策則不可也。查禹王治水，用「鑿山導水」之法，以故四百餘年，並無水患；後之治河者，多以「培堤修埝」爲功，以故每年狂濫崩潰，數十年或數百年一大改道。前此黃河六次改道，生命財產，損失何可數計。此則河道專家當有以覺悟也。

現在黃河，水與城平，河身淤塞，則時時有崩潰之可能。以無數之金錢，極大之腦力，成一時苟安而危險四伏之工作，徵諸往事，誠屬太不經濟。茲爲一勞永逸計，自應仍從禹王治水之策，於「導」字上多加講求，庶可事半功倍。管見所及，黃河治本方法，一爲控鑿運河，二爲栽種樹木。茲略述如下，願與國人共同研究之。

查黃河與長江不同：長江有洞庭鄱陽兩大湖，以調濟河水之漲落；黃河則出龍門，波濤奔放，一瀉千里，自易成災。果能開鑿運河，則溝渠縱橫，頭頭是道，澇則洩水於各河，以殺水勢，旱可導水灌田，以利農產。化有害爲有利，功莫大焉。此爲事實之可能，非空言妄想比也。「黃河百害，惟富一套」，即此明証。

「查河套東西四百餘里，南北百餘里，土地共有一十七萬餘……以水利言，有永濟，剛目，豐濟，義和，沙河，長勝，塔布，通濟等渠，溝洫縱橫，頭頭是道。旱則導河灌田，澇則洩水於河，水旱無憂，宜農宜牧。世有黃河百害，獨富一套，即指此地……水路有八大幹渠，皆通舟楫，直達黃河，順流東下，交通異常便利……」（見西北遊記）

同一黃河，在河套則爲利，出龍門則成災，非爲理之當然，乃治理不得其道而使之然也。果能開鑿溝渠，則黃河雖無湖澤之利，亦可與河套並駕齊驅矣。

復查樹能分化水量，儘人皆知。吾國樹木，均被採伐，而少栽種，非但童山濯濯，即河堤亦不栽種，實亦河水成災原因之一。果能山嶺河岸滿栽樹木，非惟水災可以避免，且數年林木成材，則直接間接之利益，不可勝計。此則吾國人士所宜覺悟與實際努力，非爲標語口號所能濟事也。

復次治河宜得其人，非惟臨時救濟宜得其人，以剔除施賑積弊，即平常管理河工忘須得人。往日治河，多非專才，其性貪污，營私舞弊者，頗不乏人；甚或扒口搶險，自造功績，實爲民衆蟊賊。此次黃水成灾，魯人復電請徹查決口責任問題（見八月二十五日各報），更可爲吾國人心悲。讀史所稱：「禹治水八年，三過其門而不入：卒導水順流」等語，能不愧殺！往者已矣，來者猶可追。國人如積極研究治理之方，則黃河本年爲灾，是後或改爲有利。此則有望於水利治專家，確定治黃計劃，與夫全國上下共同努力者也。

黃河六次改道

河道初徙於西曆前六〇二年，時在周室東遷之後，諸候稱強，作隄自利，以鄰爲壑。

河道二徙於西元一一年，時在王莽篡漢後三年，天下大亂。

河道三徙於西元一〇四八年，宋室衰微，外有契丹之侵，內有夏王之變。

河道四徙於西元一一九四年，金宋利河以爲險，互作攻守之具。

河道五徙於西元一四三九年，治理不得其道。

河道六徙於西元一八八五年，適值洪楊之亂。

學術

黃河含泥量特性之研究

朱延平

浙江省各河之含泥量，著者已專篇論列，內有一節敘及黃河之含泥量，并及其泥粒之大小，與夫散布於河中之狀況，與其他河流有大不相同之處。其所以不同之處，為黃河經過之上游，為地質學中所謂之黃土層，其構造有其特異之點故也。故欲研究黃河含泥量之特性，應於黃土層之構造，有相當之了解，再依次而及其他。

一　黃土層之構造

黃土層之構造，研究而論列者多矣，內以美國華盛頓坎納吉學院所派衛理先生等來華考查地質而著之中國地質考查記為較完善，其書於一九零七年出版。茲擇譯其第一部第一卷「中國東北部之黃土」中數節如左：

第一八三頁——方瑞池特芬先生言中國之黃土與萊因河畔之黃土相同。棕黃色；論其軟，手指可捻之使碎；論其堅，有處被水冲刷，大塊崩潰，而其旁乃有屹立數百英尺高而不動之峭壁。（中略）此土之細，可用手指捻磨入於毛孔中，致所餘者，僅為少數之沙。（中略）此土之粒，有甚選者，則其粒尚有棱角而不圓是也。（下略）無論何種小塊黃土，其外面結構，皆有細小孔，故不難識別之。(中畧)此土塊之外，尋常被有一層白色炭酸鈣。

第二四五頁——黃土之來源，凡地質學家皆謂爲腐爛物之遺殼。

亞洲南部底部石床以上之石，多已粉解；惟有植物護之，可不被冲刷。黃土情狀，與之正反。中亞細亞地面、無冰河時代之遺跡，而其長石層上無覆土之情狀，則與黃土相同。美洲東北部，歐洲北部，經冰河刷光之土石畧似之。

第二四七頁——吾人如信在地質學，柏唐時代末期，亞洲內部，天氣驟變乾燥，則植物之損毀，與腐石之移徙，不少可以指明之處。(中畧)現在亞洲東部及北部大部分之天氣，於無雨時，有風動作；於有雨時，有水冲刷，皆使地層生變動之原因也。彼時地層之變動，其情形類此耳。

山西地面之黃土層，經幾番之刷毀冲積，又造有新黃土層；新黃土層之岩石的性質及岩石的構造，與所見之舊黃土層無異。

第二四九頁——黃土原質，硬物不少，如石英矽酸化鋁及酸化鐵是。此硬質之物，混有他物，如鹼性炭酸化合物，鹼性硫酸化合物鹼性鹽酸化合物及鹼性炭酸硫酸鹽酸三種化合物是。此等鹽類之物及其成分之次要者，蓋皆來自地下水中也。

第二五〇頁——據方瑞池透芬先生言，黃土吸水如海棉，故其結構具有細孔而能成立層，雖有極大之雨，地面所遺之跡亦甚稀，以故泥塘湖澤，從未於其上見之，泉水從未見由其中湧出，有之，恐在其接近硬石處矣。

地下之水，若與乾黃土接近，即爲其孔隙吸力吸上之。(中畧)地下之水，含有一部分由石中溶解之鹽類物，尤以自石灰石中來者爲多。無機體膠狀物，如矽酸鐵，矽酸鋁，能於諸種鹽類溶液中，(如鹽酸、硝酸，硫酸等之鹽類是)換出其鹽基類物；水酸化鐵，能於在水中溶解時•吸取水中之鹽類溶解物；膠狀矽酸，能於炭酸亞爾加里鹽類液中，吸取其亞爾加里質，於炭酸石灰中，吸取其石灰。

第二五一頁——鹼性之土，若爲地中之水浸透，而繼以蒸發，硬石灰質之沉澱物即成一層。

黃土特性，易溶於水而成液體而成團流動。流動去後，所遺之迹，有立井，有涵洞，蓋其未濕部分，依然可以存在，而不受其連帶關係也。斯利池特先生曾告余言，凡實體之粒之直徑，不及其空隙水分之寬者，其粒易入於水而成液體，而隨流動。黃土爲水浸透，即成泥漿，不外此理也。

在水面以下之黃土，其空隙必蓄多量之水，一如水櫃無疑。在水面以上之黃土，或黃土之已將水量排去者，其中雖不免仍有水氣存在，而旱時之吸水量仍必極大。

第二五二頁——黃土極普通而又極明顯之性質，堅劈裂其一也。堅劈裂之處，於成層之土見之，於不成層之土亦見之；於冲積層見之，於風堆層亦見之；於平原，於山坡，於舊堆積層，於新堆積層均見之，可知其堆積性質有地位於年代之無關矣。惟晚近之風堆沙層而未堅實者，不見有之。黃土之在地中水面下者，有無劈裂不敢定，若黃土堆積實已堅實，無論其來自何處，蓋未有無之者。由風力所堆積之土層，約盡爲黃土，而由水力冲積之者，則含有黏土不少，故其劈裂，不若前者之易；然則劈裂與土層之結構有關係也明矣。

（上畧）由草根之理研究之，已完全不適用矣。余見所及，其由重心力，毛管吸力，以及黏着力，藉水氣及細土爲媒介，而致關於物理之變動，可述之如下：黃土無論爲冲積層或爲風堆層，其空隙皆必甚多。空隙之多，固有由於已堅實之黃土，被水將其細粒冲去者；然究以原始結構時，即多隙孔也。河川流域之黃土，其空隙原始即含有水，風堆之黃土，空氣滿其中焉。設其中之空氣常乾，其土即若冬日冷天風堆之土，不黏着，無結構，足着其上，一如着於新降之雪上者。

黃土無論由何而來，無論其爲濕爲乾，其結合堅固，皆必甚速；且以質粒重力關係，其空隙必爲減少。空隙減少，橫位置者較豎位置者爲多也。設質粒爲圓形，且大小相同，以理論之，其空隙之邊，應與地平線成四十五度角，而以質粒實無如此情形，故其結構甚不規則。不規則之質粒，如此在彼上，則自相貼近；如此在彼旁，則中間而餘有空隙。空氣及水常由其大空隙流通，且多由其豎立少阻力之空隙流通也。

　黃土內含有兩種材料，均能膠着於其附着物面部之上，一為黃土細粒，一為地中水所含溶之鹽類物。設黃土於其堆積時即濕，抑或為雨水，或為地中水浸潤致濕，其水氣由蒸發散去，或因地中水下降之故，致使上部黃土變乾，其空隙之牆土，即附有一層黃土細粒，及蒸發餘下之鹽類物。此一層之附着物，可閉塞其橫位置之較小細孔，而遺其堅立細孔，猶存罅隙。此土若再變濕，其所遺之細孔，即將為空氣及水經行之路矣。或更因附其着之黃土細粒被水變軟，或鹽類物為水溶解之故，細孔愈以擴大；惟乾燥之後，其黃土細粒及鹽類物仍存孔中。據方瑞池透芬先生言，黃土具有細孔，皆由此所致，亦即堅劈之所由來。黃土層之劈裂，以理論之，其裂法不完純也。

　黃土之結構，其不同之處甚大，其劈裂之面部甚不規則。劈裂是否規則，以其中所含黃土之成分多寡為斷；倘所含之黃土甚少，其裂法可如河岸所淤之肥土。黃土若彼結構，大概由屢濕屢乾而成；但若故數濕之，或能破壞其結構。水流經過黃土，設將其中之細粒及鹽類物冲去，所餘之物，即頗粗糙之肥土黃土中之膠性物，乃水氣蒸發去後之遺物。此遺物為黃土能成峭壁之因；設被除去，其所遺殘滓之結合力，多少必減，或竟不能維特其豎立之結構。此膠性物乃一層細黃土及鹽類物，不惟自體甚為堅固，其布置方法，亦有使黃土增固之力。黃土中之細孔，為其支持力之分子，蓋細孔乃膠性物所結合之土粒立柱也。使黃土而有水浸潤其中，而將其中之膠性物溶化之，其結構仍能具有原狀者，則其隙孔塡滿也。水退後，膠性物又復原狀，故其體仍屹立。屹立之體，能永久維持者，以常能更新其結構也。設若水入過多，其體又不免為其溶動而成液體焉。

二　含泥粒之大小與外觀

　前於浙江省各河之含泥量文內，言黃河所含之泥，其粒甚勻，以徑長一英寸千分之一之粒佔大多數，徑長不及一英寸萬分之一之粒約有百分之五至百分之十，更小者更少。當時量計，幷無顯微鏡測微器，乃係用顯微鏡窺每一英寸有二百鋼眼之篩而製成一比例尺，再用此比例尺以量散布於玻璃板上之泥粒而得之者。

黃河淤泥之細度，用試驗洋灰各種之篩試驗之，約均能通過一英寸有二百網眼之篩。網眼實寬僅一英寸萬分之二十八，淤泥於烘乾時所成之片塊，以手捻摩之，其細幾若無物。用一份乾過之泥重四百公分，以每英寸二十網眼，四十網眼，五十網眼，八十網眼，一百網眼，二百網眼各種之篩篩之，其在各篩所餘之數，大致相同。統計之，約十五公分，即原數百分之四，此百分之四之剩數，以手捻摩之，仍可粉碎，再用二百網眼之篩篩之，其不通過者僅原重百分之一耳。

當試驗沉澱率時，半小時至二小時後，水之上部仍不見清，以電光照之，則有多數小簇之質點結合，甚爲鬆疎。小簇與小簇中之距離，約一英寸十分之一，其形狀有如日光中之塵埃。此小簇之懸泥，果爲含泥重量百分之若干？試驗之，用高等標準式濾紙濾之，濾下之水皆清水；而濾紙上所遺者，爲棕邑之跡，稱之約爲濾過之泥千分之一。

黃河含泥試料，在低水時取而試驗之者，其含泥量以比重計爲水量百分之〇、三；在洪水時而取試驗之者，其含泥量，以比重之水量計，逾十百分。以常論之，二者含泥情狀，似應不同，然其經濾紙濾存之泥，以顯微鏡察視之，其細度，其色彩，其易結扁塊與結塊而復易裂之質性，其粘着性，竟皆確實相類。

黃河含之泥，較新英倫之河沙，以及美國加利佛尼亞省，克拉瑞都省之沙山，多含有吸水狀之物；較印度多數河流所含之沙，似含有少數粘土，得以吸收多數水量，致有韌性，能不被水力冲刷；又似能粘着一塊，以抵禦河之急流。其性質可述如下：(一)於其中不加何物，即可脫坯燒磚。(二)於其中加三成或五成之石灰而混合之，可成甚硬之三合土；但其力微弱耳。此項三合土，在陳地混成而浸之水中，其硬不變。(三)可用之以作石工之後靠，又可用以作臨時水壩，以禦河流之冲刷。

三 含泥沉澱之遲速與疎密

河流含泥沉澱率，治河者最應知之。蓋建築水利工程，如閘門等等，應使此項懸泥無礙於閘門之關閉，及其他部分之便利也。多數河海，常須數年即爲清疏淤積一次，設能明了其含泥之沉澱率，而善爲操縱之，其淤積之害，可以稍爲減輕，或除却之，未可知也。

黃河淤澱之物，謂其近粘土，毋寧謂其爲極細之沙。此細沙凝結抵禦冲刷之力，甚爲堅強。其試驗沉澱率之法，用一玻璃管，管之容量二百五十立方公分，管高二十五公分（即十英寸），加水其中佔全量十分之九，加沙其中占全量十分之一（沙爲在洪水時取濾而在爐中乾之者，此加入之水及沙均以比重計），力搖玻璃管，使其中之水沙震蕩不定，再置於一處，使之靜止不動，一二分鐘，沙即著始沉澱；四分鐘，上層可有一英寸深清水；十分鐘，上層可有畧清之水深六英寸；一小時後，凡管中之懸泥，皆沉澱至底，佔全深百分之十四。沉沙以上之水，不甚清，略帶棕色。沉澱若此之速，粘土習性，決不如此。嗣取黃河濁水同式五件，各以二百五十五方公分，納入長玻璃試管中，力搖之後，排置一處，使之沉澱，取試料處中洪深十八英尺，平均速率，一秒時約五英尺。所取之試料，高於河底半英尺者一份，高於河底一英尺者一份，高於河底二英尺一份，高於河底三英尺者一份，低於河面一英尺者一份。五件試料所取之地位雖不同，而所含之沙量，則約畧相同。計其沉澱之速，皆不如前次之試料，五分鐘後，管內上部之水清者約一公分深，底部沉澱之沙約二三公厘厚；十五分鐘後，五管之水，由面至底，皆見澄清；三十分鐘後，水之澄清，遠不如前次試料其澄清之深；爲六公厘，十二公厘，六公厘，八公厘，十五公厘不等，此清水之界限，甚難確切量之；四十分鐘後，管底沉澱之沙，細度之爲一一•五立方公分，一〇•〇立方公分，九•五立方公分，一〇•，九立方公分，九•五立方公分不等；一小時後，五管之水，其澄清與前次試料在半小時澄狀況畧等。五管之水沙，全量爲一二五〇立方公分，將五管上部清水傾於一長玻璃試管中，計有一一四〇立方公分，用濾帋濾之，遺於帋上之沙遠不足一公分，故此試料之沙粒，其沉澱雖不若前次試料之迅速，實則與前次試料同迅速者約居百分之九十五。

由黃河含沙沉澱迅速觀之，則黃河之濁流，無論其散漫於平原，或緊集於一隅，或流入止水之灣，皆可於短時間，將其所有之沙沉澱至底。設將黃河濁流納入一穩水池中，深五英尺，可於兩小時中，將其含沙沉澱百分之九十五〇五，此種事實，乃黃河最要之特性。由此特性推之，整理黃河辦法，有兩種絕對的主張：一爲英國台勒大佐之建議，利用黃河含沙易於沉澱情形，擬於縷堤之外，距離若干里處，敷築遙堤，更於縷堤遙堤之間，敷築格堤，於每汛漲期間，宣洩黃水其間，令其沉澱，久而久之，此縷堤遙堤間若干里寬之地均爲淤平與汛期之水相平，即是大堤有若干里寬，有若干里大堤，則黃河冲決之患自少矣。一爲費禮門先生之建議，利用黃河易挾含沙情形，擬將黃河束之至九百五十英尺寬，兩岸縷堤之面，鋪築洋灰坦坡，疏浚河底至三十英尺深，束水刷沙，使其所有之含沙，均輸之於海中，中游既却其患，下游更利其淤地，一舉而兩善備焉。據著者在黃河上數年之經驗，與夫中國現下之經濟狀況，更參之以往之載籍，以爲費禮門先生之建議，於最近之將來，殊少實現之可能。蓋中國主張束水刷沙，最力者應莫過於明季之潘季訓，而彼且得躬行之。至清初康熙時代，爲時並不甚久，而河工大家靳輔，猶復不免大舉疏浚，擬行徵集之民工，至有數省之多，其成效可覩矣。著者於一九一五年在美國加利佛尼亞省調查河工，克拉透門河流域有一部分防水工程，於堤之坦坡，鋪蓋洋灰約四寸厚，據云其費約四倍於其土堤之工程。今豫冀魯三省，每年之防治費約百萬元，彌縫補苴其兩堤猶復不足於用，驟舉鉅欵，再行敷築兩堤，更於坦坡之上鋪蓋洋灰，談何容易。故著者管見，以爲台勒大佐之建議，擬可擇段試行，待有成效，再爲大舉進行。今聞黃河水利委員會已於本年四月間成立，特爲將黃河最重要之特性，表而出之，以供參考云爾。

民國二十二年　月

黃河問題

李賦都博士

篇前語

黃河問題，可謂複雜矣，困難矣；關於導黃之意見，可謂多矣：足以証明黃河問題之重要，而能引起各方學者之注目與討論也。余觀導黃議論之繁雜，各方對於其主持之堅守，在理論上，固各有其相當之價值；每發一言，亦即有其一言之理由；然負導治之責者終應取何法乎？

此次恩格思教授在德國試驗黃河，爲時四五月，費用一萬六千元，成績雖有其相當之價值，然終以時間過短，經費過少，未能造一澈底與無疑之解決，殊爲可惜。

黃河對於我國利害，關係至重。對於其導治方針，宜用盡心血以研究之，非專以空談，而尤非以冒昧從事所可了事也。

余對於黃河問題，仍注目於「試驗」。反對之人，固亦有之；然吾人須知水工問題，決不可與別種工程相比。歐美之水工學識當遠高於我國者，然終仍依賴「試驗」，以助其成效之精美。蓋流水覆雜，而吾人之學識又有限，不能僅靠理論也，況在我國之情勢乎？

遊德經過

余承豫魯冀三省政府派往德國參加恩格思教授之黃河試驗，於民國二十一年七月起程，九月初抵南德 Obernach 水工驗驗所。黃河試驗即在此行之。余赴德主要問題，固在試驗黃河，然亦注意於水工試驗所之設備與其中之工作。故於去歲十月杪黃河試驗完竣後，即遊歷瑞士 Zuerich 及德國以水工試驗所著名之各市，如 Muenchen, Dresden, Berlin, Karlsruhe, Hannover 等處。Muenshen 水利研究院並派工程師與余同行，除參觀水工試驗所外，並至南德 Kempten 參觀 Ott 水文及水工試驗儀器廠與 Muenchen 之飛機測量公司。獲益非淺。十二月初，抵余前六年綴者之 Hannover 市，與余師方修斯教授相會。方氏對於黃河問題亦極注意，並在其試驗所內作各種之黃河試驗，實足令人欽佩。方氏請余在其試驗所內，實習繼續研究治黃之方法，余至此恢復以前學生之生活，感無窮之興趣。

恩格思氏於黃河試驗告終後，曾作一臨時報告書；余件譯載大公報及工程月刊。恩格思並擬於一九三三年再作第二次之黃河試驗，未果。余本年七月起程回國，經Muenchen，訪水利研究院院長。該院對於黃河試驗之詳細報告書，適已完成。關於此次黃河試驗之各種設備，試驗方法與結果，以及方修斯試驗黃河之報告，並余在Hannover 用中國黃土試驗之成績，余將於最短期內，作一詳細之記載，報告三省政府，期使我國水利家得一完美之參攷與評論。現值黃河為災，黃河水利委員會將次成立之際，余深知國人對於黃河問題之關係切，先草成此篇，略述此次試驗與研究之要点，及導黃着手重要之工作，以作當局之參考。

黃河應即着手導治

黃河對於我國之利害，人所共和。余觀恩格思教授研究黃河之熱心，與方修斯教授不為經濟困難所屈，在其試驗所內，盡民族互助之精神，誠慚愧不遑。恩格思曾與余談，歎曰：『前十餘年，吾已從事研究導黃之法，乃為病魔所擾，不能親視黃河，深以為憾。而今之黃河，猶昔之黃河。中國時局仍不容樂觀。向使以此二十餘年之光陰，及因內亂耗費之金錢，以導治黃河，則工作當已告一段落。』外人對我國如此熱心，則我國當局應作何種感想乎！黃河今年不幸釀此巨災，人財損失極大。目前除臨時修補堤口，防免水勢擴大之外，別無他法。然我國當局，應以此次之水災，作為最後最深之教訓，勿再施延時日。此次災後，即應盡全國之能力，着手於導治黃河之工作。余敢敬告於黃河水利委員會諸公，務各盡其能，各專其職，以互助與忠實成此偉大事業。黃河水利委員會應取用學識高尚，品性忠誠之專門人才，若本國人才不足，儘可擇聘外國經驗豐富之人員。吾人若念及黃河問題之重大，與我國水利學識之幼稚，當不以余言為謬矣。查已往關於黃河工作之弊病，在無統一的通盤導治之行政機關。關於黃河之機關，僅為局部者，所謂『各掃門前雪』，其工作不過補修隄防及築護工程，而無根本導治之工作。今有黃河水利委員會之成立，實幸甚矣。此外吾人的須特加注意者，即黃河之導治，實為我國水利工程之最要者。他如導淮及興辦冀省水利，固屬重要，然黃河不導，足以危及其他之導治工程。此次黃河為災，淮河流域及冀省均呈危狀，即其證也。

專家導黃意見

黃河爲害之原因，黃土是也。上中游坡度較大，水力較大，黃土或經雨水，由土山田地溝壑間接沖入河內，或直接由兩岸及河身冲至下游。及其至下游也，因通常水力過小，不免於淤積。以致雙堤以內，河線無常，時加改易；河槽時近堤根，危及堤身。再加以堤之路綫曲折無規，如修補不週，一遇大水，則不免於潰決。因河身歷年淤積，高出兩旁地面。故尤顯河床淺小；每遇大水，不免決潰；其災患之巨，可想而知。故導治黃河之根本方法：在中上游，則爲阻止沙泥之冲洗，減除河水之含沙量：在下游，則爲防止泥沙之淤積，使河槽深入地內，使河水所帶之泥沙，盡量輸之入海，使河身有充分的深且固定之槽線，及堅固而線形適宜之堤防而已。

關於黃河之論著與導治意見，可謂多矣：有主張注重中上游之導治，以求根本解決者。有主張着手於下游者。在上中游，則曰植林，曰普及溝洫，曰保護河岸，曰設築水庫，修欄水垻，曰改移河道；於下淤，則曰束堤攻沙，曰築橫垻，曰固定河槽，改良舊堤線形，曰改移河身路線，曰分殺水怒：凡治河所有之方法，未有不建議用之於黃河者。吾人於治理黃河之先，須先明瞭各種意見之用意，及其成效速遲，與經濟上之是否適宜，萬勿各存己見，互相爭持。

關於黃河下游之導治，如前所述，議論甚多。賈讓治河，主張開門築渠，以分殺水怒，使民得以溉田。潘季馴則主張以堤束水，以水攻沙。稽曾筠言，治河爲導溜而激之，激溜在設垻，是之謂以垻治溜，以溜治槽。稽氏之所謂垻者，即英文所謂 Dyke，德文所謂 Buhnen 及 Parallelwerk 等是也。

近代亦有導黃入淮入衛之說，其意亦在分殺水怒、與展灌溉事業。又有開設湖澤等等之說。在西人方面，則有費禮門，恩格思，方修斯等之意見。費禮門主張修新窄堤，並築橫垻之護堤工程，且使全河成直形之節段。方修斯治河方法，則首在築成與河流方向適合而帶弱曲之窄堤，其寬度約在五六百公尺。近堤之處，植以叢木，以保護堤身。設計堤內河體橫斷面，只需使其能容收普通每年之大水。利用此每年大水，以冲深河底。據彼判斷，河底於八年之後，即可冲深四公尺；如此，則高水僅達於現在邊床之高處。新堤之上，並設溢水段，使特別大水，溢入新舊二堤之間，使該地漸次淤高，既係臨時性質，又未改已往狀況，可謂有利無弊。

自恩格思發表其治河意見之後，吾人對於黃河之導治，始得一特異之紀錄。束水攻沙之法，恩格思極力反對。謂黃河之患，不在堤之過寬，而在其無固定之「中水河槽」因無固定之中水河槽，故河槽曲折無常，時近堤根，而百患生焉。若黃河得其固定不變之河槽，則水流有方，邊床自行淤高。堤之距離愈寬，則邊床愈高。水流速度愈小，而淤積愈易，堤之受險亦愈少。若邊床淤至高水線程度，則導治之效力，可謂完全達到。如此則河水至高水線亦有一整個之河槽，因其與有邊床者較，其需要之坡度較少，故高水線亦漸次降落。在此固定之河槽內，若能使低水流速，足以攜帶其所含之泥沙，則河槽不至於淤高。至於邊床，淤至高水線所需時期之多少，固一疑問；然亦不足重視，知其趨向已足矣。恩格思對於此種導治法施行後，希望邊床河淤高，河槽冲深，故固定中水河槽，採用活動護岸法。如活動柴龍，是邊床淤高後，可將護岸增高之；河槽冲深後，可使柴龍隨而沉落之。恩格思謂以隄束水，無異乎以強權反水之天性。攻沙之功效有限，為時亦久，在未達目的以前，災患自所不免，况其成效尚為一疑問。恩格思謂修堤僅可以防水災，而不宜以隄治水也。據以上之原理，恩格思對於治黃方法，第一為固定河槽，第二為整理已有之隄防。前者務須順依河流已有之線形：過曲者稍裁之，但勿使其全直；河之近堤根者，或改堤線，或移河線以避之。勿過萬改已有之狀况。後者務須使堤線有規，勿過於曲折，勿使雙堤距離忽然改易。此次恩格思試驗黃河之目的，即在察視因水位之變異與堤防寬狹之不同，以確定河渠所受之各種影響。

恩格思試驗之經過

試驗地所在 Muenchen 附近 Obernach，露天試驗所。該所附屬於 Muenchen 水工及水力研究院。試驗所位於 Isar 引河旁。河內設壩引水入試驗渠，水經渠後，仍流入原河內。此種利用天然河水之試驗法，極為經濟。

計該處可供試驗之水量，每秒可達$8m^3$。

黃河試驗渠長 97.5 公尺，比例尺爲 1:165，全床爲一直形者。河槽槽底及兩邊同寬之邊床底，於試驗以前係做平者。河槽之岸坡及與槽成平行之高水堤，以三合土製成。邊床底之質料，係〇至5mm成份，分配均勻之石灰石沙粒。模型冲浮質，經特別預備試驗，擇用煙煤粒，其比重爲 1.33 Kg/dcm^3 其顆粒爲〇至 2.1 mm。依預備試驗，得模型槽底與水面坡度，爲千分之1,1，模型之高深比例尺爲 1:835 大於平面者一倍。

隄防距離不同，對於流水情勢之影響（冲浮質之運輸，河槽橫斷面之成就，水面位置等等）以堤距爲 3,8 及 8.9 公尺之兩種試驗研究之。二試驗之水量，水面坡度，槽底坡度，試驗時間，均相同。每試驗之時間，爲三模型年。每模型年爲二十四小時。在此兩種試驗之每模型年內，將水量依一固定之流量曲線，由低水(23,7 l/sec)繼續的升至高水（193 l/sec），仍使落至低水。河槽內之水深爲 40 至 110 mm，邊床水深爲〇至 42 mm。

試驗以前，測量全渠之高低位置；試驗時，測驗水量，水位，水面坡度，流速，每秒含泥量，水之溫度等；試驗以後，測驗河槽橫斷面，河槽縱斷面（以定槽內之冲刷與邊床之淤高值），每模型年內所冲刷之泥量等。

經預備試驗，及大概計算，得知若取不循環之流水試驗式，則冲浮質之損失過巨，絕非目前經濟力之所容許。且冲浮質之供給，若求水量（每試驗日需 18 m^3）與顆粒之互相適合，極感困難。於是乃取循環流水式之試驗法，設抽水機及回水渠，將出渠之含泥水，仍導入試驗渠內。

模型之河槽，寬度爲 1.97 公尺；今以 1:165 之比例尺計，約合黃河者 325 公尺。模型之最大堤距，合黃河 1471公尺；在窄堤試驗之堤距，合黃河631公尺。

擇用與平面相同之高深比例尺，則模型內之水過淺，水之流動不免爲平行線式者（Laminare Stromung）。據各水工試驗所之經驗，取用較大之高深比例尺，並無妨碍（此次試驗之高深比例尺爲 1:82,5 ）。即對於冲浮質之選擇亦較爲易易。

試驗水量，係根據黃河最大水量 8400 m^3/sec，中水量 3400 m^3/sec，及低水與中水間之水量 1100 m^3/sec，以作模型內之低水量。取用比較大之低水量，爲使河槽之水，不至過淺也。

依此試驗水量及模型之比例尺，河中水深度（適與槽岸相平），合黃河者5.5公尺；槽內高水深度，合黃河者9公尺；邊床深度，合黃河者3.5公尺；及低水深度，合黃河者3.13公尺。計算試驗渠河槽之水深，在窄堤高水者爲109 mm，在寬堤高水者爲97 mm，在中水者爲67mm，在低水者爲38mm。

試驗結果，足以令人注意，並出乎意料之外者，爲在寬堤情況之下河槽冲深反甚於窄堤者。窄堤河槽，於三模型年內，冲深約8.8 mm；而寬堤河槽，在此之模型年內，竟冲深至29 mm；床淤積，亦遠多於窄堤者。以此種結果論，則恩格思之導治方法較爲優良。蓋恩格思之目的，即在固定中水河槽，使邊床淤高，河槽冲深也。恩格思對於此結果，在其臨時報告內，解釋之如下：

「窄堤河槽內，及邊床上之流速水與深，均大於寬堤者；故窄堤內水之「冲刷力」亦因之較大，其所携泥質，沉落之機會亦較少。在此次循環流水式之試驗（水出渠後，用抽水機抽入回水渠，仍流入河渠），若增加流水年期，而不添加其所含泥量，則最後達於一「固定之狀態」，河槽不再冲深，邊床不再於高，由高水降至低水時，在沉澱池（設於河渠之尾端）所沉淤之泥量，亦達於一最後之值量。此種情況，可以每模型年，河水含泥量之減少證明之。在窄堤試驗，似於八年後，可達至上述之「固定狀態」；在寬堤試驗，則四模型年後已可達之。若於此寬堤試驗，延長流水年期，河槽似不至於繼續冲深而在窄堤，則河槽似乎仍須增深。惜此次試驗之期限過短，時已入冬，不克繼續工作，以証其不謬也。以上所述，亦有他理在。窄堤試驗之泥沙，由高水降至低水時，多經「沉澱池」携帶而來；寬堤則此泥沙因邊床水流較緩，多有沉淤其上之機會。水之含量，於每秒水量相同之情勢，在窄堤河渠，因水較深，及河床橫剖面較佳，故遠多於寬堤之含泥量。」

Muenthen 水利研究院對於此次試驗結果，亦有詳細之解釋。今擇其要者，筆之於下：

在將二種試驗互相比較以前，須講明循環流水模型內泥沙之運輸，與天然河流者相差之處。

模型河渠，可視爲直形河流之一短段。在水量不變時，則河內經此段之水已於該段以上收容泥沙，其多寡以其坡度及深度爲衡。在循環流水模型試驗時，則以抽回原試驗水入試驗渠，模仿此種天然情形；惟模型內之泥沙，乃由渠底之冲刷供輸之，水位增高時，自然河水在入此段之時，已含較多之泥量；在模型內則以增添新水以達此高水位，以河床之冲刷，而得此較多之泥量。在水位降落時，模型內與自然河流之狀況無所差異。試驗用水之總量，一部分於水位降落時，他部分於每模型年後導入沈澱池。故沈澱池容納，由河底冲出，以充添水內泥沙之大部份，其餘由冲刷而來之泥沙，則淤積於回水渠內之死水處。此二種泥量，須由河槽總冲刷量減除之。蓋此種情勢，僅由循環流水式而來也。

此外特須注意者，一切試驗結果，只爲一直行河渠，有固定之中水河槽，及渠尾水位者。

以下爲該二試驗結果之比較，其單位值，係寬堤試驗之數值。

1.高水水面流速之比，河槽內爲1:1.12邊床上爲1:1.5

2.高水每秒携泥量，在二試驗內，由一模型年至次模型年，均有減少。因河床之冲刷，漸近於一終点。然於三模型年之試驗時期內，尚未達及此境。三模型年內每秒泥量，平均數之比爲1:1.8。故束窄床，可使含泥量加倍；換言之，可使入海泥量多於寬堤者一倍。在沈澱池所淤積之泥量，亦可用以作輸入海內泥量比較之標準；但因在回水渠內，亦有淤積，故不甚適合也。此淤泥容量之比爲 1:1.9，其值與直接所測量者相符合。

3,水面坡度，在此二試驗內，可使之完全相同，平均爲1.163 或 1.174 ‰，最多相差4%。

4.二試驗之高水水面位置，在三模型年內，雖河床冲深，亦無大變更。此蓋渠尾「固定水位活動堰」位置未變所致，或係因河槽冲深之影響與邊床之淤高相抵消，亦未可知，因無確實之考察也。經河床之束窄，高水位平均升高14.1 mm。如前所述，以沉澱池及回水渠內之淤泥計算之，河槽冲刷值爲數過大。但以此過大之數值，校正高水位置，則不能讓效。蓋由各模型年之水面，高位未能察出河槽冲深，對於高水位之影響也。

5. 河槽冲深度，用四種方法計算之。寬堤試驗所得之數值，甚相符合(22.8至23.8mm)，而窄堤者則相差甚殊(4.8至7.2mm)。由死水處邊床上，及沉澱池內淤積泥量所計之算值為最大(7.2mm)，小而且薄，分佈甚廣之淤泥，測驗時，難免錯誤。故此種冲深度計算法，不甚精確。由測量橫斷面所得之數值(4.8mm)為最可靠者。 由此測量所得冲深度(23.8及4.8mm)，尚須減去在死水處及沉澱池經淤積而成之數值5.5及3.7。故此冲深值，在寬堤者為23.8−5.5=18.3mm，在窄者為 4.8−3.7=1.1mm，其比為1:16.6。

6. 假設淤積泥量分佈均勻，則邊床之淤高值為 4.3 及1.5mm，故寬堤者與窄堤者之比為 1:0.35。在實際上邊床上之淤泥，分配並不均勻。普通為寬條式，其灣曲與河槽凹線之灣曲性質相同；其薄厚由渠首至渠尾增加，由槽岸至渠尾則減小。邊床之淤積，乃由順流之橫運輸而成者。

總而言之，水文較佳之窄堤河床，對於泥沙之順流運輸，較之在寬堤河床遠為適宜。故在窄堤試驗，泥沙之攜帶於沉澱池也，其量遠多於寬堤試驗者。

但寬堤河床之特点，即在含泥量較少時，泥沙之橫運輸為甚多；因之邊床之淤積，亦遠高於窄堤者。

試驗結果，其足令人注目者，即寬堤高水河床，對於河槽之冲深，勝於窄堤河床，蓋泥沙由河槽經短途而輸至邊床也。若中水槽固定邊床不受冲洗，則河槽之冲深與邊床之淤高，互相扶助，能使河一整個之河槽。歷相當年期，河槽已深至相當程度，則可築較低堤防，以束窄邊床。故據此次試驗之結果，對於黃河之導治，可取下述二法：

1 保護中水槽岸，防免邊床冲刷；依河槽之冲深，束增護岸工程；河槽深至相當程度，再以較低之堤以窄邊床。

2 立刻以較高之堤，束窄河床，而不固定中水槽岸；如此，則河槽之冲深較緩。尤其因堤間河水凹線，變遷無常，足使河底位置改異，危及堤防，故須時加護之也。

此二者之中，畢竟孰爲優良，須視地方情形而定。安全與經濟，亦須顧及之。」

以上所述，純係一理想模型河段內有秩序之試驗。因對於黃河之研究，向少資料，故不能擇一種與自然河流相符合之泥質。所得之試驗結果，乃定性的，而非定量的。欲求試驗與自然河流相精切，須以縮尺相符之模型，而逹之；然因缺乏河流實際之觀察，不能實行也。

恩格思試驗之疑點

余發表恩格思試驗之疑点，並非謂恩格思導黃意見之不適當。查此次試驗成效之不澈底，全係經濟與時間關係所致。吾人若有試驗黃河之誠心，給以充分之款費，及試驗時間，則定有精確之結果，請勿疑心也。

在束窄堤防，與固定河槽，其泥沙冲洗之性質，如前所述：一爲順流者，泥沙直冲入海內；一爲順流與橫流者，泥沙之一部，由槽底冲至遊床，而淤積於此。此種冲刷性，確合於理論，亦爲其他試驗所內所証明。其原理於後段再述之。

據恩格思試驗黃河，若有固定之河槽，則在寬堤之情勢，其冲深度反甚於在窄堤者。依試驗結果，除顧及經濟問題外，自以固定河槽位置爲適宜。然吾人對於此次試驗之結果，亦有數疑点焉；即爲在黃河本身於實行各法之後，其冲深度之比較，是否與經試驗所得者，能互相符合是也。

束水攻沙之效果，經方修斯之黃河試驗，與余在德之黃土試驗，確已証明。亦理之當然，可推知束水之法，不能謂謬。吾人於此二問題特須注意。黃河之含泥量，河流之含泥量，若逹於一相當之地步，所謂飽含点，則失其再收容泥質之可能，在逹此点後，則河底不能再有顯然之冲刷。此種飽含点，在黃河內之數值，尚待試驗與研究。

此次試驗，窄堤河渠內大水之含泥量，多於寬堤試驗者一倍。在黃河本身泥量之大部，乃係由上中游携帶而來者，故下游之含泥量，在束窄堤防以後之情勢，固雖有槽底之冲刷，然與在寬堤者可謂約同，即有所差，亦不至如在試驗渠內之殊甚。今以此推論，黃河之實情，若依方修斯之意見，利用每年普通大水冲刷河身，因其含泥量遠少於特別大水者，故有收容多量冲刷泥質之可能。（余因恩格思試驗黃河之目的，在研究固定中水槽，與方修斯束水之法，故於此以方修斯之意見作比）若取恩格思之方法，因大水含泥量遠多於寬堤試驗時之含泥量，則其冲刷之効力，是否能與試驗者相同，一疑問也。此次恩格思試驗，以黃河已往之最大水量（每秒八千立方公尺），作每模型年之最大水量。其寬堤之距離，以模型比例尺論，亦遠窄於黃河本身堤防之距離；故在模型內每年大水時，邊床之水，遠深於黃河每年大水邊床之深度；故模型內每年之冲深度，亦遠大於黃河本身者無疑。黃河在每年普通大水時，邊床之水既淺，橫流之冲刷效力亦較少；而特別大水，則相隔較遠，其冲刷之効力，是否能與窄堤者相爭衡，亦一疑問也。况恩格思試驗時之主要冲刷効力，在八千立方公尺之特別大水；而此特別大水之含泥量，遠高之試驗之含泥量。今以飽含之理推之，則黃河本身之冲刷効力，能否與模型者相若，又一疑問也。故取用恩格思之方法，在低水時，槽內或不免於淤積；在平常與特別大水時，邊床自然淤高。河槽之冲刷，是否能與邊床之淤高相抵，尚未可知。若其不能相抵，則雖有特別大水之冲刷，而河床全體或仍不免漸次升高。再者，恩格思主張固定「中水」床位，而黃河並無長期之中水，則在此較大之中水床內，多半由低水流過，其淤積亦可想而知。故此須固定低水槽，若只固定低水槽，則堤防距離與河槽寬度相差殊遠，或難免有支渠之發現。凡此種種問題，尚須待將來之試驗與研究，使可獲一根本而確實之解决。

著者之黃土試驗

（黃土試驗詳細報告，載於華北水利月刊第六卷九十期合刊，故於此之僅擇其要者畧述之。）

余作黃土試驗之重要目的，在考察以黃土作河流試驗，究竟可能與否。華北水利委員會，河北工業學院，黃河水利委員會，及導淮委員會合辦中國第一水工試驗所，而我國河流問題，以含黃土者為最繁雜，若不能以黃土作試驗，殊為可惜。方修斯教授與余談論及此，曾謂黃土河流試驗，恐難成效。因其在試驗渠內，不易於冲淤也，哈諸惟水工試驗所存有華北水利委員會寄來永定河流域黃土數包，余乃就其最之多寡，作一小驗規之黃土冲淤試驗，並畧驗其成份與顆粒之大小。該項試術，爲時僅二月，七料既少，設備又不全（不宜於黃土試），故試模驗範圍與成效自亦有限。

据試驗之結果，對於「黃土試驗問題」畧得下列各点：

（1）黃河試驗成效之優劣，關乎模型之大小。若能使試驗渠內之流速小於 0.3 大於 0.4 至 0.7 公尺，（在此次試驗時水深 20Cm）則黃土卽有沉淤及冲刷之不能。据恩格思黃河試驗之最大水量約爲 200l/sec，最大流速爲 0.6 m/s，推知黃土試驗爲可能之事實。至於他種問題，例如發現槽底波紋等，固屬重要，然据方修斯談亦無大妨碍。此種波紋，在自然界之河流，亦有發現之可能。增廣模型，則波紋亦自消滅（恩格思試驗）。

（2）取用普通黃土塊，參水成泥，以作河槽，較之由淤積而成者不易於冲刷。故作黃土試驗，宜取用由淤積而得之黃土。

（3）黃土試驗結果，因尙無相當之理論，只爲定性，而非定量者。欲使試驗結果，有定量的，移用之可能，則尙待研究。

（4）在水工試驗所內，作黃河試驗，務須有黃土試驗之特別設備（特別沉澱池特別水池水箱等），不可使黃水與其他清水混合，計劃試驗所時須注意及也。

（5）能作大規模之黃土試驗，則更佳，必有極精之結果。余意可於黃河本床河槽旁，適宜地所，於底水與中水期內，開一大試驗渠，利用黃河之水，作大規模之試驗。查普通黃河大水，每年當在七八九月之內。若於冬後起，至漲水時止，有三月至四五月之時間，則可作此種試驗。至於試驗設備及手續，余將作一詳細之計劃，以供研究。

黃土之成份與顆粒試驗中國黃土，由極細之沙粒，粘土及石灰質組合而成。黃土內之粘土成份愈多，則其結合力愈大。曾經試驗之永定河黃土，其成份多係含石灰質之細沙，粘土較少；而曾經試驗之黃河黃土，則合有較多之粘土，故亦堅於永定河者。置黃土塊於有薄水層之玻璃盤內，則見粘水之黃土部份失其結合力，成爲分散之細沙；傾入水內，同時水亦高升，於極短時間內，全土塊爲水所浸濕，失其結合力。今置黃土於水中使其沉澱，然後乾之，則發現直裂紋，與粘土之性質相同，其體亦較堅於初時者。此較堅之沉澱土，亦含有細毛管作用，若仍置水內亦易於分解。

茲將各種黃土顆粒大小及其成份比較列之於下：

永定河黃土顆粒大小與成份：

重量百分之14.4(%)其顆粒直徑≦ 0.01 mm (0.0122 mm)
„ „ „ „ 6.9 „ „ „ „ „ 爲 0.01至 0.02 mm
(0.0122至 0.02365)
„ „ „ „ 44.8 „ „ „ „ „ 爲 0.02至 0.06 mm
(0.02365至0.06)
„ „ „ „ 33.0 „ „ „ „ „ 爲 0.06至 0.20 mm
„ „ „ „ 0.9(%) 大 於 0.2 mm

黃河黃土顆粒大小與成份：

重量百分之 43.6(%)其顆粒直徑≦ 0.01 mm (0.0123 mm)
„ „ „ „ 27.2 „ „ „ „ „ 爲 0.01至 0.02 mm
(0.0123至 0.023)
„ „ „ „ 26.2 „ „ „ „ „ 爲 0.02至 0.06 mm
(0.02 至 0.06)
„ „ „ „ 2.4 „ „ „ „ „ 爲 0.06至 0.2 mm
„ „ „ „ 0.6 „ 大 於 0.2 mm

其括弧以內之數值爲計算時所得之精確數值。黃河黃土之比重 (Sper gewicht)爲 2.715 t/m³，普通土塊之重量爲 18 t/m³，永定河黃土比重爲 2.7t/m3，普通土塊之重量爲 1.66 t/m3。

山東河務局與導淮委員會曾經哈諾惟水工試驗所之請求寄來黃土多樣，余在德時均一一試驗之。該試驗原來目的，在視河槽內與邊床上所淤積之黃土，是否因河水流速與水力之不同，而影響於顆粒大小之分配。此種試驗，對於研究河底之沖刷與淤積，極有關係。山東河務局寄來之黃土，係濟南洛口鎮及利津宮家垻一帶黃河槽內及邊床者；導淮委員所寄之黃土，係江蘇黃河舊槽內及其兩岸者。第一圖至第三圖爲該黃土試驗之結果，第四圖爲採取黃土之地所圖。在第一圖內可看出河床各處所淤積之黃土，因地位不同而性質亦相差異。圖內曲線位置愈高，則土內細微成份愈多。今視圖內之曲線位置，可知邊床上河水所含細微之土質，因水流較緩，亦有沉澱機會。而河槽中之土質，與邊床者相比則較為粗大。可知河槽內之水力較大，較粗之沙粒沉落於河底，其細微者，則為水冲，輸洩之入海。又足令人注意者，即槽岸附近之土質，尚較粗於槽中者。此種現象，或由前述恩格思試驗之橫流而來，亦未可知。此行研究，在理論上固然如此，然河流之變遷無常，地方之情勢又各相差異，不能得一與理想相符之結果。如此三圖，其能與理想相符合者，亦僅一圖而已。

黃土[illegible]試驗表

[illegible]	水深 cm	流速 m/sec	[illegible]	[illegible]	[illegible] cm	[illegible] cm	[illegible]	附註
a [illegible]								
1	6.0	0.2	0.2	10.4				
	3.0	0.3						[illegible]
	16.0	.34						[illegible]
	16.[illegible]	.15						
b [illegible]								
2	16.2	05-069		[illegible]	2.5		3.75	
3	15.8	07-.38		[illegible]	2.0		2.00	
4	14.8	07-.066		[illegible]	0.5		0.38	
5	18.0	06-.05		[illegible]	0.6		0.80	
6	15.0	0.66-.08	34-.41		1.6	[illegible]	1.60	
7	18.[illegible]	2.[illegible]18		15 分		0.[illegible]	2.00	[illegible]
8	[illegible]9.2	[illegible]18	0214-02[illegible]	6 [illegible]		1.2	0.20	[illegible]
9	1.76	[illegible]30	0.55	4		[illegible]	0.15	[illegible]
10	16.6		1.567	4	1.0		0.25	[illegible]
11	[illegible].54	0.5[illegible]		[illegible]	1.0[illegible]		0.73	[illegible]
12	[illegible]4.0	.050			[illegible]		0.80	[illegible]
13	[illegible]	.080			[illegible]		0.60	
14	[illegible]	0.50			[illegible]		[illegible]	
15	[illegible]0.0	0.90			1.1		[illegible].70	
16	[illegible].6[illegible]	06-.07			[illegible]		[illegible].50	

第一表

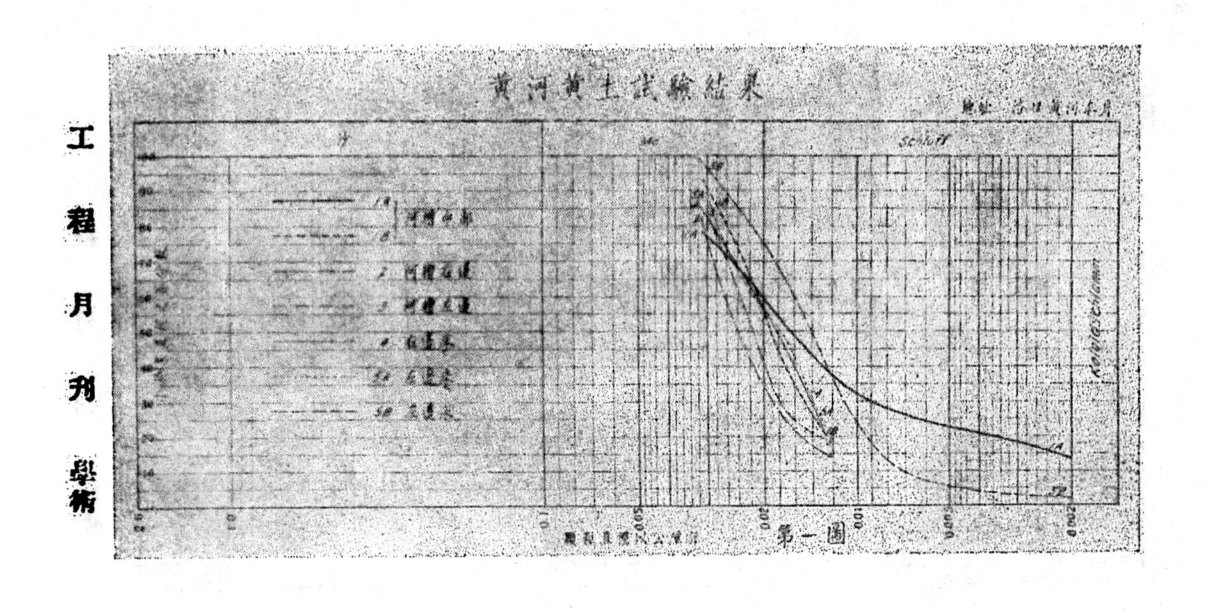
黃河黃土試驗結果
第一圖

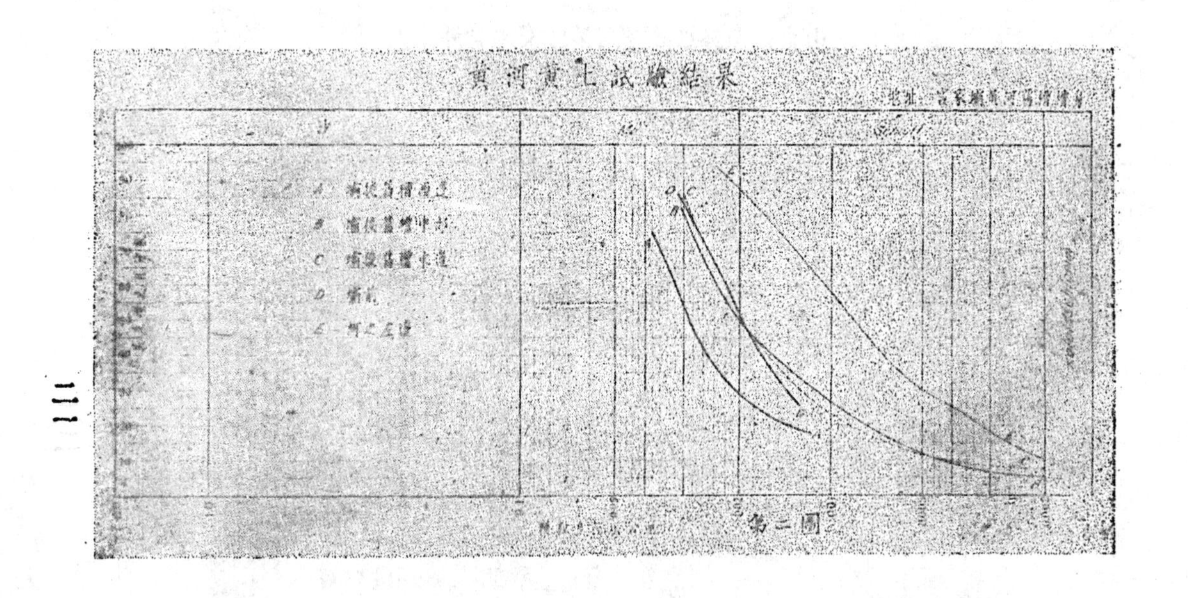
黃河黃土試驗結果
第二圖

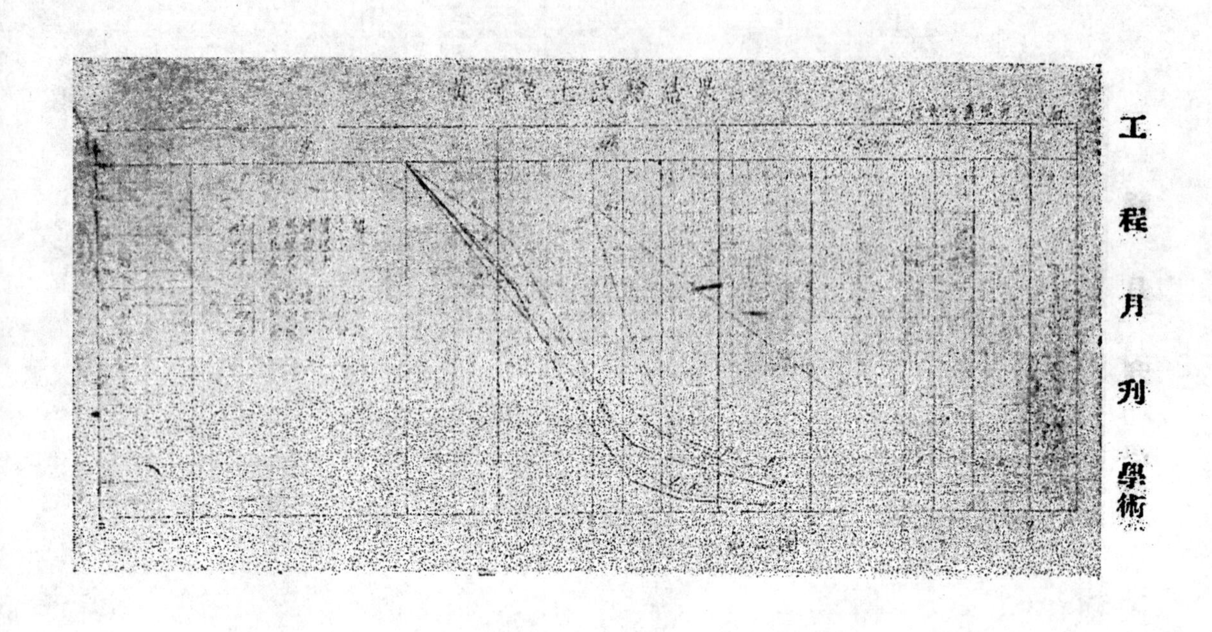

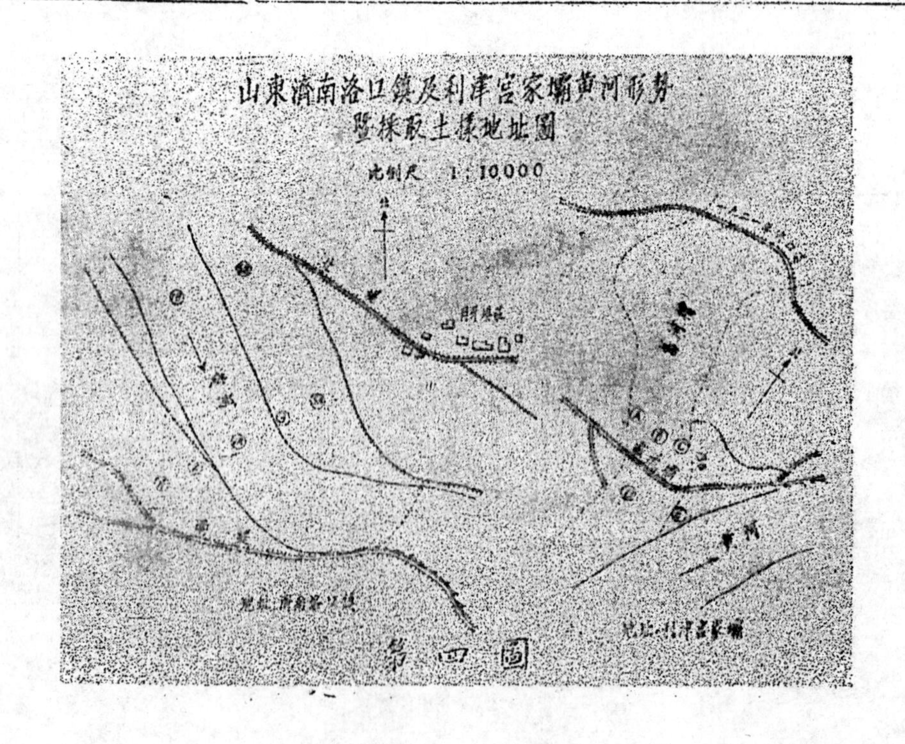

第四圖

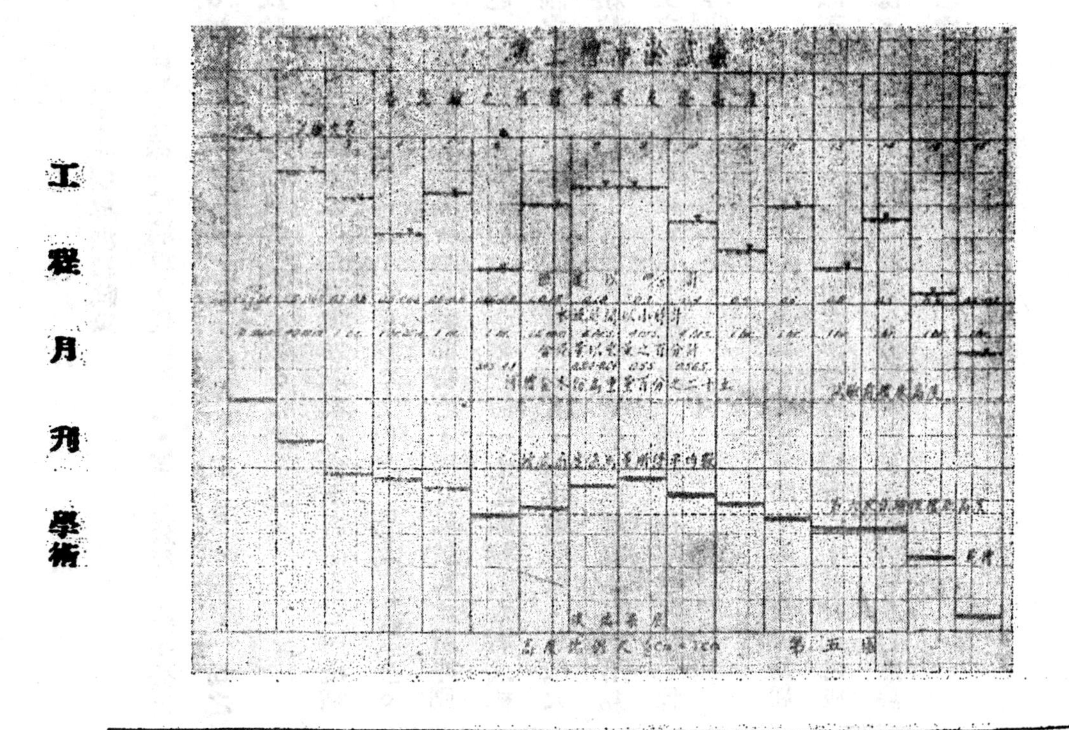
第五圖

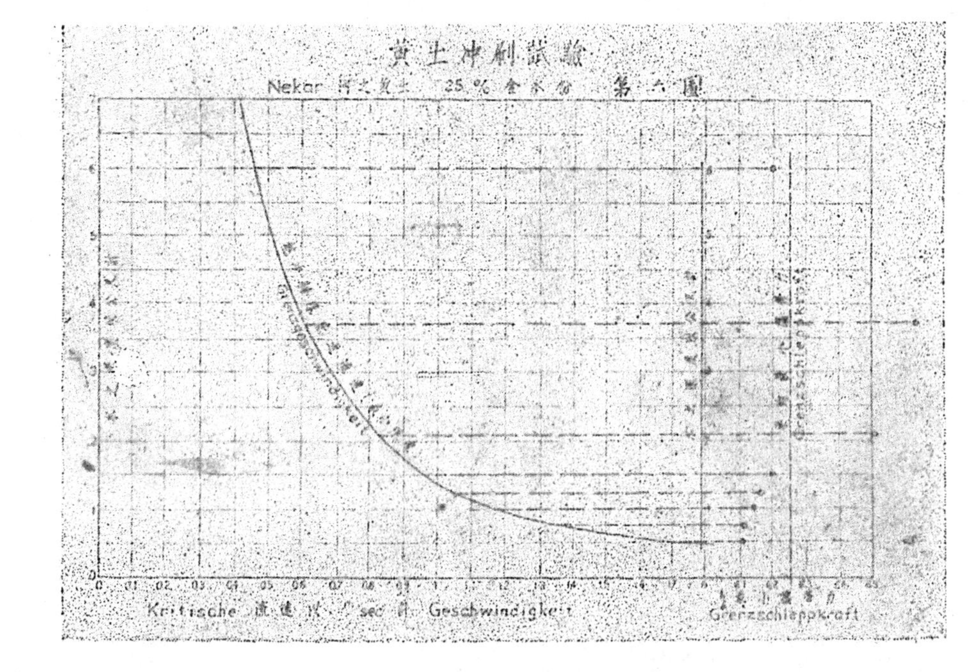
黃土冲刷試驗
Nekar 河之黃土 25% 含水份 第六圖
Kritische 流速 Geschwindigkeit
Grenzschleppkraft

黃土冲刷與淤積試驗

試驗渠係一玻璃渠，長六公尺，寬0.3公尺，高半公尺。渠內黃土，底長約3.5公尺，深約 14 cm 。關於一切之試驗設備，在此無詳述之必要，故刪省之。

試驗所用黃土，係華北水利委員會所寄來永定河流域內之黃土。其顆粒大小，可視本文內之「黃土顆粒試驗」。

試驗渠內黃土，由沉澱而得之，因其易於爲水所冲刷也。其理由亦極簡明。在沉澱之時，土之顆粒較大者（極細之沙質）沉落於渠底；其極細者，因沉澱較緩，於較大顆粒沉澱後，始沉落於其上成一薄層。此種極細且含有粘上之薄層質，爲結合黃土最要之一部份，在試驗以前，曾將此薄層除去之。

自然界之河槽土質亦爲經沉澱而來者，其成份亦爲粗細不等之細沙。水內較粗之沙粒沉落於河底，其較細之成份，則洩輸之入海。故經沉澱所得之試驗，河槽與自然界者之性質，亦較爲接近。

第五圖與第一表爲試驗所得之結果

黃土渠試驗表

a, 短期試驗

試驗	水深 cm	流速 m/sec	含泥量 重量之百分	流水時間	渠底冲深 cm	渠底淤高 cm	每小時之冲深或淤高值 cm/s+d	注意
1	16,0	0,2	0,2	10 分				發現波紋
	16,0	0,3	,,	10 ,,				
	16,0	0,4	,,	10 ,,				
	16,0	0,5	,,	10 ,,				
b 長期試驗								
2	16,2	0,5-0,68		40 分	2,5		3,75	
3	16,8	07-0,8		1 小時	2,0		2,00	
4	14,8	0.5-066		1 小時20分	0,5		0,38	
5	18,0	0,6-0,8		1 小時	0.8		0,80	
6	15,0	0.6-0.8	3,45-4,1	1 ,, ,,			1,60	
7	18,4	< 0,18		15 分	1,6	0,5	2,00	
8	18,2	0,18	0,314-0,24	6 小時		1,2	0,20	
9	17,6	0,30	0,55	4 ,, ,,		0,6	0,15	
10	16,6	0,40	0,565	4 ,, ,,	1,0		0,25	
11	15,4	0,50		1 ,, ,,	0,7		0,70	
12	19,0	0,60		1 ,, ,,	0,8		0,80	
13	15,7	0,80		1 ,, ,,	0,6		0,60	
14	18,8	0,50		1 ,, ,,	0,0		0,00	
15	16,0	0,90		1 ,, ,,	1,7		1,70	
16	16,0	0,6-,07		1 ,, ,,	3,5		3,50	

黃土試驗之結果

（a）河槽黃土之冲刷與其結合力有關係新沉澱黃土，在此次模型試驗之情況，則以每秒0.3至0.4公尺之流速，已可冲刷之，(第10試驗)；而槽之下層黃土，因其受水及上層土質之壓力較大且長，久始可以每秒0.6至0.7公尺之流速(第12與第13試驗)冲刷之。在試驗之情勢，該土沉澱後，已歷時二十八日，受水之壓力，共爲24小時，水深18m；原來之新河床，於17日後有25%之水份(1與2試驗)，可以0.5公尺之流速冲洗之。今可預測，若河槽更堅，則冲刷河槽之水力，亦須更大。

乾槽底較之濕槽底易冲刷：在原25%水份，新淤河槽水深19cm，流速0.6公尺，河槽每小時冲深0.8cm(試驗12)；在原有堅固之河槽，水深0.6cm，流速0.8公尺，每小時冲深0.6cm(第13試驗)；在乾槽水深16cm，流速每秒0.6至0.7公尺，每小時冲深3cm(第16試驗)，其冲深約合水深百分之22。乾槽冲深較易之理由亦甚明瞭，蓋乾槽於水流入以前，因無水份，其顆粒結之合力較小，易於冲刷。當水似過相當時間後，河底收容水份則其冲刷情況，當仍與以前濕槽試驗者相同。

（b）河槽之冲深與流速之增加成正比例新淤河槽，在此次試驗之情勢，水深17cm(第10試驗)流速每秒0.4公尺，每小時冲深0.25cm，約合水深百分之1.46；流速0.5公尺水深15cm，每小時冲深0.7cm，約合水深4.66%(第11試驗)。原來較堅固之河槽，水深16cm，流速0.8公尺，每小時可冲深0.6cm，爲水深百分之3.75(第13試驗)；流速0.9公尺，水深16cm，每小時冲深1.7cm，爲水深百分之10.6(第15試驗)。

（c）在一固定之流速，河槽淤高，淤高河槽之流速與冲刷河槽之流速，其值相差甚小在模型試驗之情況，水深18cm，水之所携黃土於流速爲0至0.3公尺時，不免於沉澱，其沉澱之速效，與速流之大小成正比。在試驗時槽面發現波紋，此種波紋在增高流速時，亦先同時增大；若流速再大，河槽開始爲水冲刷之時，則此波紋亦隨之減小；由減小而漸消滅。在水深18cm流速小於0.2公尺時，河槽於15分內淤高 0.5cm ，合每小時2cm合水深百分之11(第7試驗)。在同樣水深，流速爲0.2公尺時，河槽每小時淤高0.2

cm(第8試驗)。在同樣水深流速爲0.3公尺時，河槽每小時淤高0.15cm(第9試驗)，合水深百分之0.83。水內含泥量在以上之試驗，約爲重量百分之0.3至0.6。

河槽淤積，關乎水之深度流速，流速之變異，含泥量，泥之種類與性質等等。假設水不流動，流速爲零時，則黃土之沉澱甚速。其所沉澱之量，在含泥量相同之情勢，自以水之深度爲衡。今使渠內之水作直線式之流動(Laminare Stromung)(在自然河流，是否如此暫勿論及)，則黃土之沉澱與水之深淺可謂毫無關係。其沉澱方向非爲垂直者，乃爲流水方向與垂直線所成之斜方向。其斜度之大小與流水之携帶力(Schleppkraft)有關係。黃土沉澱雖爲較緩，然其沉澱量終以之水深淺爲衡。在此直線式之流水情勢，若漸次增高流速，使黃土之沉落線與流水線成爲一線，則所含黃土盡量輸入海中。但此直線式之流動，在實際上無發現之可能。蓋河內流水在實際槪爲混流式(Turbulente Strömungs)即除水流之總方向外，尙有毫無規式之交義，與橫向之混合流動，其對於黃土之運輸，亦有影響。故黃土輸運之路線，非僅爲一垂直線與多層之縱直線相合而成者，乃爲垂直降落線與多種毫無規式之移動相合而成者。水之各小部，與及所含黃土，或由上而下，或由下而上，或右或左，或前或後，其動作極爲複雜。此項研究，尙在開始與幼稚之地步。

在此次黃土試驗，知模型內黃土在流速，每秒爲0.3時，尙能沉澱。模型內之流速，在全切面內可規爲相同。蓋模型渠之水甚淺也。吾人可測想，若黃河近底處之流速，每秒爲0.3公尺，則在此0.3公尺流速界限內，其所含之黃土，亦當有沉澱之可能。

黃河之淤積，在高水與低水時均有之。在低水時河槽，灣曲甚大，有時分多支，水力更爲所消減，河槽難免淤澱，而分支之現象更爲易易。低水時河槽之淤積，亦可以其每年低水時所測量之流速証明之，其值約爲每秒0.5至0.8公尺。此值爲水內垂直線上之平均值，其近底該適合於該平均值之流速，大槪亦在0.3公尺左右。

在大水時，因隄之距離甚遠，邊床上之水甚淺，故其流動亦較爲弱緩。若隄之距離爲2公里，特別危險高水爲8000m3/s，則邊床上之流速爲0.86m/s。若堤之距離爲沉公里，水量相同，則邊床上之流為0.68m/s。每年普通大水，遠小於以上8000m³/s之數量，故每年邊床之水更淺，其流亦更緩，該處之淤積乃可想而知。

今若將試驗時沉積之結果數值，移用於自然界之情況或亦全非錯誤。蓋黃河近底處流速為0.3/sm，深淺界限大約測模之，亦近於0.2公尺（低水時在河槽內，高水時在邊床上），與試驗時之深度或約相同。故吾人可設想在黃河本身近底0.2公尺界限以內，黃土沉澱之情況，或與模型內者相似。若河內含沙量為重量百分之0.3至0.6，則河底之淤高，每日當為3.6cm，每月當為一公尺。此種淤積量極大，再黃河之含沙量，亦多於試驗時者，則其淤量更大於此。然吾人亦須，知以測模與設想而得之數值實亦過大。吾人須注意深約20cm之模型河渠，其流水情勢，自然與數公尺深之河流近底處20cm者不能相同。此種差異，原於雙方混流式之混合移動。雖然，吾人終可以此次試驗之結果，而略得一黃河本身現象之測想。至於實切之研究與考察，亦為學理方面極有興趣之工作，並待將來之試驗與研究也。總之，此試驗足以証明黃土於河水之內實易於沉澱。費禮門在黃河窄狹處之測量結果，與試驗性理之相互符合，實一証也。吾人並須注意黃土既然易於淤積，而同時亦易於為水所冲洗。且淤積與冲洗泥沙所須水力與流速之相差極小，使吾測度黃河本身，時在非淤則冲之狀態。低水時河槽內之淤泥，與普通高水時邊床之淤泥，於水位增高，流力增大之後，仍不免為水所冲洗。然以歷年來實際上之情況論，足以証明黃河之淤高，超出其冲刷度，以致現時之河槽高出兩岸平地。

至於利用試驗之結果研究黃水之冲刷程度，則更非易易。然吾人終可據此次試驗之結果，以証明增加水力足以使河槽冲深，且冲深度亦甚大。由此可推知，若能使黃河三水力增加（或修堤或修垻等等）則終可使河槽之冲刷，遠甚於其淤高之數值。哈諾與水工試驗所，曾作他種德國黃土之試驗，（其份與中國黃土不同，且非經沉澱而得者）利用高水箱六公尺之水壓力，在一方形地面之封閉長鉄箱內，作黃土冲刷試驗。箱之一端，以鉄管與高水箱接連；一端為出水口，並合操縱設備。箱中以含25%水份之黃土泥作槽底，使水以各種之流速過，其結果如第六圖。圖內縱標，為冲刷河底時需最小之近底流速；其縱標為河之水深淺。觀圖中之曲線，可知水愈深，則冲刷河底所須流速愈小；河水愈淺，則此流速亦須愈大。吾人可斷言在黃河本身之冲性當遠超於試驗時者，因其水亦遠深於試驗渠內者也。

（未完待續）

黃河問題之研究

李公甫

第一章 總論

諺云，治河無善策，我國自數千年來，特設專官，隆其體制，付以重責，而仍難免時時爲害，興利更無論矣，嘗考黃河流域，寧夏付附，尙有天然灌溉之利，他如豫，冀，魯等省，每年忙於搶險工作，對根本治理，莫不談虎變色，咸有戒心，究之潰決時見，史不勝考，吁，良可慨也，余嘗查其爲害原因，河流所經之地，挾帶泥沙過多，減去泥沙，水自通暢，盡人知之，率多無解決之方，余服務工程界，對於黃河之治理，尤感興趣，會十八年秋，河南中牟縣境，黃河出險，二日之內，寬二里，長十餘里之河岸，全被冲陷，河岸大柳數萬株，數小時間，大壩毀三百餘公尺，其破壞堤防之迅速，實堪驚人，按鄭州以下大堤，上寬二十四公尺，相差僅二公尺，即行決口，附近居民，逃避一空，余奉命前往，用蔴袋萬條，通夜搶險，乃將該處迴流阻，始獲脫險，由此次搶險工作之証明，得到黃河與他河不同之處，並泥沙爲患之原因，頗得其一二要点，略述如下：

第一節 黃河之特性

普通河流，有固定河槽，堤岸如高於洪水位一二公尺，堤身如用土質建造，厚度適宜，即可免除決口危險，縱或偶有險工，亦必在洪水高漲漫溢時見之，如二十，二十二兩年長江等沿岸漫溢決口是也，在低水位時，危險甚少，黃河則不然，秋汛較伏汛又爲危險，查中牟險工，係十八年十月，已過大水時期，當時大堤高於水面，約十公尺，竟能發生險象，此其一例。

第二節 泥沙致險之原因

甲 水小時發現之險象

查河流由上游挾帶多量泥沙，因地勢傾斜，水流緊急，泥沙隨之而下，中流地勢平坦，一脫邱山束縛，水流遲緩，加以水量少，而泥沙重，至此泥沙沈澱，灘地叢生，如灘地發現於兩岸，則大溜正射河漕中間，即告無虞，如灘地發現於河中，則大溜受中灘之阻，水流分歧，斜射堤岸，或灘地發現於一岸，大溜直射彼岸時，雖係小水，亦可床立見危險也，且河身淤淺，流速異常緩慢，惟大溜河較深，流速洶湧，非若他河，在一個切面內，流速大致相同可比，自鄭州而下，以至利津海口，堤身高厚，似足以禦水，而河底及兩堤，盡係沙土，決難禦大流之沖刷，沿河雖築有石垻，高及中水位，較能護堤，但各垻距離太大，堤根又無拋石護岸工程，以防迴流之沖擊，則危險仍不能免，此其一大原因。

乙　大水時發現之險象

查黃河垻身，高度及中水位，高水位即超出垻頂數尺不等，河漕中若無灘地阻礙，則大溜入中泓，尚無若何危險，惟中流因小水時，泥沙之沉澱，河床淤高，凸凹不平，灘地迭互，大溜分歧，多至十餘支者，此時垻力失效，流向無定，如沖射大堤，則立見潰崩。

由上述一二兩項之證明，知減少泥沙，以固定河漕，爲治理惟一根本辦法，增築石垻，加拋石塊，以固堤防，爲防險惟一要途，開渠挖湖，以興水利，與河防亦係有利無害之舉，茲將各項意見辦法，分述於次。

第二章　泥沙來源及減少辦法

查黃河泥沙量，在洪水時間，約超出百分之四十，平時亦在百分之三十左右，本年下游蘭封銅瓦廂及考城王莊之決口漫水，平均高於地面約三公尺，而二日之間，泥沙沉澱，曾有已達二公尺厚者，其含泥沙之量可以想見，主要成分，一係土質，因甘，寧，陝，晉，豫諸省　，黃河幹支流所經之地，森林稀少，一遇山洪暴發，其土質疏鬆，最宜沖洗，則黃土更由山谷溝道支流，灌注於幹流一係沙粒，河流自河套沙漠經過，挾沙而下，至潼關陝州間，一段山峽，盡係細沙，河水又穿沙而過，沙質挾帶，愈以積多，有此二個原因，欲免除泥沙來源，除廣培森林，改上游河道，修陝潼關山峽，別無善策。

第一節　廣植森林調節水量以減土質沖流

查甘，陝，晉，豫諸省，山嶺起伏，宜於森林，倘能擇定適當區域，限期完成普通遍造林，他日枝葉並茂，足以防暴雨之侵刷地表，又可減少泥土之沖入河流，且枝葉落地，雜草叢生，其吸收雨量，免除山洪之暴發，亦爲莫大之利益，至其調節氣候，蓄藏富源，又屬餘事，此治黃刻不容緩之途，亦近代研究治黃所公認者也。

第二節　改上游河道修陝潼山峽以減沙粒來源

由甘肅臨夏向東南挖一引河，穿鳥鼠山與渭河上游銜接，引黃河上游與河套沙漠隔斷，經渭河流域以至潼關，秦晉北部長城以內諸水，仍循黃河舊道，與新河匯於潼關，以注於黃河正幹，則沙粒可以免除；至工程進行有無困難，均須精密測勘後始能決定。至於寧夏蘭山西部諸水，及綏遠哈那那林烏拉嶺南部諸水，順其地勢，在沙漠間，挖以鉅量蓄水湖，以作灌溉之用，下至陝潼山峽，長約三百里，因夾岸流沙，爲害亦鉅，應鑲埽，拋石，以堵流沙之冲積，如此則除害興利，一舉兩得，治本工作，莫大於此。

第三節　附李賦都博士發表恩格思博士黃河問題主張之商榷

黃河問題

自恩格思發表其治河意見之後，吾人對於黃河之導治，始得一特異之紀錄，束堤攻水之法，恩格思極力反對，謂黃河之患，不在堤之過寬，而在其無固定之『中水河槽』因無固定之中水河槽，故河槽曲折無常，時近堤根，而百患生焉，若黃河得其固定不變之河槽，則水流有方，邊床自行淤高，堤之距離愈寬，則邊床愈高，水流速度愈小，而淤積愈易，堤之受險亦愈少，若邊床淤至高水線程度，則導治之效力，可謂完全達到，如此則河水至高水線，亦有一整個之河槽，因其與有邊床者較，其需要之坡度較少，故高水線亦漸次降落，在此固定之河槽內，若能使低水較速，足以携帶其所含之泥沙，則河槽不至淤高，至於邊床至高水線所需時期之多少，固一疑問，然亦不足重視，知其趨向已足矣，恩格思對於此種導治法施行後，希望邊床淤高，河槽冲深，故固定中水河槽，採用活動護岸法，如活動柴龍是，邊床淤高後，可將護岸增高之，河槽冲深後，可使柴龍隨而沉落之，恩格思謂以堤束水，無異乎以強權反水之天性，攻沙之功效有限，爲時亦久，在未達目的以前，災患自所不免，況其成效尚爲一疑問，恩格思謂修堤僅可以防水災，而不宜以堤治水也，據以上之原理，恩格思對於治黃方法，第一爲固定河槽，第二爲整理已有之堤防。前者務須順依河流已有之線形。

查恩格思反對潘季訓，費德門，及方修斯諸氏，以堤，束水，以水攻沙之法，誠有至理存焉，按「恩氏模型試驗之結果，證黃河每次洪水後河漕之情形，則知河身在窄堤與寬堤同一流量同一速度之下，在寬堤間者，河漕刷深，又爲顯者，」惟河中泥沙問題，未能根本解决前，舍上項之造森林，改河道，修陝潞山峽等辦法外，僅用自然冲刷力，則低水位河漕即不能固定，欲得中水位高水位之固定河漕，更談不到，「恩氏又云，如得一中心河漕，並使其低水流速，能挾帶其泥沙，則河床不至淤高」，驟聞之，似覺有理，惟考低水流速，每秒平均約二公尺，不及高水位速度之半，如欲加快水流速度能令其挾帶泥沙，非將河床坡度加大不可，但在下游二千餘里長之河身，河底淤墊之迅速，决非人工機器所能奏效，泥沙不能挾帶，河床仍難免淤高，則河漕終不能固定矣，此種情形，擬由當局聘請恩氏來華，與吾國之水利專家，對於黃河確有經驗者，作一詳密之研究，蓋黃河瞬息萬變，决非模型試驗卽能得其標準也，「恩氏又云，若得一中水河漕，則水流有方，邊床自然淤高，」此理在他河或收效，而黃河泥沙含量不減，則完全無成功之可能，查黃河中下游，由孟津以至利津海口，河身歷年淤墊，幾與岸平，經本年八月洪水，及下游數處决口，水流速率大增，自孟津以下，數百里間，僅二日之內，河漕刷深，數公尺至十餘公尺不等，竟成爲一深河漕，因之水位低落，泥沙沈澱，灘地叢生，水流紛歧，有因壩之效力，逼床可以淤高，但大溜直射之處，或循堤岸而刷深者，比比皆是，據歷年黃河變遷事實之證明，仍非先將減泥沙不爲功。至於「恩氏所云，河漕冲深，固定中水河漕，採用活動護岸法，如活動柴龍事，」不知中水河漕，與高水河漕，是否在同一寬度之內，按普通河流情狀，當非同寬，如是則柴龍護岸，每年建築，每年失其效力，且黃河護岸，爲持久計，非拋石不可，此種情形，請恩氏二次試驗時，指示一切，蓋泥沙未減少以前，洪水大溜，多至十數道，波浪泗湧，方向無定，中水漕岸，與大堤之間，難免第二新河漕之出現，此又不可不慮也。

第四節　泥沙未減少前工程辦法

據余個人數年之研究及經驗，上游泥沙未解决前，航運之便利，雖不能達到目的，而防患興利，不無途徑可尋，各種辦法，另陳述之。

第三章　築垻鑲堤

查泥沙減少問題，據前項各種證明，決非短時間所能奏效，如先顧上游，而疏於下游，則沙未減，而下游已受災無窮，就事實之需要，堤垻應同時併舉，臨時大患，始能免除。

第一節　增築石垻

由孟津河清村起，至利津海口止，南北兩岸，每距五里至十里，按河流趨勢，扼要地點，築以人字垻，其高度與高水位齊，以防洪水之猛衝，長寬則就其地勢，至河床情形，臨時規定，兩垻之間，加修邊圓石垛二至四座，以防大溜變遷，有直衝堤根之虞。

第二節　拋石固堤

垻垛完成之後，堤岸雖無受大溜直衝之虞，但孟津以下堤岸，土質多沙，無抵抗廻流冲刷，漫水澎湃之能力，則堤防潰決，仍不能免，亟應拋石護岸，以抗廻流，鑲石護岸，以禦漫溢，增高堤頂，以防洪水，並培植草木，以固堤身。

第三節　本章結論

若上二節果能按規定計畫，逐步完成，縱泥沙未能盡除，黃水雖猛，恐亦不能為害矣，查上述工程辦法，綜計所費，為數固鉅，但為遠者大者計，非如此全盤籌畫不為功。

（附註）除垻垛須採用大石塊，洋灰三合土立方塊外，至於大堤鑲石拋石材料，倘有運輸困難之處，可酌用柴龍工程，然究以不用柴龍為上。

第四章　開渠挖之理由

有云，黃河之泥沙不減，則一切大規模之灌溉事業不能發展，蓋灌溉用水過多，則水勢分殺，淤積更易，在治河方面，有害無益也，余謂證之事實，多未盡然，查泥沙來源未減少之先，利用灌溉，須設法阻止泥沙，淤高渠身及湖底，此問題解決，則困難立除，採取何種方式，詳載本章第四節，至關於黃河本身，實益大而害淺，恩格思云，欲思低水能挾帶泥沙，須增加流速，河漕坡度不變，溜速即不能增加，是低水時泥沙來源未減，淤墊無法免除，前篇業已詳述，故疏濬河漕，非賴高水位流速之冲刷不為功，査本年因下游決口，流速緊急，中有河漕，即全刷深，則堤埧鞏固，雖無決口之患，亦無刷深河漕之力，開渠挖湖，應選低窪之處，在大水時期，既可殺勢又可加流速，雖無決口時流速之洶猛，但能增加流速，可以想見，此理尙待詳細討論，至於導黄入淮，余以在建築閘門之時，先將阻止泥沙下灌問題解決後，則與治淮工程似無大害，蓋利用閘門，流量有定，泥沙減少，決無汎濫之虞也。

第一節 開渠地點

査黄河上中游沿岸，凡能利用渠道灌田之處，均可修閘引水，以興水利，蓋利用閘門，可以控制洪水之洶湧，而無減少冲刷泥沙力量之弊，低水時，力量微弱，泥沙自隨處沉澱，黄河本無舟楫之利，故在減少泥沙工程問題未成功前，利用開渠灌溉，實與河之本身，有利而無害焉。

第二節 湖澤地點

古人云，不與河爭地，誠治河扼要之論，惜近時河工廢弛，人民貪圖一時之利，以灘地湖澤，修築民埝，改爲桑田者，比比皆是，故每遇大水，河身不能容納，則出漕漫決，災患頻仍，實堪痛心，如能將蘭，考，長，明，各處之南北故道廢地，由政府收歸公有，然後鑿爲大湖深澤，並利用閘門，以調節水量，其灌農田，養水產，尤爲鉅大之利源，實治河者應深加研究焉。

第三節 開渠挖湖利用閘門辦法

閘門位置，宜設於壩身後面，以防大溜之冲刷，閘門基礎，須特別堅固，宜採用木樁並洋灰三合土，其深度至堅實地基上爲止，至於詳細設計，仍須測驗後決定之。

第四節 減少泥沙流入閘門辦法

査黄河含泥沙量過大，故計劃灌溉者，莫不先研究解除及減輕泥沙淤墊辦法，在黄河本身言之，泥沙量未減少以前，大都主張，利用沉澱也，經數次之沉澱，再入渠內，惟終日沉澱，終日挖疏，耗費不資，未見妥善，余曾研究出一簡捷辦法，但是否可行，尙未試驗，茲述於次。

假定其壩身後面，爲施修開閘區域，先將壩後用多數之洋灰樁，打入適當深度，每樁距離一公尺，中間穿插鐵條，成半圓形，密紮隔沙物料，圍護閘門，外造一慢斜滑坡，接於壩端水由埧，下灌，故入於閘門之水，泥沙因外減少，樺坡隔絕之泥沙，又因滑坡關係，流速急增，亦無淤墊之弊。

第五章　施工前應有之準備

1.培植森林須劃定區域，規定樹種，分公營私營，限期普遍完成。

2.改河道之預備　改河道，挖引河，須先詳測渭河流域，及黃河由臨夏經河套至潼關之幹支流域，並附近形地等高線圖案，以便精確設計。

3.修路運石　修壩護堤，所需石料甚鉅，應由平涼，隴海，津浦諸路，修支線至大堤各要口，另在堤上，鋪修輕便鐵軌，以利運輸，蓋河水變遷無常，時有停運之虞。

4.設治黃研究會，聘請國內外專家，專司其事，作精密之研究，俟試驗結果確定，即作全河治理之設計，再分進行步驟，以完成通盤計畫。

5.存儲材料　中下游堤岸，時常發生危險之處，達二千餘里，修埽護堤，決非短時間所能辦到，而每年春，夏，秋三次汛期，在在堪虞，應責成主管機關，仿歷代辦法，多存石料，柳枝，柴草，及麻袋等項搶險材料，於沿岸各處，以防不測。

6.補修堤埝　大堤及二道堤，在未修石工以前，宜加修完整密植樹木及雜草，以固堤根。

7.補修舊壩　在整個計畫未竣工以前，所有壩垛，宜先考察其實在狀況，酌量加高，與高水位齊，以固堤防。

8.全河測量應注重水紋，流速，地形等高綫，并縱切面等項，至於橫切面，於每長三十至五十里，測一段即可，蓋河漕瞬息數變，難得精確之結果，其他支流，亦應按同樣辦法進行。

9.收用民田　修堤，挖湖，鑿渠及開引河等項事宜，須清丈登記，按中央土地法，酌給地價，並免田賦，以防苦樂不均。

10培養監工人員宜設短期訓練班，教以治河常識，並責河務日治法，及水利工程淺識。

11設沿河電話沿河各站，宜設長途電話，報告水位，及大溜方向，以作搶險準備。

12增補土牛 舊日大堤上之土牛（即土堆）應須加大，留作搶堵險工之用。

第六章 施工年度（十五年）

一年度之項工作

1，修復決口，幷採用柴龍，拋石二法，以保護新堤岸。

2，補修中下游裹外堤，幷沿堤植樹。

3，舊垻加厚增高，與高水位齊。

4，完成下游測量工作。

5，沿堤存儲搶險材料。

二三年度之四項工作

1，增築孟津至利津間之垻埽工作。

2，完成孟津至利津兩岸大堤護岸工作。

3，完成上中游測量工作。

4，完成上中游造林計劃。

四五年度之三項工作。

1，計劃引黃入渭並全流域及支流整理之設計。

2，完成湖澤閘門工作。

3，存儲下游護岸材料。

六七八年度之三項工作（從略）

第七章 附整理海口意見

現以疏濬海口，爲治河之主要辦法者，頗不乏人，此說深恐涉於理想，一經施工，未有不失敗者，因機器人工之力，每日疏濬泥沙至微，上游泥沙來源不絕，即費數日疏濬之力，恐爲水中所含之泥沙，瞬息間可以淤平，余意以爲，上游泥沙減少後方可施工，較爲相宜也。

第八章 本年決口工程應注意之點

查本年八月九十兩日洪水暴漲猛落，蘭，考決口處，幸未冲成深漕，現用柴土修復，尚屬易舉，惟河道至蘭封三義寨東，忽而改向北折，堤岸與水流方向，正成一直角形，該處又無護岸工程，無怪其隨時決口也，余意此百里內、築垻護堤，至爲急需，又北岸長垣等處決口數十道，口門深二十餘公尺，現已成爲大水分流之新河漕，河水十分之六七，由此下瀉，勢將改道，善後工程，較爲困難，若以舊日之鑲埽合龍法，難以奏效，余意該處各口門前，宜先修一堅固大垻，以抗禦急流，然後用平船載石，連鎖下沉，較易收效也。

第九章 總結

據以上各種證明，如能籌到治河固定基金，按確定計畫，逐步進行，築垻固堤，以防水患，修閘關湖，以容洪水，導黃開渠，以利灌溉，植林改河以調節水量而減少泥沙，他如疏濬各海口，以利航運，崩毀陝州之石柱，以利交通，利用龍門水力，建築發電廠，以興水利，誠如是，吾意費時不過二十載，耗資約計二萬萬，則數千年之黃河大患，將一變而爲吾國之大利源，管見所及，倉卒脫稿，不免掛一漏萬，深願海內外工程專家，有以教之。

黃河水災

Dr.Charvet著
逸飛譯

本年黃河水災，情況嚴重，據老於河務者云，爲近百年來所未有，此次被災區域，延袤四五省，災民達兩千萬人，本市工商學院教務長，Dr. P.Charver氏，爲一地理學專家，最近向歐美各國，報告此次黃河水災之經過，期喚起各方援助災民，全文對於黃河水災，作一有系統之叙述，立論極有見地，爰錄於後。

總論

黃河水災，在中國代有所聞，此固由於導治上未得其宜，但亦有非人力所能及之處，吾人從種種方面，實地觀察認爲黃河不僅爲中國 抑且爲世界最危險及最難治之河流。

就世界河流之地勢而言，大別分爲兩種，一種爲張口河，Estuaire 其入海處甚寬闊，與海潮起伏相呼應，此類河流，河面大致相同，流速亦等，所有水流所含之泥沙量，多能隨波入海，極少能淤滯於河身者，此類河流，如復能在兩水節調速緩平原，且能吸收水分之地帶，則實與吾人極大之利益，如北美之 Laurent Hudson 南美之 Rio dela Plata 歐洲之 Tamise Elde 等，即爲屬於此類之河流，其附近之城市，大都爲工業最發達之港埠，如紐約，倫敦，漢堡等是。

另一種河流爲X形者 Deltas 其坡度上中下游，恒不一致，而水流遲速，亦不相等，且此類河流，多由山澗發源，携帶泥沙甚多，因中下流水力遲緩關係，故大部泥沙，恒淤積河中，每當發水時期，易生水患，此類河流，如印度之 Gange 及中國之黃河皆屬之，而尤以黃河爲患最烈。

黃河入海之情形及其影響

黃河上流，來自朔漠，挾帶多量泥沙，其在上流，因其地勢居高臨下，水流湍急，故泥沙雖多，尚能暢流，中流以下，地勢約與海平相等，故河流無力，於是泥沙滯積沉澱河身，爲時既久河牀滿泥沙，河身反較平原爲高，於是河流不得不離開其河牀，流於較低之平原，此所以黃河雖則常時改道，但若干年後，新河牀又充滿泥沙，於是黃河又另易新牀，是故每隔數百年，河道即有一次大變遷，每隔數年，黃河即有一次之泛濫，在中國北部，黃河及其支流所留於各省之河牀遺痕，大小殆不可以數計，而每一遺痕，即不啻爲水災一次之紀錄，亦即人民遭逢一次災害之創痕。

歷來防河之方法

爲防衛河流之泛濫，歷代設官防治，歲糜巨資，其惟一防治方法，厥惟築堤，以限制河牀之任意變更，但收效甚微，而水患不發則已，發則愈不可收，蓋黃河築堤，縱一時遠較其河身爲高，但河內泥沙，如始終有增無減，則堤岸終必有爲河身超越之一日，如黃河中流，遠較上流爲低，但其中流之河身，因屢年淤土滯集之關係，且較其河岸平原爲高，如在開封以此河牀竟超過其平原五尺，在尋常時，河身大半爲泥沙所一帶積，一遇上游山洪暴發，下游水漲流急之時，河流勢必漫堤而過，向低處潰流，爲害極大，數千年來，迄無善法以弭此患，近年中西學術貫通，各國水利專家，代爲設計，始有設築水庫，束堤攻沙，固定河槽，改良堤線，改移河身種種計劃，但以中國目前形勢而論，以上各種善策，究竟能否實現，殊爲疑問，在以上各法未實現以前，惟一防河方法，仍不外爲築堤搶險，固仍係千年前之舊法也。

黃河與其他河流之比較

黃河爲患，固由導治上不得其宜，但黃之不甚他類似之河流，亦係事實，河流如能有調節之雨水量，亦足以改善河道之水流，減少其淤土，在山洪暴發挾帶多量泥沙入河之後，因水流之愈流愈緩，遂致逐漸淤積河身，但如能有調節之雨水，流入河中，增加水流之力量，使滯積泥沙，不能久流一地，而驅之入海，如長江水流，終年雖爲挾帶泥沙之紅黃色，但因雨水之調劑，泥沙不致滯積，此外如歐洲之波河及美洲之密西西比河，皆能得雨水同樣之功用。

造林亦於河流有益，蓋森林可以調和氣候，使雨水均宜，大森林至雨水過多時，能吸收雨水，注入地內，而天旱時，則復能於泉中流出一平均水量，供給河流。

歐洲中部之多山區域，山間之水流，及瀑布均甚猛，因造林之功效，改善極多，如萊因河之能航運便利，即不能不歸功於森林。

此外河流如能多有湖泊，亦足以調節河流，如長江流域，湖沼甚多，在雨水充裕時，能儲蓄水量，在雨水缺乏時，復能補充不足，復次河流之速度及搬運淤土量，對於泥沙之淤積，亦有相當之關係，長江之淤土搬運量，每年平均總數約為一八〇•〇〇〇•〇〇〇立方公尺，其水流入海之速力，為每秒鐘三〇•〇〇〇立方公尺，至於黃河之平均水流入海速力，每秒鐘僅為三•〇〇〇立方公尺，而黃河由濟南入海之淤土搬運量，則為五〇〇•〇〇〇•〇〇〇立方公尺。

兩河之比較，長江所含之洗濃量，僅為黃河之百分之三十六，而長江之速度力量，則十倍於黃河，故長江對於其河流內所含淤土之沖洗，並不困難，而黃河以其每秒鐘三•〇〇〇立方公尺之速力，實難以含帶每年五〇〇•〇〇〇•〇〇〇立方公尺之淤入海也。

黃河為患之主因

黃河對上述諸河流之優点，一無所有，而黃河所有者，則為以下諸種，不良條件。

黃河缺乏如長江或萊茵河之有調節的雨水，但有一極惡劣之氣候，每年夏季搶險，已成治理黃河之慣例，蓋黃河流域每當夏季，即有一種恐怖，及破壞性之夏季暴雨，此項暴雨在一九二四年七月十三日，曾於三十小時內，落雨三十五生地米達，為天津全年雨水量之十分之七，且此項雨水之降落，從無絲毫之抵抗，因沿黃河流域之地帶，皆缺乏森林，雖在晉陝境內，有數百方里之森林，但實際無裨於事，而黃河沿岸之地質搆成，復非如石灰質或花崗石之堅硬，而僅為一種軟弱及不堅固之膠土，一經水冲，七塊水即成為混合體，而流入河內，黃河現所淤積之泥沙，有百分之六十以上，係在以上情形下所搆成。

天津北彊博物院院長里壽氏（Dr. P Licent）在上次陝西水災時，曾見一黃河支派之河流，其河水為黏凝土所混合，幾令人不識此河水為液體抑為固體，在此種情形下，黃河所含之泥沙，自難流入海中，河牀淤積，實為意中之事。

此外尚有一使黃河成災之原因，即由各河流總匯黃河之陸地面積，大於歐洲之盤河十五倍，此即不啻增加水量十五倍。

另有一事大堪注意者，即根據北平地質學會多數地質學家之實地考察，就山西近年地勢增高，証明河北省之平原逐漸降低，因地勢降低之關係，河北境內之黃河，一有水災，所有村莊，即全行淹沒，僅有城內各地，因受城塢之保護尚不致完全沒頂，在一九三〇年，黃河水災時，冀南各縣之城樓，即有爲水漫過者，而大名府西之舊魏縣，則完全爲水所淹沒，且經過一度之水災後，該地之平原即爲淤土淤高不少，而附近各地平原，皆無形降低，下次水災來時，比較低之平原，即不免有水災之患，故各地水平線之不同，亦爲黃河流域水災不能避免之一大原因，由以上氣候，雨水，地勢，地質之種種原因，造成黃河下游爲一不可避免之水災區域，縱吾人將來能去沙固堤，改善上游之水勢，但因雨水及地勢關係，實亦難期完善，是故對於本年黃河之水災，凡明瞭黃河歷史者，皆視爲無足怪異。

本年河患泛濫之經過

就今年水災發生經過而論，據災區調查員報告，最初因雨水之不調和，在七月間，上海一帶，在往年本均祇應有一二〇米里米達之雨量，在今年則增至四三〇米里米達而沙拉集（Saratsi）一帶區域，僅在七月七，八，九，三日間，共落雨量二〇五米里米達，其中所含泥沙量，達百分之六十四，結果將河牀充滿，在往年此時之河流，照例應在堤下十五尺，暴洪發生後，淤積土離堤岸不過一尺至三尺之間，而平厚則較堤低十五尺至二十尺，上淤水勢稍緊，河身無法容納，勢必四溢於較低平原，其發生動機，則在下列兩種情形之下，

一爲河流泛濫，

一爲河道改道，

本年之黃河水災，據當時實地調查者之報告，則對以上兩種情形，實兼而有之，

（一）黃河泛濫之處，係在冀南之長垣，東明及豫省境內之滑縣一帶，以上各地被水之原因，由於長垣河堤爲匪所掘，致河流泛濫，波及數縣，惟此種情形之水災，泛濫

之勢較緩，雖爲患一時，但尚較上述第二種流形爲優，且經此一度泛濫之結果，平原受河流所含淤土之堆積，地勢反得增高，下次水災時，或竟可不受影響，如一九一五年濮陽縣發生水災，全境爲水及其所含泥沙所淹沒，水落後，大部泥沙淤積於田地之內，藉此或竟增加地質之肥沃。

（二）至於河流改道之情形，則爲患較烈，一九一五年黃河向北泛濫時，在開州左岸決口，並向右岸潰流。遍求河道，結果在山東陶城附近，覓得一較低之新道，其距離較舊道近三百餘里，由此復歸於黃河，沿途所經過一八六一村莊，完全爲水所冲沒。

按地勢而論，黃河蜿蜒紆曲，素有九曲黃河之號，此次因河牀充塞，在其下游另改較低之新道，此在雅典及法以諸國皆有先列，並不足奇，在十餘年前，且有水利專家主張將天津至海口之紆曲海河，改爲直線，既可擴大海河之功用，又免上游爲泥沙所淤其理正同。

黃河之能否及應否恢復，故道非研究此項問題之工程專家，不能解答，但如有可能時，最近數年間，黃河附近之人民，將遭重大之損失，此則毫無疑問者也，以黃河河牀之日見淤積，其水面及其淤土有時幾高於附近之平原，雖增高堤岸，亦不免險，治本之計，應於下游爲之另立新河牀，若非然者，聽其自然泛濫，則黃河或將由西南自尋新道，或竟由衛河及北運河逕由天津出口，亦非絕不可能之事，但以上兩河，皆爲曾經淤積之舊河，黃河恐將不能在此兩河暢流，勢必仍向附近之低窪平原泛濫。故治本之計，關於上游之造林，中游之固堤攻沙，下游之改修河道，皆應早爲决定，否則今年水災，雖能結果，明年仍將復起也。

救濟災民

至於月前治標之計，當以救濟災民爲最先急務，災民可分爲兩類。

（一）被災後水已消退之區域之難民，對於此項災民政府及社會應補償其水災之損失，維持其一年之生活，就被災區域詳略考察是否有再受水災之可能，其田地係爲肥沃之泥土，抑或無益之沙石所淤積，簡言之，對於災民之一切，應有通盤整個計畫。

（二）開州附近黃河西北區域內之災民，該處水勢短期時內，無退落之希望，此等人民，將無家可歸，無地可耕，政府於維持其人民生活外，並應爲之謀安頓之方法，有人主張將黃故河道之田地，給與災民，以補償其損失，但此種田地，是否宜於耕種，仍須經過相當之調查，總之中國政府及其人民，對此次被難之同胞，固應盡撫恤之責，即各國政府與人民，亦皆應有同情心，共同努力於救濟事業，此爲作者殷切之希望，謹爲世人懇切言之，（附圖從略）

（完）

治黃計劃

黃河水利委員會

黃河水利委員會自月前在京成立籌備處後，對內部設施，大致就緒。值此黃河下游淤塞，河水氾濫之際，亟應從速治理，以防遷道。該會爰於籌備期內將第一步之治黃計劃先行擬就，並呈請國府核准在案。一俟財部經費領到後，即將依照擬定計劃，着手辦理。茲探得其各項計劃如下。

測量河道

測量工作共分四段。鞏縣至河口一段，長約八百五十公里。兩堤間之距離，有為十五公里，有為四公里。今估計測量之寬度為三十公里。測定河床形狀及兩岸地形，繪製五千分之一至萬分之一地形圖。若組織四大隊測量，約三年可以竣事。鞏城至韓城一段，長約四百公里，測繪萬分之一地形圖。韓城至托克托一段，長六百公里，亦測繪萬分之一至兩萬分之一地形圖。於山峽處測量區域略窄。修築工程處如閘垻等，則測量較詳，約二大隊二年可竣。托克托至石嘴子一段，長亦約六百公里，亦測繪萬分之一地形圖，二隊約二年可竣。石嘴子以上，則暫作河道縱斷面，及切面測量，一隊約二年可竣。黃河上游之地形及河口之狀況，概以飛機測之。如是則組織五大隊測量，五年內即可竣事。水汶測量包含流速，流量，水位，含沙量，雨量，蒸發量，風向，及其他關於氣候之記載事項，其應設水文站之地點，為皇蘭，寧夏，五原，河曲，龍門，潼關，孟津，鞏縣，開封，鄄城，壽張，濼口，齊東，利津，河口，及汶水之西寧，洮水之狄道，汾水之河津，渭水之華陰，洛水之鞏縣，沁水之武陟。其應設水標站之地点，為貴德，托克托，葭縣，陝縣，鄭縣，東明，蒲台，汾水之汾陽，渭水之咸陽，洛水之洛寧，沁水之陽城。並令各河務局沿途各段設水標站。

治導計劃

按上計劃，約四年之後即可實施治導之工作。其工作項目如下。甲，刷清下游河漕，換言之，即對於下游河道橫切面加以整理，河口加以疏濬。河水含沙過多，為黃河之一大問題。欲求河漕不淤墊，則流速與切面必有合理之規定，如是則河漕刷深，水由地中行矣。其法或用束堤，或用丁垻，因地制宜。乙，修正河道路線，河道過曲，為下游病症之一，故應裁直之處甚多。惟同時亦應顧及現有之事實，相勢估計，規定之後，於何處應栽直，何處宜改弧，亦當次第興辦也。丙，設置滾水垻，於內堤之適當地点，設滾水垻，俾洪水暴漲時，可以漫流而過，流入內堤外堤之間，既可免冲決之患，且可淤高兩堤間之地，以固地形，惟必加以測驗，審慎處置，以免河水因疏而分，因分而弱，因弱而淤河床。丁，設置谷坊。山谷間之設坊横堵，既可節洪流，且可澱淤沙，平邱壑，應相度本支各流地形，以小者指導人民設置之，大者官力爲之。戊，發展水力，沿河可發展水力之地甚多，宜利用之，而以測量河口爲第一事。己，開闢航運，黃河上下游必整理之，俾便航行，凡比降過大，或礁石隔阻之處，可設閘以升降之，或開除其障碍。庚，減除泥沙，於泥沙入河之後，應使之携澱於海，然爲治本清源計，以能減少其來源爲上，其法爲嚴防兩岸之冲塌，及另遷避沙新道。再則爲培植森林，平治階田，開挾溝洫。辛，防禦潰決，於各項新工程實施之後，則水由中行，水患自可逐漸減除，惟仍宜竭力防護之。

墾地步驟

墾地工作，一則有利河道，再則增加生產，實屬有益。茲分述墾地之步驟如下。甲，恢復溝洫，治水之法，有設谷閘以節水者，然水庫善淤，若分散之爲溝洫，則不啻億千小水庫，可以容水，可以留淤，淤經滯取，可以糞田，利農兼以利水，惟西北階田，必須以政府之力，督令人民平治整齊，再加溝洫，方爲有效。乙，整理河口三角洲，河口三角洲淤田三百萬畝，且河道遷移不定，水難暢行，棄富源於地，亦殊可惜，應即着手治理，則工程農田，兩收其利。丙，整理河灘荒地，沿河兩岸荒地甚多，或由於河道之變遷，或由於兩岸之淤，高多爲未墾之地，如豫省之沿河兩岸，及陝西韓邵，朝華，一帶是。丁，鹼地放淤沿河鹼地，多爲不毛，每畝價格極低即以山東而論，已有近萬頃之數，其他若河南河北兩省沿岸亦甚夥，若能整理得法，則荒田變佳壤，其利甚厚。戊，河套墾地，河套一帶未墾之地尚多，宜墾植之。己，灌溉田畝，黃河上游及各支流，宜施行灌溉工作，況上游雨量缺乏，尤宜行之，惟在下游，頗有考慮之必要，蓋以鞏縣以下，支流無幾，若引多量之水以資溉田，則所取者多爲水面及河邊之水，而含沙量必較少，因之河水之含沙量之百分數必增加，是故下段灌溉，應於河道切面設計時加以考慮也。

治理黃河綱要

李儀祉

此篇爲李委員長於九月廿六日開封黃河水利委員會提案，茲錄其原文如次。

理由 本會奉令統籌治理黃河，責任重大，業於九月一日正式組織成立，惟治事之初，應立階程，以期循序漸進，克赴事功，爰經擬具工作綱要分述如下。

(一)測量工作

地形河道測量，測量爲應用科學方法治河之第一步工作，蓋以設計之資料，多是賴也，然黃河各段之情形不同，故所需測量之詳略亦異，例如鞏縣以下，河患特甚，測量宜詳，鞏縣至韓城次之，韓城至托克托則在山峽之間，又次之，托克托至石嘴子較爲平坦，有灌溉航運之利，宜較詳，石嘴子以上則次之，鞏縣至河口一段長約八百五十公里，兩堤間之距離，有爲十五公里，有爲四公里，今估計測量之寬度爲三十公里，測定河床形狀及兩岸地形，繪製五千分之一至萬分之一地形圖，若組織四大隊測量，約三年可以竣事，鞏縣至韓城一段，長約四百公里測繪萬分之一地形圖，韓城至托克托一段長六百公里，亦測繪萬分之一至兩萬分之一地形圖，於山峽測量區域可窄，於欲修築工程處如閘垻等，則測量較詳，約二大隊二年可竣，托克托至石嘴子一段，長亦約六百公里，亦測繪萬分之一地形圖，三隊約二年可竣，石嘴子以上，則暫作河道縱斷面，及切面測量，一隊約二年可竣，黃河上游之地形及河口之狀況，概以飛機測之，如是則組織五大隊測量，五年內即可竣事。

水文測量，水文測量包含流速，流量，水位，含沙量，雨量，蒸發量，風向，及其他關於氣候之記載事項，其應設水文站之地點如下，皋蘭，寧夏，五原，河曲，龍門，潼關，孟津，鞏縣，開封，鄄城，壽張，濼口，齊東，利津，河口，及湟水之西寧，洮水之狄道，汾水之河津，渭水之華陰，洛水之鞏縣，沁水之武陟，其應設水標站之地點如下，貴德，托克托，葭縣，陝縣，鄭縣，東明，蒲台，汾水之汾陽，渭水之咸陽，洛水之洛寧，沁水之陽城，並令各河務局沿途各段設水標站，於河源，皋蘭，寧夏，河曲，潼關，開封，濼口，各設氣候站，測量氣溫，氣壓，濕度，風向，雨量，蒸發量等，並令本支各河流域之各縣建設局設立雨量站。

研究設計 治河之事，環境複雜，其受天然之影響亦至巨，故必有充分之研究方可作設計之依據，河床之變遷，河道冲刷之能力，沈澱之情形等測驗，流量係數之測定泥土試驗，材料試驗，模型試驗等工作，舉凡一切工程於實施之先，必有充分之探討，對於採得之張本，必加深切之研究，於開封、濟南各擇一段河身作天然試驗，又擇適當地址，設模型水工試驗場一所，以輔助之，三年之後，上項之測量與研究工作，大半完足，即可根據計劃治導之方案，以便作工之實施，舉凡本河之根本治導工作，即可於第五年起實施，次第進行。

河防工作 黃河之變遷潰決，多在下游，故於根本治導方法實施之前，對於河之現狀，必竭力維持之，防守之，免生潰決之患，欲各河務局之工作與將來計劃不衝突，及其防護合理起見，冀魯豫三省河務局統歸本會指導監督，本會並常派員視察指導改良其工作，舉凡埽埧磚石之應用，增鑲新修之工程，皆應努力為之，查我國治河有四千年之歷史，其成績與方法，殊可欽仰，惟防決之法，似有改進之必要，對於汛員兵弁，宜加以訓練，俾得明瞭新法之運用，同時並訓練新工人，以作遞補之用。

根本治導 按照上項計劃，約四年之後，即可實施治導之工作，其項目如下，(甲)刷深下游河槽，換言之，即對於下游河道橫切面，加以整理，河口加以疏濬，河水含沙過多，為黃河之一大問題，欲河槽不淤墊，則流速與切面必有合理之規定，如是則河槽刷深，水由地中行矣，其法或用束隄，或用丁埧，因地制宜，(乙)**修正河道**路綫，河道過曲，為下游病症之一，故應裁直之處甚多，惟同時亦應顧及現有之事實，相勢估計，規定之後，於何處應裁直，何處宜改弧，亦當次第舉辦也，(丙)設滾水埧，於內隄之適當地點，設滾水埧，俾洪水暴漲時，可以漫流而過，流入內隄外隄之間，既可免冲決之患，且可淤高兩隄間之地，以固地形，惟必加以測驗，審慎處置，以免河水因疏而分，因分而弱，因弱而淤河床，(丁)設置谷坊，山谷間之設坊橫堵，既可節洪流，且可澱淤沙，平邱壑，應相度本支各流地形，以小者指導人民設置之，大者官力爲之，(戊)發展水力，沿河可發展水利之地甚多，宜利用之，而以測量壺口爲第一事，(己)開闢航運，黃河上下游必整理之，俾便航行，凡比降過大，或礁石隔阻之處，可設閘以升降之或炸除其障礙，(庚)減除泥沙，於泥沙入河之後，應使之攜濾于海，然爲治本清源計，以能減少其來源爲上，其法爲嚴防兩岸之冲塌，及另選避沙新道，再則爲培植森林，平治階田，開挾溝洫，(參看第六第七節)，(辛)防禦潰決，於各項新工程實施之後，則水由地中行，水患自可逐漸減除，惟仍宜竭力防護之，以上工作有須待四年之起後首者，有隨時可以興辦者，期十年小成，三十年大成。

整理支流

支流之整理與幹流本爲一體，惟各支流之情形不同，則治導之方法與利用，自當因地制宜，例如渭水航行及灌溉之利，與其含沙量，是當特殊注意者，其他若汾，洛，沁等支流亦皆應加整理，以清其源也。

植林工作

森林既可減少土壤之沖刷，且可裕埽料，防泛濫，故沿河大堤內外及河灘山坡等地，皆宜培植森林，造林貴乎普及，非一機關或少數人所能爲力者，故必與地方政府及人民合作之，嚴定賞罰條例。

墾地工作

墾地工作一則有利河道，再則增加生產，實屬有益，茲分述之：甲，恢復溝洫，治水之法，有設谷閘以節水者，然水庫善淤，若分散之爲溝洫，則不啻億千小水庫，可以容水，可以留淤。淤經渫取，可以糞田，利農兼以利水，惟西北階田，必須財政府之力，督令人民平治整齊，再加溝洫，方爲有效，乙，整理河口三角洲，河口三角洲淤田三百萬畝，且河道遷移不定，水難暢行，棄富源於地，亦殊可惜，應即着手治理，則工程農田，兩收其利，丙，整理河灘荒地，沿河兩岸荒地甚多，或由於河道之變遷，或由於兩岸之淤高，多爲未墾之地，如豫省之沿河兩岸。及陝西韓，郃，朝，華一帶是，丁，鹼地放淤，沿河鹼地，多爲不毛，每畝價格極低，即以山東而論，已有近十萬頃之數，其他若河南河北兩省沿岸亦甚夥，若能整理得法，則荒田變佳壤，其利甚溥，戊，河套墾地，河套一帶未墾之地尚多，宜墾殖之，己，灌溉田畝，黃河上游及各支流宜施行灌溉工作，況上游雨量缺乏，尤宜行之，惟在下游頗有考慮之必要，蓋以鞏縣而下、支流漑幾，若引多量之水以資無田，則所取者多爲水面及河邊之水，而含沙量必較少，因之河水之含沙量之百分數必增加，是故下段灌溉，應于河道切面設計時加以考慮也。

〇整理材料〇

（一）我族沿黃河而東，開拓華夏，其與黃河之關係，尤爲密切，而黃河又具其難治之特性，氾濫變遷，時有所聞，故益爲人類所重視，是故史册所載，私家著述，汗牛充棟，極爲豐富，今者各實業家及水利機關，或派員視察，或施行測繪，研究者亦不乏人，惟以分地保存，散失不完，若不早日搜集而整理之，則恐年久無存，且昔人之經營，可作今日之借鏡，是以應將各種材料搜集整理之也。（九月二十六日）

19579

貴廠鍋爐應用之耐火缸磚欲用國貨經濟耐度大的嗎

寶號建築工程需購缸磚缸管欲用經濟堅實的嗎

各界需要各種細瓷器皿必欲用完全國貨價廉物美的嗎

德盛窰業廠

河北省實業廳國貨展覽會獎狀第三號

河北省工業試驗所證明書第十七號

實業部國貨證明書國字第七十八至八十八號

商標局商標註册証第二〇一二一〇號

品要目

各種細瓷　耐火缸磚　衛生器皿　耐火火泥

電力瓷件　雙釉缸管　各項坩堝　石英長石

總事務所　天津娘娘宮東口河沿　電話二局三〇一 五局八八八號

總批發處　電報掛號有線四五二三

老廠　唐山北東缸窰　舊陶成局原址

唐廠　唐山市北雹神廟旁　電話二百四十四號

津廠　天津陳家溝鐵道旁　電話六局九十二號

會務報告

第九次執行委員會會議紀錄

舉行年會之議既决，爰於九月一日發出通啓，其文曰：「敬啓者：本會成立，已屆一年，幸賴諸仝人團結與努力，會務得以日見發達，此堪同深欣忭者也。本會執行委員會決議本年九月十七日在津舉行第一屆年會，要旨係爲聯絡感情交換學識討論會務及工程問題，於本會基礎之鞏固前途之進展至關重大。際茲嫩凉初透，爽氣朝來，既便旅行，更宜集會，一堂共話各抒獨得之奇，辨難質疑互獲切磋之益，務希 先生准期涖止，共襄盛典，無任企盼。挈眷同來，尤所歡迎。此啓。」此外幷發出第一屆執委選舉票，規定九月十五日爲截止收票之期。而第九次執委員議於年會前一夕舉行，紀錄如左：

時間 九月十六日下午六時半

地點 法租界小食堂

出席委員 李書田 張蘭閣 魏元光 張錫周 李吟秋 王華棠

主席 李書田 紀錄 王華棠

一、開會

二、討論事項

（一）二屆執委選舉票截至本日止，收到七十七張，開票結果如後。

李書田74 王華棠71 李吟秋67 魏元光66 石志仁53 呂金藻47 張蘭閣46

張錫周41 張潤田40 高鏡瑩35 劉振華32 雲成麟21 宋瑞瑩18 劉家駿17

劉子周14 張仲元13 滑德銘10 王翰辰10

（二）審查新會員資格。

（a）通過吳丕為仲會員。

（b）仲會員劉濬哲經歷已屆八年，應准升為會員。

（三）近中國工程師學會通過信守規條，本會亦當施行，應提年會公決。

三、散會 下午九時

第一屆年會紀錄

時間 二十二年九月十七日上午

地點　天津國立北洋工學院延接室

出席　楊勵明　滑德銘　王華棠　檀桂森　李吟秋　王瑞剛　孫英崙　張錫周　王志鴻　王榮科　雲成麟　張潤田　門厚栽　魏元光　呂金藻　劉國鈞　劉家駿　宋瑞瑩　徐澤昆　石志仁　高喬雲　李書田

主席　李書田　記錄　王華棠

一、開會如儀

二、主席致開會詞

三、會務報告（會務主任，會計主任，編輯主任）

推張錫周雲成麟王華棠門厚栽滑德銘五君審査賬目。

四、討論事項：

（一）修改會章加入學生會員案（執行委員會提）

決議　通過

（二）本會會員宜利用種種機會及方法提倡國貨案（石委員志仁提）

決議　通過

（三）本會應製定信守規條以資信守案（執行委員會提）

決議　推李吟秋滑德銘雲成麟呂金藻宋瑞瑩五會員起草，由李會員負責召集。

(四)本會會員學科不同應分組研究以利進行而增效率案(雲會員成麟提)

決議　分組及進行辦法交執行委員會詳細討論辦理之。

(五)建設河北應先救濟農村案(楊會員勵明提)

決議　組織復興農村方案研究委員會，推楊勵明李吟秋宋瑞瑩張錫周呂金藻五會員爲委員，由楊委員負責召集。

五，臨時動議：

(一)修改會章第五條，執行委員會委員改爲十五人，任期三年者五人，二年者五人，一年者五人，每年改選三分之一案。(執行委員會提)

決議　通過

(二)修改會章第八條九條十條字句案(執行委員會提)

決議　通過

六，報告第二屆執行委員會選舉結果，並用抽籤法決定任期如左：

張潤田　張錫周　高鏡瑩　雲成麟　劉子周(以上五人任期三年)　李吟秋　魏元光

石志仁　張蘭閣　宋瑞瑩(以上五人任期二年)　李書田　王華棠　呂金藻　劉振華

劉家駿（以上五人任期一年）

七，北洋工學院招待宴。

八，講演 鄧日謨教授

（講題——自製機器之經歷）

九，攝影

十，散會（下午二時）

附錄

(一)本會簡章，經第一屆年會修正通過。(二)建設河北應先救濟農村案，爲楊委員勵明題議；業於年會决議，推定委員，組織復興農村方案研究委員會，籌辦一切。(三)關於函請河北省教育廳設立農工科高中學校一案，已得該廳復函，茲將以上三項附錄於後，以供參考。

河北省工程師協會簡章

二十二年九月十七日第一屆年會修正

第一條 本會定名爲河北省工程師協會

第二條 本會以聯絡工程專家闡揚工程學術以發達本省建設事業爲宗旨

第三條 本會設總會於本省省會所在地遇必要時得設分會于本省其他各大城市

第四條　會務一，集會通信刋佈會員消息以聯絡情誼
二，設立圖書舘搜儲有關技術之書報圖型以便利研究
三，刋行著述以發揚學術傳佈新著
四，設各種委員會以策工程之進步而謀本省建設事業之發展及技術制度之劃一

第五條　本會設執行委員會處理一切會務委員十五人於年會前由全體會員票選之其中任期三年者五人二年者五人一年者五人每年改選三分之一

第六條　執行委員會設主席委員一人委員兼會務主任一人委員兼會計主任一人委員兼編輯主任一人由委員中互選之

第七條　本會會員分爲會員仲會員初級會員學生會員名譽會員會友六種

第八條　會員　凡土木建築機械電機礦冶紡織應用化學及其他專門工程學科工程師籍隸河北年滿三十歲確在國內外大學獨立學院或專科以上學校工程系畢業有八年以上實地經驗曾担負工程師責任三年以上者或名望素著成績昭彰之工程師已有十二年以上之實地經驗曾担負工程師責任四年以上者經本會會員或仲會員二人以上之介紹並得本會執行委員會審定認可均得爲會員其充專科以上學校工程專科

教員者得比照以上之資格由執行委員會酌定

第九條　仲會員　如第八條所載各科工程師籍隸河北年滿二十五歲確在國內外大學獨立學院或專科以上學校工程系畢業有四年以上之實地經驗曾担負工程師責任一年以上者或具相當之工程學識已有八年以上之經驗曾充擔負責任之工程師二年以上者經本會會員或仲會員二人以上之介紹並得本會執行委員會員審定認可均得爲仲會員其充專科以上學校工程專科教員者得比照以上資格由執行委員會酌定

第十條　初級會員　凡籍隸河北年滿二十歲曾在國內外大學獨立學院或專科以上學校工程系畢業者或由中學以上之學校出身而有四年以上之工程實習者經本會會員或仲會員二人以上之介紹並得本會執行委員會通過認可均得爲初級會員

第十一條　學生會員　凡籍隸河北現在國內外大學獨立學院或專科以上學校工程系本科肄業者經本會會員或仲會員二人以上之介紹並得本會執行委員會通過認可均得爲學生會員

第十二條　名譽會員　凡工程師界領袖其學問精神爲人景仰而能贊助本會進行者由會員或仲會員十人以上之提議經執行委員會全體通過得爲本會名譽會員

第十三條　會友　凡在河北省內服務之工程師或非工程師而其科學事業足以協助本會者由

會員或仲會員三人以上之提議經執行委員會通過得爲本會會友

第十四條 仲會員及初級會員至相當時期得函請執行委員會按章升級

第十五條 會員與仲會員有選舉權與被選舉權初級會員有選舉權

第十六條 入會費 會員三元仲會員二元初級會員一元學生會員一元會友二元須於入會時繳淸

第十七條 常年會費 會員三元仲會員二元初級會員一元學生會員一元會友二元

第十八條 本會每年舉行年會一次其會期由執行委員會定之

第十九條 本會辦事細則另訂之

第二十條 本簡章如有未盡事宜得由年會議決修改之

第二十一條 本簡章由本會成立大會通過後實行

建設河北先救濟農村

楊勵明

中國的農民佔大多數，農民要有辦法，一切問題都易解決。農民的根本問題是生計問題，生計問題不解決，什麼問題都不能解決。農民經濟問題的先決問題是政治問題，政治不上軌道，一切問題都無從着手。所以我們一方面要救濟農村，解決農民的經濟，一方面要監督政府改善政治，解除人民的苦痛。

因爲農民知識幼稚，組織力量薄弱，下層毫無基礎，一切全爲政府力量所支配，所以政治不良就影響到人民的生計。翻過來說，若是社會有强有力的組織，鞏固的基礎，也可以改良政治，支配政治，即便政治不良，也未必直接影響到社會經濟。我們想救濟中國，應當先從組織下層基礎入手呢？或是先由上層改良政治入手呢？依著者主觀的淺見，中國農民外受帝國主義經濟的壓迫和武力的侵略，內受兵匪之騷擾，和水旱天災之降臨，人人都感到生活困難。再就河北省言，東北二十餘縣受戰禍的蹂躪，沿黃河數縣又遭汎濫的鉅災，政府賑濟戰區災民，開口就許二千萬，後抽到四百萬，末尾又抽到一百萬，不但是口惠而實不至，且依然不能解除兵匪之蹂躪，沿河受災各縣，更直截了當分文沒有得到政府賑欵，正啼飢號寒度其苟延殘喘之生活，就是幸免鉅災的中部各縣，也是喘噓呻吟氣息奄奄，組織這些農民亦屬不易，再去改建政治，恐怕無此力量，我們知識階級份子，應當負起責任，團結起來，想法提高農民的經濟能力，解除人民壓迫的痛苦。吾人以工程師的眼光建設河北，須切合需要，在實事環境可能範圍內爲縝密而有步驟的計劃，切不可蹈一般政客徒唱高調，競務虛名的覆轍。

中國外受不平等條約之束縛，內受不良政治之層層剝削，遂造成農村經濟的崩潰，近年來因各國生產過剩，大宗米糧及農產品傾銷中國，又因內政腐敗，兵匪騷擾，苛雜剝削，災祲連年，毒品流行，益速農村之破產。今秋糧價奇賤，農民經濟力隨之低落，一切工商業，均陷於衰落不振的氣象，是穀賤不僅傷農，整個國民經濟均不能發展。

蔣委員長於本月六日致湘贛等八省電文有云「我國以農立國，糧食問題，實民生所關，亦即國本所繫，顧比年以來，農村情形，歲凶固不免於飢饉，歲稔竟又穀賤傷農，農民痛苦達於極點，社會騷然，危機四伏，救濟之道，一則在酌劑各省糧食之盈虧，杜絕洋米之侵銷，二則在預儲半年之積糧，以備荒歉之不足，三則在活動農村之金融以平準糧值之慘落，」云云，是蔣委員長對於糧價慘落，及鄉間「災固歉收，豐亦荒年」之情形，有深切的明瞭，所定三項救濟辦法，也屬切要，然則政府為甚麼又借到美國價值約二萬萬元的棉麥？與所謂杜絕洋米的侵銷，是不是衝突矛盾？但既已借到，希望用此項借款，獎進國內農產，救濟農村，並提高進口糧稅，防堵外國農產之競進，庶有補救的希望。

幸而政府已聲明棉麥借款決用於生產事業及復興農村，倘實踐斯言，則農民所蒙之利益，必超過所受之損失，否則一如往昔之糜費虛擲，農村經濟益陷於崩潰不可收拾之域。今假定此項借款，一半分配各省，河北至少可得二三百萬元，惟此款如何保存，作何用途，事先若無嚴密組織為人民所信仰之團體，臨時必致貽誤事機，擬由每縣選舉一二人為代表，組織河北省復興農村經濟委員會，計劃發展農村經濟，並代各縣人民設法解除駐軍騷擾，督促省府清勦土匪，澄清吏治等事，倘棉麥借欵分配到省，即由該會保存支配，本協會應注意此事，並應預先計劃此項借欵用途，俾免臨時張皇。

本協會旣爲本省各技術人員所組成，應當各以技術能力謀河北之建設。但建設事業至爲繁賾，欲充實本會職責，應分組計劃，今擬分農業組，水利組，工業組，礦業組，交通組等，各組舉正副主任各一人及習各專門學識的若干人，按本省實事需要經濟情況，編制方案，分期施行，應歸省政府辦理的，督促其興工，歸私人辦理的，幫助其設施。請農工學院多造就速成專門人才，到各縣去實際工作，譬如農學院應設法籌出一筆欵項，開農業速成科，先由每縣選送初中畢業一人，定爲二年畢業，敎以改良種植，利用新式農具，開渠灌田鑿井等實學，專重實際，少講理論，一班畢業後，再另選送。工學院設工業速成科，敎以利用土產，改良製造等技術，譬如舊式大車，極爲笨重，究以何種樣式爲佳，水車應之何式爲經濟而有效力，請高明敎師計劃，敎學生製造，回到鄉間，去提倡改良，茲不過略舉一二，應當辦的不暇悉舉。

我們中國現在犯了一種最大的毛病，就是事事不先在近處淺處着手，而在深處難處看，言政治政府的組織越在上層越龐大重疊，到接近民衆實際辦事的機關，組織旣簡，職權又小。言敎育許多專門學校，都改了學院，大學畢業生留學生，年年增加，求其以個人之學識與技術供獻於社會的，能有幾人？保定農業學校設立已三十多年，畢業生遍各縣，而竟未聞曾有

19591

絲毫農事供獻給農民，使他們改良數千年相傳留的成法，攷其原因，一在農學理論高深，不切農村實際，二在學者與農村隔離，不肯在田畝上作試驗工夫，雖學農而志不在農。縱有辦法，亦不能邀農民之信仰，長此辦理下去，究於農事有何裨益？近村農已頻破產，辦農業教育的，當何以補救？鄙見以為應多辦速成科，專重實際，少招大學生，漫談理論，不知教育家以為然否？

吾人多寄寓都市，隔離農村，社會情形或不盡明瞭，看到都市衰落，就是農村崩潰的影響，農村譬如花木的根幹，都市乃其所結的花果，根深幹茂，自然花艷果實，反是，根枯幹萎，花果豈能獨茂？今人獨羨花艷，爭取果實，而忘花果之所由來，不培其根，反從而剝削摧殘，結果是身全凋謝，同歸於盡，吾人既了解斯義，則救濟農村為目下刻不容緩之迫切問題。

河北省教育廳復函

逕復者：案准

貴會函請劃撥經費，設立農工高中學校各一所，授以有關農工建設各項課程，養成普通建設行政人才，以濟時需，而利要政，等因；准此，查本廳前經通令省市各中學兼辦農工科職業班在案；准函前因，俟省欵稍裕，再行核辦。相應函復

查照為荷。此致

河北省工程師協會

專載

長垣濮陽東明三縣水災視察報告

胡源匯

民國二十二年九月七日，爲視察長濮東三縣黃災，協酌泉留亭煥章赴平，留亭長垣人，爲作嚮導，煥章勘災，攝影師酌泉，予之秘書也，八日午後十時乘平滬快車南行，九日午後四時抵新鄉，往年須費二十二小時，茲緊縮三小時，三年無內戰之賜也，十日正午，乘道清路車，車中聞有七元買一長垣女兒者，未到災區，已爲酸鼻，時四許，抵道口，王贊廷自滑縣來迎，贊廷老友也，長垣人，避難於此，當晚宿滑縣城內，十一日早，乘縣車行七十里，午後三時抵長垣，過青崗集，沿途屢見一家老幼，擁一小車，均逃荒者，四時，買船順文明渠前進，自此即入災區，初行尙見敗禾，繼則遍地淤沙二三尺，繞行四十里，九時抵城下，週圍水深及丈，淺亦沒膝，水中，村莊房屋倒塌大半，以上經過爲第四區及一區境，城門上板，外塞泥土，上留一板孔，備出入，當晚宿教育局，十二日往驗決口，並調查災情，早由東門乘船行里許，水落，泥濘沒膝，改乘轎，沿羊腸小路東北行二里，至秦樓村，居民十餘戶，房四十三間，倒塌無餘，財物湮沒，淤沙約四尺，五里至李楊村，居民三十餘戶，房屋只餘兩座，發盡倒塌，淤沙高與簷齊，十五里至高樓村，有土塞，居民百餘戶，水至居民急堵寨門，東門卒被沖破，全寨只賸樓房五六座，餘悉沖倒，災民露居寨墻，現寨外墊沙八九尺，寨內存水丈餘深，外高內低，無法宣洩，所居均係由水中所撈之殘樑敗椽，庋屋覆草以居，所食均係由水中所撈之臭糧，十一時抵黃河北岸，堤上災民，結草菴以居，密如魚鱗，粥廠初停，災民盡食黴糧，臭不可聞，亦云慘矣，行及中途，忽災民老叟婦嬰，環跪頻哭求賑，引予悲痛不止，散放銅元數千，始得前進，大堤原高一丈四五尺，因歷年淤沙，不事增培，堤內高只七八尺，大水過後，內外墊沙掩與地平，間有露堤身者，亦不過尺，據土人言，水患時水面高出堤頂二三尺，孟崗村北，口門一處，寬一百三十公尺，當時水流正沖劉寨村，現已停流，北行五里，抵香亭決口處，口門寬約二里，中現沙灘，宛若小島，口門分闢為二，過溜甚急，據熟于河情者云，此溜約占黃河三分水，西即香亭村，居民百餘戶，房屋，牲畜，糗糧，衣服，食物悉陷入大溜中，北行二里，至燕廟村決口處，口門寬約三百公尺，再北為石頭莊，口門寬約半里，大流湍急，無異大河，上承黃河本身，由馮樓馬寨分流之水，下灌長垣第五區全部，合香亭之水，流入滑縣，轉于濮陽境，水出口時，兩面地畝房舍遇之，盡付東流，除新闢河道尚係洪水蕩，蕩外，餘盡淤沙七八尺或丈許，人口牲畜，淹斃無算。

十三日往驗大車集以北，孟崗以南各口門，該段大堤，多為黃水漫過，急流沖成口門二十餘處，緩流亦沖堤半面，堤上水道多成峭壁，一見即知為大水漫堤痕迹，惟堤之兩面，淤沙較堤頂尚露三尺四尺不等，而村莊之淹沒，與五區無異，所幸者現無流水耳，八月十日以前，平地水深三四尺，是夜洪水突至，及明，水已及丈，十二時即漫堤頂而過，下午二時，當大溜處，沖為滯渠，決為口門，頃刻間，漫遍長垣河北部分全境，最凶猛之口門為香亭石頭莊兩處大溜，西北行直衝該縣北部．黃河北岸大堤決口驗完後，電報河北省政府如左，「天津省政府主席于鈞鑒，頃電諒達，職於文元兩日，携高隨員履勘北岸決口，計(一)第一口門在大車集西南，寬十六公尺，已涸，(二)在該集南四十五公尺，斷流，(三)三十五公尺，停水，(四）五十公尺，斷流，(五)七十公尺，已涸，(六)三十公尺，停水，以上四口門均在梁寨左右，(七)九十公尺，斷流，(八)十一公尺已涸，(九)三十一公尺，已涸，(十)二十四公尺，已涸，以上四口門均在東丁墻左右，(十一)四十公尺，已涸，(十二)二十公尺，停水，(十三)二百二十公尺，中有斷堤十公尺，分口門為二，均停水，(十四)三十公尺，已涸，以上四口門，均在董寨左右，(十五)七十公尺，已涸(十六)，九十二公尺，停水，(十七)十五公尺，已涸，以上三口門，均在第三堡左右，(十八)在劉堤村東三百四十公尺，中有斷堤，長四十公尺，分口門為二，均涸，(十九)在信寨東九十公尺，停水頗深，(二十)一百二十公尺，停水，(二十一)九十公尺，水仍流，此二口門，均在香里張左右，(二十二)在紙房東六十公尺，停水，(二十三)二百二十公尺，停水，(二十四)二百公尺，此二口門均在步寨左右，有水佔口門一半，(二十五)在孟崗北三十公尺，已涸，(二十六)在香亭東約二里，水流湍激，(二十七)在燕廟約半里，水仍流，(二十八)(二十九)皆在東野寨，各五十公尺，均淤平，(三十)在石頭莊約一里，大溜激湍，黃河改道之說，即指香亭與此，自大車集，迄石頭莊，長三十五里，決口三十處，均屬長垣轄境，災情之重，可想而知，又該堤高一丈五尺，現因沙淤，西南部分，高於地面僅三四尺，至石頭莊一帶，直與地平，將來施工，殊非易事，謹陳。』

十四日往驗城週圍災情，乘船繞行一週，至某村（忘記村名），居民六十餘戶，房屋冲倒淨盡，據村人言，水來時，深沒房頂，淩水中二十餘日，水始退，當時皆樹居，共驗四五村，大致相同，間有存留房一二間者，室中稀泥沒膝，且村中淤泥數尺，屋比地低，不可以居，計城週圍存水寬約七八里，狹亦里許，深可及丈，淺亦二三尺，決口不堵，今秋麥不能種，明年大秋亦難布種，是晚，草成報災電稿如下。

『天津省政府主席鈞鑒，寒删兩日，抽查垣屬黃河北岸各區災情，二五兩區特重，因當石頭莊等數大決口之衝，水漲九尺至丈六，每一口門，冲成一大溝渠，如香亭，雙廟，前馬寨，後馬寨，姚頭皮，八張，盧崗店，小馬寨，東程莊，西程莊，大寨，宗寨等村，俱陷入大溝中，餘村多被泥沙壅積，所有房屋，牲畜，糧食，財物淹沒于下，其有樹頭屋脊露出地面者，皆係原來鄉村，其次一三兩區，値大車集決口之衝，水深七尺至丈三，除縣城及三區數村外，悉被湮沒，房屋倒塌甚多，該兩區地多窪下，現經月餘，猶如澤國，災民所食臭糧，皆自沙中刨出，及水中撈起而來，所居均係由泥水中撈取樑檁，搭地座棚，聚族而居，其次四區，半被湮沒，亦以地勢較窪，水尙未退，總此五區，共五百零四村，除三區三村四區二十二村外，其餘村莊，非爲水所沖沒，卽爲沙所壅積，原來土地，幾莫能辨，此查勘垣屬北岸之概畧也，據該縣所查災區面積二千七百十八方里，秋禾淹沒一萬一千餘頃，被災村莊七百七十三村，災民民戶數五萬二千二百五十戶，災民口數二十六萬八千九百十口，災民口數二十六萬八千九百十口，人民死亡約一千一百餘名，牲畜死亡四萬二千一百二十頭，房屋倒塌四十萬六千三百七十五間，統計財產損失約三千七百二十一萬元，伏思時屆秋季，災民衣住無著，擬懇主席俯念災情慘酷，酌撥數千元，擇其全家無居之戶，助給若干，俾得建屋而居，至賑衣並懇代爲廣募殘破軍警衣服，染色散放，免其逃亡於外，或流爲盜匪，匯於銑日由垣抵明，謹此呈報。

十五日八時乘馬至香亭，易船渡過決口，步行抵河務局，止一段官舍，就近調査河北堤內被災情形，靠河居民習見水漲，平地水深三四尺，猶不驚慌，及大暴發，深已至丈，堤內村莊除樓房外，概行塌倒，居民始恐，群相登船逃難，奈船小水大，而風又猛，故在右頭莊以南逃難者，多難倖免，以第二區內孟寨，雙廟，姚頭，馮樓，鄭寨等村，死人最夥，水急時，雙廟村船載三百餘人，行至習禮王村船翻，小船不能救，淹死三分之二，又有扒至樹上，數日未食，後又遇雨墜水而死者亦甚夥，午餐後，乘河務局汽車抵垻頭河務局，據該局人言，水漲至後，堤上屬集附近材民及以船救來之災民，約八千人，予以禾稭，令其支棚而居，每日蒸飯食之，其最慘者救生船不能靠岸，中隔淤灣，深可沒頂，災民爲顧命脫險計，均赤身扒登堤上，且自月八月十一日，又大雨四次，災民多無上衣，該局爲謀體遮羞，散麻包千餘條，是晚宿河務局。

十六日八時，渡黃河，乘騾車至高村河務局辦公處，信縣長鞠委員來迎，午膳後，騎馬抵東明城內，腐煤油公司。

十七日騎馬到打蕭屯，乘河務局汽車，往驗黃河南岸龐莊決口處，(報載二分莊即指此處)及袁寨口門，並視察長垣縣之六七兩區，及東明縣第一區各區災情，小龐莊于民國十二年決口一次，故大堤南有圈堤，(河工規距每決口合龍處築圈堤一道)大水至時，先破大堤，繼漫圈堤，遂成長二里之巨口，口內停水，深二丈七尺，袁寨口門在河南考城西十餘里，昔在光緒二十七年，曾決口一次築有圈堤，此次大水先破圈堤五六十丈，繼越大堤而過東流正淹考城縣，分流淹長垣縣第七區南部，現該口斷流，停水三丈，長垣縣第六區在大堤內，戶口最多，受災亦最重，水至時如萬馬奔騰，只此一區內，沖成溝渠十餘道，平均墊沙八尺，故所有房屋，非被水沖走，即被沙理沒，就中閻通集，荊岡集，王寨等村，因位置黃河灣頭，水勢最緊受害尤慘，當水漲時，閻通村聯木為筏，借以逃生，四十隻出村，抵堤岸只剩七八隻，死亡人口甚多，王高寨村人，乘救護船逃生因風緊流急，淹死一百餘口，第七區南部，受考城袁家寨決口之水，其淹三十餘村，其中以前黃集，南北堤，新興集，南裴寨等村，受災最重，北部受龐莊決口迴水，亦湮呂莊，焦樓，李莊等三十餘村，惟較南部為輕，東明全境所受之災，俱係龐莊口門沖出之水，而第一區首當其衝，所以受禍尤烈，八月十一日早九時，決口水頭高達一丈，挾帶淤沙經過第一區全境，至十二日早四時，抵東明城堤，沿該區查視程莊，齊王集，沙窩，楊橋一帶，平地水深六七尺，又沖成溝渠一道，深八九尺，寬三四十丈，房屋田禾，多被沖沒，近口門十數里內及溝渠兩岸，淤沙四五尺二三尺不等，距大流較遠地方，淤成黏土，水退之後，居民外掘臭糧為食，創出椽檁，構架成庵暫蔽風雨啼饑號寒之狀，與長垣同，不過地面尚未完全淤沙，祇要龐莊口門堵住，村人即有收穫希望，此係易於施救地方城西店子村，村本窮困，大水一過，房屋全塌，居民掘挖埋物，狀甚窘迫，再西行六七里，即石家村，村之東西，均沖成大溝，田禾淹沒，土地沖壞，為狀亦慘。

十八日該縣人士，因擴大救災宣傳，招集全城民眾，開九一八紀念及水災救濟大會，予亦往參加，並演說，人民均災劫餘生，狀極狼狽，但望救心切，態度極為誠懇熱烈，會後即視察南關外護城堤，因該處正衝水溜，一經冲刷土即隨流而去，賴極力搶護，幸未出險，其施工處，樹椿排料，依然存在，據云公安局長當時督工三日夜，未返局，始獲轉危爲安，十九日騎馬赴東鄉查驗，見城堤週圍，淤沙三四尺，城外附近村莊，因地較高，居民所築堤埝，未被沙破，東行十餘里，至第二區新莊朱口等村，則地勢低下水深六七尺，所築埝埧，悉被水冲沒，其房屋財物損失，與第一區同，再往東北行，水雖退落，存泥尚深，陷馬及腹，無法前進，因招鄉人詳詢水狀，都云大水至時，房產糧物順水漂流，人全扒在樹上，幸得不死，現在水落村空，衣食住一無所有，家家皆然，談話中倍含悽慘，予謂省政府及中央籌有大批賑糧賑欵，隨後陸續發放，望大衆忍心以待爲要，話畢即折回，至城裏天已昏黑矣，三區在黃河北岸，當由長垣赴埧頭時，曾經高君指明某處某處爲東明地，該區幾全在大堤之內，受災亦甚重，惟因淤沙不深，轉瞬即可種麥，是較好之點，四區在城東南，其情形較二區稍輕，六區淹一部分，五區未被災，當拍發報告東明全境長垣六七兩區災情之電文如左。

『天津省政府主席于鈞鑒，查東明水災，由南岸長垣龐莊及考城袁寨決口所致，當日委員馳赴龐莊視察，口門寬二里許，當時水高一丈，直衝東明一區，分爲三股，一自齊王集等村，沿河堤經二區八里店等村出縣境，一自馬軍營等村至縣城，與店子村水匯合北流，一自劉樓等村至大小魚窩，復分二支，一經二區趙海頭集，一經四區賀莊等村出縣境，全縣六區，一區當決口之衝，被災特重，除陷入河灘者油房，薛寨，馮爐，徐爐，前高堌五村外，餘村悉被淹沒，二區被災十分之八，三區四區被災均十分之六，六區被災十分之三，五區完好，房屋倒塌在五成以上者，一區九十村，二區八十二村，三區三十三村，四區僅十九村，六區僅五村，據該縣所查，被水村莊二百、七十六編村，災民十八萬一千餘人，人民死亡五十餘口，牲畜淹斃七十餘頭，房屋倒塌一萬一千餘間，財產損失統計一千二百餘萬元，此調查東明水災之概略也，又長垣六七兩區，均在南岸，巧日由莊龐沿堤南行，查勘六區，居民百餘村，除蘭通一時陷於河流，馬廠，荆崗，寨王等村被水冲平外，餘村全被淹沒，平地淤沙七八尺，七區南北兩部，一受麗決口之水，一受考城袁寨決口之水，恐被淹沒，比六區較輕，今日赴垻頭河務局，明日轉濮，謹呈。

二十日，留東明一天，調查扒堤堵口情形。

二十一日晨起，赴垻頭高村，早餐後，坐黃河船斜流而下，約行二十餘里，至垻頭渡口下船，改乘汽車到河務局，濮陽張縣長王德乾委員及各局局長專候勸驗濮陽水災，是晚見長垣各機關代表崔海岫，接焦嘉圖，詳詢堵口築堤意見，據稱黃河在長垣縣境內分爲原流及決口支流兩道，原流之河床寬僅十二丈，而支流寬將二里，倘不設法挖河床積沙，而祗言堵亡，不僅事倍功半，且恐再釀巨患，是以在未堵口以前，將黃河分流處挖一長二三里之河道，水性趨下，決口流水不待堵口而自乾，後以此理徵之英國工程師，頗蒙首肯。」

二十二日早晨，濮陽縣長王委員所乘河務局小汽車壞於中途，河務局又由南岸調來大汽車，十二點鐘吃過午飯，即乘車西去，行四十里，至河南滑縣小渠集，舍車登舟，共三隻，順滑縣濮陽分界處北去，該地大水已退，須順溝行，水落處泥幾枯苗遍地皆是，淤粘土或淤沙深淺不一，最深地方不過三四尺，行至七時，天已昏黑四望水鄉，船路既不能辨，住宿亦成問題，訪問再三，由村人指給，往兩門鎮路線，黑夜水行六七里，方至兩門時已屆九點。

二十三日晨乘船折回昨晚行船之河道，復北行，遍地是水，深淺不一，所過村莊，大概房屋倒塌無存；高粱僅可見桿，當水大時，恐怕桿亦不見，行至下午兩点始至岳新莊，見寨墻低落，周圍排以高粱把，並用木樁釘之，據村長李某言，竭三晝夜之力，幸未陷落，但透過之水，已淹塌許多土房，由兩門至岳新莊行程中，小雨時下時止，更北行，天陰愈濃，轉瞬急雨驟至，雖張傘六把，卒均遍身淋漓，自岳新莊至濮陽南關口，僅三十里，乘船順流，至五時半始得抵岸，此一段內，現在水深尚沒高粱桿，下船後，即投宿縣政府，天仍雨，入夜更大。

廿四日仍雨，無法出城查災，乃草成應行電報省府各稿。

廿五日雨停，早飯後，乘船調查城南三里店東西八里莊各村，三里店居民共一百五十戶，地畝五頃，八月十三日水到，房屋即被沖倒，人及牲畜無死亡，水大時平地深七尺，現在人多逃往金堤以北，村居者不過三十餘人，爲狀極慘，西八里村居戶三百餘家，房屋僅餘兩三座未塌，亦慘，東八里莊房屋盡塌，居民亦甚少，及返城已下午二点，因昨接省主席電囑招待英奥工程師，即決計明早再赴垻頭，是日黃昏發濮陽災電。

「天津省政府主席于鈞鑒，濮陽居長垣各口下游，大水出口門，經河南滑縣，入該縣境，自西南大浪口村起，訖東北李家莊出縣境，至山東濮縣，沿金堤而下，橫貫全境，長約百里，寬五十餘里，最狹亦二十餘里，當時水高自四五尺至一丈五尺，該縣三四五六八十各區田禾，悉被淹沒，其中六百餘村莊，除十餘村莊因寨埝堅固，未被冲破外，餘悉在巨浸中，所有民間房屋，糧食，衣服，什物，悉被漂沒，現香亭石頭莊各口，仍過大流，斜貫境內，水深八九尺，淺亦三四尺，時在危險之中，故每至一村，房屋倒塌，零落不堪，數百戶村莊，僅有三二十人，倒塌房屋，亦未修葺，詢之，因決口未堵恐大水再至，人心不安，且餬口維艱，何能言居，聞之慘然，據該縣所查災區面積三千餘方里，災民戶數四萬二千八百四十餘戶，災民口數二十六萬一千餘口，房屋倒塌二十六萬三千餘間，財產損失統計三千九百餘萬元，此查勘濮陽水災之槪略也，僅呈，委員胡源匯感。」

二十六日晨出濮陽城　至南關口登舟，向垻頭前進，按方向應往東行，奈東北風急，吹船南行至東八里莊，船穿入樹林中，三水手盡方掙扎一時餘，仍未能離原地，東牽西掛，倍覺危險，因而下錨穩柁，靜候風息，一点鐘後，風較小，加僱村民四人，幫同駕駛，始得啓行，東北行約四里，南去河溝，至石莊集登岸，騎馬踏出泥濘，乘河務局汽車，下午五点抵河務局，五点半工程師揚延玉携英人奥人兩工程師到，當即晤談，據云彼等二十二日由開封動身至蘭封東垻，坐船順流而下，曾親驗黃河，河床及分道各情形，因天氣陰雨，遲到河務局一天，委員詢其堵口及加修大堤意見，其答如下：

一、原規定急賑四百萬，一百五十萬元放急賑，一百萬作衛生費，餘一百五十萬堵口修堤，經視察後，感覺四百萬全用來堵口修堤，亦恐不足。

一、堵口較放賑尤爲急要，如不注意堵口，不只現在分流可怕，到明年河水盛漲時期，恐怕為害尤烈。

一、做工辦法，決計以工代賑，即由地方官紳調查各災區壯丁而無衣食者，一村或數村組成一個工作團體，由各該團體推舉第一個工頭，按土方運送，按土方給價，非災區人，即或災區而非極貧者，概不准工作。

一、中央所籌之款，既不敷用，未知河北省府能否幫助若干。

一、即時回開封轉京，十日後返汴，即趕緊堵乾口，因現在過水口門，非有充分準備不可，至乾口有土即可動工，這樣一面可望工程早日完成，一面可救一部份災民。

一、香亭石頭莊等口門，現仍過水，不只須由河床堵起，還得在大河本身掘溝通流，方能易於成功。

一、堵龐莊口門應先由外圍堤作起，然後再修大堤，切不可先作內圍堤，因為作內圍堤，堤之南邊留三丈深潭一個，一遭險工，無法防守，至委員因調查所得，並接三縣地方人意見，亦有數事相陳。

一、三縣人民共同意見，是趕快堵過水口其門，理有二，(一)河水淹遍河北省三縣，災極慘重，並淹河南之滑縣，山東之濮范，壽，張三縣，災民不下二百萬，全特賑款救濟，深恐杯水車薪，不克有濟，倘決口不堵，不祇河水繼續為災，而農田之未淤者，亦不能耕種，欲指地借款以自救，亦不可得，將來之慘，更重於今日，所以願早日堵口，(二)兩堤之內，平地淤沙八九尺，河床墊高丈餘，黃河本身分流處，比決口所過之濮陽南關，還高二丈有餘，倘決口不堵，而河流愈來愈順，黃河從此改道，很有可能，濮陽南關之東西金堤，至城東五六十里處，幾與地平，倘黃河改歸此地，汜濫極易，順流而下，直入天津，亦屬意中事，如此則河北省東南一帶桑田，勢將變為滄海，此請趕為堵過水口門第一理由。

一、乾口及大堤亦同時興工，蓋以水口門一堵，河身水流勢必墊漲，以沙已淤平之大堤及三十餘乾口當之，其汜濫恐將不必更待於明年伏汛，所以堵乾口築大堤，絕對不容稍緩。

一、堵過水口門，同時應挖深已淤死之河床，蓋以黃河本身水寬，約有二里，自長垣姚頭村分流二道，一道仍由河床東北流，最窄處寬僅十二丈，面向香亭石頭莊等口門之水流，反寬將及二里，並且河床本身，幾乎全已淤塞，若由石頭莊橫流堵口，工事尤難着手，所以非同時挖掘河床，使之透溜不可。

一、南岸龐莊口門，在民國十二年已決口一次，嗣後除堵塞大堤外，曾修向東圈堤一道，此次河水先破大堤，長約二里許，又決圈堤，寬不過百步，按山東河務局計劃，由大堤西面再築長五里之圈堤，地方人頗反對此議，因爲此堤一修，不只將農田三十頃變爲水坑，而且大堤西面，正值黃河溢出大溜，東面靠三四丈水坑，萬一堤工出險，祇有束手待潰，按委員意見，先堵原有圈堤潰口，續修大堤，雖多費土工，但將來遇搶險時，或可免去許多困難。

一、在東明聽說第三段堵塞龐莊口門，擬用包工制，委員以爲殊屬非是，無論就工程計，或救災計，均應用災民作工，工程用工賑辦法，委員認爲極當，省籌庫補堤工，無論就那一方面講，都應竭盡能力，可惜河北省甫經大亂之後，冀東西二十餘縣之救濟，已羅掘俱窮，現在各軍駐境爲數甚多，無論直接間接，地方財力均受很大影響，所以籌補堤工一層，在事實上感受不少困難，不過相衡之下，水災尤爲嚴重，待委員回到省府，定將此意轉達主席，以便竭力籌措，或者呈請中央將所有急賑款額，統用作修堤堵口，至救濟一層，由本省自籌。

後工程師問，堵口時胡委員能否再來，答如有必要，當可以來。

二十七日晨，派東明馬兵在河南岸預備，俾保護濮陽民團，送至黃河渡口，又電令長垣河東六七兩區民團，護送至河南安全地方，一切佈置完畢，親同三工程師查看濮陽垻頭合龍處，別後乘車返濮陽，下午一點下車登船，四點到金堤登岸，即在該處調查濮陽人民堵塞金堤，堤口情形，金堤在濮陽城西高一丈五六尺，紅土高壘，宛若長城，至濮南陽關以下，愈趨愈低，並且每隔一二里，必有口門一道，下與地平，爲平日大車往來要道，此次大水一到，張縣長催促民衆堵塞，下排高粱桿，上鋪麻袋高六七尺，一如防護大堤，當晚宿濮陽，即規定次早返津行程。

二十八日早五時乘轎車北返，過清豐午餐，該縣縣長因驗災傷腰，未晤面，晚宿南樂，曾與該縣縣長一見。

二十九日至大名，在教育局午餐，該縣縣長來晤，當電省府報告此行查災經過，文曰。

「天津省政府主席于鈞鑒，委員此次南來，計念餘日，長垣東明濮陽僅各停留四日，餘俱在車馬跋步中，對於災區未能詳爲調查，妥爲宣慰，殊覺上負委託，下辜災民，統觀三縣災情，長垣最重，濮陽次之，東明又次之，東明水落地出，大部分二麥可種，濮陽因堵口工竣約在明春，現二麥無望，來年能否播種秋禾，尚難斷定，長垣沙壓地寒，非爆晒經年，不能耕種，尤可慮者，一，災民舉室逃荒，絡繹於途，情狀至慘，二，災區耕牛無法飼養，均折價出售，三，災民所食多係臭糧，染疾病者比比皆是，似此情形，受災之重，過於魯豫，所幸到處宣佈主席德意，災民知感，安心忍受，不至有軌外行動，差堪仰慰廑系耳，途次謹呈，委員胡源匯儉」

是日下午二時北返，日暮抵邯鄲，次日即搭平漢車轉北寧回津，除將調查災情業經陸續電報外，謹將各地詳細見聞，據實呈報如上。

（完）

華北水利委員會暨前順直水委會已往關於黃河工作之簡要報告

（在黃河水利委員會第一次大會報告）

華北水利委員會

黃河爲中國第一爲患最劇烈之大河，多沙善淤，河床無定，潰隄改道，數千年來，史不絕書。關於過去黃河之治理，雖代有其人，然均以堵築決口，鞏固隄防，即爲盡治河之能事，鮮有謀及根本之治理者。欲求一勞永逸之計，自非進而研究爲患之原因。對於沿河「地形」「河道」之變遷「流量」及「含沙量」之大小「水位」之升降，及受水區域「雨量」之多寡，一一加以精密之測量，而後始克爲澈底改善之方案。近國人對於治黃，已感覺有迫切之需要。尤以今歲，黃河大災，損失之巨，遍及冀魯豫皖蘇陝甯夏七省。賑濟治標，固爲目前之急務。而懲前毖後，根本治理計畫尤應及早預籌。惟是黃河流域，雖有成圖，但或失之過久，或畧而不詳。水文記載，缺乏更甚。沿河各省主管河務機關，均因限於經費，對於治河之基本資料，亦未能盡量搜集。且事權不一，計畫難周。茲幸黃河水利委員會，奉令成立，主持全河流域防災治本大計統籌兼顧，行見爲患數千年之黃禍，得以消泯。豈獨沿河民衆蒙其福利。即淮域及華北水域將來得免黃河南趨入淮，北趨入衛之影響，兩域水利建設不至爲黃河所破壞也。今日舉行第一次全體大會，討論治理方案，承邀本會派員代表參加，無任榮幸。惟愧乏建議，未能爲滄海一粟之助。謹將前順直水利委員會暨本會已往關於黃河工作之進行經過，報告於次，聊供參攷。

一、地形河道水準測量

前順直水利委員會，於民國十二年四月至七月間，用導線測量自魯境周家橋至洛口以下一段黃河河道，約一〇三〇平方公里。水準線約二三七公里。其所測地形，僅及河身左右一二公里。計共繪製一萬分一簡略地形圖，四十餘張。

本會於十七年九月改組成立後，對於黃河之整理，本擬積極從事。於是年十一月在開封設辦事處。以資利便測量隊及水文站之管理接濟。嗣即組織測量隊，先自豫境黃河鐵橋，向下游施測。沿河兩岸地形，則測至外堤以外數公里爲止。擬經冀魯而至河口，并擬俟測竣後，再向上游施測。嗣因十八年春間，國府明令組織黃河水利委員會。本會隨將開封辦事處裁撤並旋奉建委會令，停止黃河測量。爰於是年四月底將黃河測務結束。綜計施測共五閱月。其測量方法，係用三角網法，測至中牟縣境之孫莊。但黃河鐵橋以上，至武陟縣黃沁交匯處以西之解封村一段，亦同時測竣，約共一一四〇方公里。繪製一萬分一地形圖九張，約三二〇方公里。五千分一地形圖八十九張，約八二〇方公里。河身橫斷面三十一個，其他河身橫斷面八十九個，堤身橫斷面一百五十五個。

二、水文測量

前順直水利委員會於民國八年。在黃河上下游陝縣及洛口設立水文站兩處。測驗「流量」「水位」「含沙量」「雨量」各項。至民國十五年八月，均改爲水標站，專測水位。并於八年九年十一年十三年，先後在太原平遙壽陽澤州汾州各地，設立雨量站。惟澤州汾州兩雨量站嗣於十六年十七年相繼取消。其壽陽雨量站，亦自十六年起，記載中斷。

本會成立之初，對於黃河流域水文觀測擬有擴充計畫，除於十七年冬，及十八年夏，將前順直水利委員會原有之陝縣洛口兩水標站，仍先後恢復爲水文站外。并於開封，增設水文站一處。同時並於潼關鞏縣姚期營蘭封壽張濮縣各處增設水標站。嗣因國府擬組設黃河水利委員會，且以軍事關係，妨碍測務。乃復於十八年十月仍改陝縣水文站爲水標站。其開封水文站，亦於十八年底取消。洛口水文站，於十九年一月，移交山東建設廳管理。所有增設之潼關鞏縣姚期營蘭封壽張濮縣各水標站，亦於十九年中，次第裁撤。惟對於前順直水利委員會已設之雨量站，尚仍維持記載。且於十九年恢復壽陽雨量站。嗣復陸續增設鄭州壽張利津汶上各雨量站。茲將設站地点記載日期，彙列一表於次。

黃河流域「水文」「水標」「雨量」各站設立地点，及記載時期表。

地名	站別	記載時期
陝縣	水文	八•七○——十•八○。十七，十一○——十八•十○。
開封	水文	十七•十一——十八，十二○。
洛口	水文	八•四○——十•八○。十八•七○——十八•十二○。
潼關	水標	十八•二○——十九•十二○。
陝縣	水標	八•四——今○。
鞏縣	水標	十八•二○——十八•十二○。
姚期營	水標	十八•二○——十九•十一○。
開封	水標	十七•十一○——十八•六○。
濮縣	水標	十八•七○——十九•十一○。
蘭封	水標	十八•三○——十九•五○。
壽張	水標	十八•三○——十九•十一○。
洛口	水標	八•四○——十九•一○。
壽張	雨量	十二•三——十六•一○。十六•三○——十六•九○。二十•六○——今○。
陽曲	雨量	八•六○——十五•十一○。十六•七○——十七•十○。十八•二○。
太谷	雨量	十四•四○——十四•六○。十七•一○——今○。
平遙	雨量	九•四○——十六•四○。十六•七○——今○。
汾縣	雨量	十三•十一○——十六•十二○。
晉城	雨量	十一•二○——十七•六○。
歸綏	雨量	九•六——十六•三○。
陝縣	雨量	八•四○——今○。
鄭縣	雨量	二十•六○——今○。
開封	雨量	十七•十一○——今○。
壽張	雨量	十十•九○——今○。
利津	雨量	二十•十○——今○。
汶上	雨量	二十二•一○——今○。

水文觀測，以久爲貴。觀於上表所列，僅有片段零落之記載，難以徵信，然要不失爲基本資料之一部分也。

三、灌溉計畫

本會於十八年春間，奉建設委員會令，彙集全國水利工程計畫。時李儀祉先生，任本會委員長，須君悌先生任技術長。曾編具陝西渭北暨黃河後套兩灌溉計畫呈部。

查陝西渭北灌溉工程；於民國八年，即由陝西水利分局開始測量。至民國十一年，李儀祉先生須君悌先生分任該局總副工程師。對於渭北灌溉工程，積極籌備。舉凡「測量」「計畫」「經費」，均經分別規畫，由陝西水利局編印報告。本會所編具之計畫，即係根據上項報告，所載資料而擬訂。工程經費，共需洋三百三十六萬餘元。可灌地約一百三十二萬畝。以年收水租每畝一元計，三年即足以償本，而增進農產收穫之價值，尚不在內。

至黃河後套灌溉計畫；由於民國十四年夏，須君悌先生曾應西北當局之邀，一度前往調查。嗣并代向華洋義賑總會總工程師塔德君接洽，由該會組織測量隊，前往作初步測勘。歷時數月，所有該區之「地形」「土質」「渠道」「河流等，均得有較確實之記載，本會所編計畫即以上項記載，及須君悌先生調查見聞，為根據。工程經費，共需洋一百三一二萬元。可灌地五百萬畝。以每年按每畝收水租五角，十年已可償工欵而有餘。

以上兩灌溉計畫，雖與防災治本大計，無關宏旨。然興利裕民，裨益匪淺，故并附帶及之。

四、查勘上游

本年六月，本會應太原經濟建設委員會之請，派員代為查勘由寧夏至河曲黃河河道情形，以便設計灌溉水電航運各項水利工程。本會所派人員，於六月六日，由津出發。往大同轉赴包頭。改乘大車，經後套，沿途視察灌溉情形，於六月二十八日抵寧夏，調查灌溉事業，七月六日乘船，順河向下游查勘。七月二十三日達河曲，登陸。八月二日，抵太原。晤太原經濟建設委員會委員長閻百川先生，面陳查勘經過。於八月十日旋津。現正由該員等，就查勘所得，草擬報告，送請該會採擇進行。茲撮其大畧如下：

關於灌溉事業，以寧夏最為發達，其歷史亦久。後套次之。現晉方設有屯墾辦事處，工作極為努力。定有根本整理之詳細計畫，已着手大規模之測量。將來灌溉面積，可達十萬頃以上，前途極有希望。綏遠饒托兩縣境內民生渠，工程已竣。本定今年放水，以黃河大水中止。共灌溉面積，預定一萬餘頃。此外沿河小規模之引渠灌溉事業尚多。最近數年，果能將已辦灌溉事業，加以整理擴充，即有可觀。無須另辦新灌溉，以免人才經費之不能集中，效率反弱。

關於水力發電，經此次查勘結果，自寧夏至托縣，河之坡度極小，且係沙河，兩岸平原，無水力發電之可能。自托縣以下，水行山峽中，流急坡度甚大，雖可利用。惟所費不貲，且無大工業需用電流，尤恐得不償失，似可從緩。

關於航運，實為太原經濟建設委員會最注意者，其意欲將後套餘糧，運達河曲，再由同蒲支路，運往晉南。本會派員，對此節亦經特別注意。寧夏托縣間，流量坡度，均極適宜。雖淺灘甚多，不難趨避。現時以木船運輸，絡繹於途。惟木船之構造，稍覺粗笨，須加改良。該段河道，若能加以整理，即行駛汽輪，亦有可能。其托縣至河曲一段，則河流太急，暗礁至多。下行危險堪虞，上行，尤感困難。欲謀改善，頗為不易。如能將同蒲支路修至托縣，最為相宜。根本治理，尚須作「水文」「地形」「河道」等測量工作，藉作計劃之張本。第一步擬先從套臨河至包頭一段着手，以期與平綏路銜接。第二步再進行包頭至托縣一段，蓋同蒲支路之建築，尚須時日，故此段不妨稍遲也。妨

五、黃土試驗

查黃河所挾沙泥量之鉅，為中國各河之冠。善淤善徙，治河者最感棘手。然欲該項沙泥之減少，必先明其土粒之大小，土質所含之成份，再進而求其在河槽內淤積及冲刷之情況，方可着手規畫。本會正工程師李賦都前經冀魯豫三省，派往德國，與恩格爾及方修斯兩教授，研究治黃。曾由山東河務局寄去黃河槽內黃土，作黃土試驗，極為詳盡。另由李賦都君編有報告，茲不多贅。

冀省黃河情工一班

孫慶澤

河北省黃河河務局長孫慶澤除繕具冀南黃河水災慘況一文呈報各方請賑外，復擬定河北省情黃河情工報告一文，詳陳此次黃河水災之原因及善後計劃，呈報省府，請採擇實行，茲錄其原文如次。

情工報告

按今年伏汛期間，黃河水勢特大，沿河各省災情慘重，各省均已詳細報告，報紙亦多有紀載，惟河北省一段，因地方偏僻，交通險阻，本年漫決以後，四面交通更完全斷絕，郵電至今不通，上月在京招開之防汛會議，本席奉令代表出席，取道濟南，兼程並進，沿途阻匪阻水，終至誤期，未得趕到，至爲遺憾，茲議將本段情形，略爲補報，以供參考，尙希垂察。

謹查黃河下游豫冀魯三省地段，河水有數千年已往之歷史，山東財力充足，該兩段皆係堤防堅固，石垻纍纍，而河北省一段，距離雖短，險工最多，向來只以廢欄不堪上古時代之秫稭埽以擋洪流，以致年年出險，歲歲報災，所有潰決之患，雖非人力所爲，然以稭埽之無用，實用特意作出險工，河務當局實不能辭其咎耳，局長有鑒於此，到任以來，既抱定剷除稭埽之決心，乃不顧物議，打破一切腐朽陳說，三年以來，已將有名險工南四圈堤北四全段完全改成磚垻，北三甚得橫垻之力，令已變爲平工，南三透水垻亦大見功效，正在逐漸施行中，所修磚垻共有三種，一爲柳笆磚籠 水垻，二爲柳笆磚砌曲線順水垻，三爲柳笆磚籠護沿垻，三種磚垻皆以柳磚鉛絲爲主體，垻基更以散拋磚籠爲輔助，雖屢經大水，皆未見極猛驟之墊陷，可謂已告成功，至於三種磚垻之比較，因黃河水溜善變，險工處率皆橫流頂衝，挑水垻功效甚微，順水垻材料太費，謹沿垻似最爲經濟而有效，橫堤頭部亦以磚垻法相機保護，所費至屬有限，尤爲初意所未料及，以上四段最險工段均有相當把握，陝水雖在六月初即至，而工情仍平極穩，正在預想三年大慶安瀾，互賚鼓勵，不料長垣境內以土匪扒堤見告，釀成數百年未有之巨災千百年不復之浩劫，於悲痛之餘，局長亦有應得之咎，至所有土匪猖獗情形，民團包則掘堤，局員冒火線往阻無效，民夫招集艱難各等情，均成爲過去事實，茲不贅述，不過此次陝水空前猛漲，十一日午夜至正午陡漲八尺有餘，石頭莊迤上三十里長堤同時漫溢，水過堤上，幾如萬馬奔騰，一瀉千里，員夫冲散，無法搶護，房倒屋塌，慘不忍睹，實屬人力難施不可遏止，水過處詳查北岸共抽冲三十餘口，南岸龐莊亦同遭漫溢，更覺悲痛，謹將善後辦法，有應請大會注意者九項，特爲縷晰陳之。

被災原因

(一)沿河各縣縣長應具河工常識　按本年長垣境內土匪扒堤，雖屬無可抵抗之毒行，然而土匪在兩月前不過五十餘名，嗣後愈聚愈衆，待至八月已過三百之數，鄉村被其蹂躪，員夫慘遭拘困，實有痛剿之必要，不過不應在大堤之上挖壕攻擊，更不應人少時不剿，待至大股結成始加痛剿，又不該在青紗帳起始商會剿，更不該在洪水盛漲時圍困堤上，此皆係縣長不識河水厲害，關係重要，有以致之也

(二)縣長應協助搶險工作，大堤既被匪扒開，民團被水冲散，土匪因運解肉票及開拔各事未竣，掘口出水後尙據守口門一晝夜，至四日晨始漸漸退去，局員河兵等急速進前運料槍護，所扒兩口，已形擴大，一長五十餘丈，一

長二十餘丈，竭六晝夜全力，用蔴袋鉛絲等料將及萬元，始將二十丈之口完全堵閉，共用河兵士夫棚夫每日多在八百名以上，但因取土困難，仍感人夫不足，雖壓電縣長並電省飭縣帮助撥派民夫，初則謂農忙不易招集，繼則謂阻水不能前往，遲至九日方見派來民夫八十餘名，由該縣科長某帶工，未一日該科長潛逃，民夫被困無人統率，缺乏給養，不能工作，由局給食三日，遂漸逃散，第一口門未能如期堵合，實以民夫未能踴躍助工所致，至為遺憾，

（三）河灘淤積過高極須整理匪扒口門共長雖僅七十餘丈，因水勢浩大，吸水過猛，以致下游二十餘里悉被淤灘，大水不能宣洩，迨至十一日陝水空前盛漲，洪水繼至，吸擁抬高，一日之間，陡漲八尺，水高堤頂一二尺不等，石頭莊以上三十餘里悉告漫溢，抽成大小口門有三十處之多，共長七里，迆同被匪所扒及南岸龐莊一處共為三十二處，長共九里有餘，水過沙停，由大車集起至石頭莊迆下二十里止五十餘里，河灘淤漲，竟有高出大堤一尺半以上處，其低處亦與堤頂平，如此現狀之下，口門雖堵，若不疏濬河灘，水流不暢，勢必影響全局，其受害當不只河北一省已也，

（四）兩岸大堤應大加培補前項所言疏濬河灘工程浩大，勢必挑挖引河三數道，以順水勢，待河水自然沖刷之力，以恢復其原有天然之坡度而後止，但專待水力沖刷，須時甚久，明年洪水時期，即應有相當補救之策而後可，且本年大水，上游豫冀兩省已有三十四道口門湍急宣洩，更有數十里太行殘堤外漫下注，而老大埧以下水位，猶在前去兩年最高水位以上二三公寸不等，現在河形既經變遷，大堤若不加培，明年汎水稍大，仍必漫決，其危險何可勝言。

善後意見

（五）太行堤應附帶加培改歸官守河北北岸大堤大車集起點處並未與河南大堤相聯接河南大堤至河北大堤兩端相距有三十餘里之空地，封邱大洼，積潦之水，即由此以入黃河，該處每逢黃水盛漲，即行倒灌，流入封邱，而封邱與長垣滑縣交錯之處，即為太行堤，當民國七年河北省將黃河北岸民堤收歸官守時，只由大車集為起點，並未將太行堤一併算入，緣該堤數段屬長垣，數段屬滑縣，所以仍為民守，而今則成為三不管矣

，本年該段漫水甚多，不但極有加培之必要，且應收歸官守，以專責成。

（六）各險工段應特別加修埽工以資防守經本年特別大水氾濫橫流，河身已多變遷，險工各段若不特別加修，一旦發生危險，，不但災情重大，損失特巨，且恐有河流改道之虞，是不可不特加注意者也。

（七）應便利交通以利河防按河北省一段交通不便，郵電遲滯，實屬有誤事機，平常致電天津需時兩日，信件則需五日，此次河水氾濫，四面交通完全斷絕，東明電局不通者五日，長途電話至今尚未修復，郵件則需專差送往開封，中途隔水三段，繞道濟南，即乘自行車前往，則更須展轉過河三次，且非乘舟，兩岸皆不能行者五十餘里，需時四日，方可遞到，以至各種材料物件，不購自濟南則須前往開封，若不將三省電話汽車路設法修通，則於搶險各種工作所受影響，實非淺鮮，是又應請注意者也。

（八）應事前籌備工款以免誤事如上所述河北省段內交通既如是之不便，臨時搶護工款尤宜應手，材料更當早為儲備，譬如所需蔴袋鉛絲，轉運到工需時一月，即使款項充足，時期若有不許，亦必貽誤要工，是工款尤必在應用前一月籌足，方克有濟，即如此次搶堵石頭莊口門，若必待請領省款撥到，再事堵搶，鮮不誤事，幸賴地方人士協助，當地商號信用稍經恢復，若照前三年情況，積欠商家料販款項皆未清還，絕對不能商借時，則本年所堵合之匪掘口門，決不能見諸事實，此款料之關係至為重大，應特又加注意者也。

（九）應籌劃根本治理方案合全國力量整治黃河黃河本年水勢之大，豫冀魯三省受害最重，損失約在三萬萬元，以上，再加陝甘綏蘇皖五省，其損失當不止倍蓰，我國元氣業已大傷，何能任其再發生同此一類之巨災，但若不籌根本治理方法，雖將口門堵竣，兩岸大堤加培完整，河身疏濬妥善，險工更格外增修，而最近三年內仍必潰決，是可斷言者，以黃河水勢洶湧，兩岸土性純沙，決非苟且敷衍而能維持久遠，深望主席及諸位委員對於所有根本治黃提案，多費些時間，詳加討論，決定治本方針，俾便根據妥為計劃，以彌數千年來無法解決之大患，是所切盼，並謹代沿河兩岸人民馨香禱祝者也，至於所有三年來山東河南兩省河務局之互相協助，以及地方紳民之通力合作，於極端感謝之餘，尤望體諒河北省近數年來之遭遇，省庫極端艱窘狀況之下，除本年不計外，前去兩年尚能為黃河特別籌撥每年二十萬之工款，使各險工段得有現在之相當基礎，是又不能不略為表示者也，特此報告，河北省黃河河務局局長孫慶澤。

（完）

河北省工程師協會月刊

張繼題

中華民國二十二年十二月出版

一卷十一十二期合刊

北甯鐵路簡明行車時刻表

中華民國廿二年十一月十六日重訂

下行車

站別 \ 列車次數 / 開到時刻	第七次慢車中膳各等	第十一次及第十九次客貨混合三等慢車	第三〇一次平瀋直達特別快車膳臥各等	第三次特別快車膳臥各等	第九次快車膳臥各等	第五次快車膳車各等	第一〇一次快車膳臥各等	第四〇一次平瀋直達貨車及第十五次客貨混合三等慢車	第一次平浦直達特別快車膳臥各等
北平前門 開	五●五〇	六●五〇	八●〇〇	八●二五	一四●一〇	一六●三五	二〇●三五	二〇●一五	一八●三五
豐台 開	六●二五	九●〇五	八●三〇	八●五五	一四●四二	一六●五五	二〇●四八	二二●一〇	一九●二三
郎坊 開	七●四三	一二●五六	九●三六	不停	一五●五二	不停	二二●〇八	〇●二〇	二〇●三三
天津總站 開	九●二六	一六●二五	一〇●五三	一一●一七	一七●二〇	一九●一六	二三●四二	二●四〇	二一●四〇
天津東站 到	九●三五	一六●四五	一一●〇五	一一●二六	一七●三〇	一九●三五	二三●五〇	三●五〇	二一●四九
天津東站 開	九●四五	停	一一●二七	一一●三五	一七●四五	停	〇●〇〇	四●五〇	二二●一五
塘沽 開	一〇●四八	第十九次	開	一二●三三	一八●四五		一●一〇	七●一七	開
蘆台 開	一一●五四	自唐山起	往	一三●三六	一九●四五		二●一三	九●五五	往
唐山 開	一三●〇二	五●〇五	上	一四●二四	二〇●五三		三●二四	一一●一三	浦
古冶 開	一三●四八	六●五〇	海	一五●〇五	二一●三四		四●一四	停	口
灤縣 開	一四●四三	九●〇八		一五●四五	二二●一七		五●〇六		
昌黎 開	一五●五四	一二●三〇		一六●三七	二二●[illegible]		六●一七		
北戴河 開	一六●四四	一三●〇八		一七●一六	二三●〇六		七●二九		
秦皇島 開	一七●一三	一四●一四		一七●四〇	〇●一〇		七●三七		
山海關 到	一七●三五	一四●五〇		一八●〇〇	〇●三〇		七●五九		
錦縣									
遼寧總站									

上行車

站別 \ 列車次數 / 開到時刻	第八次慢車中膳各等	第四次特別快車膳車各等	第二十次及第十二次獨貨混合三等慢車	第十次快車膳車各等	第二〇一次快車膳臥各等	第十六次客貨混合三等慢車	第六次特別快車膳車各等	第二〇二次平瀋直達特別快車膳臥各等	第二次平浦直達特別快車膳臥各等
遼寧總站									
錦縣									
山海關 開	五●五五	九●二五	一一●〇〇	一三●〇〇	二一●五五				
秦皇島 開	六●二三	九●三六	一二●〇〇	一三●二五	二二●二八				
北戴河 開	六●五三	一〇●〇一	一三●〇四	一三●五〇	二二●五〇				
昌黎 開	七●四三	一〇●五〇	一五●〇七	一四●二八	二四●〇〇				
灤縣 開	八●四九	一一●三八	一七●四〇	一五●三〇	一●〇五			由	由
古冶 開	九●四三	一二●二五	一九●三五	一六●〇七	二●〇〇			上	浦
唐山 到	一〇●二六	一二●五七	二〇●四五	一六●三九	二●四〇				
唐山 開	一〇●三三	一三●〇〇	停	一六●四五	三●三〇	四●三〇		海	口
蘆台 開	一一●五五	一四●〇七	第二十次	一七●四五	四●三二	一七●二五		開	開
塘沽 開	一三●一二	一四●五七	自天津起	一八●五三	五●三二	二〇●二五		來	來
天津東站 到	一四●二二	一五●五〇	四●二三	一九●四五	六●三七	二三●三八		一七●〇〇	七●二〇
天津東站 開	一四●三四	一六●〇〇	四●五五	二〇●〇〇	六●五〇	〇●二五	九●一五	一七●一五	七●三〇
天津總站 開	一四●三九	一六●一三	一〇●〇六	二〇●一二	七●〇六	〇●三五	九●二六	一七●四六	八●二三
郎坊 開	一六●一五	一七●三二	一四●四二	二一●一四	八●二八	三●三三	不停	一九●〇五	九●三六
豐台 開	一七●四四	一八●四二	一六●〇八	二二●四八	九●四五	六●四〇	一一●四八	二〇●一六	一〇●四三
北平前門 到	一八●二三	一九●一〇	一五●〇〇	二三●一五	一〇●一〇	七●五五	一二●一五	二〇●四八	一一●一〇

河北省工程師協會月刊

中華民國二十二年十二月出版

一卷十一十二期合刊

河北省工程師協會月刊

一卷十一十二期合刊目錄

調查

國貨工廠調查

工程消息

民國二十二年十二月出版

工程月刊 目錄

China Radio Corporation.

中國無綫電業有限公司

本公司為國內專辦無綫電業最
大之組織

各種軍用及商用無綫電台
及廣播電台
各種收音機及零件
美國無綫電公司眞空管及
永備牌乾電池
各種高低壓馬達發電機及
電綫等
各種煤油及汽油發電機及
深淺井抽水機

總公司天津法租界馬家口
電報掛號三八〇五

分公司北平王府井大街八面槽
電話東局五六七

論壇

吾國工程界今後之途徑

蔭桐

國內幾大城市之中，高樓大廈，嵩入雲表，晝間則盡浸浴於陽光之下，入夜則光輝燦爛奪目，而成「不夜之城」，儼若吾工程界大功告成，而與歐美各國並駕齊驅矣。反觀內地，水旱頻仍，灾鴻遍野，破產之聲，洋溢於耳。鄉村之痛苦如此，而城市之奢靡又如彼，造成此種畸形之社會，吾工界同志實不能辭其咎也。

查歐美各國城市之所以發達，在於工商農業之革命，各有合理之進步；而吾國城市之發達，則因其爲外國工商業之尾閭，外洋經濟侵畧之根據地也。以言吾內地之農工狀況，固猶數千年前之情形也。近且農村經濟一落千丈，岌岌不可終日，實欲抱殘守缺，而不可得，是城市愈發達，而農村經濟愈崩潰。瞻望前途，至爲可危。

夫商埠都市之繁華，須建於內地實業發達基礎之上，然後其繁華乃克持久。否則捨本求末，如氷雪上之傑閣崇樓，縱使美煥美輪，能有幾時？但看秦之阿房宮，亘長數百里，窮極奢華；日本之東京，建築偉大，世界稱名，一則早成灰燼，一則瓦礫無存，其成名也又幾時？蘇彝士運河之鑿成與巴拿馬海峽之貫通，縮短路程數千百里，時間數十日，其成名也幾時！其爲利也幾何！吾國平綏鐵路八達嶺隧道之鑿成，詹天佑之名達於中外；民生河渠之挖成，綏遠民商稱便。集中城市之工界同志知也未也？

再者，吾工界人士，對於社會負有獨立創造之使命，對於民衆之工作，應爲廣泛而普遍的，不應過於偏畸而求錦上添華！須知城市中愈奢靡，鄉村經濟愈衰落，而一般社會風氣亦愈敗壞！

然則果如何而後可？曰是惟吾集中城市中之工程師携手「到鄉間去」，大家努力於道路、農田、水利以及礦冶等之建設事業，以挽救農村之凋敝，且鞏固國家經濟之本源。

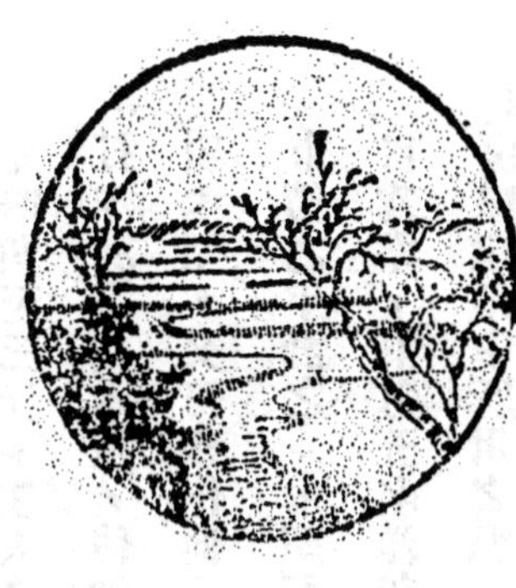

學術

土木工程估價之商榷（續）

李吟秋

一、房屋建築之估價方案

(F)石活 Stone masonry

1. 縫泥 Motor

(甲)塊石 Rubble 縫泥之估價，以石料爲根據，約合塊石之三分之一或四分之一。其成分因用途而異，砌石用一比三，抹縫用一比二。

(乙)砌方石 Ashlar 之縫泥，以工成之體積爲根據，計每方用洋灰一桶 Barrel，其成分：砌石用一比三；抹縫用一比二。

2. 料價

方石 Ashlar，二呎寬六吋厚十呎長每塊價洋十元。

二呎寬十二吋厚十呎長每塊價洋十六元。

砌方石所用之縫泥，亦可用左列成分：

洋灰一　白灰五　沙子十八。

洋灰一　白灰四　沙子十二。

3. 人工

亂石 Random Rubble（十八吋厚，三呎中心距）高度不過十呎者，每方工洋三元至五元。

層石 Coursed Rubble 每方工洋四元至六元。

方石 Ashlar—高度不過六呎，每方工洋六元至八元。

淨面 Dressing—市內多用青石，(灰石)請以青石論，修治石面之數，可以每人每日十平方尺計算。

抹縫 Pointing計每人每日可做一方(一百平方呎)，工洋五角。

(G)洋灰活 Concrete Work

1.鋼骨洋灰混凝土為房屋建築中之主要材料，用於門上或其他局部者，每方(一百立方呎)工洋五元至六元。洋灰地板，亦可以此價估之，如需用掘鑿運除等工作，則所費較多，每方工洋由六元至七元。

2.高大房屋之地基，多用洋灰混凝土，每方約需工洋二元四角至三元，工人八名每日約打洋灰一方。

3.打洋灰需用木型，估價之法：不外實計其木材；惟此項木型，又可移作他用，每不盡棄，可就所用木材以市價之半計之。木型所用人工，以洋灰活所用工人數目為準，計每五名洋灰匠，需用木匠一名，

4.房屋建築中所用之混凝土，以一二四之成分者為最多；用做地板者，以一三六者最多。如沙石等料須由遠方運送，計每方需工料洋七十元；無須運送者，每方以五十元估之已足。

洋灰混凝土原料之估計

一二四混凝土每方計需：

洋灰二三・一立方呎；沙子四四・○立方呎；石子八八・○立方呎。

一三六混凝土每方計需：

洋灰一五・六立方呎；沙子七四・○立方呎；石子九四・○立方呎。

5.料價

(甲)龍口沙每方十八元。

(乙)一吋至吋半石子每方十四元五角。

(丙)洋灰每袋(一立方呎)三元三角。

(丁)鋼骨(鐵筋)每百磅八元。

6.工價　合灰打灰之工價，每方約計六元。

7.洋灰活之工作能量：

(甲)合洋灰混凝土——輸送距離五十呎，舂實，以每

人每日工作十小時計，可做兩立方碼。

(乙)打洋灰混凝土——每隊十五人，以每日工作十小時計，可做三十立方碼。

(丙)鏟平——每層厚六吋，以每人每日工作十小時計，可做十立方碼。

(丁)釘木型及撤木型——木匠一名，每日工作十小時，可做二十二立方碼。

(戊)綁鋼骨架——綁鋼骨架之工價，因鋼骨所需之繁簡而異，不能概論，普通鋼筋每重一百磅，綁工估銀一元至二元半。

(H)屋頂 Roofing

依華北氣候言，以黏土燒成之瓦做屋頂，最為適宜。鋼骨洋灰混凝土能耐火，宜於高樓華屋；鉛鐵價廉，宜於貨棧工廠。

1.巴磚頂 Brick and mud roofing

建築方法：木製之平頂架，十四分之三以下之坡度，上架三呎半中心距五吋徑之梁，梁上按七吋中心距二吋厚四吋寬之椽，巴磚即按置椽上，磚上附以各一吋厚之草泥兩層，最上一層，由青灰合蔴刀製成。

(甲)草泥之成分：

淨土一百斤(或一百立方呎)每方價洋三元。

稻草截二吋長十二斤每百斤一毛五分。

(乙)灰泥之成分：

青灰一百斤(每千斤六元)。

白蔴刀 Oakum 十三斤(每百斤六元)。

(丙)估價　以一百平方呎面積為單位。

紅巴磚 Red roofing bricks 四百四十塊，每千塊價五．四元，計需洋二元三角八分。

草泥兩層，每層厚一吋。

黃土十七立方呎，每方以三元，計需洋五角一。

草二百〇四斤，每百斤一毛五，計需洋三角一。

灰泥(頂面)

青灰七百斤，每千斤六元，計需洋四．五五元。

蔴刀 $(700\times\frac{13}{100}=91$ 斤每百斤六元需洋五．四六元。

以上每方共需十三元二角一。

人工——五人，每人工洋五角，共需洋二元五角。

以上每方共需工料洋十五元七角一分。

2.瓦頂 Clay-tile Roofing

建築方法：板頂架上，以草泥砌瓦。

(甲) $6\frac{1}{2}''\times13''\times\frac{5}{8}''$ 紅瓦頂，露七吋隔二吋。每方約用四百三十塊，每千塊價洋八元，需洋三●四四元。

三吋厚草泥，每方洋一元二角。

工人五名，每人五角，共洋二元五角。

刷紅及修面洋八角。

每方共需洋七●九四元。

(乙) $6''\times10''\times\frac{1}{2}''$ 青瓦頂，每方面積內計需：

青瓦六三〇塊，每千十二元，需洋七●五六元。

草泥兩層，厚各二吋，需洋八角二分。

半吋青灰面，　料洋四元。

工人六名　工洋三元。

以上共需工料洋十五元三角八分。

(丙) $6''\times6''\times\frac{1}{2}''$ 青瓦頂—每方計需：

青瓦一千〇五十塊，每千六元，合洋六元三角。

二吋草泥　八角二分。

青灰面　四元。

工人七名　三元五角。

以上共計工料洋十四元六角二分。

3.鋖亞鉛頂 Galvanized corrugatcd steel sheet-roofing

做法—釘鋖亞鉛鐵片($2\frac{1}{2}'\times7'$)於二呎半中心距之四吋六吋椽上。

二十四號鉛鐵　每張三●二〇元。

二十六號鉛鐵　每張二●三〇元。

二十八號鉛鐵　每張一●九〇元。

鉛鐵間連接處，壓五吋邊。(近墻處壓六吋)每張面積實僅十六●二五平方呎。計百平方呎面積內需用鉛鐵六●六張。

椽上釘鐵。每張計需細鐵條六根，三分寬小螺絲(Stovebolts)十二個，四分寬之十八號釘，繞椽後，兩端套方螺旋帽，每百個小螺絲約重四磅。

估價： 以一百平方呎面積為單位。

亞鉛鐵六．六張，每張一元九角，值洋十二元五角五分。

Stove bolts 6.6×12=79.2 加百分之十=88 重三．三二磅，合洋八角八分。

鐵條 6.6×6=39.6加百分之十=44 共長八十八呎，每呎重○．一二五磅，每磅價洋一角，合洋一元一角。

工人二名工價共一元。

以上共計工料洋十五元五角三分。

(1)墁工(塗墻)及天花板活 Plaetering and Ceiling Work

每方(一百平方呎)塗三層，計需洋一元，但板條之釘工不在內，

每工(day-labor)之工作用能量：

每人塗三層，每日可塗三十三平方呎。

每人每日可釘天花板條一百六十平方呎。

1. 墁壁之估料，

(甲)白灰草紙泥，每百平方呎，塗三層，計需：

白灰三百五十斤，蔴草一百斤，草紙三斤，沙子七立方呎。

各層中原料之成分如左：

初層： 蔴草一 白灰二 沙子三。

第二層： 草紙一 白灰九。

第三層： 白灰一 沙一．五。

(乙)白灰麻刀泥——每百平方呎面積內，塗三層，計需白灰四百斤，麻刀四十斤。

另法：

天花板—兩層，每層厚四分，計需西山灰一百斤，麻刀十斤。

墁壁—初層：麻刀一 白灰十。

第二層：草紙十斤，白灰百斤。

第三層：刷漿。

另法：

初層 熟石灰四 沙子六 麻刀每立方呎一斤。

第二層 熟石灰一沙子一草紙每立方呎斤半。

第三層 白漿兩層。

2. 天花板托梁 Ceiling joists。

用三吋寬二吋厚木板Scantling，雙層者間隔十二吋；單層者二呎。此項托梁之支面，不得超過六呎。單層天花板，每平方呎重約九磅。

3. 天花板條 Ceiling laths，

板條每捆共長四百呎，可釘四十五平方呎。

(J)油漆活 Painting and Washing。

1. 油漆活工價—室內塗一層，每方費洋四角，室外塗兩層，每方費洋三角。較大之面積較省，每人每日可塗二百平方呎。

2. 刷色活工價—刷兩層色，每方費洋四角，每人每日可做五十四平方呎。

3. 刷漿活工價—刷一層，每方工洋二角。每人每日可做四方。

4. 油之展力—油之展力，視油之成分及性質而異，盍鐵質油較鉛質者大。多風多沙之地，須於油內加促乾劑，以防土沙入內，鉛質油能速乾，不加促乾劑已足適用。二十小時內即可揮發淨盡之油，其成分如下：油膏十五磅，熟油六磅，松脂油一磅，促乾劑十二兩。混合後，以之塗舊，其展力如左：

加鉛白四磅，可塗一百平方呎(一層)。

加紅氧鋅二磅四，可塗一百平方呎(二層)。

加綠土三·五七磅，可塗一百平方呎(一層)。

新木之初層塗料，其成分如下：鉛丹兩磅，鉛白十八磅，生熟亞麻仁油各兩磅半，促乾劑二兩，混合後，每八磅可塗一百平方呎，普通塗新，多取三層。鋅白油須以深暗油汁做成，否則易變黃色，至不美觀也。至於塗舊，須先將塗面用肥皂水洗淨，再用沙紙磨新。油每加侖 gallon 可塗初層五十平方碼，二層可六十平方碼。三層可七十五平方碼。

木結節之修治—木之結節 knots 須塗以膠水鉛丹各半之混合液。

油灰Putting之成分：—計土粉十磅，鉛白與油一磅，每百平方碼，計需油灰五磅，鉛白兩磅。

凡司漆 Varnish ——此漆之展力，約倍於油，價亦倍之。

每册 Pint 可塗十四平方碼。

白漆 White Paint 白漆爲木材塗料，初層可塗四●五平方碼，第二層可塗六●五平方碼，第三層可塗六●七五平方碼。

鉛丹塗鐵，每磅可塗五●二五平方碼(一層)。

氧化鐵塗鐵，每磅可塗八至十二平方碼(二層)。

柏油 tar 一加侖合瀝青 Pitch 一磅，可做木材塗料，初層可塗十二平方碼，二層可塗十七平方碼。

5. 刷漿 Whitening。

刷一次：每百平方碼，計需：土粉十二磅，紺青(Ultromarine) 半磅，膠(Glue) 一●七五磅。

刷兩次：每百平方碼，計需：紺青〇●七五磅，膠二●七五磅。

天花板，在刷漿前，須用冷水洗淨。

我國鐵路界所用粉漿之成分：每五十平方呎計需：土啢粉一磅，膠三 Ounces ，水六磅。

津市包商通用之成分：麒麟菜(代膠)一磅半，水二十磅，土粉三十磅，紺青一啢。混合後，塗一層，可塗一百平方碼。

粉漿成分之不定，已如上述，惟據富有經驗者之意見，近年來做法，頗超一致，茲錄其住宅四間，所估之工料洋數字如后：

土粉兩塊(每塊十五磅)每塊價洋二角二分計合一●三二元。

紺青二啢　每啢五分　合洋〇●一〇元。

麒麟菜一斤　價洋〇●二〇元。

工人六名每人五角　共合洋三●〇〇元。

共合工料洋四●六二元。

附註：住宅四間，面積計二千五百呎。每方合洋一角八分，需土粉三●五六磅，工人每名每日可作四百二十平方呎。

(K)粗堊活 Rough cast or "Stucco"

1. 基礎之修治——粗堊係施於磚活之上，故磚之鬆朽部分，須削除淨盡，滌以清水，俟其將乾未乾，始能施以粗堊。

2. 粗堊之施工

(甲)第一層——初層中之洋灰沙子比例爲一與四之比，凝固後，須加擦糙，使其面粗糙並易使第二層粘結牢固。

(乙)第二層——第二層之成分：洋灰一白灰十纖絲十五磅。混合後，以泥刀(鏝)塗於初層之上，不俟其凝固，即繼以三層。

(丙)第三層——第三層之成分：計石子四筐，洋灰半筐，白灰兩筐，(筐之容積約合○•二五立方呎，一筐洋灰計重一二四磅。)

上述做法，採用者甚多，如用洋灰一沙子十之比例，所得結果亦佳，而料價較省，最後一層，用粗粒沙子，可不用石子。

(M)衛生用料

天津式大臉盆——每個十四元

唐山式臉盆——每個由十一元至十五元

洗傢具盆——每個四•五元

澡盆　洋糖瓷——每個三十五元

　　　洋灰——每個十一元

白鐵熱水罐——每個二十八元

廁所大水箱(生鐵)——每個八元

北平式恭桶——每個十六元

唐山式恭桶——每個十一元

吳淞式恭桶——每個十六元

恭桶木座——每個四元五角

$\frac{1}{2}$" 西洋鉛管——每呎一角八分

$\frac{3}{4}$" 西洋鉛管——每呎二角二分四

1" 西洋鉛管——每呎三角一分

$1\frac{1}{4}$" 西洋鉛管——每呎四角一分

2" 西洋鉛管——每呎七角

1" 熟鐵管——每呎二角二

1 1/4" 熟鐵管——每呎三角二

1 1/2" 熟鐵管——每呎四角一分五

2" 熟鐵管每——呎五角三

4" 生鉛管五呎長——每根二元九角

4" 三通——每個二元六角

4" 燈叉——每個一元八角

4" 存水灣——每個二元四角

4"2" 三通——每個一元四角

4" 灣頭——每個一元二角

4"2" 灣頭——每個一元四角

6" 缸管——每個三角五分

8" 缸管——每個四角八分

酒壺存水灣——每個一元二角

生鐵圓氣罩子——每個七分

（N）電燈裝置——電線裝置之法，有明有暗，明裝易於更換；惟每嫌其太笨，且按置之時，毀屋鑿墻，至爲不便。故近世多採暗裝，其法：先將鉛管按置墻中或打入洋灰之內，導線即串入管中，既便更換又可防險，茲電燈用料列左：

3/4" 西洋鉛管——每管四角八分

4" 鉛接線盒——每個一角

3/4" 西洋鋼管——每百呎銀一一•五兩

3/4" 西洋管箍——每百呎銀五兩五

十四號雙膠皮線——每盤長百碼價銀六元九

十六號雙膠皮線——每盤長百碼價洋五元

十八號雙膠皮線——每盤長百碼價洋三元四角

西洋十八號黑綫——每盤長百碼價洋二元九角

三十五號西洋白花線每盤長百碼價洋二元四角

電鈴線——每磅價洋五角五分

膠皮布——每捲八角

包布——每捲一角五分

西洋木盒電鈴——每個一元三角五分

西洋木按手——每個一角五分

電鈴卡釘——每磅四角五分
電鈴洩力——每個一元
西洋圓插電門每個三角一分五
西洋三線磁電門每個三角二分
帶沙坨吊——每套三角二分
四眼保險——每個七分
連二木板——每個五分
連三木板——每個價洋七分五
連四木板——每個價洋一角
4½" 大圓木板——每個價洋四分五
小圓木板——每個價洋二分五
白荷葉燈罩——每個價洋六分
紅綠絲邊罩——每個價洋二角

(O)鐵活及水溝

1. 插銷等 Hardwarc

6" 黃銅弓字插銷——每付四角六分
4" 黃銅弓字插銷——每付三角七分
8" 黃銅弓字插銷——每付六角
12" 黃銅弓字插銷——每付九角
黃銅根頭插銷——每付九角
一號毛銅珠鎖——每付二元九角
二號毛銅珠鎖——每付二元
三吋半鐵合扇——每打一元六角
三吋鐵合扇——每打一元〇六分
二吋半鐵合扇——每打八角
二吋鐵合扇——每打六角七分
六吋黃銅挺鈎——每付四角八分
五吋毛銅合扇——每付一元
毛銅大拉手——每付六元九角
毛銅小拉手——每付二角
大門鎖 (Lock set No. 1298) 每套五十元
yale night lock No. 20 每付三元四角五分
yale night lock No. 42 每付九元

雨水溝(Down Spourse)

二十六號白鐵立水溝 每呎二角一分
二十六號水斗(白鉄) 每個二元三角
二十四號白鉄平天溝 每呎三角五分
生鐵溝嘴卡子 每斤一角六分
鐵包角棍 每個五角四分

(本章完全篇待續)

首都輪渡活動引橋及渡船設計概要

鐵道部技正王之翰

京滬津浦兩路，中隔大江，交通不便。故鐵道部，擇定輪渡計劃，組織輪渡工程處。於十九年十二月起始建設，以利鐵路運輸。

輪渡之主要工程，一、爲活動引橋，二、爲渡船。茲將其大概情形分述於左。

一、活動引橋之工程，即爲碼頭工程，該項工程之難易，須視長江水位漲落之差度以爲衡。差度小則工程較易，差度大則工程較難。按津浦路局歷年之水位記載，最大漲落相差爲二十四英尺。假定最低水位，其高度爲一百尺Elevation 100'。則其最高水位，爲一百二十四尺 Elevation 124'）。引橋之長短，即根據水位之差度而定。引橋每岸，係用四架穿式花樑，組合而成。除第一孔（即靠江一架），長一百五十二英尺外，其餘俱一百五十四英尺。全橋共長六百十四英尺。第一孔在任何水位之下，永久取平，不作坡度。其餘三孔最大坡度，爲千分之二十六。第一孔永久取平，其理由有二。（一）爲減小引橋與跳板，所成之角度（Deflection Angle），以免車輛有脫鈎之虞。（二）第一孔上有叉道（Switches），不作坡度，以免車輛有出軌之患。橋高爲二十五尺四寸，寬爲二十尺。惟第一孔臨水之端，須與船上之三股軌道相銜接，故放寬爲四十四尺，故爲喇叭式。第一孔橋端，設一活動跳板（Apron）

渡船圖

，以便與船面接聯。查渡船空載與滿載，其吸水率 (Draft) 爲三十三寸。故跳板之長，必須五十二尺，其最大坡度，方不超過引橋之坡度。第四孔橋之末端，直接安放於橋墩上，成軸式 (Hinge)，其餘各端，俱懸掛於鋼架上，利用螺絲以便升降。鋼架頂層有電力機

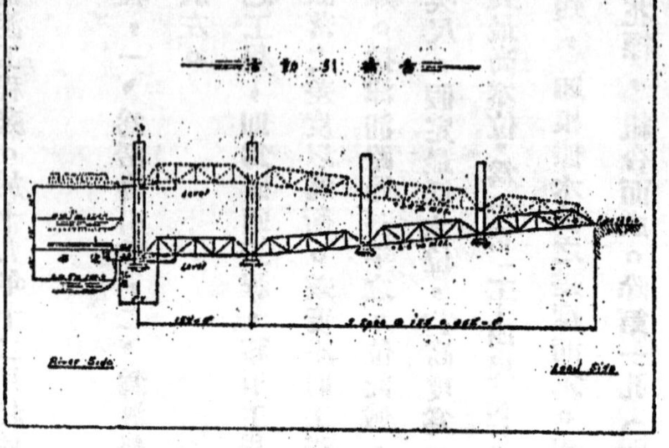

，及手搖機之設備。如電機發生意外，則用手搖機代替。

二、渡船購自英國商家 (Swan Hunter & Wigham Richarson, Ltd.)。合同於二十一年三月八日簽訂。計價英金八萬零零二十五鎊。自簽訂日起，八個月內起運來華。船長三百七十二英尺，寬五十八尺。速度每小時十二又四分之一海里。船該設計，係按載重一千五百五十噸計算。船面舖三股軌道，每股長三百尺，可載四十噸貨車七輛，或客車四輛。全船計

木架圖

載四十噸貨車二十一輛，或客車十二輛。船之左右設側穩水櫃各一 (Heeling Tanks)。前後設縱穩水櫃各一 (Fore & Aft Tanks)。渡船載重時不免有偏重之處，設水櫃此

可使船平。船尾設轉轍機一架(Transfer Table)，長四十二英尺。用此以改變機車之軌道。

此項工程現已完成。總共費用不滿四百萬元，而京滬津浦兩路得以銜接。由北平可直達上海，交通便利籍以倍增。

(完)

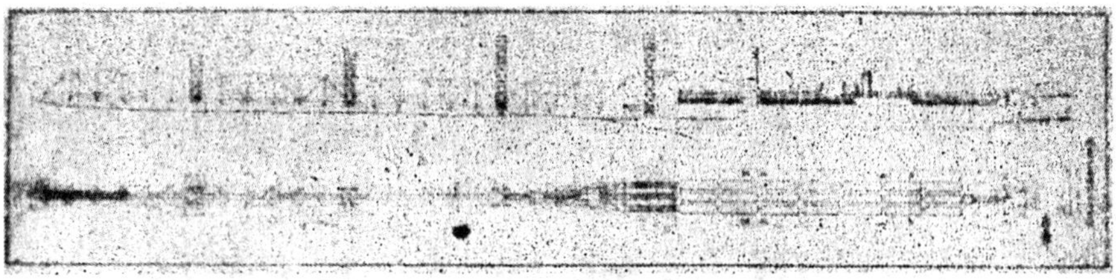

鐵道部首都鐵路輪渡略圖

世界最大鐵橋

世界最大之橋，在澳洲雪梨港，爲英國著名鋼廠道曼朗公司所承造者，九月落成，橋橫跨海港，自南至北，共長三七七零呎，重五萬噸，高出潮水上四四零呎，寬一六零呎，有闊五十七呎之大路一條，鐵路四條，十呎寬人行道兩條，重車可通行，雪梨港有一航行水道，計寬一六七五呎，其全部建築費爲英金六百萬鎊云。

中國工程公司

辦理測量設計繪圖監工一切事務

承造土木建築等項工程

天津英法交界路信義里十二號

電話三三二七五

天津義租界菜市內

忠利成五金電料銅鐵廠

電話東局七十四號

啓者本廠開幕迄今多年頗蒙各界賛許今爲擴充營業酬謝主顧起見所售各件物美價廉如承光顧無任歡迎茲將包辦及所售物件開列於左

※暖汽衛生 本廠特請技師包辦樓房中按設各種暖汽爐子衛生冷熱自來水管子恭桶澡盆臉盆便池厨爐熱水鑪等件工程巧妙堅固耐久

※電燈電料 本廠揀選上等電料裝按樓房新式電燈電鈴電扇電滚各種電料工程及紅白喜壽事花彩電燈等件經驗宏富盡美盡善絕無危險之虞

※五金工程 本廠包辦大小粗細各種五金工程花鐵欄杆銅鐵鍍白無論大部工程小部零活皆能應承定期不悞

※零活零件 本廠售賣各種電料零件鉛鐵器具各樣烟筒爐子等件並配各樣五金零件搜各樣零活

本廠所售物件名目繁多筆難盡述賜顧者請 駕臨本廠或電知本廠當即派人前來接洽可也

本廠主人謹白

會務報告

十一月份聚餐

十一月廿四日下午六時在國民飯店聚餐，到會者有：

雲成麟　孫英畬　閻書通　張錫周　王華棠　馮鶴鳴　劉家駿　鞏廣文　呂金藻　李吟秋
王　鎔　劉子周　張潤田　李書田　高鏡瑩　張蘭格

餐後由李書田君主席，介紹上海華中營業公司工程師庚宗溎君講演「杭江鐵路橋樑工程」庚君學識經驗均極優越，故聽衆頗感興趣。八點散會。

第十次執委會議紀錄

時間　十一月廿四日下午八時

地點　法租界國民飯店

出席委員　雲成麟　王華棠　李吟秋　呂金藻　張潤田　張蘭格　劉家駿　高鏡瑩　劉子周　張錫周

主席　王華棠

決議事項

(一)審查會員資格，通過下列九人爲學生會員。

閻克禮　趙家璞　徐連仲　楊蔭田　徐　琢　蘭士祥　范慶鴻　張永錫　于澄世

(二)互推第二屆執委會職員結果如次。

主席委員　呂金藻

會務主任　王華棠

編輯主任　李吟秋

會計主任　張蘭格

(三)決定以後每月十八日爲聚餐之期

(四)向專門以上工業學校學生徵文案，推雲成麟張錫周李吟秋三委員負責詳擬辦法，提交下次執委會議決議施行(由雲委員召集討論)

(五)決由會計主任向會員催繳本年度會費以利會務進行。

散會。

會計報告

河北省工程師協會民國廿一年十一月一日至廿二年九月十六日收付欵項

舊管

原存洋一百四十二元八角六分（計會務處存四二、八六元會計處存一百元）

新收

收啟新公司廣告費洋十八元

收中國工程廣告費洋十元零零八分

收美慶汽車公司廣告費洋一元五角

收德盛窰廠廣告費洋十七元二角八分

收中國油漆公司廣告費洋六元四角八分

收遠東公司廣告費洋十七元二角八分

收東方鐵廠廣告費洋十元零零八分

收瑞芝閣廣告費洋十七元二角八分

收永興紙行廣告費洋十七元二角八分

收三和公司廣告費洋十七元二角八分

收湘泰工務所廣告費洋十元零零八分

收忠利成廣告費洋十元零零八分

收永豐商行廣告費洋六元七角二分

收華北水委會廣告費洋十元零零八分

收德盛鋁廠製版費洋七角五分

收德盛工程處廣告費洋十元零零八分

收北洋大學購月刊六十册洋十二元

收中國無綫電公司廣告費洋十七元二角八分

收月刊售進洋二角二分

收會計處洋八元

（計楊法權會費六元紀清範二元）

收月刊售進洋八角

收北寧路局廣告費洋十八元

收田志遜入會費三元會費三元共洋六元

收張仲良入會費三元會費三元共洋六元

收梁錦賞入會費三元會費三元共洋六元

收王賢吾入會費三元會費三元共洋六元

收尹贊先入會費三元會費三元共洋六元

收李吟秋入會費三元會費三元共洋六元

收蘇估昌入會費三元會費三元共洋六元

收王學奎入會費三元會費三元共洋六元

收于以基入會費三元會費三元共洋六元

收李渾生入會費三元會費三元共洋六元

收王文泉入會費三元會費三元共洋六元

收張仲俊入會費三元會費三元共洋六元

收王子泉入會費三元會費三元共洋六元

收丁際平入會費三元會費三元共洋六元

收賈錫五入會費三元會費三元共洋六元

收王君幹入會費三元會費三元共洋六元

收陳翼宗入會費三元會費三元共洋六元

收翟夢桓入會費三元會費三元共洋六元

收王子凰入會費三元會費三元共洋六元

收沈淑鶴入會費三元會費三元共洋六元

收張禹民入會費三元會費三元共洋六元

收黃珍青入會費三元會費三元共洋六元

收劉暢春入會費三元會費三元共洋六元

收王鼎臣入會費三元會費三元共洋六元

收石樹德入會費三元會費三元共洋六元

收華毅如入會費三元會費三元共洋六元

收韓明遠入會費三元會費三元共洋六元

收侯石村入會費三元會費三元共洋六元
收邊翁堂入會費三元會費三元共洋六元
收王其俊入會費三元會費三元共洋六元
收崔　桐入會費三元會費三元共洋六元
收孫秋圃入會費三元會費三元共洋六元
收王　健入會費三元會費三元共洋六元
收孫繩齊入會費三元會費三元共洋六元
收王煒如入會費三元會費三元共洋六元
收靳紹隅入會費三元會費三元共洋六元
收孫霖山入會費三元會費三元共洋六元
收李瑞芸入會費三元會費三元共洋六元
收王振鏜會費共洋三元
收安文瀾入會費三元會費三元共洋六元
收解德璘入會費三元會費三元共洋六元
收張萬里入會費三元會費三元共洋六元
收劉煒明入會費三元會費三元共洋六元
收王楷五入會費三元會費三元共洋六元
收寇志達入會費三元會費三元共洋六元

收崔炳麟入會費三元會費三元共洋六元
收楊法楊入會費三元會費三元共洋六元
收羨書瓜入會費三元會費三元共洋六元
收張鵬年入會費三元會費三元共洋六元
收閻子亨入會費三元會費三元共洋六元
收朱延年入會費三元會費三元共洋六元
收劉其脩入會費三元會費三元共洋六元
收榮舜笙入會費三元會費三元共洋六元
收張品題入會費三元會費三元共洋三元
收馬守讓入會費二元會費二元共洋四元
收劉爾健入會費二元會費二元下期會費一元共洋五元
收胡懋庠入會費二元會費二元共洋四元
收張雨人入會費二元會費二元共洋四元
收馮慎脩入會費二元會費二元共洋四元
收儲從周入會費二元會費二元共洋四元
收耿子夲入會費二元會費二元共洋四元
收由尙之入會費二元會費二元共洋四元
收張伯平入會費二元會費二元共洋四元

收劉增棋入會費二元會費二元共洋四元
收劉光宸入會費二元會費二元共洋四元
收田亞英入會費二元會費二元共洋四元
收張文樓入會費二元會費二元共洋四元
收秦榮賢入會費二元會費二元共洋四元
收申立體入會費二元會費二元共洋四元
收寇振聲入會費二元會費二元共洋四元
收劉雲書入會費二元會費二元共洋四元
收李希候入會費二元會費二元共洋四元
收張映軒入會費一元會費一元共洋二元
收苗啓城入會費一元會費一元共洋二元
收賈麟仙入會費一元會費一元共洋二元
收薛牧庵入會費一元會費一元共洋二元
收呂蘊軒入會費一元會費一元共洋二元
收趙文欽入會費一元會費一元共洋二元
收安茂華入會費一元會費一元共洋二元
收何冠洲入會費一元會費一元共洋二元
收毛然青入會費一元會費一元共洋二元

收李叔平入會費一元會費一元共洋二元
收檀子嚴入會費一元會費一元共洋二元
收雷永楨入會費一元會費一元共洋二元
收吳怡之入會費一元會費一元共洋二元
收李燿琳入會費一元會費一元共洋二元
收張健之入會費一元會費一元共洋二元
收王劍泉入會費一元會費一元共洋二元
收張維卿入會費一元會費一元共洋二元
收劉甄賞入會費一元會費一元共洋二元
收謝錫珍入會費一元會費一元共洋二元
收蘇子英入會費一元會費一元共洋二元
收魏壽崑入會費一元會費一元共洋二元
收高級瑩入會費一元會費一元共洋二元
收王允蘆入會費一元會費一元共洋二元
收潭鏡涵入會費一元會費一元共洋二元
收李子延入會費一元會費一元共洋一元
收韓丹亭入會費一元會費一元共洋二元
收李子厚入會費一元會費一元共洋二元

收徐可莊入會費一元會費一元共洋二元
收崔惠生入會費一元會費一元共洋二元
收王榮科入會費一元會費一元共洋二元
收劉肇豐入會費一元會費一元共洋二元
收楊耕九入會費一元會費一元共洋二元
收劉照寰入會費一元會費一元共洋二元
收紀清綸入會費一元會費一元共洋二元
收張季春入會費一元會費一元共洋二元

以上一百二十九項共收洋六百九十六元六角三分

開除

十一月四日付購郵票洋三元
十一月五日付編輯主任李吟秋洋十元
十一月八日付瑞芝閣洋九元五角四分
十一月廿一日付購郵票洋一元
十二月十五日付瑞芝閣洋三元七角六分
十二月廿九日付購郵票洋五元
十二月卅日付六國飯店洋七元
十二月卅一日付寰球印務局洋三十五元
一月廿三日付編輯部書記二人津貼洋二十元
一月廿三日付庶務津貼洋十元
一月廿三日付號房公役信差三人洋三元
一月廿四日付寰球印務局洋三十五元五角
二月二日付購郵票洋五元
二月三日付瑞芝閣洋三元八角
二月六日付北安利振德榮興記洋一元二角
二月八日付信差洋二角
三月七日付電報局洋五元七角二分
三月八日付購郵票洋一元
三月十六日付購郵票洋五元
三月十八日付寄月刊本費洋一角
三月十八日付購郵票洋三元
四月廿九日付購郵票洋二元
五月十七日付購地畝月刊四册洋八角
五月廿四日付瑞芝閣洋二元六角
五月廿九日付信差公役號房三人節賞洋三元
五月廿九日付書記庶務等三人津貼洋三十元

五月三十日付編輯主任李吟秋洋二元
六月五日付購郵票洋五元
六月十七日付編輯主任李吟秋十七元二角八分
七月十八日付購郵票洋二元
八月四日付編輯部李吟秋洋十八元
八月廿四日付聚餐墊款洋八元
九月一日作購郵票洋五元
九月二日付購郵票洋五元
一月五日付寰球印務局印工程月刊六百本洋一百二十
九元九角
一月廿五日付通知各會員買郵票用洋一元四角七分
二月七日付寰球印務局印一卷一期欠款洋二十四元
二月十一日付通知各會員買郵票用洋五角六分
三月六日付寰球印務局印第二期工程月刊六百本洋四
十九元
(此款爲對現金關係另存)
付各會員交會費來郵票洋十四元
四月十七日付寰球印務局印三期月刊六百本洋六十元
六月七日付寰球印務局印四期月刊六百本洋五十五元
四角
七月一日付通知各會員買郵票用洋一元五角
七月三日付寰球印務局印五期月刊六百本洋五十四元
八月十日付會務幹事處此款轉楊紀二君會費洋八元
八月廿一日付寰球印務局印六七期合刊六百本洋八十
四元八角
(此款爲對現金關係另存)
付各會員交會費來郵票洋六元
以上四十七項共付洋七百五十七元一角三分

實在

(王科長經手)
會務處存洋十元零九角九分
(張蘭閣經手)
會計處存洋七十一元三角七分
以上二項共存洋八十二元三角六分
會計處存郵票十五元五角六分

天津市特一區自來水廠新舊計劃之比較

李吟秋

津市特一區自來水，原係由特一區公署與英租界工部局訂立合同，由工部局自來水廠供給。至上年五月間合同屆期，英工部局以該租界住戶日增，水量不敷應用，經董事會議決，「不再續訂合同，該區用水，供給至本年十二月底止。」嗣經特一區公署與英工部局磋商展期，結果延長六個月，至民國二十三年六月底止，逾期即不再行供給。市政府以特一區華洋雜處，戶口繁密，水源供給，至爲重要。且左近村落，工廠林立，日漸發達，給水設備，尤待擴充。前者本擬發行公債，籌辦一切，繼又有改由英商鼎昌自來水廠專利之議，均以種種困難，未能果行。最後始決由市府自辦，由英商東方鐵廠承包。至工程方面，前曾擬具氣壓抽水法，現改爲電力抽水法。氣壓抽水設備，固屬堅固，但費用稍多。電力直接抽水，較氣壓抽水可省電力百分之二十五左右。以津市現在經濟狀況，自宜擇易就輕，以期撙節，而易觀成。現在天津市政府已與東方鐵廠於本年十一月十三日雙方簽訂合同。茲將前者所擬自來水廠計劃，及現在自來水廠合同底稿，及水庫說明書等，一併誌後，以爲同志之參閱。

建設特別一區自來水廠計劃書

(一)給水量之估計　查特別一區之用水，向由英租界水廠供給。據民國二十年報告，該區每月平均用水約八百萬加侖(三萬六千立方公尺)，最大用水量(七月份)爲一千萬加侖（四萬五千立方公尺）。現在該區南北兩面居民，用水逐漸增加；西部三義莊一帶，水管雖少，然需要甚大；又如西樓東樓及小劉莊等處需水，亦均待源源供給。是故爲目前所需，及將來擴充起見，所擬建設之水廠給水量，應較民國二十年之給水量增加一倍，方足適用。因此，每月最大給水量約計爲二千萬加侖，即九萬一千立方公尺。據此爲標準，則每日每小時及每分鐘之給水量，可估計如左：

每日最大之給水量八〇〇，〇〇〇加侖（三，六五〇立方公尺）。

以下井筒大小數目，及抽水風機等，均以此爲計算根據。又晚間用水甚少，故銷水時間可以十二小時作爲平均數，因而得：

每小時最大之給水量六七，〇〇〇加侖（三，〇五立方公尺）

每分鐘最大之給水量一，一二〇加侖（五二立方公尺）。

以下計算水庫及抽水機，即以此爲根據。

（二）井筒之大小及數目　擬仿照英租界辦法，鑿井取水。井深自四百五十至六百五十英呎不等。其數目多寡，約視井筒大小而定。大抵如用六吋井筒須打井三眼，如用八吋井筒須打井二眼。其出水量估計如下：

六吋井筒每眼每日可出水　二五〇，〇〇〇加侖

三眼每日可出水　七五〇，〇〇〇加侖

八吋井筒每眼每日可出水　四〇〇，〇〇〇加侖

兩眼每日可出水　八〇〇，〇〇〇加侖即

每小時兩井出水約三三，〇〇〇加侖，亦即每井每分鐘出水約二百八十加侖。

現爲經濟起見，擬鑿八吋井筒兩眼。其每日之出水量，適與每日最大之需水量相等也。

（三）壓氣抽水機之計算　據調查英租界水廠打井之經驗，八吋自來水井至靜水面，去地面約四十呎（十三公尺），當抽水時，水面下落約一百餘呎，故動水面去地面約二百呎許。自知此之深井，提水非用壓氣方法不可。法以高壓機壓擠空氣，至相當程度，用細管導入井筒之內，直達動水面之下，壓氣離細管後，即變泡帶水上升。計劃須將水

提出地面以上十英呎，方爲適用。將水提出後，先至滾水箱，使水與氣分開，再導入量水箱，以便測驗出水多少，最後導水入蓄水庫。

査壓氣抽水法之重要部份，爲壓力之大小，及氣管之長短。此須以靜水面，及動水面（即抽水時之水面），與出水量三者爲計算之根據。惟此三者，各井因地理及水脈之關係，均不一致，故祇能爲約畧估計也。據日租界工部局鑿井報告，該處十二吋井筒，靜水面去地面下約三十呎，抽水時，動水面去地表下降約一百二十呎。依此計算，假設井口高地面十呎，則自動水面之升水高度爲一百三十呎，是應爲井口至氣管底全長之百分之四十五，方爲經濟，故全長應爲二百八十呎，即氣管去動水面應爲一百五十呎。故

抽水時氣壓應爲　每方吋六十五磅

初起水時氣壓應爲　每方吋一百〇四磅

每分鐘出水二百八十加侖　每分鐘應打氣二百一十三立方呎

（普通氣壓）

氣管直徑約兩吋流氣速度每秒鐘不超過五十英呎

復査英租界水廠之井，靜水面去地面約四十呎，動水面去地面最深約二百呎左右。假定井口高地面十呎，則升水高度爲二百一十呎，此應爲井口去氣管底全長百分之五十，故全長須爲四百二十呎，即氣管去動水面應爲二百一十呎。故

抽水時氣壓應爲　每方吋九十一磅

初起水時氣壓應爲　每方吋一百六十一磅

每分鐘出水二百八十加侖　每分鐘應打氣三百二十二立方呎

（普通氣壓）

氣管直徑約兩吋

以上兩種調查，稍有出入，僅可作爲參攷。又據一九二九年英租界工部局報告，其舊井（六吋徑）每分鐘出水自一百二十六加侖至二百五十四加侖；每分鐘打氣自一百十七立方呎至一百六十立方呎；氣管深約二百呎至三百三十五呎。故可決定：

井內氣管全長約二百八十呎至三百呎

氣壓　每方吋一百磅

每分鐘出水二百八十加侖

每分鐘打氣二百二十五立方呎

氣管直徑約兩吋

(四)蓄水庫之計算　特一區擬仿英租界辦法，不建水塔而建蓄水庫，以爲調濟。如使用強力之抽水機器，亦足敷防火之用。茲將計算水庫標準列下：

每小時最大需水量　六七，〇〇〇加侖

每小時兩井出水量　三三，〇〇〇加侖

每小時出入差數應由水庫供給三四，〇〇〇加侖

水庫之供給量、每小時應爲三萬四千加侖，以每日十二小時計算、其容量應爲四十萬加侖。此數晝間放出，夜間即復注滿。

水庫之大小，應長九十七呎，寬六十七呎，內容水深度爲十呎。現時可先築一水庫，將來發展，再建第二庫，但地址面積須先留置。

(五)放水機之設備　由水庫用高壓抽水機送水直達總水管，其水頭須與一百三十呎至一百四十五呎之水高相等。有此壓力，足敷救火之用。茲擬用離心式旋轉抽水機三架，計

1.每分鐘抽水量　七百五十加侖

1.每分鐘抽水量　四百五十加侖

兩架每分鐘共可抽水一千二百加侖

1.每分鐘抽水量七百五十加侖

此爲預備修理時替換之用

此外尚需大抽水機一架，每分鐘抽水量得八百加侖，以爲清除水庫之用。

(六)水站房屋及附屬設備　各井筒及井與水庫及水站之間，均設氣管水管閘門等項：

一、水站一所內設抽水機，壓氣機，及總水表，電機，電閘等項。

二、職工宿舍一所

三、公事房一所

四、小工廠及材料庫一所

五、水廠圍牆

六、院內便道及洩水管

（七）附件

一、機件及房屋設備說明及估單一件

二、水廠佈置圖一件

三、營業預算書一件

擬訂特一區自來水廠設備工價估單

甲、房屋建設項下

一、抽水機器房一座　二七，〇〇〇元

一、公事房一座及門房　五，〇〇〇元

一、工人宿舍及庫房合建一座　三，〇〇〇元

一、廠址圍牆便道及排水設備等　九，五〇〇元

以上房屋設備項下共計洋四四，五〇〇元

乙、機器設備項下

一、八吋井筒兩眼深自四五〇呎至六五〇呎每分鐘每井出水量為二八〇加侖

每井附設水箱水管等項需洋二萬八千元合五六，〇〇〇元

一、電力活塞推動式打氣機兩具

每具打氣量每分鐘為二五〇二七五立方呎壓力每方吋一百磅

能力為五十四馬力

附帶電力發動機兩具各六十馬力

以上打氣機連同電動機每付各洋八七，〇〇元

兩共　一七，四〇〇元

一、同上預備打氣機一具可用汽油或電力機兩種方法運轉以備不虞

附電力機一架及五十五馬力狄塞爾氏汽油機一架

以上合洋　一五，八〇〇元

一、儲氣缸容量（一立方公尺）三具

各六百一十元　合洋一，八三〇元

一、電力旋轉離心式抽水機兩具各五十馬力

每分鐘每具抽水七五〇至八〇〇加侖

附電動機兩具各五十五馬力

以上每付洋四，一四〇元共合八，二八〇元

一、同上抽水機一具可用電機或汽油機兩種方法運轉以備不虞

附五十五馬力電機一架

附五十五馬力狄塞爾氏汽油機一架
全付連同附帶物件計洋　一三，八〇〇
一、電動小抽水機一架每分鐘抽水量爲四五〇至五〇〇加侖能力三十五馬力
附電機一架四十馬力
全付連同附屬件　三，五六〇
一、電動洩水機一架
出水量每分鐘八〇〇加侖
能力十馬力
附電機一架十一馬力
全付連同附屬件　一，八五〇
一、雲石盤四部電閘板一架
附帶各種應用電表開關等項　三，九四〇
一、全部大小水管活門量水箱及總水表等項　八，五〇〇元
以上機器部份共計洋一三〇，九六〇元（此依金價爲漲落暫估如上數）

丙、蓄水庫項下
一、鋼筋洋灰蓄水庫一座
長九十七呎寬六十七呎水深十呎
容量約四十萬加侖　四五，〇〇〇元

丁、地畝項下
一、地址三十畝，面積比原圖畧爲核減，且地点尙待選擇，以求費用經濟及工程便利，暫估如下數，
每畝以三千元，計合洋九〇，〇〇〇元。
以上四項總計需洋　三一〇，四六〇元外加開辦費約六千元共計需洋　三一六，四六〇元
再加流動資金一萬餘元是總額可暫訂爲三十三萬元。

特一區自來水廠營業預算書

（一）每年收入項下　九五，〇〇〇元
就英租界工部局一九三〇年報告，賣與特一區水費爲四四，五六〇兩，合價六萬餘元。每千加侖計洋六角，特一區售水價爲每千加侖一元，故每年收入，暫估如上數。
（二）每年支出項下

一、廠務費

機器油電及修理等費共　二五，〇〇〇元

一、管線費

延長水管裝設龍頭等費共　一〇，〇〇〇元

一、工務費

工程師及工匠薪資與雜項工事費共一二，〇〇〇元

一、總務費

調査管理及會計等員司薪工及辦公費共六，〇〇〇元

一、房屋機器折舊準備金

原估二二〇，四六〇元按三十年折舊計算約合七，三〇〇元

一、資金利息

原估三十三萬元按一分行息合洋三三，〇〇〇元

以上每年共支出　九三，三〇〇元

計每年收支相抵除支付週息壹分外尚可盈餘一，七〇〇元

合同底稿

天津市特別一區自來水籌備處(以下簡稱本處)，爲設立自自來水廠工程，與英商東方鐵廠有限公司(以下簡稱承包人)，訂立合同如左：

(甲)本工程之範圍

此項工程，係規訂在天津特別一區公園內設立自來水廠，所有鑿井，裝置井筒抽水機械，建築蓄水庫，抽水機房，水廠辦公房，裝安廠內外水管等項，均包括在內。其各項承做之規範如左：

(乙)鑿井

(一)在特一區公園指定範圍內，計鑿井兩眼。井筒做好後，上部深約二百英尺，其井筒內徑爲十二英寸，以容納抽水機械爲度；自二百英尺以下，井筒內徑爲八英寸。上部內徑十二英寸之深度，其精確丈尺，由承包人自行試驗規定之。

(二)此項鑿井手續，係用新式標準機器方法鑽挖，所有應用之鑿井台架，機械，及鐵管繩索，與一切人工

物料等項，均歸承包人自備。

(三)鑿井深度 以出水之水質水量及儲水沙層之性質為標準。但同時為保持水量起見，其深度應有差別，其限制如下：

第一井深度在六百英尺以下

第二井深度在五百英尺以下

如遇地層下有特殊情形時，此項限制可酌為變更。

(四)出水量之限制 每井每二十四小時之出水量，以四十五萬英制加侖 (Imperal Gallons) 為最低限度。以上兩井，每二十四小時之出水量，計應有九十萬加侖。當承包人交工後，若經試驗，每井出水量不足最低限度百分之七十，承包人應即加以修理。倘修理無效時，承包人須另鑿每二十四小時出水四十五萬加侖之井一眼，其一切工料費用，均由承包人負担。

(五)水質之限制 每井所出之水，須極清潔，並經專家化驗，斷定其中不含過量之雜質，且無黴菌，無須再加任何化學或物理之泡製，即可作為飲料者，方

為合格。

(六)試驗水質及水量之手續 此項試驗，分初步及末次兩種。其一切試驗設備，如風力水蒸水管水箱等項，及一切試驗人工及手續費用，概歸承包人負担。初步試驗，在承包人呈報井工告竣，可以放水之後舉行之。先用帶有"V"形堰口之水箱，測驗出水量。測驗時間延長約七十二小時之久，至結果圓滿為止。末次試驗，則自初步圓滿試驗竣事，再過四個月後，始能舉行。其試驗方法，另行規定之。當試驗時，承包人應予本處工程師以各種便利，並應協初進行校訂井內之靜水面高度，及抽水時之水面高度，與觀測堰口水深等項。

以上每次試驗完結後之第二日，本處即派化學等處，由井內提取水樣，備作化學及生物學之分析。專家化驗報告到達本處後，立即通知承包人知照。

(七)井筒材料 每井最後所安之井筒，須以上等重鋅化鋼 (Heavy Galvanized Gauge Steel) 製成。所有接筍處，均須極為堅實。井筒上部之內徑，約十二英

寸以上，以能容納電力抽水機爲度。其井筒下部之內徑爲八英寸，上下部份相接處，用重鑄鐵作成套管，以相聯屬。所有應用之井筒材料，均須經本處工程師查驗認可後，方准使用。

（八）濾水管材料　每井鋼管之下，所裝之濾水管，須上用等重鋅化鋼製成，外包銅絲布如(Heavy Galvanized Gauge Steel)。其管身長短，及濾孔大小，應適合於儲水水層之深度，與沙礫之粗細，均由承包人負責試驗決定之，而以防沙通水爲原則。

又爲維持最大之進水量起見，承包人應由最新方法，將濾水管之周圍用石子塡塞，作成過濾層。

濾水鋼管備妥，須經本處工程師驗看認可後，方准下井裝安。

（九）本工程施行時，如發生機械損壞，鐵管損壞，或遭遇地層困難情形，及其他一切意外事故，其所有損失，概由承包人自行負責。但承包人應預先多置機械零件鐵管鋼鑽頭及其他必需之物，以應意外亟需，而免宕延，致碍工程之進行。

（十）本工程在未交本處驗收以前，其已鑿之井筒，或已安置之井內鋼鐵管及濾水鋼管等項，如發生意外變化或損壞情事，概由承包人自行負責修理；其不能修理者，須由承包人立即另鑿新井或另裝鋼鐵管濾水鋼管等項，不得加索費用。

（十一）所有每次鑽挖之地內沙石泥土等物樣，經本處工程師查驗後，即分爲兩份收存。其一份由承包人裝匣保存，妥記每層深度，不得有遺失掉換，或假作冒充等弊；其另一份交由本處收存，但其木匣則由承包人供給。

（十二）本工程應由承包人於簽定合同三日內動工，不得延誤。第一井須於簽訂合同之日起，在八個月內完工，第二井於九個月內完工。

（十三）承包人爲鑿井時排水起見，在特一區公園內相當地点，安設溝管與舊溝聯絡以洩水入河，不得使井水任意流散。

（十四）井工完成後，由承包人担保供用兩年。如於担保期內，水質變壞，水量變少，概歸承包人負責改良修理。

(丙)機械

(一)井上抽水機 每井設電力抽水機一座，共兩座。其牌號爲「泡摩那」式 (Pomana Deep Well Turbine Pumps) 每機之規範如下：

(子)抽水量及水壓高 每機之抽水量爲每分鐘四百英制加倫，水壓高爲三百英尺。

(丑)進水濾管裝在抽水時最低水面之下五十英尺。

(寅)進水管長十英尺，附帶濾水管及其他一切接聯配件，及出水口井頭等項，務須裝配完全妥貼。

(卯)出水管及發動機頭 直接於「外斯汀好司式 (Westinghouse Vertical Induction Motor) 立轉電力機，其能力爲五十馬力，速度每分鐘一四六〇轉，電力須三象五十圈三百五十弗爾特(350Volts,50cycles,3Phase)。又發動機軸之以上，應備有繩輪，以便電機發生障碍時，可更換他種發動機運轉之。

(辰)抽水機輪葉及其附屬品 輪葉用燐質白銅製造 (Phosphor Bronze Impellers) 其層次多少，及包管與一切附屬配件，均應齊備，且須適合抽水數量。

(巳)出水筒 須帶有接頭及轉軸軸轄環等，均須齊備合適。

(午)輪葉轉軸 軸徑一英寸半，其長短須適合井水深淺，通體須有接頭銜接均須堅固耐久。

(未)上頭大筒 最大外徑，爲十一英寸又八分之三寸。

(申)出水筒及進水管 內徑爲七英寸。

(酉)出水口 內徑六英寸，用美國標準鋼管。

(戌)馬力 每抽水機須淨馬力四九．二。

(亥)附件 抽水房內。應備有老虎鉗子鐵錘鑿子各種銼刀羅絲起子手鑽各種搬子管鉗子練鉗子牙板羅絲及橡皮軸墊兩打鋼珠軸承兩個等。

(二)蓄水池抽水機 由蓄水池向總水管送水需用抽水機兩座，其規範如下：

(子)電力抽水機一座 用平置離心式抽水機，每分鐘出水量爲五百英制加侖，水壓高爲一百四十五英尺，旋轉速度爲每分鐘一四五〇轉。此機帶有四十馬力之電力馬達一個，所有發動及節制機關，與鑄鐵座墊等一概俱全。

(丑)油力抽水機一座 抽水機構造與(子)項之抽水機相同。計每分鐘出水量爲五百英制加侖，但所使用之發動機爲五十馬力「狄塞爾式油力引擎」(Diesel oil Engine)以"V"式短帶引動。以上引擎所有各件，均須全備，下築洋灰混凝土基座，須極堅固。

(寅)附件 抽水機應備附件如下：汽缸圈兩個，油絮簧一件，風板一套，油壓「凡而」及自動機之簧各一套，自動機之頂針及卡子及其他機件之鋼簧，此外尚帶有車油一桶，油壺一個。

(三)總水表爲「萬求理式」水表(Ventwri Meter)一個，以測驗送水數量。其水管之裝安及製法須精確堅固。

(四)量水箱 每井之上均應附帶"V"式量水箱一個，以測驗各井之出水量。

(五)電閘板 三層電閘板一座，上置所有應用電流電壓等表，及一切管理抽水機與節制電力收放機關。

(六)所有以上五項機械，均須經本處工程部查驗認可後方准裝安。

(七)所有以上各種機械，承包人均願保固一年。在保固期內，倘因做法不良，或使用不便，而有損壞情事，其一切修理或更換，均由承包人負責。但在竣工後一年之內，若電力抽水機使用成績不佳，經第三者証明後，承包人應行改裝風力抽水機；所有改換機器，及應添置各項機件之工料費用，概由承包人負担。

(丁)蓄水庫

(一)蓄水庫兩座，均用洋灰鋼筋混凝土建造。所有庫頂庫底及圍墻均須緊嚴絕無透水之弊；基礎尤須堅固，不致發生不平均之沈落，而免裂縫。

(二)容量 每座蓄水庫裏面，計長六十五英尺，寬五十英尺，高約十二英尺，其容量各爲二十萬英制加侖

(二)兩庫容量，共計四十萬英制加侖。

(三)設備　每蓄水庫內，各設通氣設備，抽水坑眼，及分水墻，俾使水在庫內，得以停蓄沉澱。

(四)兩蓄水庫雖屬分立，仍應有水道相聯，以便同時應用。

(五)蓄水庫頂上各蓋以七層，並蒔種小草，以資保護，而期美觀。

(六)蓄水庫之庫址及庫頂，均須建在適當水平之上，以免外面雨水浸沒之虞。

(七)蓄水庫做法說明書，由本處另行規定，作爲本合同之附件。

(八)蓄水庫詳細設計，由承包人按照上項做法說明擬訂之，呈經本處核准後方可施工。

(九)承包人對於上項兩座蓄水庫保固二年。在保固期內，倘因工程不妥，而有損壞情事，所有一切修理，均由承包人負責。

(戊)抽水機房

(一)小抽水機房一所　在第一井址處所，應容電力抽水機一座，預備保險油力機一座，及沉沙水櫃一座，與火爐位置。

(二)大抽水機房一所　在第二井址處所，應容電力抽水機一座，蓄水庫抽水機兩座，狄塞爾式油力發動機一座，電力發動機一座，並設三層電閘板一座，及沈沙水櫃一座，電力變壓器一座。此外承包人并須在此房內置有取暖設備。

(三)所有以上兩所抽水機房之大小高低及建築材料，均須適合裝安以上各項機器，及管理人檢查修理時所需用之廻旋地位。在各種抽水機及發動機之下，並應打築洋灰混凝土基，以期堅固。沉沙水櫃之下，並應安置洩水暗管。

(四)抽水機房做法說明書，由本處另行規訂，作爲本合同之附件。

(五)抽水機房詳細設計，由承包人按照上項做法說明書擬訂之，並呈經本處核准後方可施工。

(六)提管器　每抽水機房應備手鎬車一架，並一切應用之鉛絲繩及滑車等零件。

(七)承包人對於上項兩座抽水機房，保固兩年。在保固期內，倘因工程不妥，而有損壞情事，所有一切修理，均由承包人負責。

(己)辦公房屋

(一)辦公房屋一所，其做法說明書，由本處另行規訂，作爲本合同之附件。

(二)此項房屋建築，包括內部一切電燈暗綫，以及新式衛生設備，與上下水道等之供給與安置。

(三)辦公房屋詳細設計，由承包人按照本處做法說明書擬訂之。並呈經本處核准後方可施工。

(四)字頭　房屋之正面，應有之字頭，用不生銹之金質製造，用大頭羅絲按於墻上。字頭之樣式及大小，由本處供給。

(五)承包人對於此項辦公房屋保固兩年。在保固期內，倘因工程不妥而有損壞情事，所有一切修理，均由承包人負責。

(庚)內外水管

(一)所有由井口至蓄水庫，及由蓄水庫經抽水房以達馬路之總支各水管，所用之一切生鐵水管「凡而夫」水門(valves)等項，概包括在本工程範圍之內。

(二)水廠內所有抽水房之洩水道，蓄水庫之洩水道，以及辦公房屋內之下水道，及一切溝管等項，均包括在本工程範圍之內。

(三)以上兩項管綫之位置距離，及水管溝管之大小尺寸，均按照附圖裝安之，此圖由承包人供給之。

(四)所有生鐵水管，均以英國水管爲標準。

(辛)總則

(一)工程保證

(子)承包人簽訂本合同之先，須向本處繳存天津切實銀行保條一紙，保額爲華幣四萬元，作爲工程保證金。俟本工程全部驗收，再逾一年後，如本處認爲各項工程尚爲滿意時，承包人得將該項保條領回。

銀行保條得每六個月更換一次。

(丑)承包人保證電力抽水機之運使費用，較之風力抽水機之運使費用可低百分之二十五；如屆時證明其效率不足此數時，承包人須負責改善之。

(二)開工及竣工日期

(子)本工程自簽訂合同後，承包人應遵照本處指定之日期，立即動工，不得延誤。各項工程，均應依限竣工。除第一井應於簽訂合同之日起，於八個月內完工，第二井於九個月內完工，蓄水庫於十一個月完工外，其餘統限於十二個月內竣工。

(丑)本工程除遇特別天災事變，確難工作，得以展期外，承包人應依期將本工程分別完成。否則科以延誤之罰金，其規定如下：

第一井誤期每日一百元

第二井誤期每日一百元

蓄水庫誤期每日五十元

房屋及其他各項工程誤期每日三十元

以上罰款，本處得於應付工款或工程保證金內扣除之。又凡遇上述之特別天災事變時，須由承包人立即通知本處核奪；其不通知，或通知過晚，或雖通知而本處查核不確者，仍不得展期。

(三)施工之責任

(子)承包人非經本處許可，不得將此項工程轉包或分包他人。

(丑)承包人應於開工之時報告本處，以便派工程師勘定地址並監督工作；同時並須由承包人派富有工程經驗之監工人常川在塲監察。承包人並須聽從本處工程師之指導，如任何工人不稱職時，本處得通知承包人撤換之；承包人應即照辦。

(寅)承包人應於工作地點派人看守，並應搭築棚架，及工人臨時宿舍，以利工作。其塲址周圍，並應修做籬墻，且在重要地點，日間設置紅旗，夜間懸掛紅燈，以資警衛防範。承包人對於上述各種設備，倘有疏忽不周之處，以致發生任何意外事故，均由承包人一面完全負責。

(卯)本工程進行中，如發生怠工罷工，及其他一切意外事故，承包人所受一切損失，概由承包人自行負責。

(辰)承包人如遇意外事故，不能對本工程負責執行時，經本處提出警告兩星期後，仍不能負責進行，應由本處另僱他人繼續工作，所有一切費用及損失，概由工欵或工程保證金內扣抵之。

(巳)本工程各部份在未經本處驗收以前，概由承包人負責保護，倘有損壞，由承包人負責修理之。

(午)施工時，承包人應對於特一區公園內一切花木，公用器物，加意保護，非經本處工程師之許可，不得任意挪動損壞。

(四)工欵數目及付欵辦法

(子)本工程工料價欵規訂如下：

鑿井及井筒設備費銀六萬九千元

機械及裝安費銀五萬四千元

蓄水庫建築費銀三萬六千元

抽水機房建築費銀一萬元

辦公房屋建築費銀一萬二千元

內外水管及其他費用銀六千元

雜項及意外費用銀一千元

．全部工程工料價欵計銀十八萬八千元

(以上工料價欵不包括電力火線在內)

(丑)付款期限

第一期在訂立合同之時付工料價

計銀六萬元

第二期在兩井竣工之後付工料價

計銀五萬元

第三期在蓄水庫及管線竣工之後付工料價

計銀四萬元

第四期在全部工程驗收之後付工料價

計銀一萬九千元

第五期在驗收之日起三個月後付工料價

計銀一萬九千元

(五)公斷 雙方有爭執之事，而無法解決者，應採用公斷辦法。其辦法，爲由雙方各選定代表人，然後由此二人再請出第三者一人，解決此事。判斷後，雙方不得有異言。

(六)合同及附件

(子)本合同及附件均繕成二份，其一份存本處，另一份由承包人收執。

(丑)本合同之附件，爲設計圖九張，說明書二份。

(寅)本合同內關於鑿井及機械等項之說明及規範，以華文爲準；英文附件，作爲參考。

天津市特別一區自來水籌備處

立合同人　工廠字號　(鋪章)

承包人　地址

經理姓名　(名章)

住址

中華民國二十二年　月　日　立

特一區自來廠建築洋灰鋼筋混凝土水庫說明書

此水庫建築於特一區威爾遜大街及蘇州路拐角特一區公園內。

(一)水庫大小　此水庫分爲二個。每個容水二十萬加侖，共計四十萬加侖。均以洋灰鋼筋混凝土築成。其內部長爲六十五呎，寬爲五十呎，高十二呎，可容水深約十呎。每部各有分水牆三道。水庫內底，應在大沽水平十一呎以上。

(二)墊土　現因地平較低，一切坑窪，必須平墊至適宜高度。所有樹根等項，必須先爲清除。

(三)地基　該處已平墊多年，土質極爲堅實。將來打築地基時，所有樹根，必須刨出，幷平填光滑。水庫之洋灰地基，厚計六吋。其成份爲洋灰一成，龍口成北戴河沙三成碎磚五成。地基上再用一與一又二分之一洋灰沙子(一成洋灰二、五成沙子)抹光。又在洋灰混凝土地基之下，須先打素土一步。素土之下，如發見土質鬆軟，須先挖換好土填實。

（四）防水　在地基表面之上，鋪置堅強之隔離，計有三層一號油毡（No.1 Mothoid）。在油毡之間，用熱瀝青油粘好，油毡交接處壓縫，須寬須緊。此種設置，須極妥善，以免水庫滲漏。又水庫圍牆內部及支柱，均須一律塗抹矽化蘇達(Silicate of Soda)以資防水。

（五）水庫　兩水庫之距離爲五英尺；如此，則水庫雖當一滿一空之時，不致互相牽聯，而有不平均之殞落。水庫地基，須延長至邊牆以外約一呎半；如此，則水庫地上之壓力可以均勻。其地上壓力連同最下層洋灰基礎計算在內，每平方公分爲○．六公斤（每方吋八．四磅）。在此地址內，並不爲過重。

水庫底，庫牆，庫頂及內部支柱，均須以洋灰鋼筋混凝土製成。其成份：用於水平線下者，爲一成洋灰，一成半沙子，三成石子；其用於平線上者，爲一成洋灰，二成沙子，四成石子。其所用碎石或石子之大小，由二分至一吋。承包人須用試驗証明以上混合成分，再加以適當水量，須有最大抗力及不透水之能力。又摻合時混凝土之濃度，須使鋼筋堅穩牢固。在建築之時，應另作洋灰塊，用試驗機分兩次試驗，第一次用三塊，爲作好經過七天者，第二次用三塊，爲作好經過二十八天者。此項洋灰塊之壓力，計二十八天後者，至少每平方公分一百八十公斤（每平方吋二五二○磅）。此種抗壓力，以一成洋灰，二份沙子，四份石子之混凝土，當能勝任。

（六）分水牆及支柱　每個水庫有分水牆三道，庫內並分做鋼筋洋灰柱子，其各方中心距，平均爲十三呎。柱子上下均須展寬。計算洋灰混凝土及鋼筋之抗力標準：混凝土每平方公分不得超過四十公斤（每平方吋五六○磅），鋼筋每平方公分不得超過一千二百公斤（每方呎一六○○○磅）。計算庫頂，必須將頂板死重及壓好之土蓋（由十五吋至二十吋厚）等一併包括在內。所以上各項設計之計算方式及數目字樣，承包人應交本處核校，以昭慎重。

混凝土內所摻石質，須堅硬純潔。用時必須沖洗後不准有泥土及有機物質並其他礦物攙雜在內。又沙子須用龍口或北戴河沙，不得帶有泥土及有鬆軟礦物，及其他有機物質；其所含泥土不得超過百分之一，遇必要時，須用水洗淨。洋灰以啟新洋灰公司之馬牌洋灰為標準。

鋼筋表面須無銹痕油漬及其他殘裂等弊。

拌合混凝土所用之水須絕對清潔，以不含有泥土油質酸質鹼質及有機物者為限。

（七）通氣　水庫之上，須有適當之通氣孔。其建築方法及形式，須能避免雨水及塵土與小動物之侵入。

（八）避免冷熱　水庫之邊牆，須按照計劃培以淨土，其坡度為一與一又二分之一比。水庫頂須覆以淨土，為十五吋至二十吋厚。

（九）洩水口　每水庫之下，須有洩水口一個，以保持水庫底之清潔。在洩水口最低處，須置洩水管；庫底須留適當之坡度，以達洩水口，而利宣洩。

（十）土蓋泛水　各水庫洋灰頂上之土面，須向兩方略有坡度，以便雨水易於下流。

（十一）接管　兩水庫之間，須有水管接聯，以便共同或分別使用。每庫之出水口與進水口須妥排適當，使水繞越分水牆，俾水內細沙可以有充分時間沉下。

天津市特別一區自來水廠建築辦公房做法說明書

（一）式樣及尺度

此項工程，係按照本處核准建築天津市特別一區自來水廠辦公房圖樣及說明書承做。圖中所標尺度，除特別標明外，皆以英尺為準，落淨計算。

（二）清理地基

施工之先，須將地基內廢物清除潔淨，其凹凸不平之處，應填剷平整，以便施工。

（三）基槽

基槽須照圖刨掘，寬度上下一律。如槽帮稍軟，可以掘成坡形；但槽底須與圖中所註之尺寸相符。如槽帮太軟，則須用一吋板撐護妥當。如槽中見水，須掏淨。槽底如鬆軟，須設法酌打灰樁或木樁，不得另索工料價。

（四）基礎

所有墻柱垛堵之下，均須打做灰土基礎。灰土係三成，東山白灰，七成淨土。須三日前澆水燜透，土須過細篩。每步灰土虛鋪十吋，打實落六吋。木夯每排四架，每架二八。舉夯離地二呎以上，夯窩相連，每窩打三夯，頭遍打完工，二遍填平，然後澆水，打硪二遍，硪重四十八公斤，打時用高六呎半以上，硪錠須相壓，頭遍打完，二遍填平，每道基礎其最上層之灰土，須加打鐵硪一遍。

(五)磚墻

除磚墻垜腿等露明處，均用機製細紅磚外，餘均用開窯手製藍磚，均須燒透響亮，形式方正者。凡磚外墻及載重墻均須至少三進，隔扇墻至少二進。

(六)泥漿

本工程計用泥漿兩種：(一)洋灰泥漿，係一成啟新洋灰，二成半西河沙，須拌勻成半液體，拌成過十五分鐘後，即不得使用。(二)白灰泥漿，係一成東山白灰，二成半西河沙，須過淋燜透。

(七)壘磚

磚在未壘之先，須用水浸透。凡載重墻垜腿碹等均用洋灰泥漿壘砌，餘均用白灰泥漿壘砌。不論洋灰或白灰泥漿，均要鋪嚴抹滿，并分別用洋灰及白漿灌縫。凡露明磚面均作洋灰皮條縫。各磚活須一齊砌壘，兩墻高度之差，不得過四呎。

(八)烟筒

各屋烟筒，照圖砌壘，滿套千子土。

(九)門窗碹

凡門窗碹除寬度超過三呎半以上，及圖內特別規定者外，均用平磚碹。壘時務要將磚擠嚴，碹胎支木非兩星期後不得折除。

(十)隔潮透風

所有磚墻垜腿於出地面五吋以上，皆隨其寬度，鋪德士古二號或同等油毡一層。若有不平之處，鋪成階形接縫，橫壓四吋，縱壓二吋，用熱油膏黏固。山墻上及地板下墻上，應留鐵篦氣孔，以透空氣。

(十一)鋼筋混凝土

凡圖內標明用鋼筋混凝土之處，其混凝土以一成啟新或同等洋灰，一成龍口或北戴河大沙，二成及唐山渣石，四成用不含雜質之淨水，拌成半液體，以不流灰水為度。鋼筋用美國或同等外洋原來煉鋼，其引力每方吋尺一萬六千鎊以上者，帶銹起皮者不得使用。綁筋用十六號雙根鐵絲。墊筋用一比二洋灰沙塊。隔筋用短筋頭。胎板非過兩星期後不得拆除。

(十二)鋼筋混凝土之打築

胎板木型之力量，須超過所載重量，不能用多節或朽爛者。胎木支好定穩，不得搖動。接口刨平對嚴用蔴刀灰將縫鋪好。打築混凝土須用鐵穿穿透，用木槓搗實，蓋以口袋，每日澆水三遍，至少以一星期為限。此項混凝土工程，一次打完，不許間斷。拌成之混凝土，過十五分鐘即不得使用。打士之溫度以華氏表百二十度以下，四十度以上為宜。

(十三)木架及房頂

房頂木架之式樣，及各部尺寸，須照本處核准之詳圖承做。用順絲無裂且無半吋以上之活節之美松木成做。木架上所定之鉄料擄子等，務要妥貼洽當。托架上用三吋六吋美松，檁上架二吋二吋半美松椽子，椽上鋪藍色把磚，上草泥兩道，上覆燒透響亮紅色細瓦，用蔴刀灰抅抹平整壓光，不得稍有浸漏之處。

(十四)地板做法

木地板完全照核准圖成做，用美松龍骨，美松龍骨墊，龍骨上鋪美松地板，牆之四週作紅松超脚，板地面打灰土一步。

廁所內或圖內特別表明處做洋灰磚地板，先在地上打灰土一層，上打一、三、六、洋灰、粗沙磚塊一層，用洋灰泥漿鋪砌，細洋灰磚一層。

(十五)板條頂篷

此項工程內室內頂篷上面釘二吋二吋半以上美松木吊骨龍，中間支以半吋方之木條，用釘釘穩，吊龍骨下均釘三吩吋半乾透之松木板條，縫寬三吩板條。接頭須互相錯綜，不得全在一根吊龍骨上。

(十六)門窗式樣及做法

凡門窗框扇活超脚板等，除特別標明外，均用乾透無性順絲無裂露面無半吋以上之疤節紅松木，露明處須刨光磨細，不許見溜，楞角邊線，必須整榫子要洽當，門窗口料用木楔釘嚴，扇活黏魚膘，榫眼務要抹到，其式樣尺寸完全遵守本處核准之詳圖成做。凡窗均係兩槽，一槽玻璃窗，一槽鐵絲紗窗。通外面門均係兩槽，一槽玻璃門，一槽鐵絲紗門。門窗立口料兩旁鑿銀錠眼安銀鉿榫大掛子，每邊至少一個，所有釘木活處，均于磚墻內下木磚門窗條四邊，均加鐵包角，門窗均帶貼臉及門窗套窗簾杆桂畫扇等均應照核准圖樣承做。

(十七)屋內抹灰

抹屋用西山白灰，兩星期前用木篦及二吩鉛絲篩淋細燜透，板條頂篷摻白蔴刀抹兩道，共厚約一吋，每灰百斤摻白蔴刀十斤，頭遍粗抹，用通靠尺找平直，二遍用大水抹子抹平，再用鐵抹子軋光，立墻用水沖澆，頭遍抹蔴刀沙子灰，用二成西河沙，一成白灰，每灰百斤摻蔴刀十斤，二遍抹白灰，摻草紙灰，草紙須先用石灰水燜爛，剁細過羅，每灰百斤摻草紙十斤，抹軋如前法，頂篷與墻相接處，照圖作灰線。

(十八)墻面抹灰

凡圖內空白無磚線之處，如窗台簷墻過木等處，均抹一比二洋灰細沙面，厚須半吋以上，或上作水刷石面，各種灰線，均照核准詳圖成做。

(十九)躺立水溝

各躺立水溝用二十六號平鉛鉄成做，形式照核准詳圖，立溝帶箍及熟鉄卡子，立管下節安五呎長之生鉄管，下口成灣頭式躺溝式樣，完全照詳圖成做，汎水二十分之一，每三呎定鉄托一個，各鉛鉄溝俱用釘藥釬好，不得稍有漫漏之弊。

(二十)階石

所有各外墻上下大小門均有過門石階，石均用唐山條石，剁細斧洋灰泥漿穩好。

(二十一)院內走道及站水地院地等

房之四週，及院內走道，應照核准圖留出，下打三七灰土一層，上打一，三，六洋灰大沙及碎磚塊，用洋灰抹面劃道，其餘院地須掘深一呎半，將土節淨鋪平，院內作出汎水，潑水用石軸分層軋實。

(二十二)五金活

各門窗安西洋上等抱角合扇明暗插銷挺鈎銅門鎖，及一切五金設備俱全，其樣式須先得本處同意，認為滿意，方能安設。

(二十三)玻璃

各窗扇統安西洋五啞五白片玻璃，屋內玻璃門安五啞五磨沙玻璃，大門玻璃門安西洋軋花白玻璃，均要上等貨，以直刀抹桐油灰。

(二十四)油工

各木活靠磚處統抹臭油兩道，門窗框未安以前，統刷摻二十分之一紫鉛油之生桐油一道。至瓦木工將做完時，各露明木活，均攢膩子，磨砂紙，過水，上西洋原來色鉛油二道，廁所裏面門窗貼臉口套等上白鉛油二道，及西洋原來白磁漆一道，各鉛鐵躺立溝上西洋色鉛油二道，廁所內水箱管子等磨光，並攢膩子刷銀粉油二道。

(二十五)漿工

各屋內分別刷西洋原來白色，或顏色粉漿兩道。

(二十六)廁所內墻

職員廁所內墻下部五呎用西洋白磁瓦墻，上用帶線條白磁瓦，下用白磁超脚板，用灰穩固，工人廁所內墻下部五呎抹一，二洋灰沙漿。

(二十七)衛生器具

職員廁所裝西洋磁高式恭桶二件，帶榆木蓋及白磁水箱，並安西洋白磁小便池二個，西洋白磁洗手盆二個，約十二吋十八吋。工人廁所裝啟新磁蹲式恭桶二件，帶熟鐵洋水管，三加倫高吊生鐵水箱，一切水管水門龍頭等俱全。

(二十八)管井

各項管子照核准圖裝設，做地壘墻時即將其溝槽留好，安裝完畢，不得有凸出之弊，立管鐵製躺管由屋內通至小井，皆鐵製，井外用開灤或同等裏外掛釉缸管，凡生鐵管接口，均搗蔴刀灌鉛搗實，再灌再搗，凡熟鐵管要西洋製造者，接口錯光，纏蔴抹鉛油，螺絲口做準榫緊，凡缸管在槽內打灰土一層，接口下做洋灰混凝土之墩，抹洋灰砂泥，大井用一，二，四鋼筋洋灰砂石混凝土打築加生鐵蓋。小井用洋灰沙泥壘紅磚墻，上帶生鐵蓋，四圍墻用洋灰沙泥抹厚一吋，底用洋灰砂泥抹成溝槽，總溝管應通入官溝。

(二十九)自來水

自來水管用西洋二吋白鐵管，接口做法詳二十九條內，通各恭桶之水箱及小便池，用四吩管。并做水表井一個。

（三十）電氣

電燈應照核准圖裝安，均做暗綫，在磚墻及頂篷內剔槽，用四吩西洋鉄管，內穿西洋膠皮線，線頭接至圓木上，用西洋接線盒蓋，與墻一平抹鉛油，西洋白鋼電門帶膠把，并帶白瓷插電門，外安保險盒及總電門各一，電鈴線均須照圖承做，各電線之大小，務要足用合度。

（三十一）另建工人住房二間，共容十八人。

（三十二）此項工程做法，承包人須注意遵守，如有與核准圖樣不符或缺欠之處，應先向本處聲明，經本處同意後，方能照工程道理，承做完全，如不預先聲明，倘有意外發生，或有不合核准圖樣，或說明書之處，概由承包人自負全責。

（完）

國貨工廠調查

本會鑒於年來洋貨輸入激增，爲害我國工業基礎，立國命脈，至重且深。爲提倡國貨計，允宜先將製造國貨工廠，加以調查，以資宣揚；復將各工廠遭遇苦况，利用機會，建議當局，設法補救。爰於本年八月間，就本會區域範圍之內，發出通啓調查表多份，分別探詢。現在陸續收到，特先誌本刊，以告同志。

編者識

河北省工程師協會調查國貨工廠情形表

(一)工廠名稱　永利製鹼工廠

(二)廠址　河北省塘沽

(三)創辦人　范旭東

(四)資本額　二百五十萬元

(五)創立時期　民國八年

(六)工人數目　約一千八

(七)出品名稱又用途　純鹼用途　玻璃胰皂洗滌人造絲潔鹼石油製紙漂白染色淨水染料及塗料電池藥品其他

(八)產量(每日及每年平均數)　每日約百噸每年平均約三萬六千噸

(九)原料來源　鹽來源廠東有灘漢沽一部　石灰石來源唐山卑家店

(十)出品銷路　全國及日本朝鮮

(十一)可抵制或代替那種舶來品　外來鹼及外來間接製造品

(十二)將來擴充計劃　擬將全廠機器增加一倍日出二百伍拾噸

(十三)營業狀況　現受卜內門鹼之縮價稍生波折茲左所舉就前戰時言現漸回復

(十四)所遭遇困難

(甲)原料方面　石灰石以北寧路不通幾致停工

(乙)運輸方面　以戰事鐵路輪船往來困難運輸不便

(丙)製造方面　以在戰區職員工人莫不心驚製造當有影响

(丁)營業及管理方面　營業以市面經濟蕭條營業不振管理以處在驚慌之際那能加緊約束

(十五)其他　本廠以料材供給之宜又屬全國獨一將來有莫大之希望

中華民國二十二年九月五日　調查員王家埠

(一)工廠名稱 六河溝煤礦公司煉鐵廠

(二)廠址 湖北諶家磯

(三)創辦人 李組紳

(四)資本額 一百六十萬元

(五)創立時期 民國八年

(六)工人數目 二百五十餘人

(七)出品名稱及用途 (1)高矽生鐵(2)頭號生鐵(3)二號生鐵(4)三號生鐵(5)化驗一號生鐵(6)高燐一號生鐵(7)高燐二號生鐵(8)鹼性生鐵 最合翻沙廠造各種鐵件及煉鋼之用

(八)產量(每日及每年平均數) 每日約出七十噸至百噸年約三萬五千餘噸

(九)原料來源 鐵砂——湖北大冶象鼻山公礦 石灰石——湖北金口獅子山及大冶等處 猛砂——湖南湘潭一帶 焦炭——河南六河溝煤礦

(十)出品銷路 行銷華北及長江上下游各省

(十一)可抵制或代替那種舶來品 可代替外洋一切同種生鐵

(十二)將來擴充計劃 現正積極進行製造暖汽爐片鍋爐水管等類不日出品

(十三)營業狀況 年來國難嚴重自滬戰後市場疲敝加以印度鐵及日本鐵之傾銷各地致本廠之國產生鐵脫售益形困難

(十四)所遭遇困難

(甲)原料方面 因運輸困難焦炭時有不給之虞

(乙)運輸方面 本廠大宗焦炭來自河南路運皆賴平漢鐵路遇有變亂時患中斷且運費亦昂影響成本甚鉅

(丙)製造方面

(丁)營業及管理方面

(十五)其他 生鐵乃立國之基本工業以中國之大人口之繁而此惟一獨存日產不過百噸之六河溝煉鐵廠現竟因外貨傾銷市場凋敝岌岌焉不可終日望國人共維護之

調查員張松齡

中華民國二十二年十一月八日

（一）工廠名稱　三陽麵粉廠

（二）廠址　北平西便門內南夾道

（三）創辦人　李澤民

（四）資本額　本廠因係租用貽來牟麵粉公司全套機器及廠屋故資本僅六千元

（五）創立時期　本廠原名貽來牟麵粉公司光緒二十七年由通州移至現址營業於民廿年五月始由三陽租辦

（六）工人數目　共三十五人

（七）出品名稱及用途　出品麵粉麩皮

（八）產量（每日及每年平均數）　每日可產七百五十包實產六百包每年平均產十二萬包

（九）原料來源　本廠原料概為北平鄰近數縣伏地麥間或採用張家口口麥

（十）出品銷路　多在北平市間亦運銷平漢沿線

（十一）可抵制或代替那種舶來品　不及外貨

（十二）將來擴充計劃　規模甚小經營守舊尚無若何擴充計劃可言

（十三）營業狀況　平凡無紅利

（十四）所遭遇困難　因機器簡陋出品粗劣同時申澳粉傾銷故產品銷路甚滯塞

（甲）原料方面　伏地麥不敷採用

（乙）運輸方面　兵亂時起原料運送多感掣助

（丙）製造方面　因機器缺者頗多且舊故出粉粗色劣

（丁）營業及管理方面　職員多無訓練推銷方法不善除平市有十四五家大米莊代銷外地則闕如

（十五）其他　流動資金過少周轉不靈

調查員白嶙瑞

中華民國二十二年九月六日

(一)工廠名稱 求生工廠

(二)廠址 易縣城內東街

(三)創辦人 梁紹濤

(四)資本額 一千元

(五)創立時期 廿二年八月

(六)工人數目 二十名

(七)出品名稱及用途 化粧品 學校用具

(八)產量(每日及每年平均數) 每日百餘件

(九)原料來源 由天津或北平來

(十)出品銷路 易淶源三縣區域內

(十一)可抵制或代替那種舶來品 鉛筆 洋襪

(十二)將來擴充計劃 擬添毛巾火柴造胰

(十三)營業狀況 正在推消中

(十四)所遭遇困難

(甲)原料方面 似覺困難

(乙)運輸方面 本縣以西均山道

(丙)製造方面

(丁)營業及管理方面 開始工作尚未發現

(十五)其他

調查員張子舟

中華民國二十二年九月十二日

（一）工廠名稱　保恒織布工廠

（二）廠址　易縣西關

（三）創辦人　張玉華

（四）資本額　六百元

（五）創立時期　民國九年

（六）工人數目　十五六名

（七）出品名稱及用途　粗布被面　粗洋布褥面

（八）產量（每日及每年平均數）　約八九百尺

（九）原料來源　高陽定邑本地粗綫

（十）出品銷路　易縣城鄉

（十一）可低制或代替那種舶來品　洋布

（十二）將來擴充計劃　未詳

（十三）營業狀況　銷售稍多

（十四）所遭遇困難　仕兵

（甲）原料方面

（乙）運輸方面　仝上

（丙）製造方面　不能改良

（丁）營業及管理方面

（十五）其他

中華民國二十二年九月十二日

調查員張子舟

(一)工廠名稱　全和織廠

(二)廠　址　高陽北沙窩村

(三)創辦人　蘇秉衡

(四)資本額　一萬元

(五)創立時期　民國三年

(六)工人數目　一百二十人

(七)出品名稱及用途　國華綵　線毯　牀單　歡春綢　冲毛葛　裙料　明星呢　共和呢

(八)產量(每日及每年平均數)　二十餘尺　牀巾　七八十條　每年六七千尺　二萬餘萬

(九)原料來源　人造絲來自津滬　粗線產於本縣由人工製成

(十)出品銷路　內地各省均能消售無固定地点

(十一)可抵制或代替那種舶來品

(十二)將來擴充計劃　由手工進爲機械現已着手試辦

(十三)營業狀況　農村經濟困難購買力甚弱故耳出品滯銷

(十四)所遭遇困難

(甲)原料方面　人造絲均仰給舶來品價格昂貴利權外溢深盼國人設廠自造既可源源接濟又免金錢外溢

(乙)運輸方面　自天津來貨帆船甚緩冬日則由大車來貨更爲遲慢前有津保築路之議未見實行深爲遺憾者也

(丙)製造方面

(丁)營業及管理方面　對於營業方面存貨過多之時因本縣無銀行接濟金融稍有掣肘之時本地放債戶雖可少數通融辦理亦不能如商埠之抵押借款較爲活動也

(十五)其　他

調查員蘇子英

中華民國二十二年九月十四日

工程消息

全國各路營業概況

我國鐵道路政，在北京政府時代，劃歸交通部管轄，自國民政府成立，特設鐵道一部，以專責任，數年以來，該部工作，一方致力於原有鉄道之整理，一方籌劃開闢新路，最近復辦聯運，故各路營業，均蒸蒸日上，收入方面，亦日增加，國難以還，東北失守，所在該四省鐵道，如吉長•吉敦•瀋海•四洮•洮昂•等路，雖已爲我政令所不及，但整個之鉄道盈餘，並未受其影響，茲據鐵部最近各路營業統計，除湘鄂路稍有虧蝕外，其他各路均有淨盈，特錄其淨盈數目如左，以供參考。

平漢路五•八四三•七二八元。

北寧二零•六五一•四六七元。

津浦路六•九一六•一六一元。

京滬路四•六六四•四九一元。

滬杭甬路二•零一九•零零二元。

平綏路五三六•一二三元。

正太路一•二六零•九九零元。

道清路七六三•五七九元。

隴海路三•三一七五•三八八元。

廣九路二四三•四五一元。

膠濟路四•五七七•六五二元。

南潯路三八二•七五五元。
廣韶路一•七七•零八四元。
呼海路一•二二零•五三二元。
以上總共淨盈五五•零三一•四零三元。

修築京魯鐵路

蔣委員長前在贛垣召集七省建設領袖開七省公路會議，曾議決興築京魯鐵路，幹線由蘇省江浦縣起，經六合•楊州•高郵•寶應•淮安•淮陰•宿遷•邳縣以達魯省郯城，並決定於二十三年完成路基，二十四年敷設鉄軌，蔣氏除前由贛電請全國經濟委員會籌措工欵外，並令飭江蘇建設廳廳長沈百先，派員勘察路線，沈氏奉令後，特派指導工程師文燕蔚前來勘察，文氏勘察完畢，經記者往訪，據文談，江北交通不便，平日祇仰賴大運河，然至冬季河水乾涸，航運即感困難，故此路之成，有利於江北交通非淺，且江北生產，因交通不便，運輸維難，此路成後，江北之產物，南可由該路運至浦口，北可由該路運至徐濟，俾推銷華南華北，故此路成後與江北生計，亦有莫大利益，余奉命勘察，現已竣事，該路計長四百一十三公里，需欵七千六百萬元，工程費已由全國經濟委員會負責籌措，至工程進行步驟，則於本年十二月起至明年年底止興築路基，路基完成後，即開始敷設鐵軌，現勘察已畢，興築路基費撥到，即開始進行云云。

湘省公路

七省聯絡公路，第一期原規定本年六月底以前完成，第二期規定十二月底以前完成，湘省對此第一，第二兩期公路幹綫，成績甚少，不但第一期應完成者，尚屬少數，且有未開工者，第二期公路，開工者亦屬無多，且有尚未測量者，如此進行遲緩，决難如限竣事，故蔣委員長，自南昌來電責備於前，全國經濟委員會來緘催促於後•謂應趁此農隙之時，加工趕築，俾早完成，湘當局除呈覆蔣委員長及緘覆經濟委員會外，已通飭各縣，積極徵工修築，並派湖南公路局總工程師周鳳九馳赴湘西常德澧州各縣，視察徵工築遂路情形，茲已視察完畢返省，將所得結果，報告建設廳，爰覓誌報告如左，以覘湘省境內七省聯絡公路之近況。

常德 (一)該縣全縣共估計壯丁十五萬名，經過路線爲六十五里，應做土方八萬餘方，(二)土方砂方，由各區負責發包，現改由該縣徵工委員會發包，工費則由各區董按照壯丁名額籌措，每名徵費八角，共可收九萬元(三)徵工委員會，每月開支約二百元，(四)本縣救國公債計九萬元，應撥土路補助費三萬餘元，(五)土路已成三分之一，現在路線工作者約有四五百人。

澧州 (一)全縣共計壯丁十一萬名，經過路線爲一百三十五里，應做土方十萬零二千方，(二)土方砂方，由各區負擔，按照人口支配，並不另給伙食，如壯丁被徵不到者，則每名派費四角，(三)徵工委員每月開支約三百元，(四)該縣救國公債計六萬七千元，應撥土路補助費六萬七千元，(五)土路已成十分之一，現在路線工作者約三四百人。

桃源 (一)該縣全縣共分五十八團，徵工分兩期調集，第一期二十八團，担任土方，第二期三十團，擔任砂方，經過路線爲一百五十里，應做土方二十三萬方，(二)民工伙食費按方發給，計每一英方土發洋二角，(三)本縣救國公債計四萬八千元，殷實捐四萬元，應撥土路補助費七萬元，(四)徵工委員會，每月開支約三百元，(五)土路已成三分之二，砂方賡續進行，現在路線工作者約千餘人。

臨澧 (一)該縣共估計壯丁六萬名，經過路線爲七十七里，應做土方八萬餘方，(二)土方砂方，由各區負擔，按照人口分期徵派壯丁，赴路工作，並每名每日發伙食費洋一角，現改爲九分，(三)伙食費之籌措，則由各區按照壯丁名額，每名徵壯丁費四角，共可收洋二萬四千元，現改收一萬五千元，(四)本縣救國公債計一萬五千元，應撥土路補助費三萬八千元，不足二萬三千元，(五)徵工委員會每月開支二百九十元，土路已成二分之一，現在路線工作者約七八百人。

沅陵 (一)全縣共估計壯丁八萬名，經過路線爲一百八十里，應做土方五十萬方，(二)徵工上路工作，每人每日得領伙食費洋一角，(三)該縣救國公債計四萬二千元，應撥土路補助費九萬元，不足五萬元，(四)徵工委員會開支無多，(五)土路已成約十里，現在路線工作

著約九百餘人云，

修補張平汽車路

張平汽車路全線中之宣化至下花園段，山川橫阻，泥沙淤塞，道途甚爲難行，欲求全路通行無阻，非將此段修補平坦不可，茲省建設廳爲完成全路工程以利行旅起見，特委派工程人員，赴該段查勘，當經該員等擬定工程計劃書，呈送該廳，已蒙採納，建設廳已通令宣化縣政府，按照工程計劃書中指示要點，迅將該段汽車路鳩工修補，俾得早日通車，茲錄其工程計劃書於次。

路線沿革

宣化至下花園，係張豐汽車路之一段，自身本無路基，就前清驛站之御大道，略事修補而已，此路始刱於民國七年，至二十年七月，開始修理，十一月竣工，全路共用八千餘元，宣化轄境，共用石工二千餘元，土工三百餘元，其餘按工程之難易，由沿路各縣分攤，本年一月，北平軍分會，特令各縣修理，以便軍用，詢之地方人言，前清時御途與民道無別，只有大典之時，徵民夫修補，墊以黃土，事過則一任車馬行走並禁大車，則民間無路矣。

路基情形

由宣花南關起，東南行七里，至七里台，路寬三十尺至五十尺，尚稱完好，又六里，至泥河子橋，乃軍分會令宣化縣興修者，工程簡陋，本年五月始竣工，未通車時即已坍落二孔，民力敝，籌款難，簡陋固不足怪也，又三里，至南台子，正路泥濘，人亦難行，目下者繞行，南台村南之大道，汽車尚可通行，約里餘，歸併正路，又五里，至半坡街村，路尚可行，村東行約五百尺，即上雞兒嶺，山路崎嶇，蜿蜒披斜，雖經二十年用石工開寬修坡，然二年來，經大車之碾軋，已甚破敗，亟需修理矣，全長約六里，爲全段最難之工程，下嶺二里餘，至响水鋪，道路尚好，此處係洋河之支流，暴灘極多，山水暴發，四五百斤之巨石，隨波奔放，非俟水過不敢行，又車行二里，至蛇腰灣，全段在河灘，中平綏路在上，沿山而行，下即汽車路，行於護路堤上，由對岸上吹來細沙，積於路上，亟須清除，東行八里，至上花園，全行河灘中，由上花園至下花園約十里，亦全行河灘中，全段路程行河灘中者，約三分之一，山路五六里，餘爲土路，春夏之際，雨水太大，泥濘不堪行車，秋冬水淺封凍，或走河套或穿山路，均尚可通車無阻也。

工程估計

宣化至泥河子，距宣化十三里，需工五十工，泥河子至南台子村，距宣化十七里，需工四十工，均係修填沿線不平坦處，南台子至響水舖，距宣化三十里，地名鷂兒嶺，需工五百工，係修理坡度。清除浮石，工程繁多，故需工亦衆，响水舖至蛇腰灣，距宣化三十里，需工百五十工，係修補山路，坡度，清除頑石，蛇腰灣至上花園，距宣化四十里，地名河套，需工五十工，清除砂土暨填平路途，上花園至下花園，距宣化五十里，需工一百工，以上工程，共用八百九十工，修理之限度，以冬季可通汽車爲度，若修理正式里路，俾四季皆可通車，則非大施石工及修橋改線不可云云。

修建蕪公路

徽州黃山爲皖南名勝，鐵道部顧孟餘部長，以京蕪長途汽車，本可與京滬路聯絡，如能再將由蕪湖通黃山之路線，加以開闢，自足吸收遊旅，於發展地方文化及鐵路營業，皆有裨益，特令京滬，滬杭甬兩路管理局，研究由蕪湖築公路至黃山之計劃，黃伯樵局長奉令即備文函詢此間縣政府，對於由蕪湖築公路至黃山有無意見，並囑將目前蕪黃間之水陸交通狀況，如路線經過地方重要城鎮，途程長短，所用交通器具，每次行程所需時間及費用等等，迅予答覆，以備興辦，蕪地人士聞訊，極表贊同，查黃山地屬徽州休寧縣，介於黟太等六縣之間，據地質調查所測驗，山峰高出海面一千四百公尺，皖建廳曾於二十年間計劃，循舊甯湘鉄道之一部，與築皖南輕便鐵路，由蕪湖起點迄屯溪鎮止，中間跨越黃山，以便利徽州富源之開發，如祁婺之紅綠茶，休黟之生漆，績溪之沙金，歙縣之竹木等項，皆可由蕪湖出口，間接發展蕪湖商務，惜此項輕便鐵路計劃，以政局變遷而中止，今春旅杭徽人，曾一度督促浙皖兩省政府，完成徽杭公路，嗣由屯溪起築蕪屯路，止於宣城境內大汪村，徽人程振西等又請求當道，請展至蕪湖，以便捷入徽途徑，今復得顧部長從土提倡，蕪湖至黃山間之公路，當可早觀厥成矣。

蘇省疏治江北運河

江北運河，今春曾由蘇省府撥款二十萬元作治標工程經費，修治堤岸，當時因款絀工鉅，致西岸未修堅固，今夏淮沂並漲，西堤又爲洪水冲坍不少，設若再遇洪水，江北陸沉堪虞，蘇省府現鑒於殘冬將屆，運水漸涸，且又值農隙時間，特由建設廳長沈百先向滬上銀行界接洽借得六十萬元，以明年江北二十五縣之治運畝捐作抵押，決定今冬從事疏浚，以免來年再生水患，工程計劃，今秋業由省府令飭江北運河工程局擬製，十月初該局特派工程師戈鳳樓，沈豹君率領全體水文組人員，由微山湖起至瓜州止，作蘇境全段之勘察工事，並繪製地圖，經一月工作始竣，該局局長徐鼎康於十一月初乃將計劃書呈省備核，現已經蘇省府會議核准，並令該局負責計劃進行，茲悉此次疏浚工程，決分三段施工（分江都．高寶．淮邳），除注意疏浚河身外，並兼做培堤工程，俾治本治標雙收其利，決定三段共雇工六萬人（每段二萬人），定於十二月中旬三段同時興工，限於明年二月底完成云，

冀省長途電話

冀省長途電話，其幹支各縣統由河北省長途電話局管理，因非以純營業爲目的，平時各軍事政務機關以之傳達命令，及報告軍政各情，似爲其主要功用，但均向不付費，民間通話者，爲數寥寥，且收費輕微，長途電話局，每月經費，賴各縣酌予補助，僅能勉強維持，故本省長途電話事業，年來委靡不振，極鮮進步，現省境能直接通話線份，約九十餘縣，建廳以各路電話線綱絲甚細，燭力大，耗電多，通話時倘距離稍近，尚可聽聞，數百里外，則語音細微，模糊莫辨，爲力謀整頓計，擬將舊線一律換下，另豎線桿，改裝十二號粗線，俾無論遠近各處通話，聲音朗晰，並規定四大幹線，一經完成，可東達榆關，北通古北口．密雲，南至長垣雙河鎮，估計工料測量各款，綜需五十餘萬元，頃已擬具工程計劃，呈請省府核辦云。

開採川陜兩省石油

實業部以吾國石油類之輸入，據去年海關進口統計，如燈油．滑機油．汽發油．柴油．瀝青柏油．白蠟等，其價值共計在九千萬兩以上，此後公路日闢，消耗愈增，而居全國工業中心區之長江流域，因左近無廣大石油礦區，對於此種工業燃料之來源，殊感困難．四川自流井區域，產生天然瓦斯及石油，盡人皆知，惟因交通阻梗，迄未正式開採，現僅足供給當地煮鹽燃燈之用，若專恃發展長江

工業，恐最短時期難以充分供應，查中美合辦探採陝北石油礦時，曾有以鐵管自陝北輸送至漢口，以爲運輸之計划，可知，如油量確係豐富，則距離雖遠，運輸亦易，玆將資部所擬開採石油四年計劃，摘錄如後，

採油地點

在長江流域，僅四川之自流井貢井一帶產油，惟對於該處之地質，及儲量油，尙無確切報告，故爲救濟目前長江油荒計，除從速研究四川油田，廣事探採外，同時須借重於長江流域以外之陝北大油田，查陝北油田，廣袤達二萬方里，已知之石油，露頭在四十處以上，尤以膚施•延長，延川•爲最有希望之中心地点，曩經中美合辦調查團之鑽探，及延長官礦之探取，第因油量不旺，未爲大規模之開發，然以陝北地面之遼闊，陝北石油工程，確有擴充之餘地，如能與探鑽四川自流井油田相輔而行，徐圖增加產量，實爲目前切要之圖

產額預計

按近數年吾國石油每年進口調查，約爲(一)燈油二萬萬加侖，(二)汽油三千萬加侖，(三)機油三萬担，(四)柴油二十五萬噸(五)瀝青油七萬担，際玆陝北四州石油地質尙未明瞭之前，即欲一旦完全自給，勢所甚難，若於四年之末，能出產以上需要四分之一，即每年約八千萬加侖之譜，樹立吾國石油業之基礎，俾徐圖擴充，亦足以自慰矣。

進行步驟

按石油礦業工程，本分三部，(一)地質測勘，選定石層特殊構造地点，(二)地点選定後，應行鑿井，(三)由原油提煉淨油及各項副產品延長油礦開辦以來，地質調查工作太少，而妄事鑽井，雖延長一處，鑿井十餘口之多，皆未能得滿意之產量，故須按上述步驟，以科學方法，依次進行，第一年在陝北四川兩處，同時進行地質測勘，選舉適宜石油地層，第二年將所有應用機器等購齊，並運至各該處選定鑿井地点，第三第四兩年，鑿探井眼五百口，以達每年八千萬加侖之目的云。

皖建廳積極造林

森林之功用，不僅供給木材，且能消弭水患，調和氣候，改良土壤，裨益衛生，關係民生者至大，吾皖林業，荒廢已久，人民對於造林知識•尤感缺乏，即多山之徽甯各屬，類皆牛山濯濯，舉目荒凉，近年省建廳對造林事業，頗爲注意，除先後成立林塲五所，去年爲擴大造林區域

・增加木材生產起見，特在壽縣設立第六林場，委農林專家王興序爲籌備員，積極進行籌備成立，該林區昔之牛山濯濯者，今已木苗遍地，近王氏爲促進造林效率，特擬具本林區各縣林業勸導員，章程六條，呈准建設廳施行，又最近省立第三林場，以該場所規定範圍甚廣，有宣城・涇縣・南陵・繁昌・銅陵・青陽・石埭・太平・旌德・甯國・廣德・郎溪・等十二縣，林區內整個計畫，亟待編訂，並呈准建設廳派該場技術員彭仲貞・周可明，分途出發上列各縣，實地調查，以便依次推廣，同時省立第一林區奉場懷寧分場，森林縱橫十里，有林木四五萬株，刻該場林令於本年舉行秋季造林，現正在大王・廻恩・張家・清涼・十里・集賢・等六保內，調查荒山，測繪詳圖，以備造林之用云。

北平西郊電燈分廠

北平電燈公司，近在西山青龍橋地方，建設發電分廠，專供給西郊及西山一帶用戶使用電流，該發電廠內部僅裝設一巨大之變壓器，其發電之來源，仍爲石景山總發電廠電流至分廠所特製之變壓器後，即將總廠所發來之三萬三千瓦爾特電流，劃爲三千三百低壓電流，然後再分別變壓爲二百二最低度，以供電燈之燃用，此項巨大之變壓器，爲全國所罕有，能蓄存一千匹馬力電流，爲電燈公司工務處長魏樹勛及工程師陳慶麟所製造，效力極爲圓滿，西門子洋行之德技師紛往西山青龍橋發電分廠參觀此巨大之變壓電機，咸稱爲電氣界最大之創造，現西山方面如頤和園及清華大學校，均使用該分廠所發之電流，光亮異常，該發電機能供給五千盞電燈之使用，以故西山一帶各大剎各要人之避暑山莊，均紛紛裝置電燈，西山一帶地方，此後必能大放光明云。

津市特一區自來水廠

津市特別第一區所用自來水向由英工部局供給。緣以明年六月底止，又屆約滿之期，上年曾有招商承辦及發行地方公債之議，終以種種關係，未能實現。嗣由市府成立籌辦處，自行招工辦理。經由迭次會議結果，改定原來計劃，約需二十一萬餘元由東方鐵廠公司承辦。市府並委技正李吟秋氏爲該廠監理工程事務所所長，監理一切。日內即行開工，預料明年六月底以前即可出水云。

河北省工程師協會職員

執行委員

李書田(主席委員) 王華棠(會務主任)
張蘭閣(會計主任) 李吟秋(編輯主任)
魏元光 張潤田 高鏡瑩 石志仁
呂金藻 劉振華 張錫周

職業介紹委員會

呂金藻(主席) 石志仁 張錫周 張萬里
高鏡瑩 張潤田 張仲元 魏元光
李書田

月刊編輯部

編輯主任 李吟秋
編輯 高鏡瑩 王華棠 劉鎮華
郜光謨 劉焄 尹贊先
張錫周 姚文林 孫紹宗
袁祥和 張佶 宋瑞瑩
呂金藻 朱延平 雲成麟
王翰辰

中華民國二十二年十二月出版

河北省工程師協會月刊

一卷十一十二期合刊

發行者 河北省工程師協會 天津義租界東馬路六十五號

編輯者 河北省工程師協會編輯部

印刷者 天津寰球印務局 鍋店街金店胡同南口 電話二局三四八五

代售處 北平天津各大書局

本刊價目表

冊數＼地方	國內	國外
一冊	二角	三角
半年	一元	一元五角
全年	一元八角	二元八角

廣告費

面積＼地位	封皮裏面 底頁外面	底頁裏面 加頁
全面	二元五角	二元四角
半面	一元五角	一元四角
四分之一	八角	七角五分

右表均以一期計算三期以上者九折半年八折全年六折

河北省工程師協會月刊

于學忠題

中華民國二十三年二月出版

二卷一二期合刊

北甯鐵路簡明行車時刻表

中華民國廿二年十一月十六日重訂

下行車

列車次數 \ 站別	北平前門 開	豐台 開	郎坊 開	天津總站 開	天津東站 到	天津東站 開	塘沽 開	蘆台 開	唐山 開	古冶 開	灤縣 開	昌黎 開	北戴河 開	秦皇島 開	山海關 到	錦縣	遼寧總站
第七次中慢膳各等車	五·五〇	六·二五	七·四三	九·二六	九·三五	九·四五	一〇·四八	一一·四四	一三·〇一	一三·四八	一四·四三	一五·三四	一六·四四	一七·一三	一七·三五		
第十一次及第十九次混合三等客貨慢車	六·五〇	九·〇五	一二·五六	一六·二五	一六·四五	停	第十九次	自唐山起	五·〇五	六·五〇	九·〇八	一一·三〇	一三·〇八	一四·一四	一四·五〇		
第三〇一次平瀋直達特別快車膳臥各等	八·〇〇	八·三〇	九·三六	一〇·五三	一一·〇五	一一·一七	開	往	上	海							
第三次特別快車膳臥各等	八·二五	八·五五	不停	一一·一七	一一·二二	一一·三五	一二·三三	一三·二六	一四·二四	一五·〇五	一五·四五	一六·三七	一七·一六	一七·四〇	一八·〇〇		
第九次快車膳臥各等	一四·一〇	一四·四二	一五·五二	一七·二〇	一七·三〇	一七·四五	一八·四五	一九·四五	二〇·五三	二一·三四	二二·一七	二三·一〇	二三·〇五	〇·一〇	〇·三〇		
第五次快車膳車各等	一六·三五	一六·五五	不停	一九·一六	一九·三五	停											
第一〇一次快車膳臥各等	二〇·二五	二〇·四八	二二·〇八	二三·四二	二三·五〇	四·〇〇	一·一〇	二·一三	三·二四	四·一四	五·〇六	六·一七	七·〇九	七·二七	七·五九		
第五十三次混合三等客貨慢車及第四〇一次平遼直達貨車	二〇·一五	二一·一〇	〇·二〇	二·四〇	二·五〇	四·五〇	七·一七	九·五五	一一·三〇	停							
第一次平浦直達特別快車膳臥各等	一八·三五	一九·一三	二〇·三三	二一·四〇	二一·四九	二二·一五	開	往	浦	口							

上行車

列車次數 \ 站別	遼寧總站	錦縣	山海關 開	秦皇島 開	北戴河 開	昌黎 開	灤縣 開	古冶 開	唐山 到	唐山 開	蘆台 開	塘沽 開	天津東站 到	天津東站 開	天津總站 開	郎坊 開	豐台 開	北平前門 到
第八次中慢膳各等車			五·五五	六·二三	六·五三	七·四三	八·四九	九·四七	一〇·二六	一〇·三三	一一·五三	一三·一一	一四·二二	一四·二四	一四·三九	一六·二五	一七·四七	一八·二五
第四次特別快車膳各等			九·二六	九·三六	一〇·〇三	一〇·五〇	一一·三六	一二·二五	一二·五七	一三·〇〇	一四·〇五	一四·五六	一五·五〇	一六·〇〇	一六·一三	一七·三一	一八·四三	一九·一〇
第二十二次混合三等客貨慢車及第二十次獨貨			一一·〇〇	一二·〇〇	一三·〇四	一五·〇七	一七·四〇	一九·三五	二〇·四六	停	第二十次	自天津起	四·二〇	四·五五	一〇·〇六	一四·四二	一六·〇八	一五·〇〇
第十次快車膳車各等			一三·〇〇	一三·三三	一三·五〇	一四·二八	一五·三〇	一六·〇七	一六·三九	一六·四五	一七·四五	一八·五三	一九·四五	二〇·〇〇	二〇·一二	二一·三四	二二·四八	二三·一五
第二〇一次快車膳臥各等			二二·五六	二三·一八	二三·〇五	二四·〇〇	一·〇五	二·〇〇	二·四〇	三·二〇	四·三二	五·三三	六·三七	六·五〇	七·〇六	八·二八	九·四三	一〇·一〇
第六十三次客貨等混合慢車										一四·三〇	一七·一三	二〇·二五	二三·二八	〇·一五	〇·三六	三·二三	六·四〇	七·五五
第六次特別快車膳各等														九·一五	九·二六	不停	一一·四八	一二·一六
第二〇二次平瀋直達特別快車膳臥各等							由	上	海		開	來	一七·〇〇	一七·三五	一七·四六	一九·〇七	二〇·一六	二〇·四八
第二次平浦直達特別快車膳臥各等							由	浦	口		開	來	七·三〇	七·五〇	八·二二	九·三六	一〇·四三	一一·一〇

河北省工程師協會月刊

中華民國二十三年二月出版

二卷一二期合刊

河北省工程師協會月刊目錄

二卷一二期合刊

工程消息

民國二十三年二月出版

文興洋紙

新到大批價廉

繪圖測量

物品

繪圖建設工程教育家請大注意!!!!

三稜尺

三角版

比例尺

鋼帶尺

皮帶尺

測量儀器

塔尺標杆

晒圖藍紙

臘紙臘布

曬圖大鏡

其他各種華洋文具名目繁多不及備載倘蒙惠顧無任歡迎外埠函購郵寄迅速

天津東馬路東門南路西

電話二局二三二五

論壇

如何復興農村？

楊勵明

查本會第一屆年會第五項決議案「組織復興農村方案研究委員會，推本會員等五人為委員，並由本員負責召集。」旋接到本會通知，囑照案進行。按此問題為國家存亡所繫，關係異常重大，恐非吾等數人於短時間所能研討出什麼救濟方案來，即便研究出來，也是紙上空談的成分多，實行的成分少。「復興農村」已成為目前最時髦的名詞，上自國府，下至各雜誌書報，方案論文，琳琅滿目，讀不勝讀，似乎用不着我們再去討論什麼方案？也用不着我們再作文點綴？可是這問題雖在高唱入雲的空喊，看：我們中國目前的情況，一般施政的效率，等待政府去制定方案，再見諸實行，恐怕是望梅止渴，水月鏡花。中國的事還須中國人大家去做，吾人欲挽救中國目前危機，亦惟有探求病源之所在，而施以對症診治的處方，至於能否施行，是否有效果，不敢期許。斯篇之作，一則為盡我的職責，二則欲表明我的主張，希望同人對此問題多加研討，盡量貢獻意見。最好由本會徵求關於此項問題之論文，再於這些主張中，擇取有效易行之法，貢獻給當局，比開會討論，尚能收集思廣益之效，未識諸同人以為然否？

一、農村崩潰的原因

中國號稱以農立國，農民佔全國人口百分之八十五以上，故中國整個問題是農民問題。試翻閱中國四千年歷史，所謂政治革命，朝代遞嬗，那不是由於農民的暴動，至於暴動的原因，不外乎(一)受統治階級的殘暴；(二)受橫徵暴歛的剝削；(三)受水旱嚴重的天災。農民感受生活的壓迫，遂有人利用機會，領導農民實行大暴動，所謂揭竿而起，一呼百應，每致一發而不可收拾。今之共黨橫行，兵匪遍地，也全是貧農感受生活壓迫之故，農民經濟問題不能解決，國家永無安寧之日。昔日革命家之所以能統一中國，能打倒軍閥，因爲他以農民作革命基礎，以擁護農民的利益相號召，不幸統一之後，完全失去他的背景和立場，且對農民更爲變本加厲的榨取剝削，所以弄到現在國家多故，農村亦陷於崩潰不可收拾之境地。

現在我們與其說如何復興農村？不如說如何防止農村的崩潰，較爲正確。譬如黃河决口，第一步工作，應先堵築决口，防止河水漫溢，再談治標治本辦法。今農村方繼續走向崩潰之途，如大隄橫决，河水濤濤，千里奔流一樣，不先防止其更大之崩潰，如何能言復興？欲防止農村的崩潰，當先探求其崩潰之原因，中國農村破產的總原因有二：(一)受國際帝國主義經濟的壓迫；(二)受封建政治惡勢力的剝削。如不平等條約之束縛，關稅的限制，外人在華任意投資，開設工廠，創立銀行，發行紙幣，工業品與糧米之傾銷，全是前者所造成的副因。內戰蹂躪，兵匪騷擾，苛捐雜稅，暴歛橫徵，貪污榨取，土劣剝削，鴉片廣佈，白面流毒，土地荒蕪，水利不興，天災流行，交通梗阻，乃是後者所演出的實事。帝國主義者挾其雄厚資本的勢力，向我毫無組織薄弱的農村來進攻，自然被他征服無疑。第一步是機器工業品征服了我手製工業品，試看洋布征服土布，人造絲征服蠶絲，煤油征服豆油菜油，以及各種製造品等無不盡量輸入。第二步是以大量機器農產物征服我土產農業品，近數年來因水旱天災之嚴重，兵匪之騷擾，農產品量大形減少，美奧米麥盡量傾銷國內，結果是洋麥征服國麥，洋棉征服國棉，本年入超已達九萬萬元之鉅，國內金錢如江河注海一般的向外流溢，農村焉得而不破產。

中國大多數的農民大病在貧與散，惟其貧所以兵匪遍地，工業不振，生產落後，惟其散所以到處呈現分崩離析，不合作無團結的現象。今日所謂資本家知識階級份子均遠離了農村，而度其租界或大都市的生活政治，經濟，教育，全然漂浮在上層，下層毫無寄託的基礎存在，而政治一切的誅求，又均以榨取農村爲唯一之對象，官僚，軍閥，貪污，土劣，以及變兵土匪，聯合壁壘，幷與帝國主義者內外結合齊向農村進攻，農村受着重重壓迫剝削，又焉得而不呈總崩潰。

救濟農村之根本方法，當然是對外打倒帝國主義經濟的侵略，對內肅清封建政治之餘毒；然而談何容易！革命家空喊了好幾年打倒帝國主義的口號，鬧到現在完全爲帝國主義者所征服。欲剷除帝國主義在國內的經濟勢力，一時決無此力量，所謂復興農村即不能根本解決。但細察吾國病源，內毒之自潰，遠過於外感之侵襲，不先肅清內毒，必自腐爛不可救止，如果內毒肅清，則外感亦自不易侵入，故復興農村應先從改良國內政治入手。如四川土地肥沃，物產豐富，自古號稱天府，民國以來各軍閥分據數縣，榨取剝削，如蝗之食苗，蠶食桑葉，不盡不止。其他各省被蠶食之程度，不過稍減於四川，遲早必同歸於盡而已，試問在此種剝削情形之下，即無帝國主義之侵略，其能免於破產否？

帝國主義的勢力是建築在經濟的基礎上，即以銀行而論，外國銀行不過五十一家，而資本折合華幣即有一，四〇九，四〇六，四一八元。本國銀行雖有一六一家，而資本總計不過二八八，八三八，五六五元。（見中國經濟第一卷四五期合刊）是外國資本已超過本國七倍。又據端邁氏（Remer）之估計，各國對華投資，在一九〇二年共計七八七，九百萬美金，一九一四年增至一，六一〇，三百萬美金，一九三一年則增至三，二四二，五百萬美金。（中華月報一卷六號）中國資本受外國雄厚資本之威挾，對國內工商業遂不能領導，更不能負起繁榮農村的責任。可是帝國主義者在國內鉅額投資的形成，固然因爲他擁有巨大的資本和商品，但同時我國軍閥，官僚，財閥，富翁，將其搜括榨取成千累萬的資金，全然儲存在外國銀行，此項存款雖無精細數字的統計，中山先生在他民族主義第二講上說不下一二十萬萬元，遠超過國內銀行資本總額，外人即以中國人所存放之款投資於中國，一轉移間即獲莫大之利。所謂買辦階級憑藉外人的資本勢力，甘爲人作工具，而與帝國主義者以種種經濟侵略上之便利，不但如此，而握有實力號稱我國統治階級人士，又甘受彼之卵翼育孕，不惜屈伏投降，助其侵略之威燄。假使我國資產階級不把他的大宗資本存放在外國銀行內，而投資於國內生產事業，軍閥官厚與買辦階級不甘心為彼作工具，彼帝國主義者雖資本雄僚，然失所憑藉，絕不致養成現在雄厚之勢力，故帝國主義在國內雄厚勢力之養成，實國人助桀為虐，有以致之。

我河北省自民國以來久為軍閥官僚割據統治之區，農民久在封建勢力剝削下度其貧苦之生活，今在農村崩潰過程中探求其原因，按程度之深淺順序分述於下：

(一)東北四省之淪陷　東三省土地肥沃，物產豐富，素有黃金區域之稱，河北人民每年赴東省謀生者達十餘萬人，每年由東省寄回河北之款，不下數千萬元，故東三省實為河北以及全國過剩人口之絕大出路，河北之手織工業如粗布線毯等，均銷售於口外及東省，手工業為農隙重要副產物，於農村經濟關係至鉅，自四省淪喪，非但過剩人口之遷移與鉅額金錢之收入為人所攫取，即原有之工商業亦多不能維持現狀而遷回關內，手工業失其銷貨場所均告停業，農村經濟，驟形恐慌，東北四省之失陷為河北農村破產之重要原因。

(二)內戰之蹂躪　中國內戰自民國以來，循環式的繼續排演，如十七年前直皖之戰，兩次直奉之戰，十七年革命軍北伐，十九年中原大戰，二十年石友三之變，車輛人伕之徵調，糧秣柴草之供應，與戰時農民所受之損失，每一次戰爭均有數十百萬之鉅。今年長城抗戰，三十餘萬大軍屯駐平東北各縣，據于主席呈北平軍分會文「由去年十二月起至今年三月半止，全省計徵發大車一萬四五千輛騾馬四千餘匹多未發還，民伕徵發已達六萬之數。（本年四月二十日天津益世報）又據河北省財政廳長談話：「據估計民間徵發總額已達二千萬元（現款），較之河北省全年稅收又有過之（按河北省全年稅收共計一千六百餘萬元就中尤以昌黎一縣徵發軍用超過二百萬元，餘如遵化等縣亦各在百萬元以上。本年四月二十七日天津庸報）這是官報有數字可計的，他如糧米柴草之徵發供應，如遵化一縣半年之久，截至本年三月底止，已供應木柴一千一百五十萬斤，谷草一千二百四十八萬斤。（六月十五日北平益世報世界紅卍字會呼籲救濟電文）河北戰區各縣臨時聯合救濟會通電：「此次戰區各縣所受直接損失，大縣五六百萬元，小縣亦過二三百萬元，津東十九縣，亦近一萬萬元，間接損失恐又過十百倍。」（六月十一日北平益世報）根據以上幾項公私報告，証明此次長城抗戰，河北農村實較以前內戰受損失為最鉅。

（三）兵匪之騷擾　自民元京津保同時兵變，竄擾四鄉，開兵變搶掠之始，俟後變兵騷擾，每年不絕，本年劉桂堂與鄭桂林部變兵之搶掠，騷擾地方雖不甚廣，但如飛蝗齧食禾苗一般，所過之區一掃而空，農村受摧殘蹂躪之程度，較戰區有過之無不及。平東一帶受長城戰役之損失亦如上述，然自塘沽協定成立以後，偽軍屯集灤東各縣，需索騷擾較戰時為尤甚，撫甯曾被匪軍盤據多日，散兵游匪遍地皆是，譬如植物上之粘蟲，終日吸食浸液，久必有枯凋之日。又如架人勒贖之票匪，幾於無縣不有，軍隊不能認真清勦，人民自衛力量薄弱，受票匪之宰割者不計其數。

（四）駐軍之供應　自東三省失陷後，東北軍二十餘萬人就食河北，連河北省原有駐軍不下三十餘萬，分屯河北各縣，臨時的軍事徵發如派款，柴草，糧秣，車輛，牲畜，人伕，無不就地籌辦，被徵發之數實無從計算，二年以來全省當逾千萬以上。據束鹿通信「自二十一年三月至十二月底止，本縣支應駐軍款項達十一萬餘元。二月二十五日大公報）固安通信，自去春迄今攤款達十七次之多，總額約十七萬二千餘元，（二十二年一月六日大公報）又據通縣人談供應駐軍與往來軍隊，年餘以來共達百萬，農民之負担直不減於四川。

（五）捐稅之苛雜　民國再造，新政繁興，每辦一事必先設立一機關，并在地方籌一筆經費，如縣黨部，自治籌備處，各區區公所，建設局，度量衡檢定所，保衛團等，在表面上那樣不是為民而設？其實百姓增若大負担，又享受何種利益？因新政繁興之結果，地方捐稅繁雜細苛，無微不至，平山縣各項牙雜稅有十七項之多，大名縣有二十一種，自糧油棉布，下至炭瓦磚灰，既有牙雜正稅，復有地方附加捐，又如田畝正賦每畝合一角多，不算太重，但一切學警及各種雜費，無不隨糧帶徵，故田賦附加均超過正稅數倍，而一切臨時按畝攤派之款尚不在內。財政部雖迭頒禁令，各省附加稅不得超過正稅一倍，又正稅附捐一併計算不得超越地價百分之一，違者以違法論，無如禁者自禁，徵者自徵，閱報載浙江財政廳長周駿彥說的很痛快，「非停止一切新政，不能減輕人民負担」，實一針見血之言。又讀九月二十二日大公報社評：「據靑縣通信聲稱，該縣地方各機關，如教育，建設，公安各局，及自治區公所等所用之經費，率皆先後隨糧帶征，統計名目大別之不下十二種（一）警團電話攤款，（二）裝電話攤款，（三）保衞團攤款，（四）區公所積欠，度量衡檢定經費攤款，（五）修葺縣政府攤款，（六）鄉學補助攤款，（七）度量衡檢定所經費，及用器防疫藥品攤款，（八）淸理攤款委員會攤款，（九）臨時支應費及長途電話協款攤款，（十）長，保，鄉，三項攤款，（十一）臨時支應攤款，（十二）鄉村師範經費攤款等，名目繁多，每次攤款數百數千不等，故一二年來赴鄉間催款者，絡繹於途，此項未淸，彼項又來云云。此類情形，河北各縣有增無減，大抵相同，且攤款之外，差役下鄉之催收，更不免若干支應，此又超乎尋常苛捐雜稅之外者也。再就各省攷核；江浙各縣民衆負担田賦附加稅，照例超過正稅二三倍，稅目繁多，各不相同，且可隨各縣任意增加；其他各省有附加稅超出正稅十倍者，此外巧立名目之苛捐雜稅，更不可以勝計。每值豐年穀賤，農民糶其一年間艱難辛苦之收穫，曾不足以應田賦正供與種種附加稅之需，此眞世間奇慘之事也。憶前年張家口附近有一村農，秋收之後，載其糧食，入市糶賣，往返僅有三五山頭之距離，已經過許多重捐稅，結果，整車賣罄，無資遄歸，不得已，貨其牲口，而自駕空車返焉。」此可爲苛捐雜稅促農村破產之明証，吾人讀柳子厚「捕蛇者說」一文，并孔子「苛政猛於虎」的話，不啻爲現代捐稅雜苛之寫照。

（六）穀賤傷農　近年來因美與過剩農產物傾銷國內，致我國農產物價格暴跌，鄉間白麵一元錢二十五斤，小米一元三十斤，比前數年幾賤一倍，地價昔日，百元一畝者今則降至三十元，尙無人過問，本年河北除受水災戰區數縣大半豐收，然每畝收穫不過變賣四五元，除農事開支外盡量出糶，常不足以應田賦正供與種種附加捐及臨時支應之需，所謂「豐年成災」的現象，亦普遍全中國。

（七）水災嚴重　長江黃河大水災，陝甘大旱災，爲農村破產之主要原因，河北沿黃河濮陽東明長垣三縣，災情慘重，田廬淹沒，損失不可以數計，他如滹沱河連年汎濫，安平饒陽等縣每年被災，如永定薊運灤河各處亦水災迭見，均爲促成農村崩潰之原因。

農村經濟的崩潰，換句話說，亦就是中國整個經濟的破產，破產的原因既略如上述，總結是由於內毒之自腐與外來之侵襲，內毒腐爛當然甚於外來侵襲。此外更有一種自殺政策，譬如病人當內外夾攻之際，偏要飲鴆止渴，一若惟恐死亡之不速者，則政府之禁煙政策與白面毒品之流行是。現在政府的禁烟政策，在公文上是嚴厲禁止，內幕是寓禁於徵，軍人官吏大批包批販運，無人過問，百姓運吸即犯重法，結果是禁者自禁，種販運吸各隨其便。近將委員長通令蘇皖浙等七省切實禁種鴉片，如有抗令偷種，即盡法懲治，發現烟苗爲軍政長官是問。同日并裁皖省政府嚴令剷除皖北烟苗，同時實行徵收燈捐之矛盾政令。又嘉山通信：「嘉山縣政府茲爲取締土膏行店，及販戶登記各事宜，迭奉民政廳文電交馳，限期辦理，功令森嚴，刻不容緩，馬縣長昨令飭所屬各保長限文到十日內，督同各甲長將各該保甲內年老或疾病吸食成癮，一時不能戒除者，詳細調查，開具清册，并責令各該吸戶各繳納執照費五元，彙繳來府以便轉領執照，發給收支，倘有願開土膏行店者，令其遵照章程，來府填具聲請書，認定等則，加具保結，并先繳四分之一之照證費，呈候本府請發照證。私行吸售者，一經查出，或被告發，自當依照章程從嚴罰辦，此係奉民政廳遵奉豫鄂皖三省剿匪總司令部特飭辦理之件，務當依限辦畢，造册繳款，毋得稍存忽視，宕延滋誤，是爲至要，此令。（十二月十九日大公報）又本月十五日四川剿匪司令劉湘，頒征烟捐令文：「爲令遵事，照得栽種烟苗，原屬例禁，吾川自開放而後，人民以地利相宜，逐漸加種，幾於無地不有，政府因體念民艱，不忍督剷，酌量徵取罰金，原期軍民兼顧，以示寓禁於徵之意。即中樞頒布禁烟辦法，亦指川滇黔三省作爲產區，不必遽行剷除，故本部秉此意旨，仍聽民間自由栽種，以冀稍獲厚利，藉圖補苴，雖頻年以來，或徵烟苗罰金，或辦臨時軍殺，然係轉嫁性質，對於種烟農民幷無絲毫損失，實與其他籌款派捐情形，迥不相同……（下略十二月二十日大公報）由以上這幾種命令，看出政府禁煙的矛盾政策，因貪戀財源之念，乃不惜出此飲鴆止渴自殺的政策，以致毒品蔓延，瀰漫全國，不入於「黑化」，即成為「白化」。即廣西省全年賦稅總收入共一千五百萬元，而鴉片過路稅全年收入亦為千五百萬元，消耗數量誠足驚人。又據拒毒會調查，全國煙土產量不下三萬萬兩，全國鴉片稅之有數可計者，至少在二萬萬元以上，鴉片消費價値依百分之十估計，則全年消耗應在二十萬萬元以上，約為全年入超二倍有餘。然此僅就黑化毒品而言，至如白面之在晉冀，早已超過鴉片而上之，天津臨楡石門等處，素為製造及販賣白面之地，近唐山及灤東西各縣，日本浪人指使販徒，公然售賣，人民吸食者日多。山西受白面流毒，每年消耗不下數千萬元，山西農村之凋疲，人民身體之孱弱，此為主因。冀南各縣昔年金丹流行，今白面蔓延，大名順德各縣，每年至有數十萬元至數百萬元之消耗，近由南而北已普遍全省，每年至少當有千萬元以上之消耗。王鏡銘君有「復興農村首應肅淸毒禍」一文，內云「居住在荒僻農村的人們無論他們，生活怎樣豪奢豐美，每日生活程度能超過一元的實為絕無僅有，而上了毒品癮的人們，每日必需一元至七元之譜，無論怎樣生活奢華的農村家庭，每年支出超過一千元的實寥寥無幾，而上了毒品癮的人們，每年每人必需洋一千元至二千元之多，在生產技術笨拙，生產方法頑舊的中國農村，在戰爭連年經濟破產的今日，以農田有限的收入，塡毒品無限的溝壑，農村的富戶那能不債台高築，蕩家破產，中產人家那能不生活艱苦，典莊賣田，而貧苦農家那能不賣妻鬻子，啼飢號寒，那能不淪為流氓土匪去擾亂農村治安呢？所以毒品蔓延是農村經濟破產的重因。」（十二月二十一日大公報）

二、防止農村之崩潰

吾人既洞明農村崩潰之原因，當知施以對症下藥的處方，不先防止農村更大之崩潰，不能空談復興，今之侈談復興農村問題者，多忽略此項步驟，故雖有顯著之成效，防止農村之崩潰也就掃除復興農村的障礙。

（一）嚴禁鴉片，肅淸白面金丹海龍英等毒品（黑白化流毒為中國心腹大患，為害之烈甚於洪水猛獸，此禍不除，不但農村破產不可救藥，即整個中華民族之生存亦恐不保，白面流毒較鴉片尤烈，故應用最嚴厲方法禁絕，鴉片中人太深，應分五年禁絕，每年減少種植五分之一，捐稅每年遞增五分之一，五年後課以極重之稅率，吸者施以極嚴之刑罰。總之政府要拿出「法之不行應自上始」的精神，拋棄「自許官家放火，不許百姓點燈」的心理，捨去貪戀鴉片稅收的財源，不難禁絕。

（二）軍隊集中邊防實行訓練，嚴禁就地徵發。軍隊分屯各縣，就地徵發糧秣給養，其紀律不良跋扈不訓者，幷干涉行政司法，不但人民受擾，增加負担，即地方行政建設亦受莫大阻礙，中國現在的軍隊於農村實有百害而無一利，應一律調集邊防要地，實行訓練。

（三）整頓保衛，增厚人民自衛實力。年來鄉村人民受變兵土匪之騷擾太甚，資本家均不敢居鄉而移住大都市，在目前社會紛擾狀態中，而高談農村建設，農村工業，農民銀行，決無實行可能。故安定人民生活，安寧社會秩序，為復興農村之先決問題，欲安定社會秩序，須先充實人民自衛力量，應放照廣西「寓兵於團」辦法，分常備隊，預備隊，後備隊，訓練全省壯丁，對內不但可以保護地方治安，對外還能抵抗強權。

（四）剷除一切苛捐雜稅 孔部長祥熙關於整理田賦的談話「田賦一項，入民國後各地方政府任意增加，農民負担日重，甚至終歲勤勞不得一飽，且有將全年所獲，不夠完納田賦者，本人目覩農民困苦萬狀，故就職後決心整理田賦，減輕農民負擔。……」（十二月二十二日大公報）又行政院農村復興委員會汪委員長通電各省市：「必先廢除苛細捐稅，而後可言復興農村，尤須先由詳加調查，而後可言廢除苛細……」（十二月二十五日大公報）均措詞誠懇，可謂深知人民痛苦情形。但欲減輕田賦附加，須先停止一切不急之新政，蓋地方興辦一事，須先顧到農村的經濟能力，農村的担負人才，幷建設事業是否能為社會所接受所容許，不此之顧，而專務摹倣抄襲，利未見而弊害已叢生，徒增人民負担而已。欲解除人民苦痛，復興農村，誠如孔汪二公所云須先廢除苛細捐稅，但欲廢除苛捐雜稅，必先罷免一切不急之新政。

（五）增加洋米麥進口稅，減經國內糧食捐稅及運價，一則杜絕洋米麥之傾銷，二則提高國產糧價，俟糧價與地價均提高，然後再謀農產品之增加。

其他如「高利貸」問題固然也是農民所受的一種盤剝，同時也是手工業與農隙小資本商業不能發展的原因，但就目前情況觀察，因糧米奇賤之影響，人民購買力銳減，一切工商業均限於凋疲不振，即以輕利投資於鄉村，一時亦無繁榮之望。至如「土地問題」國內學者多謂在不能解決以前，農民問題得不到根本的解決。固然也持之有故，言之成理，查我國遺產繼承，向係採均分制度，所謂百畝以上之大地主僅佔全國農民百分之五（武漢中央農民部調查）而此極少數之大地主不數傳即爲子孫均分，變爲中農與貧農，況現在因地畝與農產物之奇賤，捐稅之繁苛，從事於耕種田畝之人，大半入不敷出。河北省極少坐食分利之業主，亦無勒索佃戶重租之事，更無業佃衝突之可言，江南各省或與華北情形不同，至如東北與西北各邊省，荒蕪不耕之田遍地皆是，農民實無沒田可耕之苦。共產黨以土地政策「實行均田，誘惑貧農，國府亦揭櫫所謂「耕者有其田」的政策，著者殊不以爲然，蓋中國幷無大地主，農民絕不難得到耕地，如強欲解決土地問題，誠無端自擾，農民問題，不待解決，社會已呈紛擾情況，名爲利民，實以擾民，隔靴搔癢，隱飾欺人，莫此爲甚。

三、復興農村的運動與理論

復興農村的名詞雖始於現在，但他的實際運動早有相當的歷史和成績，茲舉其最有成績的幾種實事如左：

(1)村治運動　定縣翟城村施行村治最早，已有二十年歷史，他如山西省，河南鎮平縣，山東鄒平縣，江蘇昆山徐公橋。浙江蕭山東鄉，自治實行均有顯著的成績。

(2)鄉村建設　山東鄉村建設研究院院長梁漱冥主張建設鄉村應由經濟政治教育三方面入手。例如從政治入手，先組織鄉村自治體，由此自治體去辦教育，去謀經濟上一切改進。或從教育入手，由教育去促成政治組織，去指導農業改良等。他們所謂鄉村的經濟建設，係指一切農業上的改進；政治建設則以完成地方自治爲目的，所謂教育或文化建設，則以民衆教育爲先，小學教育次之。

(3)鄉村教育　鄉村教育運動和村治運動同以促進

鄉村建設爲目的，惟他們所採取的手段與所恃之理論各有不同，村治派則以政治手段籠罩教育，教育派則迷信教育萬能，籠罩一切。如定縣平教促進會的主張，以四大教育三大方式救濟農民之愚貧弱私，即以文藝教育救愚，生計教育救貧，衛生教育救弱，公民教育救私，利用學校式，社會式，家庭式，以達教育之目的。

(4)合作運動　中國華洋義賑救濟總會自民國十二年即在河北領導人民，組織各種合作社，計分信用，運銷，利用，生產，銷費，五種合作社，如江浙山東等省合作社運動，年來更爲發達。前年長江水災辦理農賑令人民自組合作社，貸款於社團，頗著成效，今黃災農賑亦倣效前法辦理。

以上是着手施行多年之運動，雖不能普遍而有顯著之成績，但確爲復興農村根本之圖，茲再介紹較有效果的幾種最近主張如下：

(一)救濟農村經濟，增加生產。　生產是土地勞力資本三者的產物，中國地廣民衆，惟缺乏資本，今都市資本無處放款，患充血，農村金融枯竭患貧血，倘以都市資本運用在農村，籌設農民銀行，則農村經濟立呈活動，生產自能加增。農村復興委員會，曾有以下的決議案：(一)每省設一農民銀行，省中各地儘可能範圍分設農行；(二)農民銀行須在各縣設立農業倉庫。褚輔成錢永銘兩氏亦主張普遍籌設農民銀行，并擬有籌集資本及貸款辦法。(農村復興委員會會報)農民既有活動資本，再於農業技術方面加以改進，生產自然增加，國人贊成此說者頗多。

(二)提倡農村工業及農民副業　農村工業如家庭手工紡織業，織物業，農民副業如園藝，牧畜，養蜂，養鷄等均爲農隙重要副產物，倘有活動資本，加以提倡改良，於農業經濟補助實大。

(三)興辦農田水利　中國各省河道，久不修治，汎濫迭見，田廬淹沒，經濟損失實不可以數計，一方面固應修理河道，一方面要提倡水利農田增加生產，著者於民國十九年曾輯有河北省農田水利意見書，分呈各廳及河北省政府，內分開渠灌田法，放水淤田法，放淸永浸刷城地法，鑿井法，鑿泉築池法，五項。(原文載河北建設公報第二卷第四五兩期)雖係膚淺空泛之見，不無可資採取之處。

(四)移民實邊，實行開墾。　內省地瘠人稠，邊陲人烟稀少，土地肥沃，如政府遷內地過剩人民實邊開墾，人口之調劑，生產之增加，邊防之鞏固，均得其利。

(五)提倡國貨　　自國民政府成立後軍政學各界人士趨尚中山服，實則中山服所用呢料全係舶來品，今中山服一變而爲洋服，凡黨政軍學各界領袖屬員，無不嗜好洋服，婦女則穿印度綢巴黎呢，國貨最良之綢緞，幾無人過問，滬絲廠六十五家因絲價跌落難以維持，月來停業者達六十三家，(十二月十五日大公報)各綢緞工廠以及其他國貨工廠，受外貨之排擠，國人之厭棄，停業倒閉者不計其數，國家經濟受無限之損失。政府空言提倡，其實位置愈高之人，愈厭棄國貨不用，今日與其言提倡國貨，不如要求政府勿摧殘國貨，國產貨物與舶來品在稅捐上能享同等待遇，商民亦屬感激萬分，倘進一步爲有效的提倡，則入超減少一分，商民即多得一分之利，國家亦少受一分之損失。

四、結論

吾人試讀大公報社評「近年許多文人，標榜普羅文學，實則身居洋埸，懸想村閭，冒爲農村破產之寫生，多出嚮壁虛造之假想，徒令嗜利之書賈發財，青年之思想惡化，其於水深火熱中之民衆固未必有直接利益」(十二月二十七日)又「言農村復興，政府從來未嘗於行政組織與租稅制度，有整個的改革計畫，亦從無人爲誠意之研討。凡百事業，皆係人自爲政，說辦就辦，無統制，無聯絡，中央擺各省收入以供浪費，其於各省疾苦，不之問也；各省強各縣攤款以濟要需，其於各縣疾苦，又不之問也。中國本爲農業國，農民又附着於土地，而帝國主義之勢力，租界洋場之掩護，更在在限制中國稅權之行使，於是無論直接間接之稅法，中央地方之需求，幾無不以農村爲最後之榨取對象，農村在此種政制與稅法壓迫之下，自無蘇生之可能，於此而在大洋房中，西餐筵上，高談農村復興，直囈語耳！」(十一月十一日)以上兩段實爲當時文人政客高談農村復興之寫照。著者生長鄉村，稍知農民疾苦，近曾追隨國內賢達，致力於下層工作，以上所言不敢謂對農村有深切的認識，自信決非在大洋房中，西餐筵上，高談復興農村者，對於一般唱高調的所謂農業技術改良，生產機器化，土地問題，佃租問題，以至於打倒帝國主義經濟的侵略等問題，決不敢附和，即對於以上所舉較有效果易行的五項辦法，亦不敢希望現時能見諸實行，所望於政府者莫如先剷除復興農村的障礙，除去摧殘農村之工具，即所以救濟農村。查農村經濟崩潰之禍，乃由多年歷史上之醞釀，與現政府直接間接所造成，因素早種於前，今日始暴露形跡而已。禍由政府釀成，復興責任，當然應由政府負之，試觀今日政府的一切設施，行政之效率，全國人民不一致奮起，同向復興路綫邁進，寧有挽回頹運之日!?（二十二年十二月草於北平）

學術

黃河問題（續一卷第九期）

李賦都博士

黃河上中游之導治

前已述及，導治黃河於上游，除各項局部水利工程外，在減除黃河本身及各支流之含沙量。黃河之害源於黃土，則此項工程，在理論方面，亦爲治黃河之根本方針。茲將各方對於上中游導治方法分述之：

(一)改移河道：導黃入渭之說亦有之。其工程之偉大，人所共知。吾人對於此項計劃，因其既有成立之原因，亦須注意之，於考慮之際，當存「避免」注意，若無特別之利益可獲則自無施行之必要。余曾與恩格思談及改移黃河下游問題，彼謂「導治下游最重要之預備工作，爲河流縱斷面及平面之測量，改道之說，即有其相當之價值，然因缺乏研究材料，不敢作任何評論」。導治黃河上中游，須有全域之各項測量，明瞭地勢之高低，河道之容積，以及該流域地質對於含流量之關係等，待其成功之後，再作研究亦非謂遲。

(二)保護河岸：若黃河之泥量，大部由河岸之冲崩而來，則此項工程，對於上游極爲重要。其法亦多，例如兩岸植樹，又如直接護岸等等工程。若黃河及各支流兩岸之冲崩，僅限於全域之一部，則此項工程尚較易易，否則，決非當時經濟能力所容許。況黃河泥量，是否全由河岸之冲崩而來，尙一極大疑問，其成效如何，實不敢斷言。恩格思對於此項工程之批評有言曰，「護岸工程，自極重要，然成效可疑，而工程則不下於萬里長城，況其對於含泥量之減少，亦須時遠久乎。（恩格思非反對該項工程，乃聲明着手導治下游之重要與適當也。）

（三）設水庫：於黃河上游，及各支流上游，建築水庫，意在消殺洪水。查黃河上游，黃水入甘以先，地勢較佳，黃土亦少，或可設水庫，用以專防危險洪水，亦無不可。若用此法於黃土山谷，則有全庫淤積失效之虞。陝甘一帶，平地深溝甚多。此種深溝長至數十里，爲雨水所冲而成，全溝之泥量，盡洩諸黃河。宜於溝之尾端建築高壩，使其全行淤積，不獨利於交通，且可利用廢地，以作農田。

設水庫，或可取永定河官廳等處攔水垻之法。於壩之下部設水門，以洩普通水量。在低水時水由底門流過，在高時水、多餘之水量，儲存庫中。因其爲時既短，且下部水仍暢流，或不至於有發生危害之淤積。關於此項工程，尙待切實研究與試驗，以察壩上何段在大水時之冲淤情況，及落水後對於垻下部淤積之影響。

（四）在黃河及支流本身築節壩：此項工程之用意，在減河內之坡度，以殺水力，使兩岸不至於冲崩，在收納一時之大水，以防下游之災患。施行之後，有淤積河身之虞。若各節河底，於淤至壩頂後，而水力仍可保其弱緩之狀態，使兩岸黃土不至於爲水所冲崩，亦無不可。吾人於施行此項工程之前，須先考察黃河本身與各支流之狀況，始能斷定其適宜與否。若黃河本身與各支流均在V行深谷之內，則此法或尙有施行之價值。若其本身一部或支流並非切入深谷之內，則經此種導治法後，各支流近口處水位增高，下游坡度減小，或難免河身之淤積與漲溢。設攔水垻亦可取垻下設門之法。但如前所述，仍待研究。

（五）溝洫主義：余在德與治河及農田水利專家談論我之國溝洫主義，頗得一般專家之讚美。利用溝洫之制，不獨能減洪水量，且可減河內含泥量，於治黃及農業均有利益。

然余對於溝洫主義亦終有數疑問在。溝洫義義，首在其能普及，若不能普及，則裨益仍淺。令使其能普及，則黃河之招災洪水固有所減。然河內黃土因來原多端，或終不能使其近於零點，河內含泥量之百分數，或因水量之減少，而不能減至相當程度也。

（六）植林：植林之事，無論何人不當反對之。保存一株樹，即有一株樹之價值。然以經濟與成效及其時間論，吾人不當視植樹爲導治黃河之唯一方法，亦不當僅靠植林以求黃河之入軌。

總而言之，關於黃河上中游之導治，須有全域之詳細地形圖．黃河本身及各支流之詳圖，水文測量，泥量來源以及各河含泥量，比較之研究，以考察各導治法之孰爲重要。須視地勢之適宜，成效之顯明，選擇施工之方法．使其互相扶助，以獲最有力之效能。

黃河下游之導治

上游之導治，在減除河水所含泥沙量。而下游之導治，則在泥沙之排洩與冲刷，使其盡量入海，使河槽爲水冲深，並獲固定而適合之路線，使堤防堅固，路線適合，確有防洪之可能。

導治黃河，上中下游俱爲重要，若只顧下游，則泥量終不能減，召災洪水終不能除。言工程之先後則可言，只顧此而不顧彼則不可也。導治黃河上游，範圍廣大，工程複雜。今若顧及經濟能力，與成效先後，則不能不先着手於下游。或有謂，上游不治，則下游亦無順軌之一日。須知治河之技能，即在輸沙防淤，減除上游所携之弊病。吾人言學術幼稚，無力解決則可，若謂其爲不可能之事，實則不可，請勿疑也。茲將各方對於導治下游之意見，述之於下：

（一）分殺水怒

歷代治黃，多取用賈讓之說。賈讓治河，主張開門築渠，以分殺水怒，使民得以溉田。此法用於黃河，自古至今，毫無利益可見。須知水分則流緩，流緩則沙停，僅得一時之利，而黃河之害則不獨未除，且使之增加。其法固善，惜不適宜於黃河也。利用分水之法，以殺招災洪水之怒，若能使黃河本身不至於因此而淤積，固屬全美。然分水入渠，則渠淤；分之入湖，則湖淤；分之於他河，則他河淤：言治黃而反害他河。如此，則闢湖之工程不止，挖泥之工作不息，言救一時之急固可，焉能認其爲導黃治本之方針。或謂取用分水之法，因分水口上部坡度增加，水流較急，可以收攻沙之效。並以歷年黃河決口爲證。據此，則黃河因其歷年決口，而河當早入軌矣。吾人在此，務當顧及分水法，對於黃河下游全體之影響，不能僅以局部作準。截灣取直之法，人所共知，然現在則曰截灣，只須截過大之灣，取直不可使其眞直。蓋此直段以內坡度增加，水流甚急，其所沖擠之泥量，因下部坡度忽小，仍不免於淤積塞堵之處，全河受害。開封決口，爲歷代次數最多之處。若依坡度增加攻沙之效能而論，則開封以上之河床應深矣，事實相反，即一證也。故曰在一處分水，則全河並不受其益；在各處分水，則坡度亦無增加之可能。分水之法，爲求一時之利可也，終不能爲導黃之治本方針也。

我國以農立國，灌溉事業自關重要。而黃河流域之灌溉，關乎黃河流域之民生。利用黃水以興大規模之灌溉，則當同時顧及其對於黃河之影響，在治河方面所當注意者也。若一方面只顧興辦大規之灌溉事業，甚至導沁如衛，引洛入淮，以殺黃水之勢，與該數河之農田水利，言顧合理；然以黃河本身之利害，則實有詳加考慮之必要。須知黃河之水入淮，則淮受其害；入運則運受其害。今洩黃水於他河，則除導治黃河本身以外，同時並須顧黃水所及諸河之防淤，及導治工作。凡此種種，當有切實之考察，與經濟方面之比較，始能信其無弊。但吾個人則以黃河之導治，宜聚中，而不宜分散。使黃河之水，只限於黃河本身，勿使問題更加擴大，各河具受其災。至於「河海不擇細流，故能成其大」又加「黃河之水所以凶暴者，因支流過多」之說，固以當然；然吾人務需明瞭黃河爲害之根本原因，並非因其水量之過多。世界水量極多之河流，何照黃河一河哉。且黃河水量，與其流域比，反頗爲少。今若明瞭黃河之病原，則不當僅以分水爲黃河治本之方策。

(二)黃河堤距過寬

攻沙之法亦多，其最主要者爲順水壩(即所謂堤)爲橫水垻。近恩格思試驗黃河，証明堤之距離，雖遠若固定河槽，則亦有攻沙之效能。

黃河之害，當亦由於堤防之過寬。據現時計算，若河床水面寬 400 至 600 公尺，已足以容納 8000 m^3/s 之水量。黃河現有內堤寬度，則遠過之。由於當時水力學識過淺所致，水力學定律毫未顧及。流速由深度方根增加，爲當時所未知。今使水深由一公尺增至四公尺，可使流速加倍，亦其時水利家所未想及。即以歐美論水力學識，在現代亦尙在幼稚時期中。

堤防原在防水災，在普通不含泥之河流，或可謂與治河無大關係。恩格思亦謂修堤只可以防水災，而不可以堤治水。並謂築窄堤無異乎以強權反水之天性。但在黃河之情勢，似有不同之處。

黃河於最初時或當行於地下也。修堤之策，或起自大禹，或起自後人，吾人不必詳加考察。然吾人須知黃河之堤防，乃係因需要而成立者。苟無堤防，則河水漫溢，受災之區無限，而其淤積之範圍亦當更廣可斷言，其無使河床固定與冲深之可能。今黃河之堤，既不幸如此之寬，使雙堤以內之流水，不幸有自由行動曲折與淤積之可能。其時修堤之用意，僅在防水災，而未嘗顧及於治河也。

恩格思謂「因河無定槽，以致水流無方，發現一切弊病，並非因堤之過於寬廣也。」然堤過寬始使水有變遷無常之可能。

當黃河尙在地下行時，若築較窄而適合之堤防，使其能容納最大水量，吾人決不能謂其失當，吾可斷言。若其時築堤合規則，黃河亦決不能至於現在之地步。故修窄堤，同時明瞭水力學，使河不至淤積，不獨謂其爲強權而反水性也。如此，則多數之防險工程，與災患可省矣。故吾人須知黃河現在之爲患，實因堤之過寬，堤愈寬，水流愈無規，淤積愈多愈速，以致河槽仍不免過小，反覺堤之距離仍不足寬。恩寬思所謂「黃河之害並非因堤之寬」其意並非謂修堤務從於寬，乃因已有堤防，既過寬，河床既無定位，故出「固定槽位」之意見。無論何種河流，當有其固定之河槽，亦爲治河極主要之定律。

黃河之情勢亦可謂特矣。若於當初無堤之時，即取用護岸固槽之法，則洪水或仍不免出槽漫流。在低水時，河槽之淤積，與現在無異；在高水時，因洪水汎溢之範圍甚大，槽內冲刷之功效，終不及現在有堤之情勢。欲使洪水不溢，河槽不淤，則仍須取用束水之法，使河向下工作，非設順水壩，或橫壩不能事也。蓋水之含泥既多，有舊堤河槽尚無沖深之可能，況在無堤之狀態乎？

黃河之病，因堤之過寬，使河床漸次淤高，反不足以容納大水量；然據現在之情勢論，則其主要原因，實亦因無固定之河槽。河槽時近堤根，堤根受其沖洗，愈沖愈險，一遇大水，崩潰自所不免。加以舊有堤防，線形無規，曲折無常，更爲危險。恩格思注意於固定河槽，實有其極深之價值也。對於束水攻沙之法，余頗表示同意。或築窄堤以增加水力（參觀方修斯治黃書），或設壩導溜使其沖深河槽，取法雖異，然用意則同。視各處河床與地勢以規定施工方針，視工程之簡易與經濟之顧慮，以察各項工程孰爲適宜。

欲求黃河無論何時不至於淤積，亦一難事；非固定中水，與低水河槽，使低水之流速增加，不能成事。余於黃河初步計畫，先注意於淤積與沖刷之相差數值，務使每年之沖刷量多於每年之淤積量。二者相差愈多，則功效愈大。如此，則河槽只有增深，不如現在之漸次淤高也。

費禮門主張築直形新堤實非適宜有一下之理由

河流之自然現象爲曲形，而非爲直形者，此次試驗黃河，雖取用全直之床線全平之槽底，然水流之後，河槽內之深壕，仍爲灣曲者，向左右移擺時，近岸根依費禮門之原意，築帶柔曲之新堤，則河水之流動，與其沖危堤身之性質，可謂固定且明瞭。在此情勢，則固定中低水槽，以及增補堤工，亦僅限於槽岸與堤根，受水沖洗之危險地所，例如曲之凹處等，及若築直堤，則不知何處危險何處安穩，堤工什必到處寬厚與穩固，不合於經濟也。

今以水力學之常識，航運之便利，及因及經濟起見，無論如何，當修含有曲灣之河道。

費禮門主張設護堤橫壩，其長度約在130公尺，亦爲可取之方針。若依，河流之方向，築柔曲之束水堤，則此項橫壩工程，亦僅限於堤身危險之處。若取用費禮門之直堤，則於無論何處，亦當有設橫壩，以獲堤身之必要。

我國對於此項壩工頗有經驗，現哈諾惟水工試驗所內，正研究橫壩形式高度長短，及其對於河槽與堤身之影響建築新堤，因水力增加，固增堤身之危險。若在大溜近堤之處（即曲之凹處），注意於護堤工程，終有相當之成效。或係拋石，或係橫垻，須察經濟之狀況而定之。方修斯主張，在堤附近，植以灌木。恩格思亦讚許。然尚須作以試驗，始可證其全善也。

（三）固定河槽

恩格思謂黃河之病，不在堤之過寬，而在其無固定之中水河槽。因無固定之河槽，則水流無常，時近堤根，而病生焉。故其導治黃河之方針，首在定河槽，修補舊堤，與改良舊堤之路線。

查恩格思治河之法，實有其極深之理想，若能使黃河之中水河槽固定，堤防與河槽之路線適宜，則槽內流速大，而邊床水流緩弱。大溜僅限於河槽以內，如此，則堤防決無受險之虞。恩格思希望於施工之後，河槽漸次刷深，邊床漸次淤高，使全床於最後成一整個之河槽。

恩格思之計畫，在理論上固為全美，然用之於黃河，則有數疑點在：

（1）恩格思主張固定中水槽，而黃河並無長期之中水。每年除三月至四月以內之高水，其餘多係低水，流量甚少。若只固定中水槽岸，槽中多為低水流過，恩格思謂使低水時不至於淤積，然在實際上則低水時勢必淤積。

求黃河低水之不淤，非同時固定低水槽不可，使低水之深度與流速增加。

（2）中水槽之冲深，與槽內低水時及邊床高水時之淤高，是否相抵，而使每年，高水面不至於漸次增高，仍如現在與以往之狀態。

（3）固定中水槽後，邊床是否能保持其平淺之狀態。河槽坡度與堤之距離相比為小，在大水時或亦有發現支流之可能，故或須有保護邊床之特別工程。

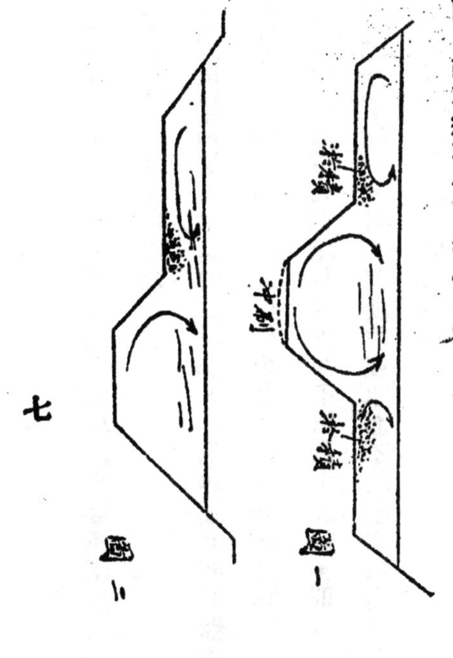

圖一

圖二

經此次恩格思試驗，始知固定河槽含有極大之利益，即橫流之作用是也。第一圖此種橫流式，發現於含有邊床之河流，柏林水工試驗所內之試驗証明。第二圖內全床之流速分配性質，足以使較深河槽內所洩水量少於面積相同而無邊床之整个河槽者。

在有邊床之河床，其水流情勢，除順床方向者外，並有一種橫流者。此種橫流方向，與順流者成一相當之斜角。同時邊床流動較緩之水，亦因橫流作用，輸入較深之河槽內。此種橫流之成就，與河床以內之角，緣有密切關係。凡順流之角，緣小於一百八十度生產「向角之橫流」大於一百八十度者生產「反角橫流」圖內邊床近槽岸處之淤積，即此反角橫流之作用。其淤積量之一部，由河槽之冲刷而來，其一小部乃係由邊床近堤一帶冲刷而來。

此種淤積現象亦發現於此次黃河試驗渠內，即於黃河本身亦可見之。參觀裴禮門報告書內一九一九年之黃河切面固可知也。

橫流作用，對於恩格思導治法，不特因冲刷河槽有所裨益，且邊床淤積之位置，足以逼束床成一整个之河槽。不獨此也，即於每次大水降落時，邊床泥水亦不至於入流河槽之內，增加河床以內之淤積。

余對於恩格思試驗黃河之疑點，前已詳述。非經繼續試驗與研究，不能解决詳論恩格思之治黃方針。設其施之得法，河槽永遠固定邊床只有淤高不至發現支渠，則首推高水面之變遷狀況，最低限度須使水面不能漸次增高，此亦余主重繼續研究之主要用意。

總之，要使除黃河之水災，務須使黃河之水行於地中。河槽愈深廣，則水災自亦愈少。現在黃河高出地面，實非吾人所可認識，亦非任何河流當有之自然現象。今黃河下游，據地勢坡度，與水文之考察，既有冲深之可能，則何樂而不使其冲深。況據各種試驗，與黃河本身之現象，均已證明黃河確有冲深之可能。治河者當注意於此點。

海口導治

恩格思建議取用挖槽之法，太不經濟。宜取用窄堤束水之法，在海口近處之新堤，亦不必過於堅固。蓋兩旁地面荒野，居民稀少，即偶遇潰决，為害亦不甚大。

李儀祉建議，利用大清河口作將來黃河海口，恩格斯與方修斯均極力表示同情。然黃河之水，仍須使其由本河注之入海。黃河與大清河當用一運河，及一船閘通連之。黃河初步導治工程完成後，若航運較爲發達，或似有開港之必要，船閘上部之游泥，可利用挖泥之法，以除之。故船閘宜設於運河入黃口閘之前，港須從小，以求挖泥範圍之縮小。但前港亦不宜於過小。每次開閘之時，當有黃泥洩入運河之內。此項缺点，似要甚妨害，亦不利用特別閘式減少之。

結論

余對於「治黃方針」僅據各方之意見，略述其利害之關係。自覺才力薄弱，不敢信口作紙上計畫，須用。試驗之法，待諸將來之解決。

往者對於黃河之試驗，如恩格思與方修斯之試驗等，自均有其相當之成績。然吾人對於該試驗，因經濟力之不充，與尺寸水量之不合，不能得一可信之結果。吾人於試驗之時，務須能使其有互相比較之可能，始可推定合計之優点也。

吾人尙須注意於恩格思一九三一年之沙土曲河試驗（該試驗或已移出不詳現余正在翻譯之中），謂修窄堤不能使水位降落。恩格思亦謂該結果對於黃河極爲重要；然仍需繼續試驗，以証其在黃河之情勢。吾人對於束水攻沙之法，幾爲導黃之一重要方針，故對於此項問題與其施工之困難與否，仍須詳加研究。

現在中國第一水工試驗所將要成立。吾人爲求本國學術研究起見，務須共同扶助與努力。該試驗所含有試驗黃土河流之特別設備。在短期內，余即將該試驗所之大綱計畫，及黃河試驗內容，獻於水利工程界。務請各方指教，並參加意見，以求成功。（完）

滹沱河灌溉計畫

（修正靈壽縣灌溉計畫）

華北水利委員會

一、緒言

滹沱河發源於山西之繁峙縣，西北行，折而西南，經代縣，忻縣，折而東北行，至五臺縣西南之東冶鎮，入峽，曲折東南行，於平山縣入河北省境，兩岸皆高山峻谷，或陡岸峭壁，至靈壽縣城南，始漸平坦焉。滹沱雖為挾沙甚多之河，而在低水時，水頗清澈，且低水流量無大變遷，甚適宜於灌溉。靈壽縣之西有冶河，北流經平山縣入滹沱河，平山縣民，引以溉田，獲大利，而靈壽縣與平山隔一水，以岸高，不能引灌，地瘠而民貧，較之平山，有天淵之別。二十年十月，靈壽縣政府議舉辦機力引水灌溉，函請本會測量計畫，當派員前往，至同年十二月測竣，二十一年一月開始計畫，時值本會經費竭蹶，人員減少，工作甚為遲緩，直至二十一年十一月方始完成「靈壽縣灌溉計畫概要」，函送該縣，又於二十二年一月提第十五次委員大會討論通過，其大綱於下。

一、靈壽縣傾井村之東約二里，引水，以機力抽水至高度一〇五公尺，流量定為為每秒三•八五立方公尺，可灌地七萬餘畝。

二、開掘幹渠，自抽水廠起，洩於磁河，凡長二〇公里，開支渠約八•五公里。

三、估計工事等費約二十一萬元。

此項工程所需雖不甚鉅，而靈壽縣仍無力籌措，本會亦無的款可資補助，事聞於河北省政府建設廳，乃派員來會調閱計畫，並商進行辦法，乃議定由省政府於農田水利基金項下籌集工事費二十一萬元，待建築完成後，由地主分年攤還，其第一年所需之運用費，約須五萬元，亦由省政府籌墊，即以水租所入補償之，議既定，以計畫僅具大綱，有詳細測勘之必要，且計畫方面，亦頗有種種問題，待作最後之決定。乃於四月下旬由本會技術長率工程師等會同河北省建設廳劉技正子周前往實地考查，以定最後之方針。及至原定引水地點，則河道已大有變遷，蓋河水原分兩支，今則近北岸一支，完全淤塞，其水偏近南岸，雖北岸凡一公里餘，若以水管引水，工費甚鉅（計需十餘萬元），且難保河道不再變遷，下游則河道愈寬，離岸愈遠。上游則僅牛城村附近，河道偪近北岸。但其岸高出水面十餘公尺，渠線又須增五公里許。即抽水至一〇五公尺之高度，所開渠道，大部分尚須達十公尺以上之開掘。若使沿岸由河道中行，則岸壁之高，須六公尺以上，若再抽水使高達一百十公尺，則每年運用之費殆非八萬元不辦，而抽水機數及機力，亦須增加一倍左右，其所費亦達十餘萬元，甚不經濟矣。

按以機力抽水灌溉，雖較人工爲廉，而較之自流渠，所費實多。前擬靈壽縣灌溉計畫，以取水地點既近，工事簡單，故全部以抽水爲主。今情勢已變，不能不別謀解決之道，因詳細勘查，於牛城之東〇•七公里許，即平山縣黃壁莊附近，兩岸均爲石質，河底亦有岩石露頭，河道寬不過五百六十餘公尺，甚適宜於築堰偪水，而以兩岸有石可採，估計工費亦不甚鉅。且同時南岸之獲鹿縣亦有引滹沱水灌地之議，曾請本會指導，若築堰偪水，而流量充足，則獲鹿之灌溉工費，亦可節省甚多。故決計修正原計畫，以期達到最經濟之辦法，且以灌溉地面，可以增加，不僅限於靈壽一縣，因正名爲滹沱河灌溉計畫焉。

二、水量之分配與灌溉之地畝

按，滹沱河低水流量，本會未有測量。二十年冬測量地形，始於牛城村西立標誌水，茲列其每月平均最高及低水位於左。

年	月	最高水位	最低水位	平均水位
二〇	一二	一〇一•一三	一〇〇•九九	一〇一•〇五
二一	一	一〇一•三四	一〇〇•九九	一〇一•〇七
	二	一〇一•一一	一〇一•〇二	一〇一•〇六
	三	一〇一•二三	一〇一•〇三	一〇一•一三
	四	一〇一•一三	一〇〇•九六	一〇一•〇四
	五	一〇一•〇九	一〇〇•八六	一〇一•〇二
	六	一〇一•五四	一〇〇•九三	一〇一•〇七
	七	一〇二•四八	一〇〇•八七	一〇一•二八
	八	一〇二•六二	一〇一•三七	一〇一•五六
	九	一〇一•八八	一〇一•三六	一〇一•六六
	一〇	一〇一•三七	一〇一•一四	一〇一•二五

二一	一〇一•二一	一〇一•二四	一〇一•一八
二二	一〇一•二〇	一〇一•二二	一〇一•一七
二三			
一	一〇一•二一	一〇一•二二	一〇一•二二
二	一〇一•二三	一〇一•二二	一〇一•一九
三	一〇一•二七	一〇一•一〇	一〇一•一九
四	一〇一•三八	一〇〇•九五	一〇一•一六

查本年四月最低水位爲一〇〇•九五時，曾以浮標約計流量，爲二〇至二五秒立方公尺，與二十一年之最低水位爲五月份之一〇〇•八六，約差不過九公分，其流量之差，當不至鉅。二十年測隊在十一月中所估最低流量，爲一五秒立方公尺，殆近最低矣。惟特殊旱年，尚不可知。據測隊報告，據土人言，歷年以來，河水從未枯竭，其最小時期，亦復大抵若是。證以一年來之水位記載，尚屬可信。今若築堰攔水，雖儲蓄不多，然使達最低之平均流量，或可至二〇秒立方公尺以上。但此係約計之數，未可據爲定論。故本計劃中所用水量僅爲一小部分，待堰閘既成，水量可以量計，再經數年之記錄，方可完全決定。茲暫擬水量分配辦法如左。

北岸第一期工程　引水六秒立方公尺（前擬計劃爲三•八五秒立方公尺）

北岸第二期工程　引水五秒立方公尺

南岸工程（即獲鹿縣灌溉工程）引水四秒立方公尺

由洩水機關下洩五秒立方公尺左右

共計二〇秒立方公尺

北岸第一期工程引水六秒立方公尺，僅爲低水流量之五分之二，倘不及平均低水流量之三分一，其爲安全，可無疑問。

復次，田畝所需灌溉之水，甚難估計，蓋以吾國素無此等材料，可資依據比較也。滹沱河兩岸皆係黃土層，滲漏甚易，需水自多。但如陝西涇惠渠之規劃，以每秒十六立方公尺，灌地五十萬至六十萬畝之多，約計每一秒立方公尺，可溉三萬一千畝以上，是滹沱河第一期工程已可溉十八九萬畝矣。爲慎重計，暫假定每月輪灌二次，每次三英寸，即七•六公分，而加百分之二十五之滲漏量，共爲九•五公分，即每月一九•〇公分。每秒立方公尺，可灌地二萬二千二百畝，較之涇惠渠所規定水量已大一半，將來考察灌溉情形，按年記錄，必可得較精密之計算，以利用剩餘之水，增加灌溉面積，務期涓滴不致虛糜，而農田亦受最大之利益焉。

所有北岸灌溉面積列表於左。

渠別		自流渠	第一高水渠	第二高水渠	合計
第一期工程	灌溉面積(畝)	七〇，〇〇〇	六三，二〇〇		一三三，二〇〇
	供水量(秒立方公尺)	三•一五	二•八五		六•〇
第二期工程	灌溉面積(畝)	七一，六〇〇		三九，三〇〇	一一〇，九〇〇
	供水量(秒立方公尺)	三•二三		一•七七	五•〇
總灌溉面積(畝)		一四一，六〇〇	六三，二〇〇	三九，三〇〇	二四四，一〇〇
共計供水量(秒立方公尺)		六•三八	二•八五	一•七七	一一•〇
靈壽縣境面積(畝)		四六，五〇〇(第一期)四〇，五〇〇		二三，二〇〇	一一一，二〇
正定行唐縣境面積(畝)		九五，一〇〇	二二，七〇〇	一六，一〇〇	一三三，九〇〇

照上表北岸第一期工程靈壽縣境可灌之地共八萬七千畝（較原計費增一萬七千畝），自流渠則可加灌正定縣境地二萬三千五百畝，該渠藉地心吸力自流，除渠道略費外，餘如建築堰閘等，實不增加任何費用，爲經濟計，故應加入。第一高水渠灌靈壽縣境爲四萬零五百畝，此渠需用抽水機抽水至六公尺之高，所費不小，似以暫限靈壽境內，以省成本，但此渠必須經行行唐正定及新樂縣境，以洩水於磁河，故南磁河西岸爲灌溉地界，較爲適宜。且此款既由省政府籌墊，則使名縣民均得沾漑，尤足示人以公。所有灌溉地界及堰閘渠道等位置，均見附圖。

南岸灌溉獲鹿縣地，約可得十萬畝，均爲自流渠。

（未完）

會務報告

(一)文件擇要

呈行政院及行政院駐平政務整理委員會文

竊查黃河為世界惟一難治之河，今昔中外均有定論。黃河南遷，則沿長江，淮，泗，各省，永歸陸沉。黃河北徙，則河北五大河河道必致全部紊亂，其水災程度，必超過民國六年以上；不但數百萬整理海河工程盡失效用，即天津全市亦恐重遭其魚之厄。

客秋洪水為患，長垣濮陽一帶，南北兩堤均行潰決，洪流氾濫，幾成內海，災情之慘，實打破歷年未有之紀錄。數月以來，賴各方之努力，南岸各口業經堵合。惟北岸石頭莊，口門仍復洞開，狂流洶湧，已成奪流改道之勢。若不迅速堵塞，則口門以下，正河逐日淤高，誠恐在最近期內，即有斷流之虞，彼時維欲堵口，勢亦難能。

去年八月，黃河北岸民堤，及石頭莊一帶大堤，漫溢四十餘公里，沙淤且與堤平，河床淤高一公尺左右，按之政府財力，堵口而外，疏濬正河，恐難觀成。若加培北堤，修築防護挑水工程，約束水流，藉資刷淤，則需欵無多，舉辦亦易。否則，祗堵口門，不顧大堤，汛水一至，必再漫溢，實非國家救災恤民之意。故是項工程，應與堵築決口同時並進，以免顧此失彼，而釀意外之災。

當水患之將至，本會接陝州電告時，濮陽官民即行搶護金堤，藉防萬一。迨至北岸官民各堤漫口後，水本東北分流，而北流者尤爲洶湧，以阻於金堤，乃折而一併東行，至魯境復歸黃河。彼時若非濮陽縣官民全作搶護金堤得當，黃水必漫過衛漳北行，一由衛入運，一由漳河故道經釜陽而入子牙，與滹沱爭流，復由子牙倒灌大清，除沿途潰堤橫流爲災而外，再由子牙南運兩河下游匯入海河。海河現因永定一河泥沙淤積。業成難治之症，黃河若再加入，勢必將海河完全淤平，河北五大河無由入海，不但全省各縣永罹水災，即天津之全市建築，亦恐盡淪於澤國。金堤之重要如此，懲前毖後，該堤之修培保護，實屬不容再緩。

現在中央既委有負責機關，辦理堵口工程，應請飭將北堤官民各段一併限期修築，以達於安全程度。至於金堤，所關尤要，亦應由地方計劃培修防護，以期分工合作，而收迅速之效。惟本省甫遭戰爭，繼罹水災，公私均無財力興辦。金堤工程，擬請呈請准予以河北軍務協欵抵借現金，分期撥還，以辦金堤工程。事關全省生命財產，而凌汛將屆，尤極可慮。會員等以促進本省建設事業為職志，對於河防鉅工，關係全省安危興廢之要政，未敢緘默無言。僅就管見所及，具文呈請鑒核。伏祈俯察輿情，將以上堵口脩堤兩項河工，限期辦理，以祛水患，而安閭閻，不勝屏營待命之至！

本會對於黃河堵口脩堤一節，除分呈行政院及行政院駐平政務整理委員會外，並函請河北省政府，建設廳財政部，水利委員會，黃河水災救濟委員會，黃河水利委員會等轉請辦理。此外更函請李石曾，張溥泉，王法勤諸委員，協助進行。原文大致相同，從畧。編者誌

附行政院駐平政務整理委員會批

具呈人河北工程師協會執行委員會

呈一件：為懇請限期堵築黃河北岸決口，並准以河北軍事協欵抵借現金，辦理金堤培脩工程由。

呈悉；查該會所陳堵口脩堤各節，均屬切要，已令行河北省政府核議具復矣，仰即知照。此批。

致全國經濟委員會電

南京全國經濟委員會鈞鑒，竊查本會前以華北諸河，關係民生至鉅，曾電懇行政院內政部以棉麥借欵一部，為永定河治本工程等之用，嗣奉復電，業轉鈞會統籌辦理在案，頃聞鈞會定

省日開會，務懇府念是項工程之重要，迅賜提出決辦，交由華北水利委員會負責實施，國家幸甚，民衆幸甚，河北省工程師協會執行委員會叩敬

全國經濟委員會秘書復函

接准

貴會敬電，以請迅賜決定永定河治本工程經費，交由華北水利委員會負責實施等由到會。查此案業經簽呈

常務委員提于第三次常務委員會議，議決：「交水利處」在案。除遵辦外，相應函達，即希查照爲荷。此致

河北省工程師協會執行委員會

(二)會務

十二月份聚餐

十二月十八日晚六時半在大華飯店聚餐，由雲成麟君講演「化學工業之基礎」。旁證博引，材料至爲豐富，聽衆極感興趣。嗣對于一月份聚餐事有所商討，決盛大舉行新年聯歡。九時散。

第十一次執委會議紀錄

時間　二十三年一月十八日下午六時半

地點　法租界紐約宴廳

出席委員　吳金藻　李吟秋　張錫周　高鏡瑩　雲成麟　宋瑞瑩　王華棠　劉家駿　石志仁　李書田　魏元光　張潤田

主席　呂金藻

一、開會如儀

二、決議事項

（一）前雖決定每月十八日爲聚餐之期，但以時期距離太近，到會者不易踴躍，現改爲每三個月舉行一次。

（二）本會會務逐漸繁多，執行委員會須每月舉行一次，以便隨時商討進行，日期由會務主任臨時決定之。

（三）春季聚餐大會與中國工程師學會天津分會中國水利工程學會天津分會聯合舉行，藉資聯絡感情，由王會務主任與該兩會負責接洽。

（四）函請河北省教育廳以後考送官員留學生時，對于工程科人材須予以同樣之注意。

（五）本會月刊第一卷業已終了，將廣告價目，重新改訂，廣事徵求，以期收入增加，藉達月刊經濟獨立之目的。

（六）黃河北岸決口，迄今尚未堵合，轉瞬凌汛即屆，至堪憂慮，本會亟應有所表示，以謀全省之福利。（a）請中央飭負責機關限期堵口，（b）請河北省當局以軍事協款抵借款項培修金堤。推由呂委員金藻起草。

三、散會

本會與中國工程師學會中國水利工程學會聯歡大會

二月二日下午六時半本會與中國工程師學會天津分會中國水利工程學會天津分會在法租界大華飯店舉行聯歡大會，三會會員及男女來賓六十餘人，爲津埠工程界空前之盛舉。餐後由華南圭氏主席，致詞後，（甲）李書田氏報告三事：（一）今夏在津舉行全國礦冶展覽會，希望本三會仍作聯合大會，同時舉行。（二）北平圖書館現闢工程參考室，望三會贊助，俾成華北工程參考圖籍之中心。（三）科學化運動協會天津分會頗能努力工作，希望三會亦能聯合，對于工程智識求其社會普遍化。（乙）雲成麟大夫講演「節育問題」先述首倡節育主義之山格爾夫人詳細歷史，次發揮節育之理由，末及節育之具體方法，切實詳盡，極爲難得。（丙）潘祖煥氏講演「新疆概論」，氏留新前後數次，凡二十餘載，數掌縣政，于該地情形，最爲熟悉。演講歷一時半，于歷史地理政治民俗各方面，均能細述無遺，値此邊陲多事之時最起喚起有志開發西北者之注意，聽衆咸感極濃興趣，散會時已逾十時矣。

專載

河北省省路之狀況

河北省建設廳

河北省內之交通，曩日全恃驛路，及人民習用之舊道，無所謂合理化的道路也。自前清末季，迄民國成立後，始建修北平附近之道路。初由前京兆尹署，設局管理，徵收養路費，惟以修養不力，路務仍然廢弛。本廳於民國十七年成立後，幾經籌商，擬定辦法，力圖整頓，一面將原有之路政機關，如京兆國道局，及直隸省汽車路管理局，接收管理，改組為河北省第一第二兩省路局，一設北平，一設天津，分別管理所轄路綫，行車徵費養路等事宜，一面統籌全省省路，計劃興修。惟因比年以來，迭受災患，財政異常困難，所計劃修築之省路七千五百四十七里，碎石路姑置勿論，即欲修築砂土路，亦難籌此鉅款，現時惟就接收及陸續展修各路綫，徐圖擴充。公家並未置備汽車，均由各汽車商行認定路綫，呈由各該管省路局註册，繳納養路費，在各路綫行駛，載客運貨。統計兩局每年約共收養路費洋二十餘萬元，除開支各該局各項經費暨養路工欵外，悉數充作擴充路綫經費之用。玆將各該省路局所轄各路綫概況，分述如後：

（甲）河北省第一省路局所轄各路綫

一、立湯路　由北平安定門外立水橋起，經小關，平坊，馬房村，而至湯山，長三十里，約有商行汽車數輛，在該路綫行駛載客，營業以春冬兩季為最盛，夏秋兩季，稍為減色。

二、湯山路，由北平西直門外西北旺起，經紅山口，沙河鎮，而至湯山，長六十里，約有商行汽車數輛，在該路線行駛載客，營業以春冬兩季爲最盛，夏秋二季，稍爲減色。

三、平津路，由北平朝陽門外大黃莊起，經通縣，馬頭，河西塢，蔡村，楊村，淡溝，而至天津，長一百八十里，（除平津兩市管轄外）約有商行汽車二十餘輛，在該路線行駛載客運貨，營業頗稱發達。

四、平豐路，由平津路經過之通縣起，經三河，玉田，邦均，而至豐潤，長三百一十里，約有商行汽車十餘輛，在該路綫行駛載客運貨，營業以春冬二季爲最盛，如遇雨期，或山洪暴發時，大半停業。

五、立古路，由北平安定門外立水橋起，經高麗營，懷柔，密雲，穆家峪，石匣，而至古北口，長二百一十五里，爲北平通熱河之要道，惟由密雲至古北口一段，半係山石路，前次修路時，施工不易，多係因陋就簡，故路面狹窄之處頗多，往來車輛，每遇錯車，既感困難，且恐發生危險，經該局派員查勘，呈准在該路過狹之處，如南天門迤南，及小新開嶺東西兩邊，並北上坡等四處，開挖石方，展寬路面，或修築岔道，以便錯車，再於狹窄山溝之處兩端，安設警告牌，共計二十五面，以便來往車輛，有所準備，業於本年五月工竣，現在往來汽車，莫不稱便，本路線約有商行汽車十餘輛，載客運貨，營業以春冬兩季爲最盛，如遇雨期及山洪暴發時，即行停業。

六、門頭溝路，由北平阜成門外小黃村起，經磨石口，門頭溝，而至峯口菴，長五十五里，約有商行汽車數輛，載客運貨，營業以春冬二季爲最盛，夏秋二季，稍爲減色。

七、北安路，由北平西直門外西北旺起，經黑龍潭，溫泉，而至北安河，長三十里，約有商行汽車數輛，載客運貨，營業平常。

八、南苑路，由北平永定門外大紅門起，至南苑營市街止，長十里，約有商行汽車數輛，行駛載客，營業平常。

九、明陵路，由湯山路經過之沙河起，至明陵止，長四十八里，約有商行汽車數輛，行駛載客，營業以春冬兩季爲最盛，夏秋二季，稍爲減色。

十、邦遵路，由平豐路經過之邦均起，經薊縣，石門，馬伸橋，而至遵化，長一百一十里，約有商行汽車數輛，載客運貨，營業以春冬二季爲最盛，如遇雨期及山洪暴發時，即行停業。

十一、豐唐路，由豐潤起至唐山止，長五十里，約有商行汽車數輛，載客運貨營業尙稱發達。

十二、林喜路，由玉田縣林南倉起，經玉田遵化平安城而至喜峯口，長二百里，爲由熱河赴津之要道，約有商行汽車數輛，載客運貨，營業以春冬二季爲最盛，如遇雨期或山洪暴發時，大半停業，其由林南倉至天津一段，正由該局籌修，本年冬季可以完成全綫。

十三、樂昌路，由樂亭起至昌黎止，長八十里，現有商行汽車十二輛，載客運貨營業頗稱發達。

十四、灤樂路，由灤縣起，至樂亭止，長八十里，約有商行汽車數輛，行駛載客，營業平常。

十五、灤倴路，由灤縣起，至倴城止，長八十里，約有商行汽車數輛，行駛載客，營業平常。

（乙）河北省第二省路局所轄各路綫

一、津保路，由天津起，經楊柳青，靜海，馬廠，大城，呂公堡，任邱，高陽，而至保定，長三百八十七里，約有商行汽車二十餘輛，在該路線行駛，載客運貨，營業頗稱發達，惟遇雨期，稍爲減色耳。

二、津沽路，由天津起，經鹹水沽，葛沽，而至西大沽，長一百零三里，約有商行汽車數輛，行駛載客，營業以春冬兩季爲最盛。

三、津滄路，由津保路經過之馬廠起，經青縣，興濟，而至滄縣，長一百二十里，約有商行汽車數輛，行駛載客，營業以春冬二季爲最盛，如遇雨期，多半停業。

四、大邯路，由大名起，經舊魏城，成安，而至邯鄲，長一百三十九里，前有商行汽車數輛，行駛載客，近受軍事影響，均已停業。

五、邯武路，由邯鄲起，經孟仵村，大河坡，李家莊，而至河南武安，在本省境內者，長二十八里，此路僅收車馬等養路費，汽車甚少。

六、任河路，由任邱起，至河間止，長七十里，約有商行汽車數輛，行駛載客，營業尚佳，惟遇雨期，則稍爲減色耳。

七、津白路，由天津起，經勝芳，霸縣，暑岡而至白溝河，長二百三十三里，約有商行汽車十餘輛，在該路行駛，載客運貨，營業以春冬兩季爲最盛，如遇雨期大半停業。

八、保安路，由保定起，經張登，溫仁，而至安國，長一百二十里，約有商行汽車數輛，行駛載客，營業平常。

河北省修治省路計劃

（甲）概說

河北省東濱渤海，西北環山，地面遼闊，平原千里，邯鄲涿薊古稱名都，北平天津今之繁市。其他大邑巨鎮，棋布星羅，不可勝數也。徒以道路失修，交通不便，民情閉塞，百業未興，若然則整理路政，亦發展民生之一道也。爰就本省原有道路，通盤籌劃，若者利於工商，若者利於農鑛，若者關係文化教育，若者關係政令軍情，察其用途，權其輕重，扶其首次，分期興修。茲將各項計劃，分述如後。

（乙）省路選定之路綫

一省路幹線

一，北平臨榆線，由北平起，向外修築，經通縣，三河，豐潤，盧龍，撫寧，而至臨榆，達山海關，爲由北平通遼寧之要道，沿線多重要城鎮，由通縣可至天津，自玉田可通塘沽，由豐潤而北可以通喜峯口，南則可達唐山，蓮花沽，自盧龍而北可通西溝及喜峯口，南則可達樂亭而至於海，由撫寧而南亦可通昌黎樂亭以迄於海，全線共長五百餘里，係屬古驛官道，由北平至通縣一段，係已成之路，通縣至豐潤一段，刻正從事平整，可以行駛汽車，但皆失於修鋪，如一律平整展寬，並加裁直，不獨平遼交通，益爲便利，且於各地工業之發達，軍事政治之運用，關係尤爲重大也。

二，北平景縣線，由北平起，向外修築，經固安，雄縣，任邱，河間，獻縣，交河，阜城，而至景縣，以達山東之德縣，長約四百七十里，其中由北平至南苑，及由任邱至河間二段，係已成之土路，合計此路全縣，經過重要城鎮甚多，並穿過滄石津保兩路線，可與東西兩部各重要城鎮，聯絡貫通，若就原有官道，從事平墊，更展寬而裁直之，所需工費，自較新闢之路，省工許多，與各縣商工農業之發展，關係亦巨，非只傳達文化教育政令軍情之利便已也。

三，北平成安線，由北平起，向外修築，經房山，張坊，易縣，淸苑，安國，深澤，晉縣，寧晉，隆平，鉅鹿，曲周，肥鄉，而至成安，七百九十里，爲南北通行之大道，修成以後，可以補助平漢津浦二鐵路運輸之所不及，非獨河北內地產品可以銷行於河南各地，而河南鄭州淸化貨物，亦可銷售於河北各縣，至於井陘臨城之煤礦，辛集道口之商務，以能通海之故，勢必益加發達，其關係之大，勝於他線，應即籌劃修築者也。

四，北平古北口線，由北平起經順義，懷柔，密雲，而至古北口，長約二百一十五里，爲北平通熱河之要道，係已成之路。

二省路枝線

一，三河遵化線，由三河縣起，經薊縣，馬蘭峪，而至遵化，長約一百五十里，爲原有官道，北平與喜峰口之交通，惟此路是賴，現已平墊，通行汽車。

二、喜峯口蓮花沽線，由喜峯口起，經龍井關，遵化，豐潤，唐山，而至蓮花沽，長約二百三十里，亦係原有官道，唐遵一段，現已平墊，通行汽車。

三、喜峯口老爺廟綫，由喜峯口起，經遷安，盧龍，灤縣，樂亭，大新莊，而至老爺廟，達於海岸，長約三百一十里，修成以後，熱河貨物，由喜峯口西溝兩處，可通海岸。

四、遷安西溝綫，由遷安起，經建昌營，曲溝，吳崗村，而至西溝，通熱河境，長約二百里。

五，玉田塘沽線，由玉田起，經林南倉，甯河，而至塘沽，長約二百里，爲通海之要道。

六，通縣大沽線，由通縣起，經楊村而至天津，以達大沽口，長約三百四十里，由通縣至天津一段，係已成之路，汽車營業，頗稱發達，平津交通，有時全恃此路，如廣續興修，俾達大沽口，則水陸交通，益臻便利矣。
七，天津撫寧線，由天津起，經楊家甸，寧河，蓮花沽，小集，樂亭，昌黎，而至撫寧，長約三百九十里。
八，天津保定線，由天津起，經靜海，大城，任邱，高陽，而至保定，長三百八十七里，係已成之路，汽車往來，客商頗夥。
九，天津高碑店線，由天津起，經霸縣雄縣新城，而至高碑店，長約百二四十里，
十，滄縣慶雲線，由滄縣經鹽山，慶雲，而達省界，並通山東之惠民，長約一百二十里。
十一，武強邢台線，由武強起，經衡水，冀縣，南宮，鉅鹿，任縣，而至邢台，長約二百六十里。
十二，大沽河間線，由大沽起，經小站，小王莊，唐官屯，大城，而至河間，長約二百六十里。
十三，武安濮縣線，由河南武安起，入省經邯鄲，肥鄉，廣平，大名，南樂，而至山東濮縣，在河北境內者，長約二百四十里，其中由大名至邯鄲一段，長約一百三十里，又邯鄲至武安一段，在河北境內者，長約二十八里，均已通行汽車。
十四，南樂考城線，由南樂起，經清豐，濮陽，渡黃河達東明，而至河南考城，長約二百二十里，惟橋工浩大，舉辦匪易，宜先修至河岸止，長約一百五十里。
十五，保定龍泉關線，由保定起，經完縣，唐縣，阜平，而至龍泉關，長約三百里。
十六，正定故城線，由正定起，經欒城，寧晉，冀縣，棗強，而至故城，長約三百一十里。
十七，雄縣定縣線，由雄縣起，經高陽，蠡縣，博野，安國，而至定縣，長約二百二十里。
十八，隆平臨城綫，由隆平至臨城，長約五十四里。
十九，濮陽道口線，由濮陽至河南道口，長約八十五里，在河北境內者，長約三十五里。
二十，保定鐵嶺關線，由保定起，經滿城而至鐵嶺關，長約三百里，此路山地太多，工程浩大，興修不易。
二一，高碑店義馬嶺線，由高碑店起，經淶水，易縣，三里鋪，鐵嶺關，淶源，而至義馬嶺，長約二百七十里，沿途多山，修築極難。

二二、曲周臨清線，由曲周起，經威縣出省而至山東臨清，長約一百里。

二三，辛集威縣線，由辛集起，經束鹿，新河，南宮，而至威縣，長約二百二十里。

二四，小黃村峯口菴線，由小黃村起，經磨石口，門頭溝，而至峯口菴，長約五十五里，係已成之路。

二五，北平湯山綫，由北平起，經小關，平坊，馬房村，而至湯山，長約四十五里，係已成之路，內有一段，約十五里，屬於北平市管理。

二六，西北旺湯山綫，由北平西直門外西北旺起，經紅山口，沙河鎮，而至湯山，長約六十里，係已成之路。

二七，北平明陵線，由前路線之沙河鎮起，經昌平而至明陵，長約四十八里，係已成之路。

二八，密雲薊縣線，由密雲起，經平谷而至薊縣，長約一百三十八里

二九，北安河西北旺線，由北安河至西北旺，長約三十里，係已成之路。

(丙)省路建築費之概算

省路幹枝各線之路面，寬度定爲二十四尺，路面中心高，平均二尺，所用土方，先自路旁掘取填築，藉便作成旁溝，路面中部，舖築碎石，寬十六尺，均厚半尺，估計築路一里所需工料各費，除兵工民工二法暫不計及外，計分征收土地費，起墊土方費，接修或新建涵洞費，修建公路段房費，購運碎石費，五種如左：

一，征收土地費，省路之寬度，定爲二十四尺，兩旁各加洩水溝一道，底寬二尺，旁坡暫定爲一五坡，用地約寬五十尺，除原有道路，假定平均寬十尺不計外，則應征收之土地寬四十尺，合計每里用地十二畝，惟購地時，所有零星切餘之地，須一併收用，茲定爲每里平均一畝合前數共計十三畝，每畝以三十元計算，共需洋三百九十元。

二，起墊土方費，路基均高二尺，頂寬二十四尺，路堤均寬二十七尺，每里約合土方九百方，每方工費以四角計算，合洋三百六十元。

三，修接或新建涵洞費，幹枝各線，既利用原有道路，則舊有溝渠，亦可利用，惟路基起墊展寬之後，所有溝渠，或接須修，或須新修，應俟實測後，再定辦法，茲假

定每里應設十尺下之涵洞一道，每道工料費平均二百五十元。

四，修建段房費，公路修成後，每三十里應設公路段房一坐，以備管理路務人員夫住宿之用，每座工料費包括警告牌里程牌費在內，約需洋四百五十元，每里均攤十五元。

五，購買石料費，省路寬二十四尺，路面鋪碎石寬十六尺，厚半尺，每里用一百四十四方，每方費用連運費汽碾油料煤炭工人在內，約需洋十六元，每里共需洋二千三百零四元。

以上五項費用，除十尺以上橋梁費，及辦公費尚未列入外，合計修築碎石路，每里工料費需洋三千三百一十九元。如僅修築砂土路，則除去購買石料費外，每里工料費需洋一千零一十五元。茲就兩項工料費，分期列表如下：

期別	路線別	里數	碎石路修築費	砂土路修築費
第一期	北平臨榆線	五〇〇里	一六五九五〇〇．〇〇元	五〇七五〇〇．〇〇元
	北平景縣線	四七〇里	一五五九九三〇．〇〇元	四七七〇五〇．〇〇元
	北平成安線	七九〇里	二六二二〇一〇．〇〇元	八〇一八五〇．〇〇元
	共計	一七六〇里	五八四一四四〇．〇〇元	一七八六四〇〇．〇〇元
第二期	三河遵化線	一五〇里	四九七八五〇．〇〇元	一五二二五〇．〇〇元
	喜峯口蓮花沽線	二三〇里	七六三三七〇．〇〇元	二三三四五〇．〇〇元
	遵安西溝線	二〇〇里	六六三八〇〇．〇〇元	二〇三〇〇〇．〇〇元
	喜峯口老爺廟線	三一〇里	一〇二八八九〇．〇〇元	三一四六五〇．〇〇元
	共計	八九〇里	二九五三九一〇．〇〇元	九〇三三五〇．〇〇元
第三期	玉田塘沽線	二〇〇里	六六三八〇〇．〇〇元	二〇三〇〇〇．〇〇元

通縣大沽之一段	一〇〇里	三三一九〇〇・〇〇元	一〇一五〇〇・〇〇元
天津撫寧線	三九〇里	一二九四四一〇・〇〇元	三九五八五〇・〇〇元
天津保定線	三八〇里	一二六一二二〇・〇〇元	三八五七〇〇・〇〇元
共計	一〇七〇里	三五五一三三〇・〇〇元	一〇八六〇五〇・〇〇元
第四期			
天津高碑店線	二四〇里	七九六五六〇・〇〇元	二四三六〇〇・〇〇元
滄縣慶雲線	一二〇里	三九八二八〇・〇〇元	一二一八〇〇・〇〇元
武強邢台線	三〇〇里	九九五七〇〇・〇〇元	三〇四五〇〇・〇〇元
共計	六六〇里	二一九〇五四〇・〇〇元	六六九九〇〇・〇〇元
第五期			
大沽河間線	二六〇里	八六二九四〇・〇〇元	二六三九〇〇・〇〇元
武安濮縣線	二四〇里	七九六五六〇・〇〇元	二四三六〇〇・〇〇元
南樂考城線	一五〇里	四九七八五〇・〇〇元	一五二二五〇・〇〇元
辛集威縣線	二二〇里	七三〇一八〇・〇〇元	二二三三〇〇・〇〇元
曲周臨清線	一〇〇里	三三一九〇〇・〇〇元	一〇一五〇〇・〇〇元
保定龍泉關線	三〇〇里	九九五七〇〇・〇〇元	三〇四五〇〇・〇〇元
共計	一二七〇里	四二一五一三〇・〇〇元	一二八九〇五〇・〇〇元
第六期			
正定故城線	三一〇里	一〇二八八九〇・〇〇元	三一四六五〇・〇〇元
雄縣定縣線	三二〇里	七三〇一八〇・〇〇元	二二三三〇〇・〇〇元
隆平臨城線	五四里	一七九二二六・〇〇元	五四八一〇・〇〇元
濮陽道口線	三五里	一一六一六五・〇〇元	三五五二五・〇〇元

保定鐵嶺關線	三〇〇里	九九五七〇〇．〇〇元	三〇四五〇〇．〇〇元
高碑店義馬嶺線	二七〇里	八九六一三〇．〇〇元	二七四〇五〇．〇〇元
密雲薊縣線	一三八里	四五八〇二二．〇〇元	一四〇〇七〇．〇〇元
共計	一三二七里	四四〇四三一三．〇〇元	一三四六九〇五．〇〇元
各期總計	七五四七里	一九二〇七〇五三．〇〇元	七六六〇二〇五．〇〇元
建築橋梁	十尺以上橋梁工費除特別工程外約計如下	二〇〇〇〇〇〇元	三〇〇〇〇〇〇〇〇〇元
辦公費	約計金工百分之十	二二二〇七〇五．三〇元	一〇六六〇二〇．五〇元
總計		二四四二七七五八．三〇元	一一七二六二二五．五〇元

附註 表列各工程費，均按平地計算，如遇開關山道其應增加之工費，擬俟實測詳估後再請追加。

(丁)省路路線之分區

河北省地面廣大，南北東西，相距遙遠，路線長者踰千里，管理上頗感困難，茲為便利起見，所有各縣境內之省路，分為四省區如左：

一，第一省路區，舊京兆屬之東西北三部，及津海道屬之東北部路線屬之。

北平臨榆線　三河遵化綫　喜峯口蓬花沽綫　喜峯口老爺廟線　遷安西溝線　玉田塘沽線　通縣大沽線　天津撫寧線　北平古北口線　小黃村峯口菴線　密雲薊縣線　北平明陵線　北平湯山線　西北旺湯山線

二，第二省路區，前京兆屬之南部，及津海道屬之南部線屬之。

北平景縣線之由北平至任邱一段，北平成安線之由北平至保定一段，天津高碑店線。

大沽河間線之由大沽至大城一段，雄縣定縣線之由雄縣至高陽一段，保定鐵嶺關線，高碑店義馬嶺線，天津保定線。

三，第三省路區，前保定道屬，及大名道之北部路線屬之。

北平景縣線之由任邱至景縣一段，北平成安線之由保定至寧晉一段，滄縣慶雲線。

武強邢台線之由武強至冀縣一段，保定龍泉關線，正定故城縣。

雄縣定縣線之由高陽至定縣一段，辛集威縣之由辛集至新河一段。

四，第四省路區，前大名道屬之南部路線屬之，北平成安線之由寧晉至成安一段，武強邢台線之由冀縣至邢台一段，成安濮陽線。南樂考城線，濮陽道口線，辛集威縣線之由新河至威縣一段，曲周臨清線。

(戊)省路機關之組織

省路機關，約分二種，一曰臨時機關，辦理勘測招工實施事項，係屬臨時性質，路工完竣，即行解散，一曰永久機關，辦理保養公路，及通車征收養路費護衛行旅事項，係屬永久性質，路工完後，即行接管，由是辦法，庶權責各分，而收專一之效，惟其內部組織，因性質之異，未能從同，茲將兩項機關之職掌及組織，分舉於左：

一，省路臨時工程處，即上述之臨時機關，管理全省省路橋梁房站溝渠涵洞之勘測計劃，製圖估算及招工實施等事項，所有職員以建設廳及管理機關人員組織之，如不敷用，再行添設專員，辦理公事，內設處長一人，受建設廳長之指揮監督，總理工務處內事務，計分三科，第一科掌理撰擬收發文書，工款出納造報預算決算，購買文具，及其他應用物品，第二科掌理踏勘路綫，實測平面高底，丈量地畝，計劃製圖，及其他籌擬報告事項，第三科掌理征收土地，採辦材料，器具，招工實施，監工報告，及其他工務事項，至路段窵遠，鞭長莫及時，應酌察情形，設立分處，俾便進行，路工完竣時，即移交管理機關接管，接修他路，如不接修，即行解散。

二，省路之管理機關，省路修成後，所有養路護路事項，應特設機關，負責管理，庶免廢弛路務，茲為管理計，就前劃分之四省路區，每區設一省路局，管理所轄路綫之修養行車，及其他關於路務行政事宜，由置局長一人，受建設廳長之指揮監督，綜理局務，局內事務分三科辦理。第一科掌理收發撰擬文書，編製預決算表册，出納報解，購置應用文具等事項。第二科，掌理各路一切調查計劃，測繪實施監工，購置材料器具，及其他工務行政事項。第三科，掌理行車票照註册稽查報告，及其他關於管理路務事項，至偏遠之地，照顧不及時，及將全區路線，分爲若干組，每組設一辦事處，置主任一人，受局長之指揮監督辦理該組事務，各組內之路線，再分爲若干段，每段設段長一人，承主任之命辦理該段事務，至關於護衛行旅及行車事項，須設路巡隊，分配於各路段，設隊長一人，承局長之命，主管全區省路之護衛及巡工事項，但以巡士而兼巡工非經相當之訓練，難收美滿之功效，應由省路局設訓練機關，招考靈敏青年若干人，分班訓練，舉凡路工大要，違警罰律，兵士操練等科，均當分別教授，俾成爲高尚之巡士，并具特殊之技能，將來分往各路服務，自能舉措合宜，而無曠職之虞矣。

河北省修治縣路之計劃

查本省各縣，舊有官道及大車道，率皆轍迹縱橫，坎坷傾側，且灣曲坡度，純任自然，崎嶇難行，交通至爲不便，亟應一律修治，以利民行。查河北省修治公路條例，暨河北省修治公路征收土地章程，業經省政府委員會第二次臨時會議，及第一一八次會議，先後議決通過，當經通令各縣遵照各在案，惟各縣修治縣鄉各路，尚未釐定章則，無所遵循，爲求全省公路整齊劃一起見，由本廳擬訂河北省修治縣鄉路暫行通則，於十九年八月提經省政府委員會第一九二次會議議決，照修正案通過，亦經通令各縣遵照辦理，爰於本年一月，通令全省各縣，迅即督飭建設局，遵照迭次頒發各章則，先將應修縣路，詳擬計劃，繪具圖說，呈候核奪，以便農暇時，施工修治，俟縣修治完成後，再行籌修鄉路，經此通令之後，迭據正定大名等八十餘縣，先後擬具計劃，繪製圖說等件，呈送到廳，經分別詳加審核，指令各該縣遵照辦理，并於行唐灤城等縣，捐資築路各鄉民，分別奬給匾額，以資提倡，惟因各縣連年迭受災患，籌資修路，民力實有未逮，現經通令各該縣，就計劃應修之縣路，分爲四期，一律征用民夫修治，縣路完成，再行分期修治鄉路，逐步實施，十年之後，全省道路，四通八達，其成績或有可觀歟。（完）

工程消息

隴海鐵路西展

隴海鐵路西潼段，於入歲以來工程轉趨積極，渭南至西安一段土基及西安車站，現均決定於本年四月前完成，隨即敷設鐵軌，開始通車，路局方面，並已決定開始籌擬西安至蘭州一段路工計劃，呈部核辦，如經費有把握，則隴海全線，必可一氣呵成，否則最少限度，亦必盡力使車路展至西安迤西，距省四百里之寶鷄，蓋此路一通，則陝南隴南之富藏，自可源源輸出，足以救濟關中區生產之缺乏，且對漢中之穀賤傷農，西路災區之旱荒，均能加以調劑也，該路自西展以來，沿途路工進行，均甚順利，此次在西安北關圈定之車站地址，佔地十二頃有餘，村莊十五座，因存附郭，以故農民多係種菜爲業，且係水地，平時地價本昂貴，現因火車將通，每畝地價直超過二百餘元，路局每畝按三十元發價，各業主則以爲不但目前人人破產，將來又個個失業，於是咸大起恐慌，紛向軍政當局請願，終因路局堅持成案，各業主又皆不肯讓步，陷於僵局，現西安綏靖主任楊虎城氏，以事關國家建設不能因些小糾紛，致生阻撓，惟一方係窮苦災民，必須設法撫卹，以免流離，刻已咨請省府並函請路局於地價之外，再爲發給卹洋一倍，在公家需費無幾，一般窮農即可得救，按此事如能見諸事實，需費三萬餘元即可完全解決矣。

展築杭江鐵路

杭江鐵路自通車玉山以後，適逢閩變，中央軍出師討逆，軍事運輸因之頗感便利，故討逆能於最短期間內完成，交通之迅捷，要非無關，蔣委員長以贛省為剿匪之大本營，而於浙湘皖等均有連帶關係，故決將杭江路擴大組織，改為浙贛鐵路公司，先自玉山至南昌以段，積極展築，俾於最短期間內成功，自南昌可與南潯路啣接，將來再自南昌展至萍鄉，可與萍株鐵路啣接，如是可與粵漢路通車，故玉山至南昌之一段，實為樞紐，已屢經浙省建廳長曾養甫與鐵部及上海銀團磋商多次，刻已妥定，決以中央及贛省府所發公債現款一千六百萬元，以為經費，浙省府已特召開臨時會議，修正浙贛鐵路公司組織章程，已於星期一趕送中央，以備行政院核定後施行云。

淮南煤礦鐵路

中央建設委員會計劃之淮南煤礦鐵道，現已派隊測量完竣，行將與蚌正（蚌埠至正陽關）鐵路，同時興工建築，玆據淮南煤礦駐此間辦事處息，該礦山在懷遠縣屬洛河鎮十八里之九龍崗地方，產量豐富，約二千四百萬噸，開採可至百年，為皖北產煤唯一大礦，現已開採東西兩井，每井深百餘公尺，日出烟煤六百噸，除供給建委會各電廠外，並運銷淮河流域及長江流域，自安慶至上海一帶，曾擬自礦山向南經鳳台・壽縣・合肥・巢縣等處，築一輕便鐵道，直達長江蕪湖，全線長五六百里，需款千餘萬，一度測量，因款鉅中止，玆已決定先興築由礦山至合肥一段，下月即可動工，將來鐵路築成，運輸頗較便利，並擬新建三百公尺深大號煤井一處，俾每日可增加千噸，又利用礦煤，在洛河鎮設一大電廠，供給百里以內之各縣鎮需用，所需費用，擬以礦產做擔保，招集商股合辦云云。

又津浦鐵路局，積極籌劃中之蚌正支線，（蚌埠至正陽關）行將興工建築，路站將設於城東劉備城附近，聞此僅為第一步計劃，俟此段完成後，再由此經六安，直達河南省之信陽縣，銜接京漢鐵路，正陽關為水陸交通之衝衢，舟車輻輳，工商業之發展有望，市面可臻繁榮，邇來各地商人紛紛來此購買地皮，附廓周圍之荒蕪農田，平時每畝價值不過三數元，倘無人問津，現在非四五十元不能購得，城東之崗地，尚不止此數矣，據一般推測，將來各縣及豫東之貨物，會集於此，均可直接運輸津滬各地，已無停留蚌埠銷售之必要，百業繁盛可期，實為正陽關之新轉机云。

全國公路去年經營概況

我國公路建設，年來逐漸進步，尤以去年爲最卓著。良以國難日亟，救國要圖，首重交通，政府及人民均已有深切之認識，通力合作，成績斐然，茲覓得去歲全國建築公路成績，特分誌如次。

西北

（一）綏新汽車路由歸綏至新疆迪化經過綏寧甘新四省，於去歲八月三十日試行通車。（二）張庫交通自張家口至庫倫長凡一千三百餘公里，中俄復交後恢復交通。（三）包寧寧蘭兩路，包寧路由寧夏至包頭，長凡三百三十餘公里，現早已通車，寧蘭路由寧夏至蘭州，於十一月一日正式通車。（四）蘭玉汽車路，此路分幹支各線，幹線由蘭州渡河北達永登西經樂都湟源恰卜恰大河覇渡黃河達玉樹支線，由大河覇分歧西往都蘭得令哈大小柴旦敦煌達新疆惹縣，路長二千二百餘里，正由西北當局計劃修築。（五）陝西公路除西潼西長各幹線早經完成通車外，陝北榆鎮汽車路，秦隴公路均已開始修築。（六）山西公路現已完成者有太風，太同，太汾，汾離，白晉等線，共長三千六百餘華里，現復開始十年計劃，就全省交通經濟防務與隣省聯絡上之需要，規定八大幹線，共長一萬四千餘華里，均規定於計劃完成時全部築竣。

東南

本年有京蕪宣長蘇嘉杭徽鄞鎮慈蕪及木濱景危路均已先後通車。此外（一）江蘇公路省縣道總計有六一二五公里，已完成者達四九〇二公里。（二）浙江公路已完成者約一三三〇公里，建築中者九七五公里，測量中者五七三公里，永縉縉聲聲雲杭海杭蘭，介金，長泗，清漁各線，均先後築竣，大半通車。（三）安徽公路國道省道計已完成者達一千七百餘公里，將成四百九十餘公里。（四）鄂省公路省辦商辦現已通車者約四千餘華里，去歲總司令部修鄂西施鶴一帶公路及鄂南景陽通山湯新各路現正趕築中，不久均可告成。（五）江西公路嶺閩贛浙贛粵茅湘四大幹線均已完成通車，已成縣道計四百四十餘公里。（六）湖南公路已築成者一千四百八十餘里，已修築者一千二百餘里四，預料五年後，東南公路，當可四通八達。

西南

（一）四川之成雅成渝兩路通車，成都至雅安長三百四十餘里，成渝長一千二百餘里，成都至重慶二日可達，又渝黔路已由成渝馬路總局督修，不久亦公告成（二）貴州全省已築公路達三千餘公里，並規定四年公路計劃，期於二十四年年底完成省道一萬公里，（三）雲南公路滇西滇東滇北各幹路已完成大半，開蒙公路已於十月二十四日行開工禮，分區公路正積極進行，省垣環城公路現更加開路幅，以利市民。（四）桂省實施築路五年計劃，已於去歲完成，其路線爲邕甯爲中心，二十一年全省築成之路，達五千二百四十餘華里，據最近調查，已增加一倍，省道佔五千九百四十三里，縣道佔四千二百八十四里，邱道七百七十二里，通行汽車者省縣鄉道共七千四百六十四華里，（五）廣東公路去歲完成三十餘線，東區四大幹線已通車，合欽公路亦築成，廣海路直接聯運通車，汕頭至漳公路，年底可通車，大浦至漳州已竣工，（六）福建六大幹線去歲完成三分之一，約一千一百餘里。

東北

東北淪亡轉瞬三年，年來東北公路之建設，在僞組織與暴日侵凌操縱之下，仍陸續進行，所需經費由日方負責籌劃，我人遙瞻關外，不禁感慨系之。

蘇省最近建設

浚六塘河

六塘河爲橫貫淮北淮陰，泗陽，宿遷，漣水，沭陽，灌雲，東海等七縣之主要河道，徒以年久失修，致每至夏秋，多告泛濫，沿河農田，胥受其害，蘇建廳於去冬向滬金融界挪借五十一萬元，作疏浚該河之費，乃在清江浦設立工程處，並派江北運河工程局局長徐鼎康爲處長，雇工六萬人從事疏浚，已於十二月二十四日開工，預計今歲六月底疏浚完成，完成後淮北各縣農田即無淹沒之虞。

修築公路

現在修築中者有幹路兩線，一（京滬幹線，由南京經鎮江，丹陽，武進，無錫，蘇州，崑山以達上海，全長二百七十公里，僱工三萬五千人，於去歲十一月二十日興工，工費需三十七萬元，今年四月間可通車，（二）瓜清幹線，由揚州境之瓜州口，經高郵，寶應，淮安，以達清江浦，全長二百一十公里，省府爲撙節經費起見，令駐防沿線之省保安團第一四兩團，於今年一月十八日起利用兵工修築現正在修築中，兵工費需十一萬元，三個月可完成云。

魯省黃河工程

本省黃河工防務，向以春廂為重，春廂不固，則汛水一臨，危險可虞，河務局方面，對於每年春廂應修堤埽各工，均在年前詳細勘估，切實核計，列具詳表，呈請省政府飭撥工欵，以資修培，上年春廂時期，各段工程，本已擇要修培，較為穩固，不料伏秋汛期，河水陡漲，驚濤駭浪，迫岸盈堤，加以冀豫省境河工決口，直衝尾閭，洛口水位，竟達三十一尺三寸之高，水勢浩大，為五十年所未有，以致沿河各段埽垻坍蟄，堤頂漫水，危機四伏險象環生，當時雖經拚力救護，暫告平穩，但有此一番重大水患，或新險已成，或舊險愈重，據河務局屢次履勘報告，告工現狀，若本年春廂再不妥為修整，瞬屆汛期，危險不堪設想，月前河務局長張連甲，特派工程科主任李森，科員劉是堂分赴上下各工，切實堪估春廂工料所需欵項，規李等業已事畢返濟，估定本年春廂應需土工楷石繩樁及員夫薪工等項，共洋二十九萬九千九百六十六元八角列具詳表，特呈省政府，迅飭財政廳撥發，以便及時採購料物，撙節動用，分別廂修省府方面，以該局修堤防汛材料，經濟，自十九年度起，已規定全年三十餘萬元，列入河工經費經常門之內，此次所估春廂需費數目，核與預算尚不超過，且欵屬急需，亟待應用，當即轉令財政廳提前分期撥發，以期早日興工，而固河防云，茲將局方勘估本年春廂料物土方欵項數目，照列於下，（一）楷料　一萬二千二百三十一方三分八厘，共合洋五萬四千三百八十元，（一）石料　七千九百八十方，共合洋十萬零三千七百四十元，（一）蔴繩　五千四百三十八條，共合洋一萬九千零三十三元，（一）葦纜　五千條，共合洋二千五百元，（一）樁木二萬一千七百五十二根，共合洋五千四百三十八元，（一）鉛絲　二千觔，共合洋四百元，（一）磚二十萬塊，共合洋二萬元（一）土工　八萬三千零九十四方七分五厘，共合洋六萬六千四百七十五元八角，（一）蔴袋柳枝柳囤雜料等項，共合洋一萬八千元，（一）員夫薪工雜支等項，共合洋一萬元，以上統共洋二十九萬九千九百六十六元八角。

疏復淮河入海水道

導淮委員會，於去歲十月下旬開始進行二期工程，動工興築淮陰，邵伯兩船閘及洪澤湖口三河活動垻，依照該會計劃之三期工程中本將疏浚淮河入海水道，（由洪澤湖至東海臨洪口）列入，嗣該會鑑該項計劃需款一千六百餘萬元，工程浩大，非力所能及，去秋乃呈請中央請將該項工程全國經濟委員辦理，經第三七八次中央政治會議決照准，中央乃令全國經委員會遵照，經委員會奉令後，即積極籌備進行，先從事測量工作，十二月初調導淮委員會清江浦工章局之測量隊三隊，測量下游路線，去年底已竣事，該會現以初步工作完畢，一面先行籌款三百萬元，以便動工，一面調查兩岸民田，以便收買，并派張岩芝來浦在清江浦工程局內設立徵買土地處，負責徵買民地，茲悉經委會此次疏浚淮河入海水道計劃，決根據導淮委員會前訂之方案進行，爰入海水道由洪澤湖至臨洪口計長五百六十里，經費預算徵收土地費需二百五十萬元，土方費需一千百二百萬元，建閘費需一百一十萬元，雜支需一百八十萬元，至進行全責，經委會仍委滿江浦工程局主其事，受該會之監督及指揮，清江浦工程局局長登雲及總工程師黃揆史，去歲年終特赴京向經委會請示進行辦法，現已返浦，記者頃晤馬氏於工程局，據談，經委會已籌得現款三百萬元，俾便先行動工疏浚入海水道，路線決利用淤黃故道以達漣水縣屬之陳家港，然後入灌河經灌雲至東海之臨洪口入海，疏浚入海水道的為導淮中之首要工程，因下游道路疏浚後，上海及洪澤湖之過分水量，即可排去，裏下河一帶農田亦可獲灌溉之利，該項工程除疏浚河身外，並在水漣縣之陳家港建活動閘一座，裏下河農田需水灌溉時則啟閘引放，不需時則閉閘攔流，現本局已積極進行開工事宜，將全段劃分為淮泗，漣流，東灌三工區，以利工程進行，各區區長正在物色中，淮泗區決設於淮陰之順河集，漣流區設於漣水之陳家港，東灌區設於灌雲之板浦，雇工總數為六萬人，（每區二萬人）本局現因徵洪及將來保障工區治安起見，已聘定淮陰，泗陽，流陽，漣水，東海，灌定明六縣縣長為協助委員，現已決定月一日起動工，預定明年底完成云云。

皖省擬具治水計劃

皖省水系，江淮兩流域，計估十分之九，黃山山脈以南水流，一部由歙入浙一部由婺源祁門入贛，計估十分之一弱，山嶺崗阜，平原窪地，兼而有之沿江淮幹堤，計長一千五百餘公里，沿江大堤圩，北岸共有六十六個，南岸共有三十三個，沿淮各縣自上而下，為阜陽，潁上，鳳陽，懷遠，鳳台，靈璧，五河，泗縣，南岸自上而下，為霍邱，鳳台，懷遠。鳳陽，盱眙，其餘各圩堤，均係沿江支堤，或內河內湖圩堤，除淮河流域外，有圩堤二千一百五十二個，年來因地方財政困難，對各重要河道，均未能舉辦疏濬，皖西各縣，連年遭受水災，官民損失，為數至巨，省府為預防今夏水汛，特擬具治水計劃，呈請行政院，轉飭揚子江水道整理委員會，速辦導淮大工，並於迎溜頂沖之處，特建水健，以資防範，至江淮幹堤，為本省極關重要之水利工程，建廳決擬以全省整個力量辦理，由民財建三廳及水利工程處，合組暫修江淮幹堤委員會以收群策群力之效，組織辦法，刻正由建廳起草，提交省政府會議議決施行云。

任氏父子自製收音機

無線電收音機，雖發明有年，但在西安，因交通阻塞，一般購買力薄弱，此項設置，頗屬罕見，直至前年各高級黨政軍機關始漸有購置者，但仍未能普及於一般民衆，近曾任西安電話局長之任松年君，與其子任鼎新發明一種二燈長波無線電收音機，業已試驗成功，凡南京上海日本各地之播音，俱可收到，該機內部構造，較市上所售之收音機簡單，需費僅五十元左右，據任氏談該機在試製期間，曾向各地無線電專家徵詢二燈機能否接收京滬各地之播音報告，結果俱答覆西安較京滬過遠，現在之收音機俱係五燈或六燈者，如欲以二燈機收音，均認為絕不可能，乃結果竟適得其反，且不特可收京滬之報告，甚且已可直達日本各地，故在任氏父子咸認為一種意外之成功，且謂彼在無線電學理上，尚屬門外漢，此次之創造，純出於精心揣摩，現雖成功，仍於學理上不能言其究竟，記者以任氏父子能以二燈機接收長距離之播音，實吾國科學界之一大發明，因往走訪，參觀該機所收報告，與普通機無異，其所收南京廣播消息，尤為清晰，參觀時經任氏指示該機構造，並述試製之經過甚詳，且承贈以試驗成功時之攝影一幀，茲將任氏父子所述經過錄次。

任氏談話

近年我國無線電事業，頗為發達，京津滬漢各大都市，及其窮鄉僻壤，裝設收音機者甚多，在科學落後之中國，能利用最新之文明利器，固爲一好現象，惟若稍加檢查，則無線電收音機之在中國，尙有令人不能滿意之處（一）無線電工業不發達，其所需機件純購自外洋，目價値昂貴，多者數千元，少亦數百元若以全國計，則損失之大直不可計，（二）因無線電常識不普及，即如機件損壞，亦需人修理，故縱令發達亦難普遍，因此余父子在一年以前，即下決心，從事研究自製收音機，每於業餘，必實地研究試驗，最初做了一個礦石短波收音機，機的線路，則係參考俞子夷先生所編的無線電入門而來，裝好之後，曾經試驗多次，一日忽然微微聽到本地（西安）電台發報的聲音，因之繼續研究，勇氣日增，繼又轉向試用二燈長波無線電收音機，一途上去瞎摸，結果始得此機，此機最有價値處，爲一切應用材料，多半是我國土產，並由自己親手製作，親手配裝，如此經過一年有餘，於今年一月九日晚九時，聽到南京中央廣播電台的政治報告，聲音非常淸楚宏大，此時余全家歡喜若狂，余父子此次研究自製無線電收音機之目的，在一面提倡西北無線電工業，一面使無線電常識普及於一般民衆，至於以發明家自居欲，專利等等，均非余父子之所願云。

北平圖書館成立工程學閱覽室

中國工程學會，中美工程學會前會決定將該會工程學書籍，捐贈北平圖書館，與該館所存工程學書籍聯合組織工程學閱覽室，現經籌備多日，已佈置光緒，定於一月六日下午四時半舉行開幕典禮，儀式甚爲簡單，館長袁同禮任主席，並聘請淸華工學院顧毓琇，中華工程學會李書田講演，會後將參觀，聞該館爲使各界明瞭中國古代工程學術起見，擬同時將所藏關於工程學古籍陳列。

河北省工程師協會月刊

于學忠題

中華民國二十三年五月出版

二卷三四期合刊

北甯鐵路簡明行車時刻表

中華民國廿二年十一月十六日重訂

下行車

列車次數 \ 站別	北平前門 開	豐台 開	郎坊 開	天津總站 開	天津東站 到	天津東站 開	塘沽 開	盧台 開	唐山 開	古冶 開	灤縣 開	昌黎 開	北戴河 開	秦皇島 開	山海關 到	錦縣	遼甯總站
第七次慢車中膳各等	五•三〇	六•二五	七•四三	九•二六	九•三五	九•四五	一〇•四八	一一•四四	一三•〇二	一三•四八	一四•四三	一五•五四	一六•四四	一七•一三	一七•三五		
第十一次及第十九次客貨混合三等慢車	六•三〇	九•〇五	一二•五六	一六•二五	一六•四五	停	第十九次	自唐山起	五•〇五	六•三〇	九•〇八	一一•三〇	一三•〇八	一四•一四	一四•三〇		
第三〇一次平瀋直達特別快車膳臥各等	八•〇〇	八•三〇	九•三六	一〇•五二	一一•〇五	一一•二七	開	往	上	海							
第三次特別快車膳臥各等	八•二五	八•五五	不停	一一•一七	一一•二六	一一•三五	一二•三三	一三•二六	一四•二四	一五•〇五	一五•四五	一六•三七	一七•一六	一七•四〇	一八•〇〇		
第九次快車膳臥各等	一四•一〇	一四•四二	一五•五二	一七•二〇	一七•三〇	一七•四五	一八•四五	一九•四六	二〇•五三	二一•三四	二二•一七	二三•一〇	二三•五五	〇•一〇	〇•三〇		
第五次快車膳車各等	一六•三五	一六•五五	不停	一九•一六	一九•二五	停											
第一〇一次快車膳臥各等	二〇•二五	二〇•四八	二二•〇八	二三•四二	二三•五〇	四•〇〇	一•一〇	二•一三	三•二四	四•一四	五•〇六	六•一七	七•二九	七•三七	七•五九		
第四〇一次平瀋直達貨車及第五十次客貨混合三等慢車	二〇•一五	二一•一〇	〇•二〇	二•四〇	二•五〇	四•五〇	七•一七	九•五五	一一•三〇	停							
第一次直達平浦特別快車膳臥各等	一八•三五	一九•一二	二〇•二二	二一•四〇	二一•四九	二二•一五	開	往	浦	口							

上行車

列車次數 \ 站別	遼甯總站	錦縣	山海關 開	秦皇島 開	北戴河 開	昌黎 開	灤縣 開	古冶 開	唐山 到	唐山 開	盧台 開	塘沽 開	天津東站 到	天津東站 開	天津總站 開	郎坊 開	豐台 開	北平前門 到
第八次慢車中膳各等			五•二五	六•一三	六•五三	七•四三	八•四九	九•四七	一〇•二六	一〇•三五	一一•五三	一三•一二	一四•一三	一四•二四	一四•三九	一六•一五	一七•四七	一八•二〇
第四次特別快車膳車各等			九•一五	九•三八	一〇•〇七	一〇•三六	一一•二八	一二•二五	一二•五七	一三•〇〇	一四•〇五	一四•五六	一五•五〇	一六•〇〇	一六•一三	一七•三二	一八•四三	一九•一〇
第二十次及第十二次獨貨混合三等慢車			一一•〇二	一二•〇〇	一三•〇四	一五•〇七	一七•四〇	一九•二五	二一•四六	停	第二十次	自天津起	四•二三	四•五五	一〇•〇六	一四•四一	一六•〇八	一五•〇〇
第十次快車膳車各等			一三•〇〇	一三•二五	一三•五〇	一四•二八	一五•二〇	一六•〇七	一六•三九	一六•四五	一七•四五	一八•五三	一九•四五	二〇•〇〇	二〇•一二	二一•三四	二二•四八	二三•一五
第一〇二次快車膳臥各等			二一•五五	二二•二八	二三•〇六	〇•〇八	一•〇五	二•〇六	二•四〇	三•三〇	四•三一	五•三三	六•三七	六•五〇	七•〇六	八•二八	九•四三	一〇•一〇
第十六次客貨三等混合慢車										一四•三〇	一七•三三	二〇•二五	二二•三八	〇•一五	〇•二五	三•三三	六•四〇	七•五五
第六次特別快車膳車各等														九•一五	九•二六	不停	一一•四八	一二•一五
第二〇二次平瀋直達特別快車膳臥各等							山	上	海		開	來	一七•〇〇	一七•三五	一七•四八	一九•〇九	二〇•一六	二〇•四八
第二次平浦直達特別快車膳臥各等							由	浦	口		開	來	七•二〇	七•五〇	八•二二	九•三六	一〇•四三	一一•一〇

中華民國二十三年五月出版

河北省工程師協會月刊

二卷三四期合刊

河北省工程師協會月刊目錄

二卷三四期合刊

論壇

學術

會務報告

調查

專載

工程消息

民國二十三年五月出版

中華書局出版

社會政治參考書

書名	著者	冊數	定價
社會學概論	陳翊林	一冊	七角
社會主義的理論與實際	周佛海	一冊	一元
社會問題總覽	李達	一冊	一元二角
社會問題概觀	周佛海	二冊	八角
社會問題綱要	劉炳藜	一冊	六角
人口問題	吳應圖	一冊	二角半
歐洲政治思想小史	高一涵	一冊	五角
近代政治思想史畧	鐘挺秀 李卓	一冊	一元二角
最代世界各國政黨	顧樹森	精裝一冊 並裝四冊	五元 四元
盧騷民約論	馬君武	一冊	五角
市行政學綱要	董修甲	一冊	三元
殖民政策	吳應圖	一冊	三角半
華盛頓會議小史	周守一	一冊	一元五角
國防與外交	謝彬	一冊	一元
中美關係紀要	蔣恭晟	一冊	四角
中德外交史	蔣恭晟	一冊	四角
中國喪地史	謝彬	一冊	四角
國恥史	蔣恭晟	一冊	一元二角
收入及郵貨政策	馬君武	一冊	八角

教育參考書

書名	著者	冊數	定價
教育心理學大意	廖世承	一冊	八角半
教教心理學	廖世承	一冊	一元四角
學習心理學	朱定鈞 夏承楓	一冊	六角
個性論	舒心城	一冊	二角
幼稚之意義	王克仁	一冊	一角
幼稚園課程研究	唐毅	一冊	三角
兒童與教材	鄭宗海	一冊	一角
設計教學法精義	曹芻	一冊	一元二角
初等教育設計教學法	沈有乾	一冊	四角半
導爾頓制概觀	舒新城	一冊	八角
導爾頓制討論集	舒新城	一冊	四角
導爾頓制研究集	舒新城	一冊	八角
個別作業與導爾頓制	舒新城	一冊	一元二角
葛雷式學校組織概觀	芮佳瑞	一冊	三角
施行新學制後之東大附中	廖世承	一冊	一元二角
青年職業指導	王文培	一冊	四角
中學訓練問題	陳啓天	一冊	一角半
教育通論	舒新城	一冊	八角
教育原則	余家菊	一冊	五角
法國教育概覽	周太玄	一冊	二角
中學以上作文教學法	梁任公	一冊	三角半
教學觀察法	施仁夫	一冊	三角
圖書館簡說	蔡瑩	一冊	一角半
近代教育家及其理想	唐毅	一冊	六角
美國教育徹覽	汪懋祖	一冊	八角半
美國鄉村教育概觀	古楳	一冊	三角
學校教育指導法	杜定友	一冊	八角
家庭教育與兒童	徐松石	一冊	四角半
教育概論	莊澤宣	一冊	一元二角
收回教育權運動	舒新城	一冊	六角
中國新教育概況	舒新城	一冊	一元二角
近代中國留學史	舒新城	一冊	一元四角
幼稚教育概論	張宗麟	一冊	四角
兒童心理與興味	葛承訓	一冊	一元五角
兒童心理學	葛承訓	一冊	三角
教育行政大綱	常導之	二冊	二元
比較教育	常導之	一冊	一元

天津北馬路本局電話二局二二三三

论坛

如何促进生产建设？

陈桐

吾国近年以来，经济崩溃，民不聊生。据实业部报告，民国二十一年度入超为五万五千万余关两，其中以米面纱布为大宗。吾国素称以农立国，而今衣食材料，尤仰赖于外人，前途大为可虑。故有识之士，莫不奔走呼号，以「生产建设为中心」，互相标榜，以图唤起民众，渡此难关。二月十九日行政院纪念週，汪院长报告，「生产建设为今後努力之方向」，详述生产建设为救亡图存之正当途径，足见吾国政府当局，对于开源—生产—之道，极为注意也。

近数十年来，吾国并非不言建设，第以愈言建设，而民愈穷困者，不外：（甲）为畸形发展之建设，（乙）为无確定计划之建设（丙）为消耗之建设。畸形发展之建设，则荣枯不勻，難期統一。如京滬交通，既有長江，又有京滬，並有公路，近更有建築雙軌之進行。交通路綫，密如蛛網。而同時川、貴、康、藏、新疆、蒙古諸省，邊疆重鎭，何常有尺寸之鐵路籌建！似此而欲策動全國難矣。無確定計劃之建設，則鮮有成績。如宣化龍岩鐵礦之廢棄，漢冶公司之停辦，足可表示吾國人五分鐘熱度之特性。更以天津市內之金鐘河而論，既廢之於先，復疏濬之於後。又如拆城之事未畢，建城之議復興。諸如此類，不一而足。前後矛盾，廢時傷財，莫此爲甚！至若消耗之建設，則爲消解金融之作用，顯有破壞之成績。如烟酒化裝品等工廠，年來雖甚發達，獲利倍蓰，然，此終爲消耗品，而非必需品，用以暫時抵制外貨則可，用爲建設則不可也。

今後吾國之建設，吾人認爲必須矯正以往之過失，以生產建設爲中心而後可。第一須確定方針。蓋有計劃，方不至朝令夕改，畸重畸輕，而得循序建設也。如蘇聯「五年計劃」，而四年完成之。從未發展之農業國家，一躍而爲工業國家，奠定社會主義之經濟基礎，是爲明例。

第二，將建設事業劃分爲個人企業，與國家經營。其有獨佔性之生產建設，如鐵路航運郵電等，則由國家經營。凡事物可以委諸個人，或其較國家經營爲適宜者，應任個人爲之，用國家奬勵，而以法律保護之。現在，國貨稅率遠大於舶來品者，實有反此種主義，而成爲自殺政策。要知，國家對向，乃外來之帝國主義者，非國內之人民也。其事業爲消耗建設者，則本諸以上原則，加以管理，以期達於健美之路。

第三，提倡人民副業。其意即在利用餘時餘力餘地，而增加其生產，用以自給給人。果爾，則仰足事父母，俯可以蓄妻子，無憂無懼，然後驅而之善，而其從也易。否則，游惰性成，奢靡是尚，寡廉鮮恥，無所不爲，社會之秩序尚不能保，安能論及國家建設！現在吾國民衆，果能自給自足，每年並可減少數萬萬之入超，是仇貨不抵制而已抵制，何必貼標語，空喊口號！由此可知，提倡人民副業，一舉而數得，誠爲促進生產建設重要原子之一。

第四，授以生產教育。生產事業，必須有生產之學識，而後得以達於完善之地步。凡百事業，俱仰仗於外人，何時得以自由！若徒墨守舊規，更何日得以發達！此則教育專家應乎特別注意者也。

此外，政局之安定，風氣之改善，以及關稅自主，尤爲生產建設最大之間接原動力，允宜羣策羣力，整理發達，庶幾吾國前途得有希望。願國人共勉之！

開發西北與河北省前途之關係

紹華

西北的邊疆，抱含着蒙古，新疆，青海，甘肅，寧夏，綏遠諸省，面積約一百七十餘萬方哩，人口僅一千萬左右。據多少專家考察，在這些地方，有許多肥田可以耕種，有許多特產亟待利用，有許多鑛產可以採發，並非是不毛之地。而今那些地方，人煙仍然稀少的緣故，乃是國人「趨易避難」與「畏難苟安」的心理，戰勝了「闢土開疆」與「大無畏」的精神罷了。因此，近年以來，農村經濟雖然崩潰，而人民仍就「固步自封，」或者走到那無事可作的都市。

九一八事變以後，提醒了國人對於邊疆的注意，於是開發西北的聲浪，一天高似一天。誠然，果能利用西北，不但充實了國家內部，解決了一部份民生問題，而且鞏固了邊疆，免掉了敵人的覬覦。其關係的於吾國的前途何其重大！

西北關係吾國前途固然重大，其關係於何北省的前途尤其重大。因爲河北省現在的人口及土地問題，與時勢緊張的情形，實在不容忽視了。

以人口而論，河北省有三千一百二十餘萬，較之西北全部猶多二三倍。以面積而論，河北省面積約爲十一萬二千方哩，只當西北諸省十五分之一。並且多爲村落墳墓所佔據。所餘土地均爲薄田，非施肥料，不易生長。居民非大貧即小貧，劃分田畝零亂，不易耕種。較之西北一帶，沃野千里，宜牧宜農的土地，與人口稀少的情形，直是天上地下。所以，河北省民衆，每年出關謀食的不知道有多少。現在，東北淪亡，門戶關閉，若干過剩人口，無處可歸，是解決河北省的民生問題，除非開發西北，絕無第二出路。

東北四省爲華北屏壁，現在唇亡齒寒，岌岌可危。並且來日大戰，必在河北一帶無疑。爲救濟河北省民衆計，爲抗禦强敵計，亦非開發西北以充實河北省內部及後防不爲功。

總之，開發西北，鞏固邊疆，爲全國民衆，應享之權利與應盡之義務，而河北省又站在特別立場，更不能不加以相當認識與努力。

學術

滹沱河灌溉計畫（修正靈壽縣灌溉計畫）（續）

華北水利委員會

三、第一期工程計畫大綱

甲、築堰於黃壁莊之東北以倡水，至高度一〇〇公尺。

查滹沱河經流黃壁莊，兩岸爲石山所夾，僅寬五百六十五公尺，低水河槽在南岸寬九十五公尺，近北岸之河槽，在高度九八．〇公尺，平時無水。順直水利委員會曾在此處設有汛期流量測站，據所記載，低水河槽底高在九六．五公尺以上，遇大汛時則可刷深至九四公尺。其北岸之河槽，則變遷不及半公尺，大致南岸刷深時，北岸反有淤積之象焉。今擬攔河堰築以增高水位，此處實最適宜。但攔水堰倡高水位必使上游不受影響，蓋平山境內，不乏沿河平地也。查此段滹沱河傾度頗大，牛城稍西之水位，已達一〇〇公尺以上（見第二節）故築堰至高度一〇〇公尺，於上游實毫無妨碍。堰高亦不過兩公尺左右，實爲最經濟之辦法。

此堰既不甚高，河流雖石層又遠，（雖未鑽探，然自其沖刷深水槽及兩岸石層察之，知其離現在之河槽甚遠也）。故僅擬將浮土稍加清除，而照沙土基礎做法，計畫堰身，一爲堆石堰，一爲混凝土堰。以石料甚近，石價甚廉，堆石堰體積雖大，比較尚屬經濟，故採用此式。堰頂寬三公尺，上游坡爲直一橫三之

滹沱河灌溉計畫綫圖

比，下游坡爲直一橫十二之比，中間一段及下游坡中坡脚各用洋灰灌漿，以減少滲漏。坡脚下復用鐵絲籠裝石平鋪以保護之。堰頂用一、三、六洋灰混凝土，餘皆用砌石，共計堰長四百八十公尺。

查此段滹沱高水流量民國十三年記載爲二一〇〇秒立方公尺（在平漢路橋則僅一七五〇秒立方公尺），實爲有流量觀測以來之最高記錄。但據順直水利委員會估計平漢路橋民國六年流量達一〇，〇〇〇秒立方公尺，因平漢路橋業已改寬，雖期準確，惟十三年之記載未必爲最高耳。十三年最高水位爲高度九九·九公尺，如下游情形不變，則堰身尚未淹沒。以此計算堰上水頭應爲一·五公尺（假定洩水閘門未啓），若用相當尺寸之石塊，於堰身不致發生危險，若流量更大，堰身必被淹沒，此堰成爲一種潛水壩，更無礙矣。

乙、堰之兩端，各建洩水閘一座。

堰之兩端，各建洩水閘一座。其作用爲（一）洩平時過量之水，（二）沖刷引水口門前之河道，使不淤積。（三）過洪水時亦可加增洩量。而南岸之洩水閘更有引水至原河道之功用，使沿河村莊，不致有乏水之虞。

洩水閘之平時洩量爲每秒四〇立方公尺，兩共八〇立方公尺，普通春漲，可以容納。兩各分三孔，每孔寬三公尺。砌石爲礅，木爲門，閘臺高度定爲一〇四·五公尺，使遇最大之洪水，閘上仍可工作。惟南岸閘門，正位置於正流，時有沖刷之虞。其基礎擬挖深至高度九三·六公尺，故用上下兩套閘門，遇十三年洪水時，可洩水約二百餘秒立方公尺，可減低堰上水頭一公寸左右。

普通辦法，洩水機關之淨寬度，應爲攔河堰二十分一乃至十分一。今所設兩閘，共僅淨寬十八公尺，不過二十六分一者，一則本計畫中閘之建築費，十倍於堰，二則正流之寬不過一百公尺左右，其餘滯分，不妨視爲洪水泛濫區域，仍合此通例也。

丙、與北岸洩水閘成直角處，築引水閘門，引水沿河岸東流，至於忽凍村之東，以達進水口門，是爲引水渠。有剩餘之水，則於渠之東端，由洩水閘門下洩。

北岸引水閘門緊接洩水閘門，兩閘之中線正成直角，則引水閘門，雖時或關閉，水由洩水閘門暢流，可無淤積之虞。閘門寬二公尺已足，為將來增加灌溉水量時，免改建之煩，設二孔。其一可以閘板欄水，以節經費。其一則用木門司啓閉焉。

自引水閘門起，一面依河岸峭壁，一面築墻以成引水渠。墻以砌石為之，頂寬〇•六公尺，高度為一〇•二公尺，下寬視地面高度而變。墻與岸壁間照第一期流量寬僅六公尺，為將來擴充計，增寬至十公尺。蓋墻之建築費與渠寬無關也。

為保護渠墻計，於洩水閘之下端，建築短挑水壩一二座，導水使往南岸，壩以堆石為之。

遇十三年同等洪水時，引水渠不致為洪水所淹，但如洪水流量過大，則不免淹沒。惟此為數十年一次之洪水，渠道如有淤積，挑挖甚易。

此渠沿河建築，似不經濟，但以岸高水低，挖掘溝渠之所費，反遠勝於石墻。故此渠延長至二六〇〇公尺，直至忽凍傾非二村間，（忽凍東一公里半，傾非西半公里），方轉至幹渠。最下則岸墻愈高，而挖掘反淺，不經濟矣。

渠之東端，設第二洩水閘門，二孔，如引水閘門。并將一段岸墻降低至高度九九•七。如來水較多，或因緊急處分，進水閘門已閉，而引水閘門未閉時，得分別放溢多餘之水。

丁•於引水渠之東端，築進水閘，導每秒六立方公尺之水入幹渠東北行，越松陽河，至於崗頭村之北。

進水閘門築於引水渠東端北岸，與第二洩水閘成直角。閘共二孔，各淨寬一•六公尺，高二公尺。其進水量為每秒六公尺。將來擴充時，可增建二孔，不致煩費。

幹渠自進水閘門起，北行折而東北，渠底寬三公尺，水深二•六公尺，坡度為一萬分一，流速每秒•五二三公尺。所經多黃土高阜，最深之挖土，達十三公尺，為節省工事費計，照陝西涇惠渠成例，自渠底至水面以上三公寸，側坡為一比一，自此兩側各設平階寬一•五公尺，此平階可兼為防坍及巡行之用。自平階起，側坡爲一直比十分一横，因黃土層可以壁立也。

幹渠在偭非村之東，經一山溝。此溝平時無水，但源長二十餘里，發洪時頗大。以溝底較渠底爲高，故造涵洞以通渠水。又在南合村上，經一小山溝，其源甚短，可以涵洞宣洩。同時幹渠之南璧，均設法築成口門或堰以洩過量之水。幹渠自進水閘門起，凡四公里半，至東合村北始達平地。平地之渠，水面可較地面爲高，故一部分爲挖土，一部分爲築隄，兩側仍用平階(其高度視地面)，備他日擴充之用。

幹渠越松陽河處，河底較低，故擬用木製渡槽，長一百公尺，以免淤積。松陽河平時水量甚微，發洪時則流量頗大，靈壽縣城正臨河之左岸，時有淹沒之患。今渠槽較高，若發洪水，難免增加災害。故擬用活動閘式，使於發洪過大時，得越槽而過。

幹渠越松陽河後，止於崗頭村之北，共長五●八公里，其間應造大路橋三座，以利行旅。

戊、自崗頭村起，分自流渠，曲折東行，暫止於北紀城之東。支渠三道，分洩於松陽河。

自流渠自崗頭村起，東南經胡莊，安定，繞馬崗而止於北紀城莊之東？長七●六五公里。渠底坡度一萬分一，水深一●六五公尺，底寬二，〇公尺，側坡一比一●五，流速每秒●四二四公尺，流量三●一五秒立方公尺。此渠多行平地，爲節省經費計，務使開掘之土，適足以築兩岸之堤。堤頂高出水面〇●五公尺，寬一●六公尺，內側坡一比一●五，外側坡一比二。爲免將來擴充之重複工作計，隄之內坡脚各留平階，寬一●七五公尺，以備異日挖土成渠之用。沿渠應置橋四座，以利交通。於安定村之東及經衞水河處各置涵洞一座，以資宣洩。

因洩水地點過遠，自流渠暫取支渠輪灌辦法。第一支渠灌溉木佛村一帶，長四公里，洩於松陽河。第二支渠灌溉南紀城三塁院同下等地，長五公里，洩於松陽河。第三支渠灌溉靈壽縣境之南北紀城，義和莊，及正定縣界之前後堵院，高平，韓樓等地，長八公里餘洩於松陽河。除第三支渠外，各設分水閘門一座，以時啟閉。支渠之端，設堰以洩水。

幹渠在南合村附近之洩水機關，亦可築支渠一道，以灌松陽河西鄰滹沱河之低地，還洩於滹沱河。惟此地需水情形，是否迫切，尚待查詢。

己，於崗頭村建抽水廠，自幹渠引水至高度二〇五公尺，而以第一高水渠引水灌溉高地。

崗頭村北建抽水廠一座，設三十四寸離心抽水機四具，每具各以一百馬力之發動機(種類未定)與帶之，可提高水位至一〇五．〇〇公尺，進水量為二．八五公尺。

第二高水渠引水東北行，經南托，東托，北托，及行唐縣之小幹樓，正定縣之陳家疃，而洩於磁河，則入新樂縣界矣。共長一二．九公里。

第一高水渠定為各支渠同時灌溉，故渠之剖面面積每經一支渠，即縮小一次。第一段水深一．六公尺，底寬二公尺。第二段水深一．六公尺，底寬一．五公尺。第三段水深一．三公尺，底寬一．五公尺。第四段水深一．二公尺，底寬〇．七公尺。側坡均為一比一．五。

第二高水渠置支渠四道，一沿靈壽縣城北之高岡，長三公里。一在東托之西，長二公里半，洩於衛水河。一在南滸之東，長三公里半，洩於自流渠。一在行唐及正定縣界孔村之東，長三公里。如有餘水，任其漫流，故此渠應設閘門一座，以資節制。餘則皆可暢流無阻。

四，估計

甲	堆石攔水堰一座長四百八十公尺	九二，〇〇〇元
乙	北岸洩水閘一座	一五，〇〇〇
	南岸洩水閘一座	二九，〇〇〇
丙	引水渠引水閘一座	五，七〇〇
	引水渠岸牆二千六百公尺及土工	七五，〇〇〇
	引水渠洩水閘一座	五，〇〇〇
丁	幹渠進水閘一座	五，〇〇〇
	幹渠土工三十一萬立方公尺	六二，〇〇〇
	方涵洞一座長四十公尺	二，八〇〇
	橋三座	三，四〇〇
	一公尺圓管涵洞二座	五〇〇

	渡槽一座長一百公尺	八，五〇〇
	用地一百八十畝	五，四〇〇
戊	自流渠土方十二萬立方公尺	一八，〇〇〇
	涵洞二座	一，〇〇〇
	橋四座	二，〇〇〇
	分水閘節制閘三座	一，五〇〇
	自流支渠二十一公里土方及堰門等	五，〇〇〇
	用地自流渠二百八十畝支渠二百八十畝	一六，八〇〇
己	抽水廠機件房屋	七〇，〇〇〇
	第一高水渠土方八萬方	一二，〇〇〇
	橋梁七座	三，五〇〇
	支渠土方及用地	四，〇〇〇
	高水渠用地二百五十畝	七，五〇〇

以上共估洋四十四萬九千六百元。但其中攔水堰及洩水閘二項，估洋十三萬六千元，以滹沱河低水流量至少可供十秒立方公尺計算，則此期工程所灌地畝，按流量比例，僅估十分之六，祗應攤派八萬一千六百元。其五萬四千四百元，應於將來由獲鹿縣灌溉地畝負擔。故實際北岸第一期工程費，應為洋三十九萬五千二百元，以十三萬二千二百畝分攤，合每畝洋二元九角五分另，較之第一次計費之每畝三元為廉，（實則照第一次計費因河道變遷之故，合每畝四元四角，說見後）。

五．施工程序

本計畫所列各項工程，因大部分均在陸地施工，不為汛水所限，如款項有着，則一氣呵成，同時灌溉，最為合算。但若稍感拮据，亦可分年辦理，即第一年先辦成自流渠，次年再辦高水渠。茲列第一年所需經費如左。

甲	堆石攔水堰	九二，〇〇〇元	
乙	洩水閘二座	四四，〇〇〇元	
丙	引水渠及閘	八五，七〇〇元	
丁	幹渠	六八，八〇〇元	暫以開至能供水至灌溉七萬畝為則渠道地價未列
戊	自流渠	二三，五〇〇元	同上

共計三十一萬四千元

前項工程，假定款項有着，於本年八月即可開始挖渠。大汛期過，築堰閘之一部（北岸），明年三月築南岸堰閘時，本須臨時以壩攔水，故即可灌溉。期以明年六月，全部完成。茲將每月工程及所需經費列後。

月份	工程	經費
二十二年八月	開掘幹渠及自流渠	二〇，〇〇〇元
九月	開掘幹渠自流渠引水工程開採石料	三五，〇〇〇元
十月	開掘幹渠自流渠建築堰閘岸牆	七五，〇〇〇元
十一月	完成渠道土工及岸牆閘門建築堰	九〇，〇〇〇元
十二月	完成支渠建築橋樑涵洞等建築堰	一七，〇〇〇元
二十三年一月	建築渡槽及橋梁等裝置閘門	一二，〇〇〇元
二月	寒天停工	
三月	建築攔水堰之又一部	一五，〇〇〇元
四月	建築攔水堰及南岸洩水閘	二〇，〇〇〇元
五月	同前	二〇，〇〇〇元
六月	全部完成	一〇，〇〇〇元

共計三十一萬四千元

以上所列各項估計，均未列工程行政經費在內，蓋假定行政經費，由政府機關之經常費內支出也。第一年放水之後，工程尚未完竣，其管理修繕之責，暫由駐工人員負之，亦不必另有開支，而灌溉之地，於年終還本，照前議每畝一元一角，水租每畝三角，共可得九萬八千元。其款應先還地畝費二萬二千二百元，所餘七萬五千八百元，即可以續辦第二年工程，政府只須另籌款六萬元，第一期工程可以完成矣。似此展轉相因，可以於四年內完成十立方公尺之灌溉區，即靈壽八萬七千畝，正定等縣四萬六千餘畝，獲鹿十萬畝，共計二十三萬三千餘畝。以每年每畝最少增加收穫量值價一元計，已得二十三萬餘元，除去開支，約須淨利二十萬元，等于二百萬元投資之利息矣。

六、結論

按初次計畫，以二十一萬元之建築費，灌七萬畝之地，合每畝三元。今以河道變遷之故，北岸引水須築引水管長一千二百公尺，其管之對徑約須二公尺八，即以每公尺七十元計，已須八萬四千元，其他如建造啓閉之塔，行人之橋，度非十萬元不辦，而第一次計畫時僅四千五百元，相差遠九萬數千元。故此七萬畝之地共須三十餘萬元，方能灌溉，合每畝四元四角，而以河道變遷之故，其取水地點，尚不能保其永遠有效，此廢棄原計畫之理由一也。

原計畫全以機器抽水，其水頭高至十一公尺，須具九百馬力之機器，方能運行。運行之費，約估爲每年五萬元，合每畝七角另。雖云每畝歲入增加，此費不爲甚鉅，然在還本之年，農民負擔甚重，當此農村凋敝之時，靈壽尤爲貧瘠，能否擔當，殊屬疑問。平山縣慰農渠，初定水租每畝二元，後減至一元四角，仍不能順利收足，遂至全部停頓，此已事可鑒也。故抽水灌溉，非萬不得已，不宜行之。今茲計畫，其大部分爲自流渠，所須僅修繕管理之費，而抽水部分減至四百馬力，爲前計畫九分之四，度每年開支不過三四萬元，以十三萬畝計之，合每畝三角。是農民之負擔，每年每畝可省四角餘。若將來獲鹿渠成，其所增養護之費可不及萬元，而灌溉二十三萬餘畝之地，每畝平均僅須二角之水租，農民易於輸納，即事功可以永存，此廢棄原計畫之理由二也。

或又以爲當此司農仰屋之時，宜先就輕而易舉者，先行試辦，不應過事擴展，致成空談。實又不然。蓋本計畫第一期工程，如分年辦理，則第一年所需經費，尚不及三十萬元，較之原計畫，因河道變遷所需者，尚可略廉，而灌溉面積，則同爲七萬畝也。若其餘之六萬三千餘畝，可以十三萬餘元辦成，增加面積十分之九，而所需經費之增加，不過十分之四強。兩利相權，則取其重。本計畫所擬之供水量，但以滹沱之低水流量，未經精密觀測，不得不慎重限制耳。若低水流量，能超過預期，正應盡量利用，而每畝所需經費，更可減少，較之原計畫之限於七萬畝者，便利多矣。此廢棄原計畫之理由三也。

獲鹿縣亦曾有引滹沱灌溉之議，其計畫係自黃壁莊夾岸築隄，導水至下黃壁東入幹渠。然南岸自黃壁莊至下黃壁，偪臨正流，黃壁莊一帶，岸多坍損，此夾岸之隄，長約三千五百公尺，建築既感困難，保護尤須周密，度非二十萬元不辦。今因築堰之故，水位增高，可以於黃壁莊之上，開幹渠引水，而僅攤堰閘之費五萬餘元，所省殆十四五萬元，既爲民衆謀福利，不得不兼籌並顧。此廢棄原計畫之理由四也。

總之，工程計畫，應以經濟爲立場，而所謂經濟者，必使建設成本與運用之費，同爲最低，方稱完善。設以年息一分計，原計畫每畝須費利息三角（實則現須四角三分），運行費七角一分，兩共一元另。本計畫所費爲年息二角九分餘，運行費三角，兩共五角九分餘。若獲鹿渠成，每畝平均建設費不過二元餘，年息二角餘，運行費二角，共祇四角餘而已。依照總理實業計畫所謂「必選最有利益之途」之原則，本計畫差爲近是。

依最經濟之原則言，所有水量，均應供自流渠灌溉。例如本計畫中，若捨棄高水渠部分，至少可節省七萬元之抽水廠建設費，及每年一萬數千元之燃料及機器等消耗，而可灌溉之面積，曾不少減。然以此事發動於靈壽縣，其需要灌溉，似較其鄰縣更爲迫切而熱心，政府視民如傷，急其所急，正總理實業計畫所爲「必應國民所最需要」，又不可一概而論矣。（完）

一九三三年美國工程界的回顧

(譯自Engineering News Record)
鄭兆珍 譯

復興年

以歷史的眼光觀察，一九三三年，實在是經濟及社會革命的時期。其勢力之大，絕不下於已往的暴力革命；而工程及建設方面，與經濟組織密切相關，所受的影響尤鉅。

近年來，世界各國，因經濟的組織及分配方法的失敗，各物生產過多，無法銷售。雖從商業及財政方面竭力設法補救，但無若何功效。政府努力的結果，除使情形更為惡化外，別無可述的成績。到了一九三三年，銀行界漸呈破產現象；經濟蕭條的情形，達于極点。人民于失望之餘，誠覺到舊領袖之無能為力，極渴望新的領袖出現，以挽回此經濟的危機。果然在新領袖指導之下，有許多的復興計畫表現出來。

一線曙光

在此嚴重時期，有幾件事情，其性質極為重要。第一，大家已經承認：人民的利益，乃一極關重要的共公問題，不容忽視。一切復興運動及復興條件，全是本此觀念而產生的。第二，一般人的意見，以為欲救濟失業及謀商業復興，捨從事于公共建設外，別無他法。根據此種觀念，幾年來提倡的公共建設運動，現已獲得極大的成功。建國的百年大計，亦因共公建設之進行，立了穩固的基礎。第三，從前工業界的無限制的澎漲與競爭，流弊甚大。自復興條律(Recovery Act)頒佈以後，對於此種競爭，加以干涉。俾使互相合作以免兩敗俱傷。此條律中，雖無改進工業與農業之切實步驟，然確能使經濟情形有規則的發展。較比從前賭博式的冒險方法，高明多多。這三件事全于一九三三年發生，足使一九三三年成為一個「復興年」。然此不過是問題的開端。結果如何，尚未可逆睹。

公共建設運動，已得一般人的擁護

與樂公共建設，以濟失業的計畫，二年前即有人提議。當時頗遭商業界，財政界及政治界的反對。後來經濟蕭條的情形，日甚一日。一般商人與財政界領袖，看到如仍用「傳統方法」應付，必有達到破產的一日。到最後，失業人民增加到一千五百萬，大家始確信非有特別的建設方法不足以救此危機。現在，公共建設計畫已為政府所採納，在進行上，雖尚不無阻礙，然足以表示一般人對此計畫，已經一致的擁護了。

在七月以前，政府招集二十五萬青年失業者，成立了一個半軍隊式的組織，到森林中作些護林工作。這是公共建設計畫實行的初步。七月間，政府規定出三十萬萬元，作為中央與地方建設之用。有公共性質的私人企業，則倣照一九三二年「臨時救濟與建設條律」(Emergency Relief and Construction Act)的辦法，可以得到借款。不過此條律與公共建設無關；其目的是救濟銀行界，並不是復興建設與救濟失業。結果是極大的失敗。

進行遲緩

公共建設運動與工業改革運動性質完全不同。（按前者是努力建設，使失業者得到工作。後者是對工業界的劇烈競爭，加以干涉，俾互相合作，以免犧牲。二者性質，完全不同。）而因立法上的關係，將這兩件事合併於一復興條律之中。結果，公共建設之進行，大受影響。大家全設法實現工業改革運動，公共建設，至夏季尚無人過問。全國中關于公共建設的機器，九月中旬尚未佈置就緒。直到十月，才有一兩地方開始工作。雖有鉅款籌出，但因工作的緩慢，失業問題仍未解決。差強人意的，還算是公路的建設。復興條律中規定四萬萬元以建公路，因進行的迅速和努力，許多人得到了工作，這總算是一点可述的成績。

大體上說來，公共建設運動之進行，尚為順利。由於首都與地方官員之才幹和努力，全部的經費已於年終籌齊。大概的說，有二百五十萬萬，是為中央建設之用，還有八十萬萬，借給各州，作為地方建設之用。但從救濟失業一方面看，可以說是完全的失敗。預計着在冬季以前，有二百萬人得到工作，但實際上得到工作的，只有二十五萬人。其中的二十萬人，還是建築公路的。

障礙重重

復興條律頒佈以後，因種種障礙，未能很快的實行。這些障礙，有的是屬於條律自身，有的是屬于其他方面的。按照條約的規定，地方政府必須向中央借款，以完成建設工作。這樣一來，直接的增加了地方政府的擔負，間接的增加了人民的擔負。人民的擔負已經夠重的了，對於此項新的要求，有時實難為力。「公共建設會（Public Works Administration）此會是由復興條律而產生的）的組織太複雜。各地方雖設有分會，有些事仍須直接請示總會。舟車往返，耗時殊甚。有時計畫已擬定，借款亦批准，而完成借款之種種手續，往往耗時數月。其麻煩可見一斑。關於工資和工作時間的規定，此會亦討論多時，未能解決。這也是公共建設未能積極進行的一個原因。

不特如此，該會對於公共建設之程序，毫無通盤的計畫。現已舉行的幾種工程，很少是預先設計過的。加以地方政府的工程機關，多半經費不足，對于各種工程，亦未能積極設計。在這些不利情形之下，此會竟能於年底將全部經費籌濟。這總算是不得了的成績了。

臨時建設會

事實上已經證明，在一九三四年春季以前，公共建設會對失業問題是無法解決的了。一般失業人民，感覺極度的恐慌。為救急起見，政府乃派中央救濟會（Federal Emergency Relief Administration）委員，由公共建設會中，提出五萬萬元，組織一臨時救濟會（Civil Works Administration）打算在今年二月十五日以前，使四百萬人得到工作。此會的目標是專從事於地方上的些小工作。一切大的工作必須由包工方法完成者，概不過問。

此會先由失業名單中叫來二百萬人，又由中央職業介紹所中叫來二百萬人。在五星期以內，他們完全正式工作起來。從救濟失業上說，此會可以說是成功。想國會於二月十五日以後，仍當使其存在。（按此文發表於二月八日以前，故云。）

此會所規定的工資，較普通數目為高。足使一般工人起一種不安現象。會中雖聲明不從事於大規模的建設，但未能切實遵守。成立以後，作成了一個公共圖書館，兩個學校，一個水庫，全是由工程師與建築家用包工的方法完成的；可見與當初的宣言，不無抵觸之處。

◎工業界的自治◎

在此經濟蕭條的時期，工業界均縮小範圍，減低工資。同業間亦彼此傾軋，以圖僥倖生存於一時。此種現象，實爲危險之至。最初，復興條律中之工業改革計劃，曾對此問題有具體的干涉。「索浦計劃」(Swope plan) 及他種擬議中，均認爲工業界有合作的必要。公共建設條律(Public Works Act) 的末尾有一條附款，規定每一個工業團體，必須擬訂一種公平競爭的規章以資遵守。在此規章中，必須規定出最高的工作時間與最低的工資；並須同意與工人合作。

但草擬規章，不是一朝一夕的事。同業間亦不能立刻就同意遵守。在各種規章擬出以前，政府擬具了一種備編協定(Presidental Re-Employment Agreement)內容完全是關於增薪與限制工作時間的問題，全國工業界均須簽字遵守。簽字以後，可以得一藍鷹徽章，表示對于復興運動，具有愛國的熱忱。

各同業間開始草擬規章了。此事在歷史上實是創舉，毫無前例可以模仿；其困難之情形，可以想見。當時關於規章的種種討論，曾盛極一時。如工資的規定，價格之標準，自由澎漲之限制，出品之分配等問題，全是討論的焦点。

現在，已有五分之四的工業團體，在規章的管理下，互相合作了。結果是有數百萬人得到工作。(經濟情形，漸有起色，也是一個原因。不能全歸功于規章) 物價亦高漲多多。將來此規章如何修改與執行，尚是有待研究的複雜問題。

◎建設基礎漸臻穩固◎

規章制度，有裨於工業的發展，既如上述。今年一月三十一日，中央又通過了普遍的建設規章 (Construction Code) 從此工業界的基礎，將更見穩固。此規章大體已經決定；尚待解決的，只是些執行的方法而已。

遠在去年六月十六日以前，就有幾個工業團體，開始草擬規章。建設會 (Construction League) 亦曾幫助他們作這件事。後來國家復興會（Natinal Recovery Administration）打算把這些小規章歸併到一種條文之中，責成建設會負責辦理。結果是把所有性質普遍的條欵列爲第一章。以下各章，再就各種工業的特別情形，規定辦法。這種條文，就是建設規章。

草此規章時，最棘手的問題，就是工人問題。工人的來源，極爲複雜。甚至有些好的工人是資本家由田間及其他工業界覓來的。背景不同，興趣各異，把這些複雜情形歸納于一種條文中，稍一不愼，即遭傭者與被傭者雙方之反對。反復規畫，極費苦心。此規章對於傭者與被傭者的關係，規定得非常詳盡。足使雙方合作，以收同舟共濟之效。

這規章的範圍極廣。大至大石壩（Boulder Dam）小至一所住宅，無不包含在內。把所有的建設事業包括於一規章之中，其中的困難情形，自是讀者所能想像的。

大衆的規章

建設規章頒佈以後，建設事業一定能日趨繁榮，是無問題的。本來工業界很早就有合作的必要，但事實上因爲彼此間的隔絕與孤立。以致同業間充滿了嫉妬與仇視。這種現象，對於工人，包工者，和大衆的影響，全是極壞的。

此規章實行以後，工業界可以很快的解決其勞工問題；可以掃除以前認爲不可避免的障礙；並可一步一步的走入光明之路。

這規章對於大衆負有重大的使命。建設事業是極普遍的生財大道。牠可使暫時的盈餘變成永久的財富。我們每月薪金的盈餘，最後總是投資于建設事業，以圖生利。而此項財產之安全與否，全看建設事業辦理的好壞而定。此規章如能很順利的執行，直接的使建設事業增進效率，間接的使我們的財產得到了保障。由此以觀，此規章對于大衆，關係非常之大，稱之爲大衆的規章亦無不可。

執行規章的人，應以大衆的利益爲前提，而規章是否成功，亦以大衆受利的程度爲判。

計畫一個較好的國家

一般人的注意力，現在全集中于物質，經濟及社會的改進，這種現象，在歷史上實是頭一次。全國富源的開採，一向是在無計劃中盲目的進行，現在政府對此，亦將有通盤的籌劃。復興條律中，設立一「國家設計部」(National Planning Board) 有許多蘊藏最富的地方，政府已派人前往調查和規劃。各州亦多組織設計部，對於本地的礦產，工業，農事，人口，加以詳細的調查。這種新的趨向，頗足注意。如根據這些調查和研究的結果，擬具出一個建國大計；則將來國家的前途，必能蒸蒸日上。這全看一般設計者的努力如何了。

坦尼西山谷計畫

在上節已經談到，現在社會上的一般人，竭力想計劃出一個較好的國家。在此高潮中，最顯著的大組織，就是坦尼西山谷建設會 (Tannessee Valley Authority)。在大戰期間，此間的模蘇灘 (Muscle Shoal) 地方，曾立一電廠，後因無人主持漸至廢弛。此地土壤肥朕，森林甚多。未曾開採的富源，很有幾處；最適于作一個工業及經濟計劃的試驗區。有這許多優点，政府才組織這個建設會。

此會之最大目的是開發動力和製造肥料。他如經濟，航運，農業等問題亦從事探討和設計。在原則上，此會是經濟獨立的。一切的努力，皆本此原則進行。現在積極興築的，有克復 (Cove Greek) 的克林河垻，(Clinch River Dam) 坦尼西河的回勒垻，(Wheeler Dam)及從模蘇灘到奥斯維爾 (Knoxville) 的電線。有許多地方，已與此會訂立了供給電流的合同。本地的同業，亦與此會有生意上分配的規定，關于農業的改進和地方工業的發展，本會亦有大規模的研究與設計。

似此規模宏大的經濟組織，在美國尚是創舉。在年來的許多建設成績中，此會可算是皎皎的了。

房屋與住宅

關于房屋問題，一般輿論，主張建築一種經濟的住宅，以備一般失業者和清寒人租用。此種意見，一時雖甚囂塵上；但實際的進行，在大體上看來，當是微乎其微。

雖然，政府定有實行此計劃之決心。有許多州訂立一種房屋法 (Housing Laws)，對于有限股利公司 (Limited Dividend Corporation 此種公司股利有限，權取較輕)特別加以襄助。還有許多州籌設立「都市房屋公司」以建經濟住宅，其經費百分之三十可由公共建設會（P. W. A.）補助。如歐亥歐，紐吉斯與米其幹各州均採用此方法。

就實際的工作講：誠慎保險公司（Prudential Life Insurance Co.）在紐華(Newark, N. J.) 建築了一片五層至六層的經濟大樓，可容住宅三百七十四戶。迪克麥爾公司（Dick-Meyer Corp.）在木邊（Woodside, Queens, N. Y.)用公共建設會（P. W. A.）的借款五百萬元建築許住宅。弗瀾士（Fred F. French）用救濟會（R. F. C.）的借款八百萬元，在紐約東邊建設了一個村。猶里城(Euclid Ohio) 以公共建設會的借款一百萬元轉借與各地主，以為建築住宅之用。

此外公共建設會提出二千五百萬元所建的住宅，已于去年秋天出現了。有七種關于建築大規模住宅的計畫，亦已照准。

建築事業 在一九三三年經濟蕭條情形之下，只有政府機關才可以談到建築。四月以後，因工業界漸形活躍，建築事業亦漸有起色。至於商業界，如大商店，大旅館的建築，年來尚未有新的出現。

在滿哈坦(Manhattan)以西紐約中央鐵路New York Central Railway)的高軌已經改良，聖路易地方總車站的地下鐵路亦有所改革；此兩件工程，對於建築界增加了不少的生意。在工業建築中，最可稱道的是仲納(Schnectadg N. Y.) 地方的電廠。此建築完全以電銲方法作成。尤可注意的，是電銲的房架，每個房架所受的重量，在一百萬磅以上。

最可注意的商業建築，是新新那提（Cincinnati）的「時星報館」(Times-Star)。不過此建築亦有一点工業的性質。紐約羅氏廣場（Rockefeller Center）新建了兩所六層大樓。在舊金山有一個新醫院出現，完全以電銲方法作成，在此地向是稀見。

三月間洛山磯(Long Beach, Los Angeles) 發生了強烈的地震。住宅，商店及學校等多為所毀。加里弗尼亞州因此重新訂立建築法，特別注意房屋抵抗地震的能力。洛山磯亦本此目標，修改其建築法。

（待續）

會務報告

第十二次執委會議

時　間　二月二十三日下午六時半

地　點　紐約宴廳

出席委員　張蘭格　雲成麟　李吟秋　高鏡瑩　李書田　王華棠　劉家駿　宋瑞瑩　呂金藻

主席　呂金藻

一、開會

二、決議事項

(一)審定本會徽章式樣，從速製做。

(二)審查新會員資格。通過胡源深爲會員，左席豐爲學生會員。

(三)諸委員協助會計主任各就近向會員催繳會費，俾利會務進行。

(四)徵文一案，即照李委員吟秋所擬辦法進行。

(五)所有初級會員仲會員應升級者，統由會務主任彙案提交下次會議辦理。

三、散會

第十三次執委會議

時　間　三月二十二日下午六時半

地　點　法租界紐約宴廳

出席委員　呂金藻　李吟秋　高鏡瑩　王華棠　張錫周　雲成麟　李書田　張潤田

主　席　呂金藻

一、報告事項

(一)報告會員孫桂元聲請退會案。

二、設論事項

(一)徵文簡章脩正通過。

(二)審查新會員資格。通過劉擢魁為會員，顧敏孫王善鄭兆珍石志廣為初級委員，孫松年為學生會員。

（三）徵求會員案，通告本會會員仲會員于第二次年會以前每人應至少介紹新會員一人。
（四）本會徽章業已製妥，每枚價洋三角，仍按原價售于本會同人。
（五）徵文獎金，應向本會名譽會員募捐之，由各執委分頭進行。
三、散會。

第十四次執委會議

時　間　四月廿四日下午七時
地　點　特一區吉林路七號
出席委員　李吟秋　張錫周　李書田　雲成麟　王華棠　張蘭格　宋瑞瑩　呂金藻　高鏡瑩　張潤田
主　席　呂金藻
一、報告事項
（一）報告前登報代某機關徵聘土木工程人員一名，應徵者七人，結果均未中選，業已分別函復。
（二）報告徵文函共發出二十七件。
二、討論事項

（一）審查新會員資格。通過張金鑅陳哲爲會員，閻樹楠孫相霑爲初級會員。

（二）依本會簡章第八第九第十四條之規定，仲會員張松齡劉興亞張朝璐張仲平李仲模胡懋庠朱端瑩王華棠王臣榮王宗魁十人應升爲會員。初級會員劉杰然李至廣安茂華董貽安張度張季春劉承彥霍佩英八人，應升爲仲會員。

（三）本會代華北水利委員會登報徵聘技術人員，已屆截止之期，計應徵者共十六人，經審查結果，李尙彬胡錫讓單壽臨劉鴻賓王鑄九劉書元周昱七人，資歷尙佳，應轉送華北水委會。其餘九人，則以學歷不合，應將証明文件等分別退還。

三、散會。

調查

河北省安次縣天產品調查表

品名	產額	每一單位價值	近三年產額比較 增減	備考
玉蜀黍	三一三九〇〇石	三元六角	無	以石為單位每石重一百五十斤
高粱	二六一三〇〇石	三元五角	無	以石為單位每石重一百四十斤
穀類	二七四八五〇石	三元二角	無	仝前
豆類	三八一二一〇石	三元九角	無	以石為單位每石重一百五十六斤
小麥	一六九五〇石	七元	漸減	仝前
麥花子	七〇九二〇〇斤	三元	增	以百斤為單位
西瓜子	七三五二斤	兆元	減	以石為單位每石重一百斤

棉花	三八六四〇〇斤	十三元	無		籽棉以百斤爲單位
紅薯	二二三六〇〇斤	一元	無		以百斤爲單位
楊木	一五〇〇	二元	無		以料爲單位每方料八十寸圓料一百寸
柳木	一七〇〇	二元	無		仝前
榆木	六五〇	四元	無		仝前
牛	一一三四頭	六十元		減	以一頭爲單位
馬	五二〇匹	七十元		減	以一匹爲單位
騾	六四一匹	一百一十元		減	仝前
驢	四五五匹	四十元		減	仝前
豬	九八六五口	十元		漸減	以一口爲單位
羊	二三四六隻	六元		減	以一隻爲單位

河北省安次縣牲畜產品調查表

產品種類	產額數量	價值	輸出數量	銷場	用途
牛皮	九八張	一九五〇元	九八張	天津	雜項用品
豬鬃	三〇〇斤	八五〇元	三〇〇斤	天津	作刷子
鷄卵	五三七〇〇〇〇個	六一〇〇〇〇元	二二五〇〇〇〇個	天津	食料工業用品
羊皮	一八六〇張	二一〇〇〇元	無		作皮衣

豬羊腸	二一三六〇條	四六七二元	二三三六〇條	天津食料
總計		七〇五七二元		

河北省安次縣工業產品調查表

廠名	貨品	商標牌號	年產量	廠址
無	柳器	無	九千六百件	以夾平西儲等村爲大部產地
無	木梳	無	一千五百套	以舊州大小東景村爲大部產地
無	草帽辮	無	六百斤	以東儲劉各莊等村爲大部產地
三聚永、食源、聚盛魁、聚盛、天慶、公興、裕興昌、	白酒	無	七十八萬斤	城內、落垡、廊坊、萬莊、楊稅務
無	土布	無	四百疋	僅馬子莊郭家莊等三四村莊有之
無	洋襪	無	六百打	朱官屯縣城內偶有織者

說明　本縣各種工業出品除白酒一種有廠名外其餘各種係多家庭工業於農間時始有出品均無特定廠名

河北省安次園圃產物調查表

產物類別	園地面積	產額		備考
		數量	價值	
蔬菜類	七六〇〇畝	三八五〇〇〇〇斤	三八五〇〇元	

梨	一三〇畝	三八七〇〇斤	三四五〇元
核桃	無		
紅棗	一二〇畝	二七〇石	八九四元
桃	三四八〇畝	一六七八〇石	一三九〇元
杏	二七五〇畝	一三三一〇斤	八七〇元
紅果	一五八〇畝	三七二〇斤	七四〇元
桑	無		
茶	無		
總計	一五六六〇		四五八四四

專載

全國經濟委員會本年度事業計劃與經費支配

全國經濟委員會自改組成立以來，對各事業之進行計劃，原應從速擬訂，以爲今後設施之依據，惟經濟建設，經緯萬端，勢非以深密之討論，不足以臻完善，故具體計劃，迄未草擬完成，茲以目前急切需要事項，亟待進行，自不得不先爲擬具短期計劃，資爲着手實施之依據，業擬就二十三年份事業進行計劃，及經費之支配，原文茲探得如次。

○……公路建設……○

吾國幅員廣大，交通困難，鐵路水道，均未能暢達全國公路之建築，實屬刻不，容緩，數年以來，各省建築公路，頗著成績，自本會籌備築路基金加以督促趕造後，所成公路長度，更爲激增，本會對於公路之路線計劃，力求與鐵路水道互相聯絡，使形成交通上之整個系統，並注意於客運貨運之便利經濟，兼顧及國防之需要，其關於公路之調查及研究等事項，亦經酌量舉辦，本年內所需經費，除撥助地質調查所辦理汽水燃料研究費用已予別列外，共約六百八十萬元，茲將擬辦各項事業及所需經費，分述於左，一，繼續建築七省聯絡公路一千餘公里，已告完成，七省聯絡公路系統，共長二萬三千餘公里，其前已築成及經本會督造完成，可以通車者，約共一萬公里，尚餘一萬二千餘公里，須待繼續興築，茲擬於民國二十三年內，繼續築造重要路綫四千七百餘公里，約需建築費一千三百六十八萬餘元，其中擬由本會撥借築路基金四百五十五萬元，二，展築其他各省聯絡公路，本會鑒於七省聯絡公路已進展至相當程度，目前似應將聯絡公路系統，擴大至其他各省，茲擬於民國二十三年內，建築此項公路六百九十餘公里，建築費約需一百四十七萬餘元，其中應由本會撥借者計七十萬元，三，興築西北公路，查興築陝甘主要公路，爲開發西北之要圖，本會於民國二十二年，曾撥款交由華洋義賑救災總會，充作改善西安蘭州線各段工程之用，惟全路亟需改良之處尙多，茲擬於本年由本會主持，將該路繼續改善完竣，此外並擬建築蘭州肅州綫之蘭州至古浪一段，及西安漢中綫，共計建築及改善之路綫，長一千四百三十公里，約需建築費八十萬元，並擬於建築費中酌撥數千元，以充籌辦西北公路工務人員養成所經費，惟西北各省富源未開，籌款匪易，此項建築費，擬由本會負担，四，提倡公路運輸事業，近年來各省所築公路，不論曾由本會撥借基金與否，其於運輸事業，均未能盡量發展，茲以西北方面，西安蘭州公路已由本會計劃修築，可以計日成功，擬於本年內即就該路籌辦汽車運輸事業，並擬先行籌設車務人員養成所一處，造就車務機務警務等人才，估計車輛車站修理廠停車廠汽油站電話設備，及養成所等各項費用約需五十萬元，五，公路調查研究及管理費，1.，本會爲計劃公路系統之根據，及研究築路與養路方法之改善起見，經舉辦各項有關公路之調查研究，茲擬繼續辦理築路與養路方法，築路材料及土壤，公路工人狀況等各項調查與研究，並擬建築關於研究土路之試驗路一段，本年內約共需費一萬五千元，2.，茲爲研究公路車輛起見，擬於本年內試造騾車及改良舊式車輛，約需費四千元，並擬與其他團體合作利用原有機械設備略事增置試造載貨載客兩用汽車，約需費三萬元，如有成效，將來再設專廠製造，本年內約共需費三萬四千元，3.，關於刊印上列各項研究報告，繪印全國與各省公路路綫圖等，約需費五千元，又本會公路處圖書室，擬於本年內添購圖書刊物等，約需費二千元，以上共需費七千元，4.，關於公路管理及督察費用，除鄂贛兩省原設公路督察處，仍予繼續外，其他各省，擬分別設置督察工程司，本年共需管理及督察費十八萬四千元，又第七屆國際道路會議將於今年九月在德國舉行，本會屆時擬派員出席，以資聯絡，所需川旅費及編印報告費約計一萬元，兩共十九萬四千元。

救濟棉業

查棉之爲用甚廣，平日可供衣服原料之用，戰時可供製藥衛生之需，實爲民生國防所不可缺之物，吾國宜棉區域本極廣大，乃比年以來，國產棉額，供不應求，品質日又漸趨低劣，以致每年輸入外棉，爲數達三萬萬元之鉅，至若紗廠布廠，外商所經營者，悉皆機器精良，成本低廉，而國人自設者，則各機器陳舊，管理乏術，以致負債纍纍，不可終日，設不從速設法救濟，將使吾國棉業及紡織業，日益陷入不可收拾之危境，是以本會特設棉業統制委員會，爲之力謀改良與發展，其在本年份擬辦之事業，預計共需經費一百萬元，茲將擬辦各項所需經費分述於左，一，改良推廣植棉事業，此項計劃，在使棉花之生產增加，與品質改良，務期均能應紡織界之需求，其進行方法，約爲下列數項，（一）設棉產改進事宜，二）於產棉較多之省（如陝西江蘇河北河南山東與各該省建設廳合作設棉產改進分所主持各該省棉產改進事宜），（三），設棉產改進指導所於湖南，浙江，安徽，山西，湖北，江西等省由總所主持，派員指導該省棉產改進事宜，（四），與中央大學及金陵大學合作，開辦植棉專科及棉業合作專科，造就植棉及棉業合作人才，（五）（其他關於棉產改進事宜），二，改進棉紡織染技術事業費二七零，零零零元，改進棉紡織染技術，及爲謀棉業製造趨於合理化之必要工作，此項工作，擬先從下列數項着手，1，充實南通學院紡織科紡織染儀器設備，2，充實河北天津工業學校紡織染儀器設備，3，充實江蘇省之蘇州工業學校棉紡織染儀器設備，4，其他關於棉紡織染技術改進事項，三，調查棉紡織染製造及運銷事業費五零，零零零元，派遣專家，率領調查員，分赴重要省分，調查棉紡織染造及運銷狀況，爲改進紡織染業之參考，四，管理費一八零，零零零元。

蠶絲事業

我國蠶絲事業，向著盛名，爲對外貿易之大宗輸出品，乃年來海外市場一落千丈，國內銷路，亦復異常疲敝，推厥原因，實由於蠶業故步自封，缺乏科學方法，使蠶繭不良，絲質低劣，有以致之，亟應從速設法救濟，是以本會特設蠶絲改良委員會，使採用科學方法，爲全國蠶絲事業之改進，改進之策，當於栽桑，選種，育蠶，收繭，製絲五者同時着手進行，惟茲事紛繁，自不能不分別緩急擇要辦理，以期逐漸推進，所需經費，本年內擬列為七十五萬元，茲將擬辦事業，及所需經費，分述於左，一，栽桑二五●零零零元，為飼育多量絲品種及減輕栽桑成本起見，擬就桑苗之繁殖改良，盡量推廣，並發給優良桑苗，補助農民栽桑，或再設立模範桑園，以作栽培方法之示範，二，製種，二零零●零零零元，我國土種，本極虛弱，繅折之劣，恒在五六百斤，即改良種之優者，亦在四五百斤，欲救斯弊，非積極提倡製造素質強健多絲量之品種，輔以良好之飼育法不為功，而達到此目的，又非有充分設備之製種場，不能勝任，故擬先設江浙集團場兩處，以作將來擴廣製種場之基礎，三，設置新式烘繭機，八零，零零零元，我國土灶烘繭，於繭之品質，損失殊大，擬即提倡新式烘機，並充實其設備，以資改進，四，種蠶指導費，一零零，零零零元，蠶戶俾有優良蠶種，而無良好之飼育法，亦難有良好效果，故擬先就模範區及改良區，實行育種指導，俾催青飼育上簇等，得有合理方法，並藉以促進蠶戶之合作精神，五，獎勵合理新絲廠及設立聯合絲廠，一三零，零零零元，自多緒繅車發明以來，絲之品質進步殊多，繅絲工人較簡單為易，高級生絲，市價可增昂不少，有良好之原料，自應採用良好之機械，惟在此絲市衰敗之際，須用獎勵方法，在內地設立合理新絲廠，利用其便利之原料，及低廉之工價，則收效較易，又為改造絲廠之準備起見，擬先調查原有絲廠之設備及內容，再根據調查原有絲廠之設備及內容，再根據調查結果，就內地可能改良絲廠，由政府提倡組織聯合絲廠，改造內部機械，統一管理共同買賣以收合作之效，六，訓練人才，七五，零零零元，現在各地頗有育蠶之訓練經驗學識而能負普通指導責任之人才，甚形缺乏，故擬即設指導人員養成所，訓練短期實用人才，同時舉辦蠶絲高級人才養成所，以養成改良蠶絲業之幹部人才，七，獎勵農人栽桑育蠶，一零，零零零元，凡農民新植桑園或育蠶，成績優異者，擬均予以獎勵以資激勵，八，管理費專家經費及預備費，一三零，零零零元●

江西建設

比年以來，共匪猖獗，江西一省，受害尤烈，幸經國軍痛勦所有匪區，行將完全收復，今後應如何整理及建設，以救劫後遺黎，而椎地方隱患，實爲目前急迫而且嚴重之問題，故本會擬設江西辦事處，使依照本會對該省經濟建設計劃，就近切實進行，國聯專家於上年十一二月間，前往該省詳細視察，返會後曾有建議意見多項，大抵均甚切要，除關於田租田賦姑置不論外，其他各項，即擬分別着手施行，預計共需經費約一百九十萬元，茲將擬辦各項事業，及所需經費，分述於左，一，合作事業，五零零，零零零元，因農民需要利率適當之農業放款，江西全境，已有信用合作社三百所，此項合作社，在江西農村合作委員會及華洋義振會江西分會兩個總機關指導之下，分途發展，兩個總機關在同一地址辦公，職員則各自設置，其工作不免有重複相同之處，合作社社員，約一萬人，大部份皆爲信用合作社社員，至於農具之購買合作，農產物之銷售合作，對於農民極有利益，故國聯專家意見，合作社社員數及其工作範圍，皆應增加及擴大，應改設一總辦事機關，爲農民準備款項，農具倉庫，則對於農民必更有利，是以國聯專家建議，(一)將兩個總機關合併爲一，提高準備款項農具倉庫等之效能，本年度預算定爲十萬元，(二)推廣現到信用合作社，需款二十萬元，(三)新設購買及銷售合作社，需款二十萬元，二，全省社會改良事業總機關，五六零，零零零元，目下江西社會上，須待改革各端，其範圍至廣，其種類亦多，如普通教育，專門教育，農業教育，衛生事業等皆是此等事業，在江西境內，雖亦有若干組織，但或屬於政府，或屬於教育，或有私人供給經費，彼此既不相聯絡，其工作之分配，又甚紊亂無序，學校醫院，對於遠離城市之農民，雖亦有微細之幫助，但均不甚完備，其所用經費，亦恆不免虛糜，故國聯專家之意見，關於農村教育及衛生事業，應有集中之機關，統籌辦理，建議在南昌設一全省社會改良事業總機關，其經費擬定爲五十六萬元，其工作分爲三項，1，民衆教育，將南昌九江兩處鄉村師範學校，聯合辦理，用爲民衆教育之基礎，2，農業，應將現有各農業機關聯合或歸併，使能確爲農民圖謀利益，3，衛生，包括衛生審查及改良現有診療處所，並設立一江西全省模範醫院，三，十個鄉村工作機關三○五零，零零零元，擬於南昌附近，分置十個鄉村區城，各設鄉村工作機關，負改良農村之責，此種設施，最爲重要，全省社會改良事業如教育，農業，合作，衛生等，應悉由此種鄉村工作機關，負責逐漸進行，四，救濟災民及失業者，三零零，零零零元，應建造平民住宅，及辦理衛生設施事宜，並於十個鄉村區內，多建農民住宅，俾得安居樂業，五，管理費及預備費一九零，零零零元。

西北建設

陝甘綏遠等省，僻在西北，人烟稀少，而寶藏極豐為我國天然之富源，其有待開發經營者，種類至夥，自應亟將有待開發之根本大計，先為籌定，是以本會本年對於西北方面經濟建設之計劃，擬將灌溉，築路，畜牧，獸疫防治，農村合作事業等，分別進行，除築路一項列入公路方面外，預計共需經費約二百五十萬元，茲將擬辦各項事業及所需經費分述如左，

一，灌溉事業，查西北各地，常因乾旱成災，欲謀補救，當首先舉辦灌溉工程，茲先就已進行或已有計劃者，分別實施，如陝西之涇惠渠，綏遠之民生渠，均有一部份工程告竣，現因無款接濟，暫時停頓，陝西引洛工程，亦已定有計劃，正在待款興辦，今擬以一百三十萬元，作為完成以上三項灌溉工程之用，二，畜牧，四零零，零零零元，西北邊陲諸省地沃人稀，水草豐茂，從事畜牧，為當地人民重要生產事業，惜民俗樸魯，未能採用科學方法，以謀改進，事業遂多落後，茲為繁榮西北經濟計，擬利用牧地，發展畜牧，派人赴西北各省，調查畜牧狀況，擇適當畜牧地點設立西設立西北牲畜改良總場視總場，進行之程度及情勢之需。要逐漸設立若干畜牧改良分場。設立製革及毛織改良工場。並舉辦西北牲畜防疫事業。約需經費如上數，三，獸疫防治及衛生事業，三零零，零零零元，畜牧為西北各省重要生產事業，既如上述，故獸疫防止亦關重要，亟應研究實施，其他衛生事業，如設置實驗區，試驗室，辦理醫療救濟等，亦擬分別舉辦，統計各項費用，至少需款三十萬元，四，農村合作事業，四零零，零零零元，茲為採用合作方法，改良西北農業起見，擬以四十萬元作該項用途，五，管理費及預備費，一零零零零，零元。

改良茶葉

吾國茶葉貿易，向執世界牛耳，近來印度錫蘭，爪哇，日本，台灣，等處所產茶葉，競銷日烈，華茶輸出銳減，而尤以紅茶為甚，亟應力謀改進，以資挽救，本會擬先就安徽祁門紅茶試驗場，

酌予補助經費，俾添置必要設備，增聘專門人才，以樹研究紅茶製造之中心，並予茶葉以技術上之指導，同時調查國外茶葉產銷情形，備作推銷國外之參考，關於綠茶方面，擬在浙江餘姚設立綠茶試驗塲，研究及指導綠茶之製造，所需經費，約如上數。

燃料研究

查公路運輸及飛機航行，均有賴於石油之供給，惟開發石油礦區，既需鉅大資本，又非倉卒可辦，是以石油以外，汽車飛機燃料之製造研究，實爲吾國目前要圖，茲擬與北平地質調查所合作辦理是項研究事宜，研究之範圍，計分二項，一，汽車液體燃料之製造法，如煤或柏油之加氫，及油質岩之蒸餾等，計須設備材料試驗費及籌設煤毒廠等，約計六萬元，二，內燃引擎構造與各種燃料之關係，計須設備材料試驗費用，約計四萬元。

經濟調查

查經濟調查及研究，於發展國民經濟，所關至鉅，實爲建設事業之基本工作，本會爲經費所限，對於是項工作，一時勢難逐一辦理，然如新成立之審議委員會，審議各專門事項，認有施行試驗調查或研究之必要，提經常務委員會議核定者，自須分別辦理，又如最近中央交辦之研究土地問題，經濟調查問題，均須着手進行，以及其他急切需要之各項經濟調查及研究，亦須酌量舉辦，故於本計劃內，暫將此項所需經費，列爲二十萬元，十，普通管理費及專家經費七五零，零零零元，本會事業費除上列各項外，尚有普通管理費及專家經費兩項亦屬必須，茲將應需約數分列如左，一，普通管理費三三零，零零零元，本會各部分辦理各項事業，應需管理費用，原屬事業費性質，故多數均擬於事業費用下列支，惟各部分僅從事於調查研究審核，而規定事業使用者，其經常費用，自不能不另列普通管理費，二，專家經費四二零，零零零元，此項經費，係就現在聘用之外國專家所需各項用費，斟酌擬定，計補助國聯派遣專家費，本年約需十萬元，各項外國專家川資薪金翻譯等費，平均每月二萬二千元，全年共約二十六萬元，另加沙爾德薪金旅費六萬元，合計如上。

（完）

河北省農田水利委員會研究開發自流井事業

案查本會前於二十三年二月二十四日下午三時，假行政院駐平政務整理委員會會議廳舉行第一次全體會議時，曹田及張委員伯苓先後提及在太行山脈以東開發自流井，以供農田水利之需用，并經出席委員討論，先行調查研究設計後，提出常務會議，核議施行。

嗣本會於三月二十二日下午三時，在河北省政府大禮堂舉行第一次常務會議。經張委員伯苓復提及調查研究開發自流井問題。曹田當即担任向實業部地質調查所諮詢可以開發自流井之地帶爲何處，并調查開鑿費用。

因該所翁所長文灝仍在杭養傷，遂於四月二日函詢代理所長謝君家榮。原函略謂：「數月前關於利用自流井灌溉農田事，曾與詠霓先生有所商討。當時擬轉請由河北省農田水利基金項下撥欵辦理，并擬編具費用預算，以便向當局接洽。惟必先知可以開發自流井灌田之地方與其地質及應鑿深度，然後草擬預算，方有依據。用特函請即將太行山以東開鑿自流井之相當地方見示。」

嗣准四月四日復函略稱：「關於開發自流井以供各方面之應用事，敝所向極注意。今承台端以太行山以東開鑿自流井之地点見詢，自當遵辦，以副合作之意。查太行山以東可分爲沿山及平原二大區域。沿山區域之自流井，與山坡地質息息相關。就已得材料觀之，關於開井地点，已能約畧指示。如有不足，尚可隨時派員專任調查。至於平原區域，範圍甚廣，其自流井之深淺流量，純與地形及附近水系有關，故非詳究地形地文不爲功。即貴會（指華北水利委員會）有一萬分一之河北省平地區域詳圖，其上詳載水井之位置，及潛水面之高下變遷。如能將此項圖蓋印一份見賜，由敝所委專員詳細研究，則當與考查平地區內之自流井問題，有莫大之助益也。不知尊見以爲何如？』

查華北水利委員會一萬分一之河北省平原地形圖，祇晚近數年所測繪之部分，載有水井之位置及潛水面之高下。惟一萬分一之地形圖，因比例尺稍大，張幅過多，參攷研究，似有未便，現已囑託華北水利委員會測繪課，將一萬分一圖中所載水井位置及潛水面高下，轉繪於五萬分一圖中，備送地質調查所，詳加研究，以爲考查平地區內自流井問題之助益。

至於開鑿費用一節，先於二十二年十一月下旬，函詢翁文灝先生。嗣接該月二十八日復函稱：『關於試鑿自流井灌田事，地質方面，敝所極願勉力研究，惟對於鑿井費用，未有經驗。聞有鑿井公司，對於此事，頗有經驗。聞天津有法國鑿井公司，對此早有計劃，擬先行探詢；尊處如有機會，亦盼就近一爲調查如何？』

當以天津英商東方鐵廠特具鑿井經驗，翁先生所稱法國鑿井公司，或即東方鐵廠之誤。遂向東方鐵廠查問，並詢得該廠所鑿滙豐銀行天津沽泊公司上海江南紙廠天津法租界電燈廠等處深井資料。惟與擬在沿太行山脈以東開鑿自流井之地址情形不同，姑不贅述。查自流井開鑿費用，與鑿井地址之地質頗有關係，在未選定地址及明悉地層情形及應開鑿深度以前，未易逆料應需費用也。

自流井有因地層中水壓力充分，而自流昇出地面以上者，亦有因地層中水壓力欠充分，而自流上昇若干後，再用抽水機汲水上昇以達於地面以上者。上述東方鐵廠所鑿各井，皆屬於第二類，書田所建議於本會而希望開發之自流井，則屬於第一類。第一類之自流井，開鑿以後，幾無經常用費；第二類之自流井，開鑿以後，尚需經常抽水費用。在需要灌溉區域，而且無河水堪引以灌溉，凡地層允許開鑿第一類之自流井處，皆當指示人民，設法開鑿以溥農利，而增生產。況幾無經常用費，尤爲農民所樂從。本省全年雨量稀少，而全年四分之三之雨量，復往往降於七月八月九月全年四分之一之時期中。五六兩月，需水至殷，降雨特少，補救之道，惟有灌溉。但假若全省大興灌溉，當五六月之時，各河水量，尚虞不足，而各河航運，此時亦需相當之吃水量，尤未便任河水之盡用以灌田也。

故在河北言灌溉，引用河水之外，尙應顧及利用地下水也。凡宜於開鑿自流井之處，因可避免經常用費之担負，尤宜先行由本會提倡開發，以示範於人民，而資倣辦。

吾國北部各己開之自流井，多用以供給飲料及工業用水，尙鮮用以灌溉農田者，是猶待本會之積極提倡也。考之歐洲北部各國，亦多用自流井以供給飲啜；美國西部及東部沿大西洋諸洲，則漸有用以灌溉者。至於南美之秘魯智利兩國，自喀老迄瓦爾帕瑞叟(Callao to Valparaiso)一帶，則恒賴以爲城市飲水，及田野灌溉之源也。他若希臘，意大利，西班牙，埃及，南非，以及澳大利亞洲等地乾旱之區，其鑿井事業，均極發達。蓋天時雨暘不足恃，不得不盡人事，以求之於地下水也。至於南非鑿井，則由政府提倡，協助人民辦理，以肯農嗇。彼處原穿鑿自流井之費用較鉅，小地主無力担負，故由政府協助，供給機械材料及工師等，農民所出者，惟人工與運費而己。此法興後，農產日增，地價亦漲，迄今鑿井之費用，由農民担負者，亦較昔日爲多。

據前北洋大學地質學教授巴布爾氏 (G. B. Barbour) 之調查(見中美工程師協會月刊第十一卷第二期)北平附近一帶，自西山山脚以東，其地下磐石層，約離地面七百餘尺，雖其坡度及其結構之詳情，不得而知，惟在城西二哩許，門頭溝鐵路之傍，磐石層距地面甚近，疑似此層之西高而東下也。復考北平附近鑿井之地質紀錄，足徵城郊平原，乃泥沙及石礫之間雜層所構成，而具現代河流淤積層種種之特質者也；惟其上均爲蒙古風吹至之黃土所掩蓋耳。大抵此種磐石上之河流，由來極古，屢經轉徙淤塞之後，其舊河槽已縱橫交錯，不可辨認，僅餘泥沙石礫，作爲滀水層而已。滀水層如隨下層磐石，亦向海面傾斜，上游地面之水，入於滀層，順流而下，及爲黏土層，或他種原因所阻止，則其水發生壓力，於是遇上面鑿井時，則隨處上湧而爲自流井。

自頤和園以東，臨燕京清華兩校址附近，隨地在窪處掘鑿，皆可有自流井出現，惟水頭上湧，則不甚高。自此而南，愈近北平城垣，水頭愈低；園城一里之內，雖在最低處穿鑿，亦難得自流井也。及進城而後，雖仍爲同一滀水層，然到處可以鑿井，其水頭且能湧出地面約二十呎許，其故蓋由於城內外地面之高度尙不一樣也。

茲將北平附近湧出地面之自流井據李君吟秋調查所得列表如左：

井址	口徑以吋計	井深以呎計	每小時出水量以加侖計	湧出地面上高度以呎計	備考
通縣	四	三三〇		能自湧水	
清華大學體育館傍	六	一一六	一二，〇〇〇	二十一呎	
燕京大學南苑農場	四	九五		二十呎	民國十年用竹弓鑿成工費一百七十元
燕京大學發電廠	六	一二三	五，〇〇〇	十二呎	民國十二年八月開鑿
燕京大學東園	四	一二五	四，〇〇〇至八，〇〇〇	二呎	
燕京大學郎潤園		一一〇	一，二〇〇	五呎	

據書田最近函詢私立燕京大學周校長詒春副接其本年四月二十三日復函稱：

燕京大學民國十二年所鑿兩自流井之情形如左表

井數	直經英吋	深度英呎	水之高度離地	用否抽水機	每小時出水(加侖)	地層地質	鑿井價目
第一	六	一五〇	十呎	用氣壓機	五，〇〇〇	細砂	八〇〇元
第二	四	一五〇	十呎		一，五〇〇	細砂	六〇〇元

據書田最近函詢私立北平協和醫學院副准該院司庫卜德非復函所稱擇要列表如左：

井號	口徑以吋計	井深以呎計	每小時出水量以加侖計	水可昇至地面下	備考

1	八	主要水	四，二五〇*	二〇	民國七年開鑿
2	八	源在地	四，二五〇*	二〇	民國七年開鑿
3	八	面下一	四，二五〇*	二〇	民國七年開鑿
4		八〇呎		二〇	早已不用
5		至三五	三，二〇〇*	二〇	民國十八年三月開　十一月加深
6	六	〇呎之		二〇	民國二十二年起不用
7	八	間	六，〇〇〇*	二〇	民國九年開
8	八		六，〇〇〇*	二〇	

「註」*依現時出水量　**水量尚不止此

以上各井均用氣壓機，將水提昇至地面以上，雖各井相距不出七十碼，而彼此尙無碍出水量，第一井曾鑿至地面下七百零八呎，但離地面四百呎以下，即不見水矣。據巴布爾教授依自第五井中所取出之河光石論斷，此間地下水層，迨爲原來河流之所淤積，該原來河流之流向，及今日此間地下水之流向，似均與現在之永定河所流自之方向相同。

自北平起沿太行山脈以東，應有多處可開鑿自流井之區域，地點之確定問題，據前述北平地質調查所謝君家榮給書田函稱：『就已得材料觀之，關於開井地點，已能約略指示，如有不足，尙可隨時派員專任調查』云云。書田深望本會能早日决議探鑿一二自流井於交通便利之鄉區，以示範於農民，而資倣辦焉。謹具報告，敬祈公鑒。

河北省農田水利委員會
常務委員兼設計股股長李書田

二十三，四，二十六晚

河北各縣面積調查

據河北民政廳調查

總計四十三萬一千七百七十五方里

縣名	面積(以方里計)	縣名	面積(以方里計)
大興	2560	宛平	5820
通縣	3370	三河	3010
武清	4820	寶坻	5560
薊縣	4610	香河	1361
霸縣	1547	固安	2415
永清	2020	安次	2865
涿縣	3530	良鄉	1150
房山	3950	昌平	6072
順義	2106	密雲	4950
懷柔	1792	平谷	1160
天津	6633	青縣	4100
滄縣	8100	鹽山	8700
慶雲	1900	南皮	2410
靜海	5520	河間	4300
獻縣	4900	肅寧	1404
任邱	3340	阜城	1176
交河	3320	寧津	2370
景縣	3420	吳橋	2265
故城	1695	東光	2560
盧龍	2200	遷安	18650
昌黎	4970	灤縣	9092
樂亭	3673	臨榆	7500
遵化	6400	豐潤	9270
玉田	3170	文安	2935
大城	2670	新鎮	220
寧河	6000	清苑	3210
滿城	1385	徐水	2410
定興	2270	新城	2540
唐縣	3255	博野	907

縣名	數	縣名	數
望都	1025	容城	695
完縣	1950	蠡縣	2086
雄縣	1608	安國	1405
安新	2150	束鹿	2880
高陽	1444	正定	2744
獲鹿	1905	井陘	5225
阜平	8600	藁城	1094
行唐	2895	靈壽	2626
平山	8100	元氏	2797
贊皇	2628	晉縣	1827
無極	1366	欒城	2540
新樂	1821	易縣	11450
淶水	5050	淶源	8025
定縣	3730	曲陽	3060
深澤	928	深縣	3595
武強	1350	饒陽	1722
安平	1591	大名	5325
南樂	1800	清豐	2640

縣名	數	縣名	數
東明	3360	濮陽	5000
長垣	3850	邢台	6575
沙河	3220	南和	1200
平鄉	1110	廣宗	1897
鉅鹿	1890	堯山	860
內邱	2965	任縣	1330
永年	2980	曲周	2810
肥縣	1775	雞澤	978
廣平	1350	邯鄲	2140
成安	1176	威縣	2360
清河	1180	磁縣	4930
冀縣	2785	衡水	1660
南宮	2760	新河	1110
棗強	2860	武邑	2345
趙縣	1885	柏鄉	835
隆年	1230	臨城	2586
高邑	723	寧晉	3255

西北踏查日記（續）

煒若

六月八日

竟日遊雲岡石窟。在大同城西三十里，溯武周河而上，乘騎車行，山路崎嶇，極簸顛播之苦。山係石灰質，故灰鬆觸目皆是。武周河水，常年不竭。有海濟水利公司者，引水灌溉，現灌田約千頃，僅全部計畫中十分之一。其引水渠長十餘里，鑿石深逾丈，工程頗大，所費不貲。吾等行經其處，則方乘此流量最微之時，進行改建滾水壩工程甚忙。聞該公司係某師長等所創辦，果爾則其識議高普通軍閥一籌也。石窟在雲岡堡，就山壁鑿龕，遍刻佛像，沿崖排立，逶迤數里，多至不可勝數，大者七八丈，小者僅數寸，鬼斧神工，震駭耳目，蔚然為藝術上之大觀。蓋大同為後魏都城所在，時魏闔佞佛雲岡，山石嵯峨，距都至邇，為帝鑾遊幸之區，遂鑿窟建寺，凡歷百十數年而始竣。隨唐宋元，屢有增修，遂成此海內著名之勝蹟。惜年代過久。經風雨之剝蝕，殘損之餘，而當局更未知切實保護，以致為奸小竊去以售於外人者，時有所聞，曷勝浩歎。正寺建築，樓閣層凌，至極宏偉，現棟宇雖舊，而規模完存，大殿懸康熙「莊嚴法相」匾額，蓋三十五年西征駐蹕於此時所書也。寺僧云，每年蒙古人來此禮佛者極衆，香火之盛，實所罕見，遊人以日本人為最多，國人為數反少，亦可怪已。寺右山麓有趙承綬師長之別墅，新屋數椽，建築方竣，簡淨可喜，吾儕休憩其中，取所攜茶點啖食之，寺僧招待至極周到。及興闌返城，已滿家燈火矣

大同數年前已有電燈設備，惟其黑暗之甚，實非意料所及，故寓中電燈而外，仍燃煤油洋燈，與暗黃之電燈相映，煞是一件趣事。

六月九日

大雨未能出門，傍晚有西人亦館是處，不諳華語，與店夥談，僅作簡畫及手勢以達意，遇吾等得暢談，喜出望外。自言係美國籍，應于友人以旅行聞見，著為書籍，獲利甚厚，遂亦隻身作世界旅行。因言語不通，所至均有困難，遊西北七天以來，每日僅能一餐，備嘗艱苦。此種精神，殊堪欽佩。今日冒雨遊雲岡，盛讚其藝術之美，較在印度所見，尤為偉大，允稱天下奇觀。月前曾遊北平，認為世

界第一宏美之城。此外更力詆西方文明之膚淺，而於孔孟學術，則推崇備至。此等偏見，尚與華人之醉心歐化者，正復相同，殊無足怪。縱談中日問題，深表同情于我，惟力言收復失地，絕不可能，並預料將來日本之與偽國，猶英國之與加拿大，其立論則殊嫌荒謬矣。

大同氣候，已帶大陸性。雖値盛夏，而朝暮猶覺微寒侵人。生斯邦者，均備特製給背心，終日著之，其色紅，取吉利之意，貼身極緊小，平時雖熱極袒裼，獨此衣不脫，婦女亦然，于街市中，哺兒露乳，恬不為怪，蓋已司空見慣矣。纏足之習，年來風氣漸開，已不若以前之盛。縣城所見纖纖步履維艱者，率多在中年以上。婦女剪髮者極寥寥，少女除長辮外，尚多挽髮束之於頂者，雲髻高聳，別饒風致，亦他處所鮮見者也。暗娼極多，俗呼「破鞋」。貞操觀念甚薄，俗有「笑貧不笑娼」，「男的背黑炭，女的穿綢緞」之諺。蓋大同附近，產煤最富，率多土法開採，居民依以為業，終日勞作，頗極勤苦，而閨中人則恒倚門賣笑，以滿足其物質之欲，風氣如此，亦無所謂善惡與是非矣。

（待續）

河北省煤礦之成分

河北省產煤區域可以為吾人稱述者約有四處。(一)宛平縣產無烟煤。成分，炭質佔百分之七八•七，揮發質佔百分之一〇，炭質佔百之九•五，硫質佔百分〇二。(二)灤縣產烟煤，成分炭質佔百分五〇至七〇，發揮質佔百分之二四至三七，灰質佔百分之一六至二一，硫質佔百分之一。(三)臨城縣產烟煤，成分炭質佔百分五二至六〇，揮發質為百分之二六至二八，炭質佔百分之一一至一九，硫質佔百分之一•五至六•二。與灤縣之煤同，最宜於鼓風爐用及煉焦。(四)井陘縣產烟煤及半烟煤，宜於煉焦，但硫太多。成分，炭質佔百分之六三至七二，揮發質佔百分之一八至二八，九，灰質佔百分之五至六，硫質佔百分之〇，五至二，四。

工程消息

黃河工程

冀省黃河堵口工程，業經全部告竣，工程處行將結束，省當局以若僅堵口，而不修堤，汎水一至，勢必前功盡棄，徒勞無補，為預防黃河改道，維護冀南安全計，則善後修堤工程，實為本省當前要政，最亟之務，前於建設廳長林成秀赴靈壽，驗收滹沱河灌溉渠工時，責令林氏便道南下，驗收堵口各工，移交河務局接管。

又豫魯冀三省河務當局，鑒於黃河堤防，綿長數千里，屏藩華北，保障東南，關係鉅重，惟以年久失修，河床淤澱，堤岸卑薄，危險情形，與日俱增，去歲伏秋大汛，水勢沖刷，低矮更甚，以致漫決多處，釀成巨災，若不急謀補救，則將來為禍之烈，不堪設想，曾會請豫冀魯三省黃河河務聯合會，呈請蘇皖豫冀魯五省政府，轉請中央核撥鉅款，積極修培，嗣經該會第三次常會，議決，「由各省河務局擬具計劃圖表，送會彙編，分呈各省政府及河務主管機關，轉呈中央，迅速辦理，以利河防，而保民命」，前華北水利委員會，業准二省黃河河務聯合會函送豫冀魯三省黃河堤防修培計劃，囑為轉呈籌撥工款等語，當以黃河自去歲漫決後，兩岸堤埧，殘毀益甚，設再遇洪流衝擊，北決則奪衛穿運，害及津沽，南決則奪淮入江，禍及蘇皖，並以一線金堤，為華北唯一之保障，利害切己，深覺興工修治，不容或緩，已檢同原計劃，呈送內政部，懇轉請行政院迅撥工款，實施修培，想各省政府暨其他河務主管機關，亦必合詞籲請也。

防黃工程

山東建設廳以整理運河，若作治本之計，須用工欵數千萬元，目前財力殊難辦到，故決定先謀其次，興辦東阿姜溝防河工程，其範圍包括(一)自姜溝至解家山之黃河南岸堤，(二)自安山至姜溝之東平湖東堤，(三)姜溝之水閘，完成後，可涸復良田九萬八千餘畝，增值一百萬元，刻已擬就工程計劃，水閘工程需欵一百七十七萬五千四百元，東平湖築堤土方，自安山鎭至姜溝需洋五十七萬三千七百五十四元，黃河南岸築堤土方需洋四萬一千元，三項工程合洋二百三十九萬五千一百五十四元，俟提出省政府會議通過，即可着手實行，茲將建廳所擬計劃之緣起及工程範圍，分誌於下。

緣起

查整理運河，若作根本計劃，對于航運挑洪灌溉水電等工程，兼籌並顧，須工欵數千萬元，目前財力殊有未逮，故不得不擇要舉行，查利之大者，首推航運，害之重者，厥爲水災，惟航運工程，多息息相通，牽一髮則關係全身，須通盤籌劃，方能收效，惟一經通盤籌劃，需欵動輒千數百萬，仍難免畫餅充飢之苦，故不若挑洪工程，與一部即收一部之效也，查沿運水災工程之最要者，第一爲謀照陽微山等湖之出路，第二爲謀防止黃河在姜溝附近之倒漾，欲謀微山湖之出路，按照水利局所擬整理運河工程計畫，須挖浚不牢河，伊家河及韓莊以下之運河，此項計劃不但需欵過鉅，且在蘇省境內之運河未加治理以前，難免因以鄰爲壑之嫌，引起糾紛，此所以不得不於治本計畫中，抽出極小一部而謀興修者也。

利益

本工程包括，(一)自姜溝至解家山之黃河南岸堤，(二)自安山至姜溝之東平湖東堤(三)姜溝之水閘，第一項工程完成以後，黃河無倒漾之患，第二項工程完成以後，東平湖西半約百餘平方公里，合計十六萬三千餘畝，可以完全涸復，每畝增值十元，可增值一百六十三萬餘元，第三項工程完成以後，東平湖東半約六十餘平方公里 合九萬八千餘畝，可於洪期過後，播種春麥，每畝增值十元，約可增值一百萬元 且以上所述各工程，均爲整理運河治本計劃之一部，將來欵項充裕全部工程逐漸興修，此項工程即將爲治運工程之嚆矢云。

治黃計劃

綏遠建設廳長，對於治黃根本計劃，曾擬具提案，提交濟南第二次黃河水利會議討論，茲誌之如次。

○提案○

再述黃河根本治理之意見案，黃河之為患，歷來久矣，溯源已往，於今最烈，欲圖華北流域河患之安瀾，必須由根本圖維，庶可收其最後之效，去年九月黃河水利會議，本委員曾經提議黃河治本意見，列於第二十八案，第二次議事日程列入第十八案內，與二十四號合併討論，以審查意見，以上兩案與第一號合併審查，已包括該案內提請決議，以審查意見通過在案，李委員長儀祉發表治河意見，以民國以來河工廢弛，雖求苟安，亦不可得，至於測量研究，江淮早經舉辦，黃河則一切闕如，其根本治導，自非旦夕所可成功，鹵莽所可幸致，為今之計，須先維持河防，使十年之內不致為災，一面探討全河形勢及水文，以為治本計劃，蓋欲求治，必先求知，期以三年，可得大計，流域擴大，尤須倍力工作，始可有成，並通電全國徵求治黃意見，虛心求知在案，惟治河意見，自古迄今，主張不一，總其扼要，不外疏導防衛，大都皆以囿見未能顧及全局，此所以河患不已也，河患癥結所在之大病，是在於沙，沙患不除，則河恐終無治理之一日，是沙患癥結之所在，不得不知也，本委員數年在西北方面研究沙患之由來，溯其源委，其最大原因，黃河流域缺乏森林，每年各處山洪暴發，各山嶺之積沙，順流入河，又以黃河地層黃土為壤，最易於衝走，甘肅冰行，河無保障，加以西北方面地有戈壁伏沙磧，常年多刮西北風，儘量將沙侵入黃河，成為大患，按以綏遠境內全在沙漠之區，在洪水期內，每立方公尺水中所含沙量在五六二格，在平時如颳土風一夜，置一長方紙片於院落容器中，有四百八十寸，塵土降落其上，一夜可得土重十三格十分之七格，以此比例計算，每畝合得沙土五百四十餘斤，其沙量之大可想而知，現在綏遠之沙，由西北風於每年間將沙移南，如陝西●榆林●山西●河北各處長城等處，沙已進至腹根，即河南開封鄭州城廂西北多被沙積，沙之為患，豈在河流，即華北各省，終恐變成沙漠之區，所以欲圖根本治河，必須由治沙起，如能將沙治除，則河患自可消除矣，欲圖治河根本之圖維，必須上中下游暨河口兼顧並施，方克得其效益，茲將辦法分述於下，(一)人力補救，其補救之法，應分爲兩步，第一步在上游綏遠沿河造林，第一次會議本委員提議應在綏遠黃河沿岸廣植森林，遏制下游沙患一案，列於第十二案，第二次議事日程，列入第三十一案內，與十六號四十三號四十五號合併討論，以審查意見各案均可採行，應由本會分別呈函辦理，應請大會促其早日實現，第二步應在寧夏、綏遠、山、陝各省黃河流域暨各省內支流，廣開渠道振興水利，如上游能引用多數水量以資灌溉，下游河患當可減除，應請大會注意督促開發，以收速效。(二)設法治沙，治河不外治沙，治沙方法有二，第一斷絕來源，第二代謀出路，欲圖斷絕沙患之來源，應須從速在黃河沿岸積極造林，一面蓄水灌溉，地既開溝引水，使風不能起沙，二可將沿河不毛之田，變爲可耕之地，所栽之樹，又易於成活，但森林力量，僅能蔽庶風沙不致遠颺，然欲斷絕來源，勢所不能，已入河床之沙，自應設法尋其出路，出路之要点，應將尾閭河口廣爲濬治，使水暢流入海、沙無積存，河患可減，總之，治河之要，在上中游應速廣開渠道，以分水量藉資灌溉，並應廣爲造林，以遏沙患，在下游應認眞鞏堤防導，在尾閭應修挖河口，使水暢流入海，不致在中下游沉澱爲害，分工合作兼顧並施，治河前途，利賴實多。

黃河水利

魯省黃河沿岸一帶沙鹹地，向來五穀不生，影響農產甚大，建設廳前曾決定，利用虹吸管，引黃灌淤，以資改良，此項工程，現完成者，已達數處，如章邱歷城間之王家梨行，及青城齊東各縣，均已安設完竣，成績極佳，現該廳以沿河各縣份，近二十縣沙鹹地之面積約一萬七千餘頃，非統籌計劃，難期普遍之改良，頃特製定山東黃河沿岸虹吸淤田工程整個計劃，將全部工程，劃分三期進行，期將沙鹹地盡變爲良田，總計建設費約需洋四百四十七萬餘元，淤好之田，每年所增之利益不數年即可完全償還，茲將其計劃分誌如左。

淤田綱要

查黃河流入山東境地，經濮縣、鄄城、范縣、壽張、東平、東阿、平陰、肥城，長清、齊河、歷城、濟陽、齊東、青城、惠民、濱縣、蒲台、利津等縣，蜿延八百餘里，以入於海，在此流域之內，除南岸壽張，耿家山莊，肥城留口山，長約九十里爲山坡外，其餘地勢均甚平緩，土質係黃土，與沖積層相混而成，祇以歷年河身淤高決口爲患，成堿成沙，隨處多有，據調查報告，沿河兩岸，有沙地一萬二千五百九十四頃，堿地四千八百五十四頃，共計一萬七千四百四十八頃，若在大堤安設虹吸管，引黃淤灌，可將沙堿地，盡數變爲良田，建設費約需洋四百四十七萬三千元，（詳山東黃河沿岸虹吸淤田工程計劃，）以每年每畝產洋十元計之，全年收入可達一千五百八十七萬二千六百元，更以每畝增值六十元計，共增加地價一萬萬元。

分期淤田規畫

上述計劃，擬分三期辦理，第一期淤田三三五百零五頃，建設費一百萬四千二百三十元，第二期淤田五千九百五十八頃，需洋一百五十六萬二千一百七十元，第三期淤田七千七百一十七頃，需洋一百九十萬六千六百元，列表於下。

第一期淤田工程，（一）鄄城董口沙地，面積一四千百零四頃，建設費三十七萬零一百元（二）范縣常樓沙地，面積二百八十頃，建設費六萬四千四百三十元，（三）平陰黃渡沙地，面積一百零一頃，建設費三萬七千五百七十元，（四）齊河閆家窪沙地，面積二百頃，建設費七萬三千九百四十元，（五）歷城韋邸王家梨行沙地面積一千零八十頃，建設費二十四萬七千元，（六）濱縣蒲台駱窪，蘆窪堿地面積五百四十頃，建設費二十一萬一千二百元，合計面積三千五百零五頃，建設費一百萬四千二百三十元。

第二期淤田計劃，（一）范縣左營沙地面積六百頃，建設費十七萬二千七百元，（二）東阿周莊陳集堿地面積二千三百四十頃，建設費六十二萬一百二十元，（三）月巴城劉家營沙地面積二百頃，建設費六萬六千六百二十元，（四）長清董寺堿地面積一百四十頃，建設費五萬零四百二十元，（五）濟陽鐵匠莊沙堿地面積一百六十二頃，建設費五萬八千七百三十元，（六）齊東雙堂鎮沙地面積一千一百六十六頃，建設費二十五萬零二百八十元，（七）惠民劉瓦莊沙地面積五百四十頃，建設費十三萬五千一百元，（八）利津宮家口沙地面積八百一十頃，建設費二十萬三千二百元，合計面積五千九百五十八頃，建設費一百五十六萬一百七十元。

第二期淤田工程，(一)鄄城周橋集沙地面積二百一十頃，建設費六萬六千六百二十元，(二)范縣維樓堿地面積三十頃，建設費一萬八千六百三十元，(三)平陰康口沙地面積三十六頃，建設費一萬八千六百三十元，(四)肥城拔賈河堿地面積四百頃，建設費九萬七千一百七十元，(五)歷城尚家莊沙地，面積三千四百五十頃，建設費八十六萬六千二百元，(六)齊東新街沙地面積一千零八十頃，建設費二十四萬三千元，(七)齊東垻河沙地面積三百五十一頃，建設費十萬零二千三百五十元，(八)蒲台蔡家寨堿地面積一千零八十頃，建設費二十四萬七千元，(九)惠民南北王莊沙地，面積一千零八十頃，建設費二十四萬七千元，合計面積七千七百一十七頃，建設費一百九十萬六千六百元。

分期償款辦法

上列各款，如能分期撥下，次第興工水利所及，民有餘財，則償還撥款，不成問題，例如第一期工程建設費需洋一、零零四、三三零元，淤田之後，每畝收洋五角八分，每年可收洋二十萬三千二百九十元，則第一期所撥款項，五年之內可以償清云。

導淮進行二期工程

導淮二期工程中建築淮陰，邵伯兩船閘，在去冬即由導淮委員會令清江浦工程局，召工二萬人興築，至十二月下旬，當因天寒地凍，施工艱難，致中途輟工，僅將兩船閘閘基土壤培實，即將閘塘挖竣，同時並由該局負責疏濬淮河入海道路，(由洪澤湖至套子口一段，)導淮委員會因鑒該兩項工程爲治導淮河下游計劃中之要工，工巨事繁，一局辦理，勢難兼顧，故上月初將清江浦工程局改組爲兩工程局，一爲入海水道工程局，一爲建閘工程局，入海工程局專負責疏濬入海水道，建閘工程局專負責建築淮陰，邵伯兩船閘，且將內部組織擴大，入海水道工程局局長委前清江浦工程局局長馬登雲充任，建閘工程局局長委該會技正雷鴻基充任，兩工程局於上月中旬即在浦分別成立，現天氣已轉和，兩工程局亦早將籌備施工各種手續辦濬，茲經新聞記者頃特分訪馬雷二氏，並將其談話誌下。

馬登雲談

導淮入海水道，去冬即奉令籌備疏竣，經費幷由經委會籌撥，去冬撥到三十萬元，本月初續撥到四十萬元，該會幷允於開工後繼續撥發，爰疏濬淮河下游，關係長淮一帶民生至巨，故京會先由全國經濟委員會中商撥七十萬元，以作開工之費，現因工鉅款絀，次將由洪澤湖至套子口全段劃分爲三工區，（即套子口至陳家港，陳家港至馬頭，馬頭至洪澤湖）先進行由套子口至陳家港一段，今歲一月間，工程局派土地徵收專員顧貞祥前往收買沿河民田，現已辦竣，計用欵十七萬元，本局於本月初電請阜寧，漣水兩縣縣長，請每縣代募工伕一萬五千人，現已募得（以工代賑）幷派員至阜寧漣水兩縣，各設工程辦事處一所，負責編制工伕及指揮監督疏濬入海水道事宜，兩工程處於本月十四日已完全成立，至疏濬計劃則採用德國水利專家方修斯氏（導淮委員會前顧問）勘察之計劃方案進行，第一工段期以四個月將其完全，三月二十五日准可開工云云。

雷鴻基談　建築淮陰，邵伯兩船閘，爲引導淮水調節運河之主要工程，去冬因天寒地凍，致中途輟工，但將初步工事做成，現南京導淮委員會爲欲導淮早收排洪之效計，故決定繼續興築，聞基既建築完成，此後即建築閘防，經費一項，前經導淮委員會副委員長陳果夫，向英庚欵董事會請將去歲該會議決撥發之八百萬元一次撥付，該會近則允分四期撥付，兩船閘工費僅需二百四十萬元，去歲築基用三十萬元，上月由導委會撥發四十萬元，作繼續興工之先期工程費，餘則由庚欵會下月撥第一期欵中發付，本局於成立來即積極籌備動工事宜，現工伕已募到四萬人，（每閘二萬人）本荷蘭工程師胙雪根氏計劃，今兩處已同時興工云云。

興辦永濟渠工程

包西水利管理局局長秦培仁，由臨返五，經人詢以此次赴臨河整飭水利之經過，據云，鄙人此次赴臨，負有三種任務，第一，

籌辦永濟渠整個工程　永濟渠爲河套最大渠道，關係人民生計，至爲重大，非用十二分力量，澈底整頓，難期改進水利之圓滿效果，此次親蒞該渠總社，招集各該分社及地方人士，對於興辦該渠緊急工程，曾詳加研討，最感困難者，即爲欵項問題，經商定担任辦法如下，一●由地方人士，託商號擔保，向平市借欵三分之一，二●就

地征集吃米項欵三分之一，三•就地派要民夫項欵三分之一，日前於萬分爲難之下，採此辦法，實非得已，並預計一月之限，將該渠之永剛支渠（原爲剛目渠，本爲八大幹渠之一，現合併永濟渠故名），及其正梢，盡行挖通，第二，

防範開河後渠水淹城

永濟渠，因冬季冰堵橋孔之故，每年開河時，非決口淹毀田地，即氾濫灌入縣城，梢一防範不周，爲害不堪言狀，鄙人鑒於上年淹害縣城之危險，在正二月間，即呈請建設廳，轉令臨河縣政府，會同該水利社預爲防範，仍恐有遺誤處，故特親往察督，幸賴傅主席允予派兵協助，預施防範工程，致未出絲毫危險，第三

屯墾與水利關係事項

過去水利社與屯墾隊，因職權不同，所見各異，雙方不時發生齟齬，實則水利屯墾，本爲分工合作之聯合團體，絕不能有所分歧，此次乘王師長治安到臨之便，特面商議定事項如下，一•關於水利費事項，仍按頭年交修渠費，二年交水利社經費，三年全交之辦法施行，二•在屯墾區內，民地應出水利費，由岸墾隊收起者，每項轉交水利局社洋七元，按總社六成，分社四成分配，以供歲修之費用，三•屯墾與挖渠之墊欵，非歲修費可比，照例由所轄軍民地戶，逐年征攤，依次償還，王師長職司屯墾，對於水利，殊爲關注，此次面商諸辦法，在在根據事實研討，不憚煩擾，其精神不能不令人欽佩云。

晉省興辦水利事業

華洋義賑會總工程師塔德，前赴晉勘測汾河，業已事業，於昨日返平，將以勘測所得，造具測量工作報告書，並擬具治理計劃，同時並準備再度赴晉，測量黃河，以便併案籌劃，茲將塔德此次勘測汾河結果，關於發展計劃等誌次。

發展計劃

（一）在汾河上下游，作蓄水庫，儲蓄冬水，以備春季灌田，（二）在晉祠廣勝寺龍子等三大水泉之下，各做蓄水庫一個，儲存餘水，以備春季灌田，（三）整理通利•襄陵•絳州•河津四灌溉渠，（四）濬直汾河，上自太原城，下至義棠鎮長七十英里，兩屯各築內外堤一道，內堤裏面，以砌石護岸，（五）整理文

峪河下游，以防汛濫。

工程費用

關於汾河計劃之費用，可分（一）汾河上游蓄水庫大壩及地畝之損失約二百萬圓，（二）三大水泉之蓄庫一百萬圓，（三）整理通利渠及襄陵絳州河津三灌田五十萬元，（四）太原以南七十英里挖河及築內堤五十五萬圓，（五）太原以南汾河外堤四十五萬圓，（六）汾河內堤護岸石工，約厚一尺，高三十尺，長七十英里，兩邊共計二十萬圓，按每方二十五元計，合洋五百萬圓，（七）整修文峪河一百萬元，（八）修築道路以通上游蓄水庫及各水泉五十萬元，以上工程費共一千一百萬元，另特別器具費計一百十一萬元，薪金雜支六十六萬元，共一千二百七十六萬元。

經費來源

昨據義賑會代理總幹事李廣誠語該項經費將由晉省府單獨負責籌措，所有工程設施，則由本會負責，籌備事項，已先由晉省水利委員會會同本會計劃進行，總工程師塔德短期內將再赴并一行，勘測晉境內黃河河道。

海河善後工程計劃

關於整理海河善後工程事宜，自北倉節制進水兩閘建築竣事後，第一步計劃已經完成，該閘原定交由冀建設廳接管，旋因經費問題，經善後工程處呈奉內政部暨冀省府，准暫由該處保管，刻春汛放淤業已竣事，屈家店放水閘昨已關閉，至第二步工程計劃，刻亦經工程處擬就，昨據該處負責人宣稱，內容共包括塌河淀放淤及金鐘河築壩建閘等項，較原計劃略有變更，按海河為大清，子牙，南運，北運，永定等五河之總滙，就中以永定河（俗名小黃河水質最渾，每次海河淤淺，皆係受永定河影響，永定河治本工程亟待興辦之理由即在此，整理海河第二步計劃，即本年伏汛時，永定河水經屈家店放水閘，經北運河過北甯鐵路，入塌河放淤區，塌河淀距淀北甚邇，而積既低而且又廣，地多鹹質，不宜耕種，放淤後，永定河淤泥可屯積於此，灌溉全淀，不僅澄清永定河水，且能改造地質，堿荒變成肥田，其利極溥，至淤泥澄清後，引清水入筐兒港河，轉金鐘河，原定計劃由金鐘河入海，現以清水入海，未免可惜，故擬在金鐘河建兩道洩水閘，二道擋水壩，啟洩水閘時，清水由閘轉入海河，海河受清，水之冲刷，深度必更進步，屆時海河水位適中，運輸暢旺，所謂海河治標工程即告成功，又關于金鐘河航運事宜，該處亦曾預爲設計，擬在擋水壩東，建一船閘，來往船舶，無論啓閉時，均可通行無阻，以上工程，共需洋一百五六十萬元，連同行政費，當需二百萬元左右，此項工款，部准延長海關附加捐五年，惟治標工程不容再緩，倘不即入手興修，伏汛一到，第一步工程亦告失效，刻該處對工款問題，擬定兩種辦法，(一)以海關附加捐担保，發行公債，(二)以海關附加捐担保，向銀行團借款，刻正向銀行界及關係方面磋商中云。

魯省修濬運河

魯省南運河，向爲南北水路交通之孔道，惟因年久失修，不惟航運之利已失，且水患頻仍，山東建設廳前曾屢次計劃修治，均因工大費鉅，屢議屢輟，迄未實行，現該廳特決擇重要者，先行疏浚，並決定照疏浚北運河撥款辦法，由運河工賑餘款項下撥八千八百餘元，並擬具施工簡單辦法，提請三月三十日省府政務會議議決照准，茲將施工辦法誌下，(一)疏濬南運河工程，擬由運河工賑餘款項下開支，(二)南運分兩段施工設工程師二人，監工員六人，測夫十二人，上設總工程師一人，總理一切，所有員夫均由本廳調充，只支膳宿舟車費，不另支薪，(三)本工程須六個月完工，規定四月一日開工到六月底止，工作三個月，七月以後爲大水時期，河身積水，不便挑挖，須俟明春三月一日再行施工，至五月底完工，所有職員測夫膳宿費等，均按六個月計算，(四)修河民工桑雜例由各縣派警隨同保護彈壓之，以便工作，每人每日由廳酌給膳宿費計需十二人。

整理漳衛兩河

關於整治魯北衛河問題，迭經魯建設廳計劃進行，均因工程上經費上與河北省因有利害上之關係等等困難問題，迄未實行，三月華北水利委員會在津開會，決定由該會徵求各省現有資料，作爲參考，擬具各項計劃，函由各關係省擔任，現該會已閉幕多日，特函本省建設廳，征集關於整治漳衛各河之資料，以便參考，其原函云，案查本會，近於三月十七日舉行第二十次大會，曾由張委員激烈提議，「整理衛河以減水患利航運並興灌溉一案，」同時張委員靜愚提議，「請由本會組織測量隊，實測漳河，以便計劃治理」及擬具治衛初步計劃，請公決施行，並「請商由冀豫兩省從速派遣測量隊施測衛河下游地形，及縱橫斷面，以便通盤設計整治，」兩案，經共同討論，咸以漳衛兩河，利害相等，有連帶關係，不可分治，乃併案決議，「原則通過，由會調集各省現有資料，以作參考，並擬具經濟調查綱要，暨測量計劃，及預算，函關係省建設廳分擔，」紀錄在案，茲擬請貴廳即將關於衛河及其支流域之地形圖。縱橫斷面圖。暨兩岸水位流量含沙量紀載，航運灌溉，沿河各縣之出產有關經濟資料，各檢一份送會，以憑擬具經濟調查綱要，暨測量計劃及預算，藉利進行，而資設計云。

防止洞庭湖水泛濫

洞庭湖水泛濫，迄今可謂已達極点，濱湖一帶堤垸，自民元以來，幾無年不崩潰，垸民呼號救濟，時盈耳鼓，在政府方面，已認爲利水建設，岌岌不可緩之要政，故省府建設廳，前據孤兒院董事，與南縣，華容，岳陽，三縣堤垸垸民，及商民代表，紛紛請願開濬運河，曾於上年十一月，委派水道測量隊隊長曾世濂，督率技士王鐵湘，彭祖楷等，前往華容注滋口，實地測勘，昨記者會晤測量隊長曾世濂，談及業已遵照廳令，勘測完畢，並繪具精確地圖，擬具妥實開鑿運河計劃，呈發建廳，茲覓得原呈計劃，撮要披露如次，呈爲奉令測勘華容注滋口，及降慶農場，擬開運河，繪製詳圖，擬具妥實計劃，懇請查核，撥款興工以利民生事，竊查開濬華容注滋口下游東岸運河，與孤兒院隆慶農場北洲運河，均與水利交通，有緊要關係，蓋自荊江南岸松滋，太平，藕池，調絃，四口決後，江水大部傾注洞庭，近據揚子江水道委員會水文記載，江水由松滋，太平，藕池，調絃等口，注入洞庭湖之水量，約爲三萬秒立方公尺，得總量五分之三，全年注入洞庭之泥沙，約爲六千萬立方公尺，得總量三分之一，而四口之水，又以藕池河之水量爲最大，該河原分三支入湖，一支西南行，經官墻，入西湖，一支南出三仙湖入西湖，一支東折，經鯰魚鬚，注滋口，入東湖，近自南縣扁担河沖開，東南支合流，成爲藕池河正流，惟東支入湖尾閭，近年淤積愈高，水流不暢，倘不急謀開鑿運河分洩水勢，使下游之水暢流入湖，則將來該河水患，誠有不堪設想，且注滋口為濱湖重鎮，北達華容，西通南縣，東接岳陽，每年棉豆米麥產額，由該市輸出者，恒達千萬元以上，惟值冬乾水淺，交通不便，商旅苦之，當夏秋之交，湖水泛漲，由注滋口至岳州，雖可行駛民船，然水程遙遠，風浪堪虞，如就注滋口東岸疏鑿運河，直達岳陽，水程僅八十里，適當原帆程之半，而輪航往來，四時皆可暢行，既利交通，復便轉運，故為圖宜洩洪流，便利交通，則不可不疏浚運河，而注滋口東岸運河之開浚，實不可稍緩，至開鑿隆慶農場北洲運河雖水程較注滋口東岸運河為遠，但為發展農場，清剿匪盜，及分洩水勢等等，隆慶農場北洲運河，亦不容忽視，又查此次測量結果，注滋口河面，及隆慶農場河面之水，皆高於湖水二公尺，合六華尺有奇，而夏秋水漲，河水則比湖水高至一丈，壅塞不通，泛濫為害，此為近年濱湖各垸潰決之重要原因，此兩運河鑿開，則藕池河正流，得以因勢利導，由此直達東湖，以注大江，大致再繞西湖，轉注臨泚口，阻塞湘江水道，而洞庭南部水患，亦可因之減少，誠可謂一舉而數善，至開鑿工程，因注滋口東岸開河地段，地勢較高，土質較堅，工程費用，亦隨之加大，隆慶河農場北洲多屬新淤土質鬆浮，故只須就該洲開挖小港一道，即可藉洪水之力，沖成巨河，工程費用，自較注口為低，茲就測勘結果，分項詳細估定，計注滋口東岸，運河工程事務兩費，約需洋十六萬九千五百五十七元八角七分，隆慶農場北洲運河工程事務兩費，約需洋九萬八千四十二元三角三分，兩共費洋二十六萬七千九百七十元〇二角，如同時併開，即工程處，可並作一處，尚可節省事務費洋三千八百三十五元，兩共需洋二十六萬四千一百三十五元二角，迅懇提交省務會議，指撥的款，即時興工，成此盛舉云。

永定河治本工程

冀省河流，以永定河為最大，為禍亦最烈，蓋上游發源于富有土沙之山谷，水流湍激，挾沙沉浮，河床日高，變遷無定，只以一線長堤，尚且破缺不完，洪流驟至，每每束手無策，民六之災，殃及天津，至今談虎色變，惟因財政及時局關係，永定河治本工程，迄未實施，華北水利委員會，擬定計劃後，只因工尙無着落，躭擱數年，但在此期間內，迭經技術人員實地調查，各方專家貢獻意見，與原計劃頗多改善，茲以此項工程，關係華北安危及水利建設極巨，茲經新聞記者特訪問華北水利委員會常務委員兼技術長徐世大氏，叩詢計劃大綱及施工程序，承徐氏詳細見告，茲分述如下。

徐世大談

本會計劃永定河治本工程，自十八年十月六日第六次會議通過計劃大綱後，繼即致力於實際調查，測量及建築方法之探討等事，現經擬定兩種作法，一爲九年施工程序，一爲五年施工程序，需欵均爲二千零六十六萬八千六百元，刻正網羅技術人員，積極準備實施，工欵雖甚浩大，但實施後所得之利益殊多，如免除大清河三角池等處水災，節省每年治標堵口工程費用，增高河堤放淤及龍鳳河窪地之價值，便利航運，固不僅永定兩岸之農田蒙其利也，當此建設伊始，此種治本工程，實合乎總理實業計劃之原則，確爲最有利益最關重要之偉大事業，至所擬

計劃大綱

計劃大綱，撮要可分六項，(一)攔洪工程，(1)建築官廳水庫，(2)建築太子墓水庫，(二)減洪工程，(1)改建蘆溝橋操縱機關，(2)修理金門閘，(三)整理河道工程，(1)整理堤防，(2)約束河身，(四)整理尾閭工程，(1)疏濬永定河口以下之北運河，(2)疏濬金鐘河，(3)培修堤岸，(五)攔沙工程，(1)建築洋河及支流攔沙垻(2)建築桑乾河及支流攔沙垻，(六)放淤工程，(1)北岸放淤，(2)南岸放淤，(3)建築龍鳳河節制閘，及疏濬永定河口以上之北運河。

施工程序

按五年施工程序論，第一年應辦建築官水庫及購地，整理尾閭工程，購置施工器械等事，總計需欵四百一十五萬三千元，第二年應辦完成官廳水庫，建築太子墓水庫，完成整理尾閭工程，整理河道等事，總計需欵四百一十三萬二千一百元，第三年應辦完成太子墓水庫，建築蘆溝閘及修理金門閘，整理河道等事，總計需欵四百一十四萬六千二百元，第四年應辦放淤，整理河道等事，總計需欵四百一十四萬四千一百元，第五年應辦攔沙，整理河道放淤等事，總計需款四百另九

萬三千二百元，共計需款二千〇六十六萬八千六百元，至此則永定河治本之大功告成。

〇工款來源〇 此項工程，經華北水利委員會迭呈中央，痛陳不辦之害及實施以後之利，業蒙中央採納，並允延長津海關附加捐六年，作為工款，但海關附捐每年可收百餘萬元，六年總共不過六百餘萬元，其中尚有一部款項，約二百餘萬，已指定為整理海河善後工程，如建築官廳水庫，試辦金門閘放淤，總辦十八年堵口未完事宜，及加固堤防等項，俟籌到第二批款項，再續辦其他工程，但先從官廳水庫入手，現正向銀行界接洽借款，以海關附加作抵，一俟成就，最近可望興工云。

蕪乍路將展至南京

鐵道部頃查蕪乍鐵路蕪灣段之路基，原係寧湘鐵路舊址，經向宣蕪廣汽車公司收回所讓與，為明瞭該路進展情形，及路面之設備狀況，特派技正孫其銘（前平漢路副局長）暨夏全綬二氏，去蕪，至與建蕪乍路之江南鐵路公司接洽勘驗程序，乘工程車前往沿線各處視察，蕪乍路總工程師洪紳將與隨行，以備垂問，至該路工程，目前進展極為迅速，其蕪灣段之路基，已將次舖修完成，軌道舖過竹絲港南十里之楊家渡，工程列車亦駛抵是處，再南十里許即為灣沚，約期月底即可抵達，此段係就寧湘路基改建，灣沚以南至宣城孫家埠間全屬新填土方，現有數千工人在路工作，蕪孫段通車時，即在蕪舉行通車典禮，開沿線物產展覽會，以隆盛典，該公司現已分遣職員採辦，着手籌備，並派盛某等赴鐵路附近之南陵縣，石硊釜潭等鎮，調查物產及經濟狀況，以利商運云。

五省公路近況

近年來東南各省建設猛進，尤以建築公路為多，軍事委員長蔣中正氏，特發起舉行東南交通周覽會，以聯絡各省公路之交通，參加者江蘇浙江福建安徽江西等五省，定六月十五日舉行，會期二十天，在每省擇交通衝要富饒之地設周覽站，佈置會場，陳列沿公路交通器具，各項物產，浙江周覽會場設在天馬山雁蕩山，江西設在龍虎山，福建安徽兩省地點尚未定，江蘇設在蘇州之虎邱山，並以蘇州至無錫間並無公路可通，乃由蘇州至常熟縣關築蘇常路，現在常熟段路基已築成，蘇州段亟謀完成，蘇省建設廳於三月二十日特派指導工程師文燕蔚到蘇計劃興築，計路長三十五里，橋樑凡二十四座，全路須於五月底通車，常熟至無錫，本有錫常路可通，無錫東可通銀行界投資關築之滬錫路至上海，西可由宜錫路至宜興，由宜興而鎮江直達南京，由京蕪至安徽之蕪湖徽州，再通至福建之建平以及江西等各處，一面蘇州由蘇嘉路至浙江嘉興，由嘉而至湖州，由湖至杭州，再由滬杭公路通上海，五省公路，可以環行無阻，現吳縣縣長鄒長，正在佈置虎邱會場，屆時中外人士畢集，勢必熱鬧一番，並聞蔣委員長夫婦屆時亦須來蘇參與周覽云。

興築京韶鐵路

江南鐵路公司，近鑒於所興建之蕪乍鐵路，工事將次完成，蕪湖至灣沚間即告通車，乃為國內民營鐵路成功之先聲，近更為擴展鐵路事業，聯絡東南五省間交通起見，呈准鐵道部承建京韶鐵路，由南京起建，直達閩粵交界處之韶州，全路長約一千二百公里，中間經過蘇皖浙閩粵五省，橫越黃山天台大庾等重要山脈，工事較蕪乍路浩大，且亦艱難數倍，而其在運輸地位上，則以工事艱難越顯需要之切，良以東南五省間內部多山嶺，僅恃川溪沙河往來筏竹，物產固無由運出，即語言文化多扞隔不通，今則予貫通，其利益亦勝蕪乍路倍數，預計建築經費為三千萬元，其工程由蕪乍路總工程師洪紳通盤計劃進緒，據洪君見告記者，言全路工程約分為五段進行，別為五個建築時期，即（一）京蕪段（二）蕪孫段（三）孫江（浙江江山）段，（四）江延（福建延平）段，與（五）延韶段，追抵韶安後，更擬將路線展至廣州，實現東南五省交通大計劃，然其第二段蕪湖至孫家埠間之路基，即利用蕪乍路目前所建之軌道，故第二段之工程已可省去，全路所建者，惟京蕪等四段，其第一期工程經費已由滬寄達，決於五日內興工，京蕪間原有之汽車路線，因傍長江南岸而行，灣曲過甚，且於交通地位上亦不相宜，將另築新路應用，測量隊人員即由蕪乍路改撥，派往測量組長率往沿路測量，京蕪間多屬平原，施工甚易，其中當塗縣大河則須一三孔鐵橋連絡之，約今年六月底即可完成通車，關於孫家埠至江山間路基，過屯溪後，須穿山而過，皖建廳長劉貽燕，曾任杭江鐵路局長，熟悉浙南地勢，現應江南鐵路公司總理張靜江之召，赴京商洽一切建築方案，此外鐵道部派來勘驗路工之技正孫其銘夏全綬二人，已將蕪乍路蕪灣段勘驗完畢，前往宣城繼續查勘，一俟京蕪路之京蕪段完工後，鐵部謀交通便利計，即便與滬杭甬路，京津等路辦理聯運，至江北岸之淮南鐵路，由中央建設委員會事業處主辦，自蚌埠迤西懷遠縣之洛河煤礦起，直達蕪埠對岸之裕溪口，業已興工，行見蕪湖將爲水陸運輸中心云，

冀省完成公路計劃

河北省幅幀遼闊，廣袤千里，北平爲政治教育之樞，天津乃華洋通商之埠，重市巨鎮，星羅碁布，徒以道路失修，交通不便，致民情閉塞，百業待興，建設廳爲溝通內地文化，振興各縣商業起見，頃特擬定本省公路網計劃，其內容計幹線兩條，「一」平景線，由北平起，向外修築，經固安，雄縣，任邱，河間，獻縣，交河，阜城而至景縣，以達山東德縣，長四百七十里，「二」平成線，由北平起，向外修築，經房山，張坊，易縣，清苑，安國，深澤，晉縣，寧晉，隆平，鉅鹿，曲周，肥鄉而至成安，長七百九十里，爲南北通行之大道，此線修成以後，可以補助平漢津浦兩路運輸之所不及，非惟河北內地產品，可以銷行於河南各地，而河南鄭州清化之貨物，亦可運售河北各縣，至於井陘，臨城兩礦之煤，與辛集道口之商務，以能通海之故，勢必益爲發達，所獲利益，誠無窮盡，另有支線三十二條，一經興修完成，則形若蛛網，四通八達，復興農村，繁榮商業，指顧可期，估計幹支各縣，綜需工款三百餘萬元，此項計畫，已由財政廳長魯穆庭，攜帶赴京，提出全國經濟委員會議討論，業經決議交付行政院審核，一俟核定，即由該會撥款興修云。

蘇省謀發展建設

江蘇省政府，爲修築公路發展建設起見，曾擬發行築路公債四百萬元，原條例草案係指定以省存築路畝捐半數作基金，（解省留縣，各提一半，）嗣因涉及本省之賦稅整理問題，迭經財部核議，未予照准，並令如必須發行公債，應另行指定基金，再予核辦，現查本年度之築路費用，均已列入省地方預算中，工款多已籌撥有着，惟因省庫財源竭蹶且一切稅收，均已指定用途，實無其他收入可

充築路公債基金，故財建兩廳，會同呈明省府，准將該項公債，暫緩發行，至蘇建廳本年度行政經常及工程事業收支概算，現已着手編製，惟概算應以事業計劃爲標準，蘇省承歷年災禍兵事之後，百業蕭條，農村凋敝，欲徹底救濟，端在今後推進物質建設，增加農村生產，以圖挽救，該廳察度實際情形，就本省急待興辦最切要之事業，擬定綱要於後。

水利部份

(一)辦理江北墾區灌溉航運工程，(二)修理江南海塘及通江各港築閘，(三)設立測候所。

路政方面

(一)修築揚州至海州鐵路，(二)已成立之各路銳意整頓，設法通車，(三)完成江南北各路路面，(四)興築淮陰至銅山公路。

電業方面

(一)興築廣播電台，(二)敷設沿重要公路長途電話，(三)補充省有長途電話與各縣線路聯絡。

農業方面

(三)擴充棉作蠶絲兩專場，及省立農具製造所，(四)統制肥料(五)整頓各縣合作社注意生產及運銷。

市政方面

(一)舉辦省會市政，(二)籌辦改進城濠市政，以上數端，均係目下切要之圖，該廳刻正依此標準編製預算云。

修築陝西公路

全國經濟委員會自前月在西安成立西北辦事處後，關於交通水利衛生農業及農村建設各項工作之華洋專家，先後抵陝者，已三十餘人，對於上述各項建設事業之調查，研究不遺餘力，尤其對於路政工作，乃有急速之進展，關係西蘭公路，决先在西安成立西蘭路事務工程局，工程起点，將由蘭州築起，自西而東，分五小段進行，將來全線共分兩大段，由西安至平涼爲一段，平涼至蘭州爲一段，該路全部進行，一俟公路專家德人數京蒂明日抵陝，即可開始分段推進，關於西漢路(西安至漢中)之測勘工作，俟西蘭路工程局成立後，已有開始進行，關於此路路線，自需有兩個主張(一)由西安而寶鷄，直達漢中，(二)由西安經鄠縣而達漢中，經委會西北辦事處，對此兩項主張，須俟測勘之後，始能決定，現已商請西北農林專校之粉次爾氏，前往鄠縣實地勘察，俟得到粉氏之報告後，再作該路進行之參考。

邊地交通

蒙藏委員會以蒙藏兩地交通阻梗，致產業文化落後，擬將該兩地重要交通從事建設，並分別調查擬定各項計劃，日內送呈行政院核定實施步驟，玆探錄內容大要如下，甲，關於蒙古方面者，(一)公路，張迪公路由張家口至新疆迪化(二)鐵路計兩線，包寧路由包頭至寧夏，長三千餘里，平滂路，由綏遠平地泉至滂江長五百餘里(三)航路，黃河航線，由寧夏之中衛縣起，經石嘴子，磴口，包頭至河口鎮，全流長二千餘里，(四)航空，分兩線，一自錫林果勒盟向南經達里伯至多倫，再經古源至張家口，長九百餘里，一自滂江北面向南，經巴圖至平地泉，長八百餘里，乙，關於康藏方面者，(一)公路分四線，雅康公路，由四川雅州至西康康定，長五百三十里，康巴公路，由康定至巴安，長一千三百四十五里，巴榮公路與榮大公路，由巴安至德榮，德榮至大理，長八百餘里，巴界公路，由巴安經白玉登科，過金沙江上游至界谷，長二千三百里，(二)航路，雅龍江航線，經西康，石渠，雅江至四川叙府，金沙江航線，由青海入西康，經登科，巴安，德榮以至榮南，(三)航空，由成都經冷磧至八美，分南北兩線，南路經震化至巴安，北路經石渠卡納界谷至西寧云。

青威汽車路計劃

交通一項，對於文化之貫輸，工商業之發展，關係綦重，青市綰轂南北，當海陸之要衝，航線四達，商賈輻輳，海陸交通，已臻完備，而陸路交通，祇有膠濟鐵路，以達膠西，其膠東一帶，仍難暢通，是公路之開闢，汽車之通行，實爲當務之急，青市長沈鴻烈有鑒於此，特與魯省主席韓復榘商洽，計劃修築由青島至威海之汽車路，以利交通，經分別飭令青島工務局派員與山東建設廳派員會同辦理，業將汽車路線查勘竣事，由青島通威海有路線三條，一由青島經即墨萊陽烟台牟平至威海爲一線，一由青島經即墨海陽牟平至威海爲一線，一由青島經即墨海陽夏村朱村文登至威海爲一線，以上三線，計第一線總長七百一十五里，第二線六百一十八里，第三線六百三十三里，其路線之短長，與來往行車費時之多寡有關，蓋於青威通車，最好於一日間到達，否則恐與旅客不便，按各路線之比較，第一線已有汽車通行，似無再行增加之必要，且路程過遠，非一日所能到達，第三線雖無並行直達之汽車，但大部份已有短途汽車通行，若就其地勢，估其工程及預計將來之發展，當以第二線爲相宜，因其位瀕海濱，出產豐富，商賈負販甚多，前途利益較多，茲將第二線之路段及其工程之估計分錄如次。

第二線經過

由青島經即墨牛齊埠黃格莊行村東村海陽夏村島裏集澤頭集文登草廟集至威海衛，查此線由青島至海陽一段，爲今之膠萊區汽車分路，由海陽至文登一段，亦爲汽車大道路而規模粗具，修築不難，由文登至衛海威一段，昔有汽車通行，但已停頓，由青島至即墨一段九十里，情形與第一線同，由即墨至黃格莊一段，一百零六里，路面尚好，惟須修理沿路經過河溝，應建石橋九座，涵洞五處，由黃格莊至海陽一段，一百一十二里，此段多山路，但無陡坡度，路基沙石質，路面向平坦，惟經過村莊多灣曲窄狹，行車殊感不便，其黃格莊五龍河，爲五大山山水匯流入海之處，每至夏秋，洪水氾濫，村莊淹沒，河寬二百七十公尺，河底沙質鬆軟，惟上游反寬二百三十公尺，尚可修建橋梁，其他經過之河溝，應修小橋及涵洞十二處，應修河底石橋十三處，由夏村至文登一段一百四十里，此段多係山路，路基沙土，石質尚少，高嶺陡坡，略加修築，堪稱良好之汽車路，經過河溝，應修大小橋三十一處，涵洞十處，由文登至威海衛一段九十里，路面良好，應修橋梁四處，其餘橋梁涵洞尚爲整齊。

工程之估計

茲將第二線工程等費約略彙計如下，(一)橋梁，查此線必須修葺之一孔小石橋計有七十二座，除徵調民夫運料外，共約需工料費五千零零三元，其原有之橋業已坍陷，須藉原料重修者五處，約需工料費五百元，兩共五千五百零三元，(二)河底橋，查此線七公尺以上之河道水流較淺者十六處，就沙灘上舖土，即可通橋，尚可不修河底橋，共七公尺以上至三百公尺之河道，必須修建河底橋者共七處，爲五龍河，赦子河，界河，留格莊五里河，乳山寨河，黃壘河共計一千公尺，從儉估計，每公尺工料費六十元，計需六萬元，(三)平墊路面，平墊路面一概徵調民夫，嗣後每年分春冬兩季農隙之時，大舉招集民夫修補之，暫不計費，(四)開鑿岩石，凡山嶺山坡岩石，必須開鑿者，約需炸藥五百斤，以每斤六角計算，合洋三百元，石工一千名，每工八角，合洋八百元，鋼扦四十五根，每根一元四角，合洋六十三元，八磅重鐵錘十五把，每把二元，合洋三十元，共計約需洋一千一百九十三元，綜計上述第二線工程從儉估計，共需工料費六萬六千六百九十六元，據工務局嚴副局長語人，該路路線雖已勘就，(即第二線)預算業已擬定，即爲省府徵調民夫之辦法亦不成問題，惟關於橋梁河底橋等等之建築經費六萬餘元，該市一時難以籌措，故此事之實現，在於何日，尚難預定，但揆諸地方情形，則勢在必行云云。

江西生產建設計劃

贛省府以鑒於本省歷年來被匪騷擾，農村殘破不堪，各種生產事業，多被破壞，如茶葉，鎢鑛，紙，瓷等，向爲本省出產大宗，今則因匪患影響，備受打擊，坐視以往，殊爲可慮，爰經呈准蔣委員長令由建廳擬具促進江西生產建設九大計劃，分別緩急，逐步實現，以期復興實業，恢復刼農村，內中除復興贛茶，創辦水泥製造廠，陶瓷工廠及紡工廠等，已先前後披露報端外，茲特將振興牧畜，整理開發，南鎢鑛，酒精製造，設立製紙工廠及製糖工廠等計劃，分誌如下。

振興畜牧計劃

甲，劃全省爲四個畜牧區，調查區內畜牧實況組織畜牧會，以便推廣繁殖，乙，設立種畜改良場，供給優良品種，丙，設立防疫治所，指導各區內獸疫之預防及治療，按上計劃，約需開辦費三十萬元，每年經常費三萬元，

開發鎢鑛計劃

甲，第一期爲預備整理時期，乙，第二期爲測量鑽探時期，丙，第三期爲開發設備時期，丁，第四期爲實行經營時期，經費概算，需要經費約可分爲調查，設備及經營之三項，合

計約一百六十萬元，盈餘概算，以月產千噸計算，一噸平均成本約二百元　若能統一貿易不受外商操縱，復因經過洗選，品位增高，故每噸至少可達五百元之譜，是一噸約可獲利三百元，全年合計，約可獲利三百萬元。

○酒精製造計劃○ 設立模範酒精製造廠，擇交通便利原料豐富地點，如贛州或南昌地方設廠製造，設備及流通資金共需二十餘萬元，年出酒精四十八萬加倫，每加倫以一元六角計算，約值七十餘萬元，除去原料開支消耗等，尚可獲利二十餘萬元。

○製紙工廠計劃○ (一)廠址，本省產紙之區，曾通以河口，陳坊，瑞金，石城，橫江，贛州，吉安等著稱，但各區產紙，並非產自城市，均散在各山間，應擇一交通便捷地方，設廠製造，以利原料及製品之運輸，如九江涂家埠設廠，則內可採集奉新靖安一帶之竹蔴，外可收買漢口揚子江一帶之破布，(二)資本，擬暫定固定資本四十萬元，流動資本十萬元，合計約五十萬元。

○製糖工廠計劃○ 江西全省各縣，均多蔗之栽培，尤以贛州府屬，南康府屬，饒州府屬等縣出產為多　其用途除運銷本省內地外，並供給省外市場，農家多就農場附近，設廠製成砂糖，蓋種植甘蔗收穫，較之種稻收穫為優，例如以收穫稻穀一石之農畝種蔗，可得甘蔗一百四十，至一百五十，約可收穫甘蔗二千斤，以之製糖，可出砂糖三鍋，每鍋重七八十斤，合計出糖二百二十斤左右，約值銀二十元，除去製糖費九元外，可得收穫銀十一元左右，如收穫稻穀一石，則祇可售得銀三元餘，雖甘蔗需人工及肥料較多，然利益實在種稻之三倍以上，人民樂於種植，故如設大規模工廠，以供製造，原料供給，自不成問題。

錢塘江大橋工程

錢塘江大橋，已在積極行進，刻已招商投標承築，鑽探工程亦開始，約於七月半可以興工，兩年後即可完成通行，錢塘江大橋工程處長茅以昇，略述工程設計及經過情形如次。

○建橋理由○ 浙建設廳為興造錢塘江大橋，於去歲八月，設委員會辦理設計事宜，並籌措經費，半年以來，粗有眉目，蓋其設計建橋，其通過錢江方法，不外輪渡隧道及橋樑三種，而各有其利弊，（一）輪渡在水深岸闊之處，最為節省，但錢江水線沙灘變遷無常，二岸碼頭建築引橋需費亦鉅，將來往返開航既費時間，更須經常費用，在巨風高潮之時，更不免停輪候渡，有失維持交通之本意，（二）隧道，錢江水面交通巨舶，底層細泥極深，江中沖刷之力極大，均不適開鑿隧道之條件，故需費最巨，（較之橋樑超出一倍以上）竣工時間亦無把握，將來隧道內如有意外損壞，修理尤為困難，（三）橋樑，以同一運輸能力，橋樑用費最少，過江時間最省，將來維持保養，亦最經濟，至於軍事關係亦不乏準備方法，故經縝密研究，權衡利害，按照錢江情形，深信維持，最可信賴之交通，應以建造橋樑為適當。

橋址選擇

三廊廟距城市最近，且為現在渡江碼頭，建橋於此，自屬便利，惜二岸相距甚遠，江流無定，且潮水影響較鉅，沖刷極深，建橋經費估計需八百餘萬元，（火車汽車及行人同時通過），至閘口則江面最狹，河身穩定，北岸沙灘亦少，選為橋址，最為經濟，雖距杭市較遠，但從將來發展趨勢着想，實有其特殊之價值，建橋為百年事業，不必便利一時，此外沿江上下就杭市附近，殆無其他較優地點．故決定以閘口滬杭甬鐵路終點為建橋地址，但為便利人民計，三廊廟之義渡，仍照舊維持。

橋樑設計

任何工程設計，皆應以堅固適用經濟美觀為前程，其式樣不妨變換，材料不妨選擇，但橋樑理論工程界已趨一致，以同一條件，同一市價，無論如何建造，如為合理設計，其經費不能相差過遠，本橋設計條例，約有下列數端，（一）火車須為標準載重古柏式E五十級，（現時各國有鐵路尚無此種載量，）（二）汽車須載重十五噸，（三）行人須算擁擠時之重量，（四）以上火車及往來汽車行人須同時通過，（五）橋下須有淨空（合九公尺二四，此指通常水面，）以便輪船通行，（六）橋墩距離須不妨碍江流，並須顧及水面交通，（七）式樣及建築須顧及軍事關係，（八）材料須用最堅固耐久者，尤應儘量採用國貨，（九）鐵路公路之坡度，須合標準，（十）全部建築須莊嚴美觀適合環境，（十一）所有正橋引橋及一岸鐵路之聯絡，應謀整個的經濟，此外工程上之普通條件，均當顧及，曾請美國橋樑專家華德爾博士，先為設計並經委員會數月研究，擬成種種式樣，比較得失，蓋此中問題甚多。

(甲)從橋面之建築言之，計有(一)鐵路公路人行道，同在一層，(二)鐵路上層，公路人行道在下層，(三)鐵路在下層，公路人行道在上層，三種方式，各有利弊，同層者往來較便，惟橋身太寬，且橋境須號誌控制，鐵路在上層者，引橋工程較鉅，鐵路在下層者，煤烟上升，擾及行人，(乙)從每橋橋孔長短言之，經擬有(一)一百呎孔者橋墩二十三座，(二)一百二十呎孔者，橋墩三十座(三)一百五十三呎孔者，橋墩二十座，(四)一百八十四呎孔者，橋墩二十座，(五)二百二十呎孔者，橋墩十七座，(六)三百一十呎孔老，橋墩十二座，共六種，比較其中橋孔鉅者鋼梁廉，而基礎較巨，橋孔長者，鋼梁鉅，而基礎較廉，「丙」，從公路之布置言之，擬有二十呎寬一線，及十呎寬二線二種，前者行車較便，後者來去分明，不易肇禍，(丁)從人行道之地位言之，擬有在公路二旁及二路之中二種，前者較便，後者較省，「戊」從基礎言之，本橋可用木樁沉箱及鋼板樁三種，皆須深入江底一百餘呎，其中木樁較廉，但太長者，運輸不便，打下亦難，沉箱控制不易，且深度在一百呎以上時，不能用氣壓，至鋼板樁則價值固鉅，且久埋水中，有腐蝕危險，(己)從引橋建築言之，又有鋼橋混凝士橋，及石護墊之分，前二種較鉅，後者雖廉，而遇洪水時期，須加防護，(庚)從施工辦法言之，則有(一)自做，(二)總包(三)分包三種，而包又有本國廠家外國廠與家之別，因經驗及設備關係，皆影響於設計之內容，此外尚有江流冲刷，軍事防禦，鐵路坡度，及二岸聯絡等種種問題，委員會不厭求詳，曾將各種設計，用同一單價及標準，詳加估算，求得各種工値，大抵每種設計，皆有其優點，而不能各方俱顧十全十美，惟有以堅固適用經濟美觀之基本條件為標準，斟酌取捨，權衡輕重，求其適合環境比較完善者，最後認為二百二十呎孔之設計，揣與華德爾博士之設計比較，而華博士之設計因橋墩之距離不一，正橋需費較鉅，仍不若前者之經濟，故決定以一百二十呎孔之設計招標，並繪具各部詳圖，以便估價，此設計之內容，係用四種建築合成，(一)在錢江控制線內，設置雙層橋梁橋十六孔，每孔二百二十呎合計三千五百二十呎，上層中爲公路，二旁人行道，下層爲單線鐵路，橋墩爲鋼筋混凝土建築，下爲木樁，最長者八十呎，(二)鐵路引橋設置，上托式鋼板梁，二岸各二孔，引橋之外，爲護石墊土，(三)公路引橋設置上托式鋼梁，二岸各二孔，又混凝土梁，二岸各五孔，引橋之外，亦爲護石墊土，(四)正橋二端引橋起点外，各設橋塔一座，以壯觀瞻，計長一百三十呎，上有平台，可供憩息，並可設軍事設備，以資防禦。

收入預算

本橋聯接滬杭甬鐵路，杭江鐵路及七省公路，將來完工之後，運輸必繁，所收費用，即可抵償工款，經向各鐵路各汽車公司調查營業狀況，現時過江搭客，每日約二千五百餘人，(不乘車之行人未計算在內，)將來玉萍線成功，滬杭線接通，將更加多，至於貨運，據杭江鐵路及滬杭甬路之貨物統計推算，現時每日過江者已有一千噸，將來橋成後，當在一千噸以上，茲假定橋成後，第一年每日過江搭客三千一百人，(行人不收費)貨物一千三百噸，以後每年增加百分之五，至第六年起不再增加，按照浦口下關輪渡收費標準，悉用最低等級估計，第一年可收五十八萬餘元，遞增至第六年可收七十三萬餘元，除去維持費外，計年收五十五萬元至七十萬元，十年之間，共淨收六百五十萬元，足償工款之本息而有餘，本橋現已招商承包投標，預定六月十八日開標，七月一日以前簽訂合同，七月半開始工作，約需時二年，方可完竣云。

我國最大船塢

海軍部江南造船所，近年來對新艦建造，舊艦改造，按照海軍計劃進行，不遺餘力，本年內該所承造甯字號艦艇十艘，現已完成十之七八，平海艦亦在趕造中，此外本年六月初，尚須建成一最大新船塢，據造船所副所長陳藻藩談各情如下。

第三船塢

江南造船所去歲爲發展營業起見，特開闢第三新船塢，長爲三百八十四尺，深二十八尺，闊八十九尺，進口闊船深二十六尺七寸，照此式成功，尚爲塢身長度之一半，將來尚可增長至六百餘尺，至上項工程，在趕建中，六月一日當可完成，此塢竣工後，即可開始進船，如全部竣工，大來之總統號，昌興之皇后號等郵船，均可承修，成爲中國之一最大船塢。

寧字艦艇

造船所遵海部造艦計劃，對寧字號之海岸巡洋砲艇十艘，可次第完成，十艘名稱爲海寧，正寧，威寧，肅寧，撫寧，綏寧，崇寧，義寧，長寧，正寧，上述十艘，除長正二艘龍骨安妥，在正趕造中外，餘均竣工，此項艦艇全部完成後，即駐巡長江一帶。

平海軍艦

平海艦之完成，原訂時期，因經費關係，恐難如期，該艦與建設劃爲三年，俟寧字號十砲艇全部升旗後，對該艦經費加以確定，仍須竭力建造，俾得早觀厥成云。

開採鄱陽煤礦

贛省礦質蘊藏，向稱豐富，除萍鄉樂平兩煤礦，已由漢冶萍，鄱樂兩公司開採，蜚聲國內外，饒屬鄱陽，餘平，萬年，浮梁各縣，煤量蓄藏，亦多隨地可見，俯拾即是，迄無人注意集資開發，致利棄於地，殊爲可惜，本邑東鄉煤礦，原爲當地富商方諏升等呈准實業部暨實廳，集資經營，只因資本不充，規範狹小，每日僅能出煤三四十噸，業務殊形不振，刻前任鄱陽縣長姜伯彰，爲得發展該礦業務，提倡國煤起見，特邀集滬上巨商袁履登，及鄱樂煤礦公司股東謝天錫，呈准實業部，訂約合辦，組織鄱陽礦務公司，規定初期資本一百六十萬元，推定袁履登，謝天錫，姜伯彰，爲籌備委員，組織籌備，並決定方諏升爲駐礦經理，積極進行，查該礦區在邑屬東鄉洪門口，蓄量極富，地處交通便利，可由鄱湖水道直達九江，南昌，運輸不受困艱，預計將來公司成立，實行大規模開採後，每日可出煤五百噸至一千噸，爲江西第三最大礦區，且密邇浙樂之浙贛鐵道，該路需煤，使可藉此取給供求兩方，均不憂滯之。

皖立煌縣將建鐵廠

皖省立煌縣屬境內，鐵鑛蘊藏頗富，該縣產鐵砂區域，西起橋口小河，東至揚家灘王家店，約百四十餘里，漸北各支流含有鐵沙者，亦近百里，年產純鐵約一千六百萬斤，計價值洋五十餘萬元，往昔全邑鐵廠，共有五十餘家，所取原料，均係山中鐵苗，被水沖洗流入史河，及各支流內，混合於石沙中，由沿河居民淘取，經爐鎔煉成純鐵，每鉄沙百斤，可鍊鐵鉄約四十斤，轉運鄰縣及淮河兩岸與豫省南北各縣，以供製造農具兵器之用，惜製鍊沿守舊習，不知運行科學方法，致鍊出之鉄，多屬粗劣，不適製造高等器物之用，近建廳依據駐皖北陸軍第十二師特別黨部請，撥欵恢復立煌縣屬各鉄鑛，以收納難民之建議，曾令飭該縣縣政府，切實查明，詳列預算具報，經該縣府查明，擬具設立模範鉄廠四所辦法具復後，建廳以該縣府所擬計劃原則，尚可採取，擬俟經費確定後，由廳派員復勘，至該模範鐵廠，或由省辦，抑劃爲縣辦，將俟省府察核後再定，茲將建廳所擬設立鐵廠辦法，附誌於後。

設廠辦法

(一)按立煌縣第一第四第五第六第七各各區原有鐵廠部份，依道里遠近，暫定分配爲二十座生鐵廠　由妥實商人集資合作，自由組織，每廠酌給貸金一千元，能附辦鍊鐵者，加貸五百元，一年內無息，逾年分期抽還本金，(二)就立煌分區設鍊鉄廠，暫定爲五座，由妥實商人集資合作自由組織，每廠酌給貸金三千元，一年內無息，逾年抽還本金，(三)由官欵創設鍊鐵廠及鐵工製造廠於立煌縣城左近，定爲開辦費一萬元，由建設廳籌款主辦，或招商股合辦，附設工徒學生二班招學徒一百名，(二)於立煌縣城設鐵廠運銷合作社，並於三河尖蚌埠六安周家口設分社　酌給貸金一萬元，以資周轉，各廠貸金，得交由該合作社負責貸放，以專責成，其組織由各鐵廠公推人選，由官府決之，以上合計貸金五萬四千元，籌撥資本費三萬元云，

中德鋼鐵廠

實業部會同全國經濟委員會，與德商喜望公司籌議合辦中央國營鋼鐵廠，其合同草案，經雙方多次會商，業經決定，并已由該公司代表康道孚，將該項草案全文，於上月間電告柏林總公司，現悉已得復電同意，公司方面，日前已通知實部，實部當將草案提送行政院，現正在審核中，聞日內即可通過交下，由雙方正式簽字，其廠址業經勘定當塗附近之馬鞍山，焦炭原料之供給，則決取江西萍鄉之高坑煤，機器廠房全部工程限在三年內完成，以便開工製造，經新聞記者頃晤實部方面某負責人員，據談各情如下。

草案決定

中(實業部全國經濟委員會)德（喜望公司）合辦之國營鋼鐵廠事件，自前年六

月間勸議，雙方代表，經長期間之研究協商，合同草案，業經決定，計資本爲六千萬元，由中德雙方各認半數，但我國股欵，因國家財政支絀，暫向德商喜望公司籌借，於合同簽字成立日起，每年償給利息，至工廠建造完竣，正式開製鋼鐵之後，即按期還本，分四年拔清，借欵担保，一千萬實部以漁業收入項下爲担保，其餘二千萬，與財部商妥，以庫券作抵。

德方同意

喜望公司共有製造鋼鐵廠三處，總公司設於柏林，各國京城及重要商埠均有分行設立，其資本雄厚，規模宏大，執國際鋼鉄製造廠之牛耳，實業部自前年計劃建設各項國營事業，（鋼鐵廠亦爲最大計劃之一）呈經行政院核准後，即由喜望公司上海分行德經理康道爭，華買辦陳谷聲來京，與陳部長接洽，結果決與該公司合辦，合同及進行計劃，經四五月之協商，均告妥善，本擬於去年九月中即簽字實行，但行政院認爲該項國營事業性質重大，特咨照經委會協助籌計辦理，並審議合同，以致延擱，旋經三方共同決定合同草案後，該公司上海分行，當將草案，逐譯德文，電呈柏林總公司審核，對借款本息償還及承建工廠機器均已同意，惟對管理及業務權限略有修改 其復電已於日前到達。

呈院審核

德商喜望公司上海分行，接洽公司同意復電後，即由華買辦陳谷聲帶合同草案來京，向實業部解釋，雙方對於總公司修改之管理業務權限方面，重行協商，聞關於此點，僅係內部組織問題，據實部某要員語人，該部已將雙方協定合同草案，呈報行政院審核，一俟批准後，三方即進行正式簽字，其簽字期間，當不在遠。

計劃綱要

國營鋼鐵廠之地址，及焦炭原料之供給等兩問題，實爲舉辦鋼鐵廠之主要條件，關係將來廠務之興衰，故實業部方面，特組一專門委員會，並敦請各專門人員，分赴各地，實地調查，經二年之久，始決定廠址應在揚子江一帶，復再加以縝密之討論，認爲在蕪湖與當塗附近最爲適宜，因該處鐵苗甚富，質料優良，而長江流域，又環繞東南，運輸堪稱便利，至沿江一帶之煤礦，蘊藏尤多，津浦路附近在山東與安徽兩省所蘊藏者可達七九・九二〇，〇〇〇噸之鉅，實地頗佳，殊合煉焦之用，如將來採煤數目，能符合煤礦初步之計畫預算，則每日可產煤五千噸，而煉焦所需，每日僅須一千噸，餘盡可由水道運赴上海各埠銷售，其價格必較其他煤價廉，因路程較近，而水脚等費較低，故其售價，自屬較賤而脫售自易也，惟將來煉鋼之焦炭，需要既日增，則煤爲之需量，自亦隨之增高，故同時煤之產量，亦必須隨之，增加，據專家計算，在開採後五年之內，每日產量可增至二萬噸以上，最後關於廠址問題，復經一度研究，始決定設於當塗附近之馬鞍山，煤則決以江西萍鄉之高坑煤，先行開採應用，其廠房及生產機器之設置，計約需四千萬元，採礦煤機器及房屋二千萬元，圖樣早經繪就，機器及建造廠房等各項材料，亦均已從事準備，僅待合同簽字，手續完畢，即可由德啟運來華，全部工程，在三年內完竣將來成立開製後，每日可出產純鋼三百五十噸爲我國最大之國營工廠云。

陝西籌建紗廠

紡紗企業在陝省早已有急切之需要，因陝省爲重要產棉區域，而每年所需布紗，大部份多仰給於外來，利權外溢，不可勝計，二十餘年來，籌辦紗廠之呼聲，若斷若續，迄無具體規畫，去歲陝紳與滬企業家顧吉生等籌辦之紗廠甫有成議，一部份陝人對陝方認股數問題，發生異議以致該項籌議，遂歸於消滅，繼此而起者，有馮欽哉等，合西安及涇原商人，發起籌備，數月以來，進行已有端倪，，三月六日，各發起人復在西北飯店開籌備會議，討論具體辦法，結果決定成立裕秦紗廠股份有限公司，設公司於三原，股額定爲一百萬元，自本年四月一日起，至九月底止，一次收足，推馮欽哉、濮賈三、朱之石、潘崑山、王煥章、張定九、周鳳崗、王蔭吾、王秀亭、韓威西、張德樞、寶蔭三、劉文伯、李秀亭、韓望廬等十五人爲常務委員，韓威西爲主席，即日成立籌備委員會，開始籌備，關於招股簡章，及籌委會章程，亦經本日大會修正通過，其紗廠建築方略，及籌委會辦事細則，交將來常委會及股東會討論，茲錄該項招股簡章及籌委會章程如次。

招股簡章

(一)定名爲陝西裕秦紗廠股份有限公司，(二)本公司專營棉紗之生產與銷售，(三)本公司股本總額定爲一百萬元，分爲二萬股，每股五十元一次交足，(四)地点設三原，(五)本公司之公告以登載本省之日報爲之，(六)滿二百股之股，得被選爲董事及監察，其資格不限(七)，本公司募股自二十三年四月一日起至九月底止，(八)本公司委託陝西省銀行及其他殷實商號代收股款，遇動用時，經籌委會通過後，按股數平均分担，但交欵人，在未經本會指定之商號存儲者，由存欵人負責，(九)自四月一日招股日起，在三個月內繳到股欵者爲優先股，在三個月後繳到股欵者，爲普通股，其優先股之官息按息一分計，惟以三年爲期，至三年後，仍照普通股官息按年六厘計。

籌會章程

(一)定名爲裕秦紗廠籌備委員會，(二)本會以促進社會事業發展民生經濟爲宗旨，(三)本會會址暫設於中華實業促進社內，(三在該會房屋未修竣前，先設於長安縣商會內)(四)本會發起人均爲籌備委員，並由籌委中推九人至十五人，爲常務委員，(五)本會主席由常務委員中公推一人兼任之，(六)本會主席，及委員概爲義務職，(七)本會定於每月開例會一兩次，每遇特別事故得臨時招集之，(八)本會各股職員暫由各委員分任之，(九)本會經費由籌備委員負責，先由陝西省銀行墊付，將來由本公司開辦費項下撥還，(十)本會籌備時間以六個月爲期，於紗廠開工之日取消，(十一)本會各股辦事細則另定之，(十二)本章程如有未盡事宜，得由委員過半數提議修正之。

探鑽延長石油

中央方面，與陝省府合作，探鑽陝北延長石油，並經在外國購定鑿油機五架，現該項機器即將運到上海，省委雷保華，即將赴滬接運，該項機器四月初抵陝，試探工作約在四月中旬即可開始，期以兩年鑿成油井三十眼，經費由中央方面担任十五萬元，兩年期滿後，仍交還陝西省政府管理，繼續開採，雷省委係鑛業專家，將來亦參與試探工作，聞雷氏以開發西北交通水利諸大端固甚重要，而西北燃料缺乏，將來亦一大恐慌，渠對樹此將加以研究，藉以有所供獻云。

本會徵文公函

敬啟者本會宗旨本在闡揚工程學術發達本省建設事業茲經執行委員會決議舉行工程徵文凡中選者聊具徵酬以示獎勵特送簡章即希

露布一事提倡莘莘學子自必爭前恐後樂與切磋

貴　科學素極精純藉此多給學生研究機會亦學校教育養成能供社會需要人才之目的也此致

河北省工程師協會　敬啟　二十三年四月三日

河北省工程師協會徵文簡章　民國二十三年

(一)應徵者以國內大學獨立學院或專科以上學校內河北省籍之工科學生為限

(二)論文題目

一、復興河北農村建設方案

二、各工程科目研究心得之論文

(三)論文之調查材料必須詳確其第二題須對于所研究之科目有所貢獻

(四)凡應徵之論文均以國文為限其專門名詞有附帶外國文字之必要者可以作為附註

(五)全篇須用毛筆正楷繕寫整潔不得有簡字或俗字夾雜在內

(六)凡附於圖表者用白紙黑墨繪畫清晰

(七)論文用紙以紅格毛邊紙為限其每頁之大小計寬一九·五公分長二十八公分上下卷皮用素毛邊紙其大小與卷心紙相等

(八)應徵之論文統限於本年六月二十日以前寄交本會會務幹事王華棠君(通訊處天津義租界東馬路六十五號)於七月二十日揭曉

(九)應徵之論文無論中選與否概歸本會妥為保存

(十)中選之論文兩題各得獎金二十元其餘擇尤在本會月刊上披露之

本會啓事一

按照本會簡章第十四條之規定，「仲會員及初級會員至相當時期，得函請執行委員會按章升級」，希仲會員初級會員隨時將經歷函執行委員會，以便審查照章升級。

本會啟事二

本會成立年餘，承工程界同志踴躍參加，現會員人數已達二百五十以上，會務發達，同深欣慰，此後更宜廣事徵求，以期擴大充實，努力團結，故第十二次執委會議有「本會會員仲會員于第二次年會前每人應至少介紹新會員一人」之決議案。查本會年會例于九月間舉行，凡我仝人尙希按照是項决議，共謀會務之發展，入會志願書及簡章，均已印備多份，請隨時向會務主任索取爲幸。

本會啟事三

本會徽章，業已製妥，每枚價洋三角。經第十三次執委會議決議「仍按原價售於本會仝人」。即請備價向會務主任處購取可也。

本會啟事四

凡本會各級會員，對于會務進行有何意見，及通訊處如有更動時，務請逕函本會會務主任王華棠君。

河北省工程師協會月刊

于學忠題

中華民國二十三年七月出版

二卷五六期合刊

北甯鐵路簡明行車時刻表

中華民國廿二年十一月十六日重訂

下行車

列車次數	北平前門 開	豐台 開	郎坊 開	天津總站 開	天津東站 到	天津東站 開	塘沽 開	蘆台 開	唐山 開	古冶 開	灤縣 開	昌黎 開	北戴河 開	秦皇島 開	山海關 到	錦縣	遼寧總站
第七次慢車中膳各等	五●五〇	六●二五	七●四三	九●二六	九●三五	九●四五	一〇●四八	一一●四四	一三●〇一	一三●四八	一四●四三	一五●四四	一六●四四	一七●一三	一七●三五		
第十一次及第十九次客貨混合三等慢車	六●五〇	九●〇五	一二●五六	一六●二五	一六●四五	停	第十九次	自唐山起	五●〇五	六●五〇	九●〇八	一一●三〇	一三●〇八	一四●〇四	一四●五〇		
第三〇一次平遼直達特別快車膳臥各等	八●〇〇	八●三〇	九●三六	一〇●五三	一一●〇五	一一●二七	開	往	上	海							
第三次特別快車膳臥各等	八●二五	八●五五	不停	一一●一七	一一●二六	一一●三五	一二●三三	一三●二六	一四●二四	一五●〇五	一五●四五	一六●三七	一七●一六	一七●四〇	一八●〇〇		
第九次快車膳臥各等	一四●一〇	一四●四二	一五●五二	一七●二〇	一七●三〇	一七●四五	一八●四五	一九●四八	二〇●五三	二一●三四	二二●一七	二三●一〇	二三●五〇	〇●一〇	〇●三〇		
第五次快車膳車各等	一六●三五	一六●五五	不停	一九●一六	一九●三五	停											
第一〇一次快車膳臥各等	二〇●三五	二〇●四八	二二●〇八	二三●四二	二三●五〇	二四●〇〇	一●一〇	二●一三	三●二四	四●一四	五●〇六	六●一七	七●〇九	七●二七	七●五九		
第四〇一次平遼直達貨車及第十五次客貨混合三等慢車	二〇●一五	二一●一〇	〇●二〇	二●四〇	二●五〇	四●五〇	七●一七	九●五五	一一●一三	停							
第一次平浦直達特別快車膳臥各等	一八●三五	一九●一三	二〇●三三	二二●四〇	二二●四九	二三●二五	開	往	浦	口							

上行車

列車次數	遼寧總站	錦縣	山海關 開	秦皇島 開	北戴河 開	昌黎 開	灤縣 開	古冶 開	唐山 到	唐山 開	蘆台 開	塘沽 開	天津東站 到	天津東站 開	天津總站 開	郎坊 開	豐台 開	北平前門 到
第八次慢車中膳各等			五●五五	六●二三	六●五三	七●四三	八●四九	九●四七	一〇●二六	一〇●三三	一一●五三	一三●一二	一四●二二	一四●三四	一四●三九	一六●一五	一七●四七	一八●二〇
第四次特別快車膳車各等			九●一五	九●三八	一〇●〇七	一〇●五一	一一●三八	一二●一五	一二●五七	一三●〇〇	一四●〇六	一四●五七	一五●五〇	一六●〇〇	一六●一三	一七●三二	一八●四三	一九●一〇
第二十次及第十二次獨貨混合三等慢車			一一●〇〇	一二●〇〇	一三●〇四	一五●〇七	一七●四〇	一九●三五	二一●四六	停	第二十次	自天津起	四●二二	四●五五	一〇●〇七	一四●四二	一六●〇八	一五●〇〇
第十次快車膳車各等			一三●〇〇	一三●二五	一三●五〇	一四●二八	一五●二〇	一六●〇七	一六●三九	一六●四五	一七●四五	一八●五三	一九●四五	二〇●〇〇	二〇●一一	二一●二四	二二●四八	二三●一五
第一〇二次快車膳臥各等			二一●五五	二二●二八	二三●〇五	二四●〇〇	一●〇三	二●〇〇	二●四〇	三●二〇	四●三二	五●三三	六●三七	六●五〇	七●〇六	八●二八	九●四三	一〇●一〇
第十六次客貨混合三等慢車										一四●二〇	一七●一三	二〇●二四	二二●三八	〇●一五	〇●三五	三●三三	六●四〇	七●五五
第六次特別快車膳車各等														九●一五	九●二六	不停	一一●四八	一二●一五
第二〇二次平遼直達特別快車膳臥各等							由	上	海		開	來	一七●〇〇	一七●三五	一七●四六	一九●〇七	二〇●一六	二〇●四八
第二次平浦直達特別快車膳臥各等							由	浦	口		開	來	七●二〇	七●五〇	八●一二	九●三六	一〇●四三	一一●一〇

19830

河北省工程師協會月刊

中華民國二十三年七月出版

二卷五六期

本會啟事一

按照本會簡章第十四條之規定，「仲會員及初級會員至相當時期，得函請執行委員會按章升級」，希仲會員初級會員隨時將經歷函執行委員會，以便審察照章升級。

本會啟事二

本會成立年餘，承工程界同志踴躍參加，現會員人數已達百五十以上，會務發達，同深欣慰，此後更宜廣事徵求，以期擴大充實，努力團結，故第十二次執委會議有「本會會員仲會員于第二次年會前每人應至少介紹新會員一人」之決議案。查本會年會例于九月間舉行，凡我全人尚希按照是項決議，共謀會務之發展，入會志願書及簡章，均已印備多份，請隨時向會務主任索取爲幸。

本會啟事三

本會徽章，業已製妥，每枚價洋三角。經第十三次執委會議決議「仍按原價售於本會仝人」。即請備價向會務主任處購取可也。

本會啟事四

凡本會各級會員，對于會務進行有何意見，及通訊處如有更動時，務請逕函本會會務主任王華棠君。

本刊啟事

現在本刊另闢「會員通訊」一欄，舉凡會員報告消息，或擬討論問題，均所歡迎，此啟。

河北省工程師協會月刊

二卷五六期合刊

論壇

學術

會務報告

會計報告

工程月刊目錄

專載

工程消息

民國二十三年七月出版

論壇

工程師的任務

煒若

我們現在所處的是工程時代。如電燈電話鐵路飛機無線電等，凡所以增進日常生活的舒適與便利者，莫不是工程師的貢獻。工程學只是應用科學原理，將力量與物質變爲有用。煤在地下是無用的，一經過工程師的手，它可以成爲機力的本原，能代替勞苦的人工。鐵鑛未經開採時，也是一樣的無用，但經過鑛師的採冶，它可以變成用途最廣的鋼鐵。工程師的工作，是根據科學的原理，而其鵠的，是爲人類謀幸福。爲工程師者經過長時間的苦幹，才發現關于力量與物質的一切自然定律。他知道一磅煤能發生多少熱力，他知道拉一列火車需要多大力量，他知道一根鋼樑能載多少重。他可以計畫出極複雜的機器或建築物，恰恰與需要吻合。他所以能有確實的把握，完全因爲有科學的理據。僅靠技巧，不足解決工程上的問題

19835

。斷沒有不依科學方法工作，而可以徼倖成功的道理。

人類所以能有優越物質的享受，顯然是工程師努力的結果。而現代大規模實業的形成，因爲總離不了科學與機械的利用，自然也是工程師負其重任。所以技術方面，固然是他們的本行，而行政管理上他們辦起來，也極爲適當。各國都有這樣的趨勢，以工程師來經營管理各項企業。吾國現時以技術人員作行政領袖的不在少數，其成績總是不錯的。

同醫師新聞記者一樣，工程師也是一種職業。但其偉大處並不在他的職業，而在他的工作信條，對于人類道德的影響。工程師信條最主要兩點，一爲誠實，一爲經濟。所謂誠實，只是代表眞正科學精神。他自幼所受的教育，就是追求事實與眞理，要能充分的了解，充分的利用。物質是不會與人論辯的，它受自然定律的支配，由工程師以之作各種事實的推演，以期探得眞理之所在。此種探求眞理不說假話的精神，和利用眞理裨益群衆的意志，是人類所必需，亟當效法鍛練，用以解決工程以外各項問題的。

工程師最講究經濟。浪費固所不許，鄙嗇亦非所宜，必須不多不少，適合需要，所謂恰到好處者，方是工程師的理想標準。試想此種意識，不正是政府所應當有的嗎？如果將這一點發揮引申，則一切事業不愁作不好。如果具有此種意識的人，請他來管理市政，不比較利祿薰心的一般人強的多嗎？我以上說工程師可以兼作行政官的道理在此。

翁灝文先生某次講演說過：「中國以前只有兩種人，一在紙上做文章，一在實地做工作，彼此各不相通。現在要有第三種人，有知識，更能實行，能做工還能研究，這就是工程師。」不錯，我們需要的正是這種人。不但物質建設方面如此，在矯正社會道德上更是是如此。

工程師要知道自己任務的重大，和給予人類道德上的影響。眼光應永遠向着將來，繼續爲全世界人群造福。在研究室裏，要埋頭苦幹，希望能不斷地發現些大自然的秘密，以期在社會服務上，獲得較大的貢獻。

採石概畧

徐邦榮

導言

蓋聞開山者云，山有活死之別：其石質顯明，內蓄泉水者，爲活山；石質乾燥，或與活山相似，而乏泉水者爲死山。當山塲未開之前，其辨識法，咸以山上植物之盛衰爲區別。故長於採石開洞者，多能辨別之；以便設法規避或備防水工作，及用火藥之類●至採石工作之速率，及法則，與山之情形如何，似無關輕重也。其能影響採石之速率者，以山塲開採法，採石之器具，炮眼之選擇，及炮藥之配製與裝置爲首要。至祇以人工開採石條石墩石板等，以及小量開採，而不用火藥者，亦以器具之良窳，與石節選擇之優劣爲比例。

採石所用工匠，約分打釺拆石拉石抬石成方除山皮去層碴等工。其打釺與拆石工人約佔總工數三分之一，其餘佔約總工數三分之二。由是觀之，拉石抬石及成方等，所需人數既甚鉅，其于成方地點之遠近，與石塘之情形如何，所關亦綦重，採石者不可不注意及之。茲將採石所需之器具火藥及法則，概括分列於後，以供一得之愚。

山塲(即石塘)開採法

山塲，在開採之前，須先將附近障礙物並山皮（即石質上面所覆之土質等）清除潔淨，移至山塲四週，以不防礙開採及運輸堆方等工作爲限，俾免反工之虞。後由地平綫，或山根，按橫綫推進，逐步開槽，其形如階。如是，石塘愈開愈大，其石層亦愈厚，而各項工作，皆得地利運用，是則人工省而出石多也。反之，由上向下，或向側面開採，或隨山形採取外皮石料，或由半坡向下挖取者，其石塘必愈開愈小，而石層亦愈薄，以至無從開採爲止。其理至明，其意至淺。然開山者，恒以起首貪圖省力，明知而故蹈，可不愼諸！

炮眼

炮眼名稱繁多，概括畧分數種：計由上而下者爲橛子眼，由石層側面橫打者爲抄眼，斜打者爲抬眼，由地平線平打者爲掃地眼，由下而上者爲吊眼。總之，炮眼之位置，須視石性石形而定，以能多出石料，減省人工者爲標準。名稱與作法雖異，其立意則一也。

炮眼之深度，須隨石層而異。約畧規定，炮眼深度，可爲石層厚度三分之二強；但遇孤石與石層有節者，則不在此限，僅打眼八九寸深，即可將石破開矣。其開山洞拉槽者，所打之斜眼，能與對面所打之斜眼相通爲最佳。用意不同，法亦各異，墨守繩規，似不如相情達變也。

器具

採石器具不一，概括可分機械與人力兩種。機械以電鑽風磅爲最著，惟以置價太昂，且易損壞，再因我國人民生活程度較低，故採石者仍以人力爲普遍。人力者所用器具，計分鋼錘鋼釬（八楞者）撬棍及鐵練等數種。鋼錘以八磅者爲最宜。八楞鋼條，以藍牌者爲最堅硬耐用。其次爲黃牌。黃牌之中又分多種，然其鋼質及效力則相遜甚多。鋼之堅韌者，出石多而用鋼省，用鋼省則錢工儉，故鋼之軟硬，關係頗重。鋼條長短尺寸，須隨炮眼深度與石層厚度而異；然在開眼時，則皆需要短鋼。至撬棍鐵練等，固不關重要，可無庸贅述矣。

火藥

採石所用炮藥，以性稍柔價畧廉者爲宜，否則，所需石料體積即難隨意而定，且工價亦較昂，故採石者多用黑藥（又名火藥）。火藥所需之原料，爲硝磺炭三種。重比爲一斤硝、二兩磺、三兩炭。按百分法，即硝爲百分之七十五、磺爲百分之十、炭爲百分之十五。其製法，先將硝內鹽質除盡，再將磺炭（須先碾成細末過籮）摻入，並加少許清水，以碾碾之，至細勻爲止，然後曬乾，即可應用矣。

火藥之性質，鬆散者力弱，堅實者力強。當藥填入炮眼時，須以撬棍逐層打實，始臻功效。至每炮需藥量數，須以炮眼深度，及四週石節情形而定。例如三尺眼，約需藥三兩餘。倘炮眼四週石節寬長，則需藥三兩四五也。

總結

綜上情形，除石塘開採法畧可規定外，其餘皆應隨石節石性而定。但石節石性，又隨山之賦形系統而異。賦形系統既不相同，而一山之內，石節石性又隨地而異，故擇眼裝藥者，須應審慎將事，萬勿以概畧忽之。以上所述，乃邦榮此次滹沱河灌溉工程採石所得經歷，筆而出之。惟以不文，辭與意違，疎漏諸多，尚希閱者諒之！

一九三三年美國工程界的回顧（續）

（譯自 Engineering News Record） 鄭光珍譯

橋樑

談到一九三三年的橋樑，首先要提起舊金山的兩大工程；一個是金門橋（Golden Gate Bridge），跨度（Span）有四千二百尺，打破了以前的記錄；一個是舊金山歐克蘭間鐵橋，有兩個二千三百一十呎的跨度及一個一千四百尺的懸臂跨度（Cantilever Span）。這兩座橋在現代橋工中與大石垻（Boulder dam）在垻工中一樣，全可稱為出類拔萃。雖然，一九三三年不能算作「橋梁年」。

去年各處完成的懸臂橋(Cantilever bridge)，頗有昔日建築的風味；最顯著的，是紐阿蘭(New Orleans)地方橫貫密西西比河的大橋。尺寸適中的橋樑，在去年比較風行。橋樑改善及加固工程，去年做的也特別多。西雅圖(Seattle)地方的雙葉開合橋，已安裝了新式透孔甲板；皮斯伯(Pittsburgh)著名的聖斯密斯橋(Smithfield St. Bridge)為增加效能和延長壽命起見，亦新換了鋁質戰甲式的橋板及鋁質縱橫樑(Floor beams and girder)；又有地方用鋼格(Steel grids)填上混凝土或用許多的鏻(Channels)連鎖起來，外邊塗以柏油，當作甲板之用。現伯若橋(Queensboro Bridge)的橋板，是歷史上有名難以修理的，也要加以改善了。

有幾件有趣的工程，值得一提，在紐窪(Newark, N.J.)地方有幾條鐵路和公路相交於一地；因地勢及設計上的關係，各路高低相差太遠，結果是在三個不同的高度，用三十二吋厚的洋灰板，作了三個洋灰板橋；米梭(Missouri)地方作了一個自錨懸橋(Self anchored Suspension bridge)于去年已開始通行；德國追斯頓(Dresden)地方作了一個上行樑橋(Deck girder Bridge)，完全用電焊方法作成，用鋼之多，為世界第一。去年是伯魯橋(Brooklyn Bridge)落成五十週年，大家重舉行開橋典禮，以資紀念。

歐洲有兩個橋正在建築，一個是在丹麥，一個是在瑞典。丹麥橋名子叫作斯特勞斯特(Storstorm)，完成以後，可將伊蘭島(Zealand)與法斯德(Falster)連成一氣，此橋長約二英哩，包括四十七個上行橋架(Deck truss)，每橋架的跨度有二百呎，還有三個下行鋼拱(through steel arch)，跨度有兩個是二百四十呎，有一個是四百五十呎。似這樣規模宏大的建築，在歐洲還是首次出現呢。在瑞典京城，有一個空心洋灰拱橋(Hollow type Concrete arch)已經作成，跨度有五百九十三呎，較比法國六百一十二呎的長拱橋，還稍差一籌。

構造

愈到患難時期，愈有發明與天才出現。在去年經濟情形極蕭條的時候，構造的進展，非常顯著。美國材料試驗會(A.S.T.M.)實行了新的鋼鐵規定，把屈点(yield point)和最大應力(Ultimate Strength)提高。美國電焊會(American Welding Society)亦擬定一個關於電焊桿(welding rod)的規定。各州鑑於加里佛尼亞南部(Southern California)的地震，毀壞了許多學校及其他建築物，多修改其建築法；對於房屋的側面應力，特別注意。海岸及大地測量會(Coast and Geodetic Survey)的強烈地震計，在上次地地震，得了可貴的記錄。當時地震中心附近擺動的一切情形(如關於牠的加速，週期，震幅等)均可藉此明瞭個大概，自洛山磯(Long Beach, Los Angeles)地震慘劇發生後，大家對於抵抗地震的建築物，開始用分析和推論的方法研究了。

木質建築，亦有新的發展。西北部有許多鐵路公司，用嵌圈或嵌板(Dowel rings or plates)及釘(Counter-sunk)在木質房架的關節(joints)上，以傳壓力及剪力。又有地方用木材和混凝土作了一個板橋，在木材上釘了許多三角形的鐵板，插入混凝土內，以增加水平剪應力(horioznta1 shear resistance)。

近來有許多自來水塔的高柱，是用鋼板電焊而成；有的是圓形的，有的是橢圓形的。比斯伯(Pittsburgh)地方的墨斯密斯橋(Smithfield St. Bridge)已採用了鋁質的縱橫樑及鋁質戰甲式的橋板。用X光線檢查電焊，乃最新的方法，在大石壩(Boulder Dam)的水管工程中，已經實行。

普靈斯頓(Princeton)城用無瑕鋼(Stainless Steel)作了一個金門橋塔 (Golden Gate Bridge Tower) 的模型，以供試驗。試驗的成績，較比以往，很有顯著的進步。世紀進步展覽會 (Century of Progress Exposittion)，陳列一個斯凱 (skyride)搬運橋(transporterbridge的模型。在製造和運用上均可稱爲成功。實際上的設計，多以此模型爲根據。此橋用了極多的鋼絲繩，全是預先受了很大的牽力，然後應用。其繩絲加固方法，亦很足注意。

深基礎

年來有三處工程，正在進行。其基礎之深，頗足注意。摩根城 (Morgan City) 的阿發河(Atchafalaya River)有一橋墩已經完成，深度有一百七十六呎半；在紐阿崙 (new Orleans) 地方，橫貫密西西比河的帶橋 (Belt Bridge)，有四個橋墩正在建造，其深度有一百七十呎；舊金山歐克蘭橋(Sanfrancisco-Oakland Bridge) 的兩個橋墩其深度將達二百二十呎。以基礎的深度而論，這些建築在國內可算空前。就按全世界說，除去澳洲哈克斯伯橋 (Hawkesburg) 外，亦可說打破深基礎的記錄。

這些成績，並不是偶然的。必須採用現代施工方法，始能功成；涵的設計 (Caisson design) 有時要獨出心裁；涵的零件，亦須加以改良。在紐阿崙 (New Orleans) 用的是人工沙島法 (artificial sand island method)。摩根城的河底，極不穩固，作基礎之法，是用一個圓形的鋼涵，中間置一挖泥機，以掘沙泥，外邊護以鋼製板樁以防水溜之侵入。舊金山的工程，每涵包括二十一到五十五個圓形鋼筒，頂端封閉，通以空氣使人在裏邊工作。出水以後，再用挖泥機掘到石層。這完全是新的方法，結果甚爲滿意。

水電廠

坦尼西山谷建設會 (Tannessee Valley Authority) 的發電廠已經完成；公共建設會 (PWA) 亦撥出一筆款，在哥倫比亞河 (Columbia River) 建一柯利水電 (Bonneville and Grand Coulee power Project)，幾年來被人漠視的水電事業，又是活躍的現象了。連大石垻(Boulder Dam)的水電廠及將來聖勞瑞河(St. Lawrence River)的電廠算起來，恰巧分佈在全國的四隅；足可算是國營電廠的四大金鋼。一切私人的電廠，均須以此爲標準。

私人電廠聽到國營電廠之成立，很感覺到不安。本來電氣事業，在國內並無供不應求的現象。一般電廠，對于將來需要的增加，亦有通盤之計劃。國營電廠成立以後，如不奪去私人電廠的生意，恐怕沒有銷路。這種競爭對于一般電廠的關係很大。不過就事實上看來，也沒有什麼大害。坦尼西山谷電廠成立以後，即與本地電廠訂立合同，把全地的市場分作若干區域，彼此不得侵犯。政府對於坦尼西谷人民的用電，將竭力提倡；俾需要激增，國營及私人電廠均得維持。

就技術方面講大石垻電廠的水力機，已佈置就緒，正待安裝。每機的能力，有八百二千五百瓩(Kva)；規模之大，在全世界可稱首屈一指，電焊水管及進水塔門的工程亦很足注意。大石垻本身的建築，進行的亦很快，只以混凝土工程而論，截至去年年底，即完成了一百萬碼。

防洪工程

去年下半年，公共建設會(PWA)對於防洪與治河工程有極大的努力。此會爲治理米梭里河(Missouri River)起見，在佛地皮(Fort Peck)地方建一大垻，費款約七千萬美金，即此一端，即足証明政府對於地方建設之決心。其他工程，爲此會所着手辦理的，有沙河(Sacramento River in California)及瑪斯河谷(Muskingum River Valley in Ohio)的防洪工程，及皮斯伯(Pittsburgh- Pa)附近的大垻。在鄰近墨西哥的腦格(Nogales)地方，防洪工作亦積極進行。最近美國政府與墨西哥政府共同出資於一九三三年簽訂條約整理柏梭(El Paso)地方的瑞歐(Rio Grande)河岸。

密西西比河的防洪計劃，行將完成；有六個新引河於去年完竣；其護岸方法，大加改進。微斯伯(Vicksburg)地方的水工試驗所，亦甚有成績。

開墾與灌溉

灌溉情形雖漸有起色，但除去一小部分外，一切的灌溉區與其他農產區，，仍是窮困異常。雖然，政府對此，並不灰心。公共建設會仍籌出鉅欵，從事灌溉。屯墾局 (Reclamation Bureal) 去年經該會批准，得到二萬萬美金的補助；其半數於一九三五年七月以前，即可領到。似此優越情形，在屯墾局成立以來，還是第一次。不過這些款項，多用于救濟及水利事業，對于荒地的開墾，尚未顧及。

穀價漸漸高漲，灌溉區的業務，較比以前，漸有轉機。農民對於灌溉公債的章程，曾很激烈的要求修改；現在此種呼聲已漸漸消沈了。不過有些灌溉區的公債，是在穀價高漲時發行的，所擬訂的利率及還本辦法，未免不適於用，仍有修改的必要。一般債主已相信農民不致賴債，對於他們，已不主張過於軋榨。主持灌溉事業的人，看到此点，又何苦相逼太甚，所以一般農民與灌溉區的辦事人，已沒有以前冰炭不相容的情形了。

水道

公共建設會對於水道，亦積極提倡。一切未完的河道與海港工程，皆籌出鉅欵使之繼續進行。此外又籌出三千三百五十萬元，急速的完成密西西比河上游九呎深的水道。又籌出一千七百七十五萬三千元，整理米梭里河(Missouri River) 的航運。但這兩件工程，不足表示政府已實行了以前發表的內河航運計劃，因公共建設會籌措此欵，並未商得國會的同意。不過公共建設會所辦的工程，並未得國會同意的很多，這兩件事，亦不足爲奇。

本年伊里諾 Illinois) 水道，開始通航，從此新式的輪船，可以往來於大湖(Great Lakes)與海灣(Gulf)之間了。關於修築聖勞瑞(St. Lawrence)河河道事件，美國和加拿大本年訂一合同；現在美國國會正考慮此事；加拿大政府，對此尚無若何表示。考德(Cape God Canal) 運河所有的橋樑，均已加高，與鐵路交叉處，亦安裝了可以啓閉的吊橋，船舶往來，更稱便利。最近有一個提議，打算穿過弗勞利達半島(Florida Peninsula)修一運河，使大西洋與墨西哥海灣間的距離縮短。此種計劃，俟批准後，即可由公共建設會撥欵實行。

運輸

關於運輸事業，一般人頗注意於各種交通工具(包括火車，汽車，和內河航行的輪船) 的合作。二月間，國家運輸委員會(National Transportation Committee)作了一個報告，送到國會；例舉許多事實，證明此種合作之優点。關於此事，政府擬規定出一種法律，公佈施行；國會最近公佈了一篇「鉄路的合作者」。(Railroad coordinator) 即爲此立法手續的初步。

當此鐵路業務不振時期，一般人頗注意「鐵路的合作者」的內容。鉄路運費之規定，一向是根據鐵路的資本和行政費；而這篇「鐵路之合作者」主張；鐵路所用的錢，必須和於經濟原則，否則，不能作爲規定運費之根據。這種主張，有許多人表示反對，因爲這樣一來，有許多鐵路公司必須改組；而政府現在正希望這些公司改組，俾運輸情形得以改善。自長途汽車發達以後，鐵路失去了許多生意，爲挽救起見，鐵路公司把鐵軌延長到各工廠和商店的門口，以便利商家；同時長途汽車因各種工業規章之保護，生意也很不錯。從此鉄路與長途汽車的關係日益密切，而鐵路與長途汽車合作問題，亦容易解决了。

流線式的高速輕便車(Streamline car)，在製造上有很大的進步。各鐵路採用此種車輛的，已漸漸多了。

公路

一九三三年的公路建築，可以說是在中央的人力與財力下進行的。以前各縣的築路經費，總數達三萬萬元；去年大爲削減，除去養路的經費外，所餘無幾。各州的築路經費，因救災及其他用途，耗去了二萬萬元；結果，直接用於公路上的錢，較比一九二二年少了二萬七千六百萬元。在此拮据情形之下，只可由一九三二年中央救急借款一萬二千萬元中，移挪一部分來，以資彌補；復興條律中，亦允許撥出四萬萬元，以爲一九三三及一九三四年築路之用；一九三三年應得之款，不過七千五百萬，而實際到手的錢，頂多只有一半；其餘的數，不算作徒具虛名的欠款而已。由此以觀，中央撥給的錢，殊難抵地方政府築路經費之不足。然錢雖不多，地方政府總算受了中央的津貼；因此中央對於各州公路的管理權，一天大似一天。這是極關重要的事實。

政府自一九一七年開始有一種規定：就是中央對於公路的津貼，只可用於中央擬定的幹路網，不可修築其他道路。自一九三二年以後，此種限制已經取消了。去年中央之補助金多用於二等道路及養路工作。將來全國各種公路之管理權，必將集中於中央，這不過是事情的開端而已。

垃圾

垃圾處置，很有採用包工制的趨勢。第特(Detroit) 打算把垃圾包給商家，言明每噸給價若干；但試行了七年，未能成功；終於歸公家自辦了。巴的模(Baltimore) 亦把垃圾包出去，每噸給價五元，結果很好。商家的垃圾焚燬廠，十年後將由官方備價收回。

紐約的垃圾，一向是拋到海裏的。去年管理院聲明：七月一日以後，不許實行這種辦法，否則必須每天納捐五千元，繳到紐結州(New Tersey)。共公建設會(PWA)撥款四百萬元，購買焚燬爐。去年克雷蘭(Cleveland)，皮蘭(Portland)，戈登城，(Garden City)及巴的模(Baltimore) 各地，均安裝新的焚燬爐。巴的模的焚燬爐，每日能焚燬垃圾六百噸，價值四十二萬元。紐約的垃圾，亦是採用包工制，近來咸覺包價太大，已不合原商承辦了。華盛頓城一九三二年作了兩個焚燬爐，去年才經試驗，現因為經費不足，只使用了一個小的。

自來水

據最近的統計，去年自來水事業的發展，較比一九三二年增多一倍。自然，一九三二年是極蕭條的一年，各種事業的進展，均極有限。與此年比較，一足勝強多多。但實際講來，去年的情行，並不容樂觀。本來自來水事業自一九二八年，即日趨不振；一九三三年，如不算考勞多水管工程(Colorado River Aqueduct)，仍有循此趨勢，繼續衰落之現象。

去年各種工程的進行，頗得力於救濟會 (RFC) 六千萬元之借款。公共建設會去年夏間亦補助了五千萬元。但這些款項，實際只用了八千五百萬元。因為許多的自來水廠，只向中央請求批准，並未向中央請求補助。

各自來水廠的趨勢，皆致力於水管的改良。電焊水管，已漸為大家所採用；最著名的是兩個長的電焊水管，一個在潘斯維尼亞(Pennsylvania)，一個華盛頓 (Washington)。螺旋電焊管 (Spiral-welded steel pipe) 亦甚風行，外國常用洋灰及石棉混合，作成水管，以抵抗大的壓力；現在此種貨物，已在國內的市場出現。管子塗油，以防侵蝕，實行的已日見其多了。

水質的改良，與往年一樣，仍各廠水為中最重要的手續。

衛生工程

因經費之不足，去年衛生工程之發展，較比一九三二年猶有遜色。但各方均感覺現在的衛生設備，頗有改良的必要，所以處置穢水問題，年來已成大家討論中心。復興條律，一反救濟會(RFC)之所為，曾規定出一個條款，聲明衛生工程之經費，不必以收到的衛生捐為限。有幾處衛生工程，得到了法庭的判決，使公共建設會撥款補助。此事宜傳出去，大家紛紛向公共建設會請款；截至去年年底，該會撥出之款，已逾一萬萬元。

處置穢水，是較比新的工程，技術上的發展，非常的快。本年有兩件可述的成績：第一是用化學藥品處置穢水的進步；第二是污渣氣 (Sludge gas) 新的用途。各實驗室對於粘結 (Coagulation) 的化學性質，曾作精細的研究；所得的結果，極有價值；因此大家對於化學藥品的應用，有更澈底的明瞭。關於新的化學方法，各處曾作模型試驗以為實際工作的根據。污渣氣在幾年前，就有許多地方用以提高消化池 (disgestion tank) 的溫度。去年又有幾個活動污渣廠(activated-sludge plant)，其輸送空氣到養化池 (aeration tanks) 的機器，已利用污渣氣發動了。

大家注意的「活動污渣方法」專利案件，已於去年二月間判決了。米窪城 (Milwaukee) 法庭聲明：該方法已獲得專利權。米窪城未經合法手續，擅自應用，實屬違法。米窪城不服判決，當即上訴；有幾場強烈的爭辯，迄今尚未判決。芝加哥 (Chicago) 亦有類似之案件，亦未判決。

職業規章

草擬建設規章時，曾討論到工程團體與建築師團體的規章；後來大家認為此事並不急需，同時復興局 (NRA) 亦聲明自由職業者可以不受規章的限制，此事遂無人過問了。但以後發現此兩團體若不草擬規章，有些工程界的障礙很難掃除；而工程師與建築家，為保持他們自己的利益計，亦有加入「規章運動」的必要。所以去年美國土木工程師協會 (American Society of Civil Engineers)及美國建築師協會(American

Institute of Architects）均開始擬具規章了。

復興條律執行的人，對於工程師的規章，意見非常分歧；因此規章雖草擬多時，進行甚緩；遲至十月，初稿才開始公佈，經復興局（NRA）和各方面的批評和建議，又删改了許多。最近經復興局改訂的規章，非常完備，工程界的一切人員，無不包括在內。

薪金問題

在從前繁榮時代，工程師的待遇就不算優厚。近三年來，因經濟蕭條，薪金又大為削減，直使工程師無法維持。而一般工程界失業的人，拚命的找工作，薪金多寡，在所不計；這樣一來，更使情形惡化。大家以為復興局(NRA)所訂的各種規章，可以幫助他們，要求改善待遇，於是將舊有的工程團體恢復起來，研究各規章的內容；一俟工程師規章批准，就進行與僱主交涉改善待遇；但直到現在仍無圓滿的結果。第一因為復興局所訂各種規章，並不包括政府機關的工程師，只包括私企業的工程師，而其中服務於各工廠的，因各種工業規章的保障，已感到相當的滿意，不再事爭求了。第二因為復興局與各種工業組織所成立的規章（按第七節所說的僱傭協定）只規定了最低薪金及最高工作時間；其他問題，概未談及；雖有組織較複雜的業團體，經過僱用者與被僱者雙方的同意，在最低薪金以外，亦有所規定；然此不過是極少數。在這兩種情形之下，改善待遇問題，實難解決。建設規章通過以後，各機關的工程師，又討論到薪金與工作時間的問題，然這只是私人磋商並無政府的命令，所得結果更少了。

證書與出路

工程界經過一年的準備和研究，組織了一個「工程師同業會」(Engineers Council for Professional Development)，代表工程界全體，辦理有利同業的事；如指導工科學生，改良工科教育，促進各工程協會之發展等等問題，均在此會舉辦之列。除工程師規章外，此會可算去年工程界最大的成就了。

二十七州已經訂了工程師註冊法，歐亥歐（Ohio）州，去年亦訂立完成，其餘各州，亦在起草中。

去年工程師的出路，還不見佳，與一九三二年大致相同；惟去年年底，臨時建設會把海岸及大地測量會(Coast

nd geodetic survey）的組織擴大，許多的工程師得到工作。雖然出路不佳，薪金削減，但一切工程團體及各種協會，仍照常舉行，此種精神，殊可欽佩。

包工事業

去年一般的包價，較比前年為高，足使包工的人，不致虧本，一九三二年的難關，總算是渡過了；然生意太少，競爭仍很激烈。建設規章批准以後，包工界舊有的系統，全被破壞，此規章關於材料及工具的種種限制，究竟對於物價有什麼影響，完全不能預測，這是包工者最感困難的一点。凡屬于政府或由政府補助的工程，公共建設會對於包工者，均有許多新的限制，關於工人問題，尤其注意，在這許多限制之下，包工者僱用工人，絲毫不能自由；有些工人，須由指定的地方招募，這些人多是無經驗和不能工作的。結果錯誤時出，效率大減，工程估價，亦很難預先計算；而真正有本領的工人反得不到工作。

到了一九三四年，情形就不同了。公家興築的工程，非常之多；包工事業，日漸有起色。各種規章實行以後，料的價格，非常穩定；工程估價，不像從前富於賭博性了。建設規章，尤能使包工界前途，日趨穩固，從此包工界的一切流弊——如大價包來，小價包出，以圖漁利等事——可以有法杜絕了。關於工人問題，規章中亦有極詳盡的條款；情形既如此順利，一般包工者可以躊躇志滿了。雖然，公共建設會的種種限制，亦有許多使他們不耐煩的。

（完）

官廳水庫工程施工程序

高鏡瑩

永定河，於華北諸水中，流量最大，而挾沙亦最多。兩岸農田，時遭昏墊之患，其尾閭海河，因受上游永定河濁水之侵襲，日漸淤淺。雖自海河治標工程實施以來，已有相當功效，然以上游永定河洪水量之未加節制，終不能一勞永逸。海河與永定河息息相關，利害相通。永定河不治，則海河永無改善之可能；而永定河本身，每隔數年必潰決一次，沿河人民生命財產之損失，殆不可以數計。故欲求海河通暢，永定安瀾，非先治理永定河不爲功。華北水利委員會擬有永定河治本計畫，其大綱分爲：(甲)攔洪工程，(乙)減洪工程，(丙)整理河道工程，(丁)整理尾閭工程(戊)攔沙工程，及(己)放淤工程。其目的，在避免永定河之決堤與氾濫，以減輕兩岸農田之痛苦，暨減少量鉅沙泥之輸入於海河，以繁榮天津之商務。計畫至爲周詳。如能一一實行，則航運利便，而水災可免。內政部與河北省政府有鑒於此，業經會同呈准行政院延長津海關附加稅六年，用以抵借工款5,000,000元，辦理下列三項工程：

(一)永定河官廳水庫工程，　2,500,000元；

(二)永定河中游培修堤埝，及金門閘放淤工程，　580,000元；

(三)海河治標未竟工程，　1,920,000元。

其(一)(二)各項工程，由華北水利委員會及河北省建設廳負責辦理。第(三)項工程，由整理海河善後工程處負責辦理。

爲需永定河之鞏固安全，避免堤防潰決，保持下游放淤工程效用，非舉辦上游攔洪水庫工程不可。該項工程，業經華北水利委員會於永定河治本計畫中，詳細擬定。計分官廳及太子墓兩水庫。茲先建官廳水庫，其減洪效果，在最高洪水，可以減少洩量百分之七十以上。建築工款約需2,500,000元，列如下表：

官廳水庫工程估計

(1)修築懷來至官廳汽車路 152,000元

(2)鑽探壩基 15,000元

(3)修築引水隧道 200,000元

(4)修築擋水壩 55,000元

(5)挖掘壩基 30,000元

(6)開採石料及購置洋灰 600,000元

(7)建築壩基及壩尾 230,000元

(8)建築壩身及通行橋 240,000元

(9)徵收土地 594,000元

(10)遷移村莊 116,000元

(11)修築圍堤 68,000元

(12)工程行政費及意外費 200,000元

共計洋2,500,000元

官廳水庫工程，工款既已確定，擬於本年秋季動工，於民國二十六年伏汛前完成。其施工程序，分述如下（另附官廳攔洪壩施工程序圖）：

(1)修築汽車路或輕便鐵路 官廳水庫，位置於察哈爾省懷來縣境。擬建攔洪壩，壩址附近，有官廳村，因以爲名。地處偏僻，且爲山谷，交通極爲不便。由平綏路懷來縣車站至閻家溝，約20公里，尚能通行車輛。由閻家溝至官廳，約5公里，完全山路，崎嶇紆迴，不但不克行車，即人力驢馱，亦均不便。是以應由懷來縣車站至官廳，修築汽車路，或輕便鐵路一道。以爲運輸材料機械之用。擬於二十三年十月開工，同年十二月完工。

(2)鑽探壩基 壩址附近山峽，均爲石灰岩，其層次向上游傾斜壩址地質，前順直水利委員會曾探驗一次，鑽至13公尺時，因鑽頭膠着，不能下行而止。華北水利委員會於十九年春間，復行探驗，共鑽三孔，第一孔鑽至7.55公尺，即爲大塊石所阻。第二孔鑽至9.65公尺，所取石樣，頗似岩層。第三孔鑽至7.70公尺，亦見同樣石質。惟因河水驟漲，不能施工，遂致停頓。所得資料，尚嫌缺乏，未能證明石層眞相。應於築壩之先，再行鑽探，以爲各項設計最後校正之根據。現已向美國應格索蘭德廠訂購「開並克斯」式

鋼珠探鑽機一副，以資應用。擬於二十三年十一月起始探驗，二十四年四月完竣。

（3）修築引水隧道　於垻址右岸石壁中，修築引水隧道一道，以備築垻時宣洩永定河流量之用。洞寬6公尺，高5公尺，上作半圓形，底作方形。長約340公尺。混凝土砌衣，平均厚3公寸。在1公尺水頭時可宣洩100秒立方公尺。擬于二十四年一月開工，同年六月完工

（4）修築擋水垻　於垻址上下游，各築擋水垻一道。上游擋水垻，垻頂高度448公尺，頂寬6公尺，前坡坡度2:1，後坡坡度3:1。前坡坡脚，打築鋼板樁一排，深及石底，以防滲漏，鋼板樁前，堆塊石一行，以防冲刷，前坡砌塊石一層，垻頂及後坡鋪塊石一層，垻身用亂石與土分層打築。下游擋水垻，垻頂高446公尺，除不打鋼板樁，及坡脚前不堆塊石外，其他做法，與上游擋水垻相同。擬於二十四年十月間完成。

（5）挖掘垻基　引水隧道及上下游擋水垻完成後

，即可挖掘垻基。計土石方共約45.000立方公尺。擬於二十四年十一月開工二十五年三月完工。

（6）建築垻基垻尾垻身與通行橋　攔洪垻為渥奇式，混凝土重量滾垻。垻頂高度466公尺，河底高度439公尺，砂礫層約厚10公尺，垻頂長111公尺，溢道寬90公尺，河底寬66公尺。兩坡及其他臨水部分，均用1:2:4混凝土，厚2公尺，以減少滲漏。中心用塊石混凝土，即以1:3:6混凝土，摻入大塊石三成。垻頂設通行橋一座。垻基挖竣後，即打築混凝土。先建垻基與垻尾，再建垻身與通行橋，計1:2:4混凝土，25.000立方公尺，1:3:6混凝土，5.000立方公尺，塊石混凝土，21.000立方公尺。壩基與垻尾工程，擬於二十五年三月開工，同年六月完工。垻身與通行橋工程，擬於二十五年十月開工，二十六年六月完工。

（7）開採石料購置洋灰　攔洪垻所需石料，約60.000立方公尺，洋灰120.000包，皆須事先籌備妥足。擬於二十四年一月至六月，開採石料。洋灰則分三批購運，擬於二十四年十月至二十五年一月，購運

40.000包，二十五年五月至六月，購運40.000包，二十五年十月至二十六年二月，購運40.000包。

(8)徵收土地　官廳水庫淹沒面積，約計49,500畝，應全部徵收。擬於二十六年一月至六月，徵收竣事。

(9)遷移村莊　官廳水庫淹沒村莊之房屋，約爲2,900間。擬於二十五年一月至十二月，遷移完竣。

(10)修築圍堤　官廳水庫內，地勢較高者，應須修築圍堤，以資保護。擬於二十六年一月開工，同年六月完工。

華北水利委員會，與河北省建設廳，爲實施工程，監督指揮之便利起見，擬設永定河官廳水庫工程處。其組織章程，亦經擬定。一俟工款抵借妥協後，即着手依照施工程序進行矣。

中國工程公司

辦理測量設計繪圖監工一切事務

承造土木建築等項工程

天津英法交界路信義里十二號

電話三三二七五

天津義租界菜市內

忠利成五金電料銅鐵廠

電話東局七十四號

啓者本廠開幕迄今多年頗蒙各界贊許今爲擴充營業酬謝主顧起見所售各件物美價廉如承光顧無任歡迎茲將包辦及所售物件開列於左

※暖汽衛生　本廠特請技師包辦樓房中按設各種暖汽爐子衛生冷熱自來水管子恭桶澡盆臉盆便池厨爐熱水鑪等件工程巧妙堅固耐久

※電燈電料　本廠揀選上等電料裝按樓房新式電燈電鈴電扇電滾各種電料工程及紅白喜壽事花彩電燈等件經驗宏富盡美盡善絕無危險之虞

※五金工程　本廠包辦大小粗細各種五金工程花鐵欄杆銅鐵鍍白無論大部工程小部零活皆能應承定期不悞

※零活零件　本廠售賣各種電料零件鉛鐵器具各樣烟筒爐子等件並配各樣五金零件接授各樣零活

本廠所售物件名目繁多筆難盡述賜顧者請　駕臨本廠或電知本廠當即派人前來接洽可也

本廠主人謹白

會務報告

第十五次執委會議

時間　五月廿五日下午七時

地點　東興樓

出席委員　呂金藻　李吟秋　高鏡瑩　雲成麟　宋瑞瑩

（因不足法定人數改開談話會）

一、討論事項

（一）徵文獎金，向各名譽會員募捐，積極進行。

（二）本會月刊，嗣後擬分出各種工程專號。

二、散會

19857

第十六次執委會議

時間　六月十九日正午

地點　法租界北安利

出席委員　呂金藻　張錫周　李吟秋　宋瑞瑩　雲成麟　張蘭格　王華棠　高鏡瑩

主席　呂金藻

一、討論事項

(一)通過本會信約如左：

問學必勤　任職惟忠　清廉自矢　節儉持躬　同業互助　合作分工　儘用國貨　貫澈始終

(二)審查新會員資格。

通過雲成麒爲會員，陳宗憲爲仲會員，趙國棟　蘇韞龢　王文騏　揭曾佑　劉愷元　高福洪　張士偉　趙正權　歐陽寶銘　陳玉權　顧禮　賀嵩宸爲初級會員，呂彥俊爲學生會員。

(三)工程徵文，將屆截止之期，推李吟秋張錫周宋瑞瑩三君負責審查，提交執委會決定錄取。

(四)前曾向河北敎育廳建議籌設職業學校，造就農工技術人才，並無結果，現應繼續進行，以期實現。

（五）井陘煤礦自東北人關以來，未經整頓，內部情形如何，無從知悉，本會應對此事加以注意，推張錫周張蘭格二君負責與河北省礦冶學會接洽聯絡，共同進行，向當局質問，藉達整理之目的。

二、散會。

世界最高之「世界高塔」

法國設計一座高聳雲霄的建築物，把世界著名的飛綺耳塔和帝國大厦疊起來還及不到牠的高。這個鋼筋混凝土建築的巨物，將命名爲「世界塔」，高二千三百英尺，約合我國一里半。預備爲民國二十六年，巴黎博覽會中建築物的一部分。

在這樣高屋中，欲覓相當的升降機是一個極困難問題。該塔設計者採用一種奇妙的解決方法。凡遊此世界塔者可以乘自己的汽車，登高一千六百英尺。有盤旋坡路繞着塔身，俾汽車攀登。達此高度後，遊人可改乘升降機而上升。

有氣象台及燈台位於塔巔。從這樣的高度，計算燈光探照所及，應達一二〇英里之遠。塔之下層爲一巨大圓形大會堂，直徑四三〇英尺。塔內設置各種科學實驗室。因其高度之便利，可裝置非常的儀器，例如一千六百英尺的擺—這於研究地球的運動及關於地心吸力的實驗大有益助。世界交通事業及印刷事業之幹部設於塔之底層。預計種種收入可於四十年內償還塔之造價云。

會計報告

由民國廿二年九月十七日至廿三年六月廿一日收付欵項開列於後

計開

舊管

原存洋七十一元三角七分

會務處存洋十元零九角九分

以上二項共計洋八十二元三角六分

新收

收楊顯明入會費三元會費三元共洋六元

收周恩敍入會費三元會費三元共洋六元

收雲成麟會費洋六元

收鄭翰西入會費三元會費三元共洋六元

收李吟秋會費洋三元

收王　銘會費洋三元

收呂全藻會費洋三元

收王華棠會費洋三元

收劉子周會費洋三元

收劉家駿入會費三元會費三元共洋六元
收張錫周會費洋三元
收馮鶴鳴入會費三元會費三元共洋六元
收張恩第會費洋三元
收李書田會費洋三元
收劉介塵會費洋三元
收王恩豐會費洋三元
收李鴻勳會費洋三元
收張錫徽會費洋三元
收張紹曾會費洋三元
收黃金華（內有二十四年度會費）會費洋六元
收安士良會費洋三元
收滑德銘會費洋三元
收鄭紹臯會費洋三元
收覃廣文會費洋三元
收耿詠之會費洋三元
收丁運公會費洋三元
收王恒源會費洋三元

收翟廣鎧會費洋三元
收梁錦萱會費洋三元
收羨書鳳會費洋三元
收姚文林會費洋三元
收沈文翰會費洋三元
收施鴻年會費洋三元
收李振馨會費洋三元
收耿瑞芝會費洋三元
收于以基會費洋三元
收高鏡瑩會費洋三元
收孫紹宗會費洋三元
收陳楊屏會費洋三元
收胡源深入會費洋三元
收劉擢魁入會費三元會費三元共洋六元
收杜聯凱入會費三元會費三元共洋六元
收李　蘊會費洋三元
收劉錫彤會費洋三元
收劉濬哲（上年多交一元）會費洋二元

收雲成麒入會費三元會費三元共洋六元
收陳　哲入會費三元會費三元共洋六元
收胡源深會費洋三元
收張　鵬會費洋三元

仲會員

收馮紹嵩入會費三元會費三元共洋六元
收薛玉淮會費洋二元
收闞玉麟會費洋二元
收張啟燾會費洋二元
收楊金鐸會費洋二元
收王文景會費洋二元
收耿秉璋會費洋二元
收胡懋庠會費洋二元
收張松齡入會費二元會費二元共洋四元
收馮德勳會費洋二元
收儲馴禮會費洋二元
收朱瑞瑩會費洋二元
收秦萬選會費洋二元

初級會員及學生會員

收徐敬修會費洋一元
收檀桂森會費洋一元
收薛　謙會費洋一元
收王琴廣會費洋一元
收雷永楨會費洋一元
收賈之錦會費洋一元
收胡席讓會費洋一元
收蘇寶萬會費洋一元
收李開域會費洋一元
收齊成基會費洋一元
收張子鍔會費洋一元
收謝錫珍會費洋一元
收徐蔭樸入會費一元會費一元共洋二元
收劉成美入會費一元會費一元共洋二元
收王志鳴會費洋一元
收和春芳會費洋一元
收顧　敏入會費一元會費一元共洋二元

收石志廣入會費一元會費一元共洋二元
收鄭兆珍入會費一元會費一元共洋二元
收孫至善入會費一元會費一元共洋二元
收支源海會費洋二元
收崔炳春會費洋一元
收王家埠會費洋一元
收白麟瑞會費洋一元
收李濬源會費洋二元
收呂彥俊入會費一元會費一元共洋二元
收蔡相密入會費一元會費一元共洋二元
收吳怡之會費洋一元
收閻祥麟會費共洋二元　交二十二年度一元交二十三年度一元
收左席豐入會費一元會費一元共洋二元
收趙國棟入會費一元會費一元共洋二元
收閻樹楠入會費一元會費一元共洋二元

各項收款

收會員十二位聚餐洋十二元
收會務處洋五十元

收會務處洋五十元
收雲成麟洋一元　如印像片款
收山東魯廣堯訂購全年月刊十二冊洋一元八角
收北平市府技術室訂購全年月刊十二冊洋一元八角
收文興洋紙行廣告費洋二十元　二卷二期至十二期
收永興洋紙行廣告費洋二十元　同上
收瑞芝閣廣告費洋二十元　同上
收會務處公費洋十二元
收中國工程司廣告費洋十元零八角
收中華書局廣告費洋十七元二角八分
收一大紙行廣告費洋十一元五角二分
收德盛成廣告費十九元七角八分
收中國無綫電廣告費洋十七元二角八分
收申泰公司廣告費洋十二元

收北寧路局廣告費洋十八元
收高工學生會員十一位會費洋二十二元
收李善田李吟秋陳　哲
張潤田呂金藻王華棠
雲成麟張錫周尚銳璧徽章費每位三角共洋二元七角
收顧　敏石志廣徽章費洋六角
收門厚栽王鎔徽章費洋六角
收忠利成廣告費洋十二元
收薛玉澂徽章費洋三角
收孫英崙徽章費洋三角
收孫至善鄭兆珍徽章費洋六角
收李　蘊祖裕崑王瑞麟李尚彬徽章費三角共洋一元二角
收劉鍾瑞孫紹宗徽章洋六角
收杜振武張金榮宋瑞璧
謝錫珍閻樹楠邵光諟徽章費洋一元八角
收華北水利委員會廣告費洋十二元
收張守訓閆書通劉介塵徽章費洋九角
收劉子周徽章費洋三角
收孫相諾徽章費洋三角
收郭梅逸購月刊洋六角

收史處長敬一捐徵文獎金洋二十元
收歐陽寶銘張士偉趙正權徽章費洋九角
收陶局長菊畦捐徵文獎金洋十元
收王子文先生捐徵文獎金洋十元
九月廿九日收會計處雲成麟六元鄭翰西六元共洋十二元
十一月二十八日收會計處張恩第交洋三元
十二月十三日收會計處左席豐交洋二元
十二月十八日收會計處滑敬之交洋三元
十二月二十二日收會計處翟藝甫交洋三元
一月七日收會計處胡源深交入會費洋三元
二月二十七日收會計處秦萬選交洋二元
三月一日收會計處石志廣交洋二元
三月一日收會計處鄭兆珍交洋二元
三月一日收會計處孫至善交洋二元
三月一日收會計處宋瑞璧交洋二元
三月三日收會計處劉擢魁交洋六元
三月九日收會計處杜聯凱交洋六元
三月十三日收會計處胡源深交常年會費洋三元

三月廿四日收會計處陳哲交入會三元會費三元共洋六元

三月廿四日收會計處崔炳春交洋一元

三月廿四日收會計處王家埠交洋一元

四月十四日收會計處閻樹楠交入會一元會費二元共洋三元

五月八日收會計處劉錫彤交洋三元

五月十五日收會計處孫相㴑交入會一元會費一元共洋二元

五月十五日收會計處吳怡之交洋一元

五月十七日會計處 閻祥麟交廿二年度一元廿三年度一元共洋二元

五月廿八日收會計處趙國棟交入會一元會費二元共洋三元

收通成公司洋一百二十六元零四分

以上一百五十項共收洋八百四十三元

開除

九月十八日付寰球印局洋一百零五元三角

十月十三日付志同照相館洋八元

十一月六日付寰球印局洋十五元三角

雲成麟六元　鄭翰西六元

十一月六日付會務處洋十二元

十一月十三日付寰球印務局洋一百零六元

因多交

十一月廿五日付雲成麟退洋三元

十一月廿五日付 國民飯店 會員十二位聚餐 洋十五元

張恩第交會費

十二月一日付會務處洋三元

信封名片等

十二月十六日付瑞芝閣洋九元五角

十二月八日付華通 印會員催款信及信封 洋四元四角

檀桂森交一元薛謙交一元

十二月十六日付買郵票洋二元

雷永楨交

十二月廿日付買郵票洋一元

買之錦交

十二月廿日付買郵票洋一元

滑德銘交

十二月二十一日付會務處洋三元

鞏廣文交

十二月二十二日付會務處洋二元

蘇寶萬交

十二月二十六日付買郵票洋一元

李開域交

十二月二十九日付買郵票洋一元

一月二十二日付寰球印局洋六十九元一角

一月二十五日付南京政府電報費洋十二元六角

朱瑞瑩二元秦萬選二元左席豐二元

三月二日付會務處洋六元

孫紹宗交

三月五日付買郵票洋三元

胡源深三元劉擢魁二元顧　敏二元石志廣二元

鄭兆珍二元孫至善二元杜聯凱二元

三月九日付會務處洋二十三元

三月十二日付寰球印務局洋六十三元二角一分

三月二十日付購徽章交瑞華金店洋五十五元

三月二十四日付會務處洋二元

崔炳春交一元王家埠交一元

劉錫彤交

五月九日付會務處洋三元

孫相雲交二元吳怡之交一元

五月十六日付會務處洋三元

閻祥麟交二十二年度一元二十三年度一元

五月十七日付會務處洋二元

六月十四日寰球印務局洋十二元

趙國棟入會一元會費一元

六月二十一日付會務處洋二元

胡源深交會費

三月十三日付會務處洋三元

陳　哲入會三元會費三元

三月廿四日付會務處洋六元

閻樹楠入會一元會費一元

四月十四日付會務處洋二元

付購地政月刊四冊洋七角二分

開年會

付賞北洋工學院差役洋四元

付朱承忠津貼洋十元

付號房信差等三人節賞洋三元

付購郵票五百分洋五元

付寄月刊車費洋一角

付購郵票六百分洋六元

付寄月刊車費洋六分

付購郵票一百分洋一元

付工業學院送月刊車費洋一角四分

付會務幹事廣告費洋十元零八角

付購印花　洋一元六角

付購郵票　洋八元

付大公報益世報庸報華北明星報洋四十三元
付會餐堂彩洋一元五角
付賞市府差遣洋四元
付書記趙樹桐津貼洋十元
付書記戴指南津貼洋十元
付瑞芝閣　洋五元一角二分
付瑞芝閣　洋五角二分
付大華飯店　洋四元
付朱承忠津貼洋十元
付號房信差役等節賞洋三元
付購地政月刊洋四角
付會計處洋五十元
付瑞華樓做徽章定洋五元
付瑞芝閣購印花洋五角
付登大公報廣告費洋一元二角六分（代市府聘請工師）
付登益世報廣告費七天洋十五元（代華北水委會徵技術人員）
付購開發西北月刊三冊洋六角
付信差劉邦起赴郵局寄月刊車資洋一角

付購郵票二百分洋二元
付寰球印徵文簡章六十張印套字信紙一百六十張洋二元
付寰球印志願書四百張洋三元一角
付劉邦起張順劉升夏節賞洋三元
付朱承忠津貼　洋十元
付購郵票五百分　洋五元
付會計處　洋五十元
以上七十一項費共洋八百五十元零零三分

實在

除付應存洋七十五元三角三分
計會務處存洋二十三元五角七分
計編輯部存洋五十一元七角六分
原存郵票十五元五角六分
收各會員交來郵票九元
付會務處郵票十元
付通知各會員及回各會員信等用郵票四元零五分
結存郵票十元零五角一分

民國二十三年六月二十三日

專載

崔興沽模範灌溉工程籌辦經過及計劃大綱

華北水利委員會

第一章 籌辦經過

一，購地之經過

本會鑒於吾國農業不振，提倡灌溉不容或緩，爰擬在平東薊運河下游設立大規模之模範灌溉場，以資倡導，並奉建設委員會令飭，積極籌劃進行。本會旋於十八年十二月間，擬具平東模範灌溉場組織章程，呈報建委會。本會嗣以吾國對於灌溉試驗研究，深感缺乏，如能設場試驗，將所得結果，公布全國，使與辦灌溉事業者得所借鏡，以免無謂之消費與損失，則收效與模範灌溉場相等，而創辦費用，則遠在模範灌溉場之下，其效率實較模範灌溉場為更大，因擬在寧河縣于振中君所組織之興農公司崔興沽約四十九頃地內，酌租五百畝，為設立灌溉試驗場之用。經與于君接洽，索每年每畝租金五角，如租用五年，共需租金一千二百五十元。迨十九年春，于君曾擬以每畝四元左右之賣價，將全塊地售與本會，嗣以戰事發生未果。二十年本會徐委員世大，以灌溉試驗場亟須設立，復一再擬具詳細辦法，提出二月二十三日及五月二十九日第九第十兩次委員會議，經第十次大會議決『照案通過』。因復與于君商洽購買。於兩次會商之後，于君表示，如能全買，願按每畝三元售與本會。該地全塊計約四十九頃，如完全購置，頗合灌溉試驗及模範灌溉兩塲之用。經提出七月二十七日第七十六次常會討論議決：『呈請內政部，准按每畝三元價購全塊，以五頃辦理灌溉試驗場，以其餘四十四頃餘辦理模範灌溉塲，均由歷月經常費節餘項下開支。』經錄案呈請內政部鑒核，嗣奉指令『所請購置地畝，設立灌溉試驗塲及辦理模範灌溉塲，均由該會歷月經常費節餘項下開支，辦法尚無不合。惟擬購地畝位置，距離該會過遠，有無不便之處，仰明白聲叙，以憑核奪。』當以『天津附近並無相當地畝，所擬購置之寧河縣崔興沽地畝，在北寧路茶淀車站東北數里，由津前往，不過兩小時即可遂到，管理尚無不便。』等情，呈復。奉內政部指令『應准照辦』。經與于振中君接洽，議定將所有崔興沽地一大段，實計四千八百七十五畝八分三釐，東至通茶淀大道，西至王八窪土埝，南至茶淀洩水溝埝，北至前勾斐沽白道，盡數賣與本會，作為興辦模範灌溉塲及灌溉試驗塲之用，價洋一萬一千九百四十元。由雙方各請律師，居間作證，訂立正契，付給地價。嗣以本會經費中斷，未得繼續進行。

二，計劃之擬定

二十二年春，本會經費固定，財力稍蘇，各項工作，均在積極進行，崔興沽灌溉塲之興辦，實屬不容再緩，爰經徐技術長擬具『崔興沽模範灌溉塲工程計劃』，提出四月十日第十六次大會議決：『通過』。同時經陳委員湛恩，李委員書田，臨時動議，提請興辦。當複議決，由本會經常費節餘項下，先撥二萬五千元，即日興修。本會即根據決議經過，將該項工程計畫，連同圖案全份，專案呈請內政部核奪。嗣奉指令『審核圖案，尚無不合，所議由該會經常費節餘項下撥欵興修，尚屬可行，仰即妥慎辦理，並將辦理情形，隨時具報查考。』等因，本會遂即妥慎籌辦，陸續擬定工程合同，施工細則，投標章程等文件，並按照施工步驟，分全部工程為兩期舉辦。第一期工程為：（一）開挖引水渠。（二）開挖進水及排水總渠。（三）開挖分水渠。（四）開挖排水渠。（五）建造抽水廠房。（六）建造工人住房。（七）修築引水渠木橋。（八）修築排水渠木橋。（九）挖築儲水池。（十）建築進水木槽。（十一）建築儲水池東部出水口。（十二）建築分水閘。

(十三)建築抽水站岸墻等。共十三項。又以前四項為完全土工，後九項為建築工程，故又分為兩標，招商承包。

三，第一期工程

原擬於二十二年五月中旬，登報招標，惟以崔興沽屬於寧河縣境，位置在北寧路茶淀車站之東北，其時正陷入戰區，不得不暫時從緩。至五月底戰事停止，乃於六月三日登報招商承包，於是月十七日在會當衆開標，計投第一標者以同義成所投七，四一四元為最低，投第二標者以毓豐公司所投八，九二〇元為最低。當提經六月十七日第九十二次常會審查，議決即以同義成為第一標得標人，毓豐公司為第二標得標人。

本可即日開工，復因接收戰區尚未告竣，而雨季施工，尤感不便，當決定俟汛期過後，再行舉辦。同時第二標得標人毓豐公司，以投標匆促，未計及唐山石料市價，事後細查，方悉石價過昂，聲請退約。本會照章將其投標保證金沒收。原投第二標者，雖尚有德盛工程處一家，惟估價過鉅，得難遞補，乃由同義成試開價單，關於建築材料，亦略予變更，藉可不致超過太甚。其所開總價為一〇，二八三元。經本會詳加核算，尚稱適當，且兩標工程由一包商承辦，指揮亦較便利。乃於八月二十四日第九十四次常會議決，即由同義成承包。所有工程合同，亦經先後與該商正式訂立。定於九月二十日開工，約六十日可竣。

本會嗣即委派劉擢魁為工程師，前往監工，該員於九月十五日携同工程員顧敏及測夫等，由會出發。翌日即開始測量，安設標樁，迄至二十日業將必須標樁，大部安妥。包工人亦先期將工匠材料，陸續運到，故能如期開工。關於工程進行情形，迭據劉工程師隨時呈報請示，均經本會指導遵照辦理。為顧及村民之便利，及適合土質關係，曾將原計畫變更三點：(一)引水渠線因離村太近，改向北移，較原線約縮短五十公尺，土方減少，既便村民，且與本會亦屬有益。(二)引水渠邊坡因土質鬆軟，改為一比一，二五，但斟酌各段情形，隨處變更，以期土方增加有限。(三)抽水廠房基礎，適在軟黑土之上，當排築灰土時，兩旁之土振動甚劇，如將來房內抽水引擎開動，房屋必受波振，故改用洋灰混凝土，並下小樁木，以期穩固。共增費約一百五十元。其餘工程進行，均極順利。

該項工程照合同規定，應於同年一月二十日完工，但嗣因陰雨及其他種種原因，未能如期報竣。至十二月十三日，始克暫告結束。除中間因雨雪停工七日外，實計逾期十六日。當經令派正工程師陳昌齡前往驗收。旋據報稱：『遄於十二月十八日馳赴崔興沽，經按照工程圖樣，及施工細則，逐項分別詳細査驗，並以水準儀施測各項高度，於十九日竣事。計本期工程，除第一標各渠道因特殊情形，尚留渠道與大路交叉處道口八處，與保護閘橋之土壩一道，及河口深土均尚未挖，第二標廠房內地面，因待抽水機件購妥後，再修築外。其餘各項，均已完工，並經檢驗，與規定圖樣細則，尚屬相符。』等語。當經將未完各工價款，分別估算，暫予扣除，並通知原承包人，責令於春暖補做完成，再行發給。同時並將結束日期，呈奉內政部令准備案。

四，第二期工程

嗣即籌備第二期工程之進行，關於招標章程合同格式施工細則暨圖樣標單等，亦均早經分別擬定。乃於本年三月初，登報招商承包。當時來會領取標單閱樣者，雖有數家，但因工程瑣細，為包工人所不喜，致屆開標日期，竟無來投者，不得已，交由天津永全公司及同義成公司，開價比較。計永全公司所開總價為九，九九七元，惟未包括辦公室之建築費在內。同義成公司所開總價，為一三，八九二元，除去內列建築辦公室二，九〇〇元，仍合一〇，九九二元，較永全公司所開為高。乃決定辦公室暫緩建築，由永全公司承包。旋即與之訂立正式合同，於四月二十二日開工，由會遴派工程師劉權魁，工程員顧敏，前往監修。工程進行，至為順利。現已如期竣工。關於抽水機及引擎，經先期由上海新中公司訂購，亦陸續運往場址，安裝就緒。除已呈部請派員總驗收外，並訂於七月一日舉行放水典禮，函邀各界，前往參加。

五，工程用費

灌溉場全部工程，前經估計，共需洋三萬五千元，曾陸續由本會經常費結餘項下，如數指撥，並呈部有案。現計第一期工程，用洋一八，三五八·三一元，加第二期工程九，九九七元，共為二八，三五五·三一元。再加抽水機件價洋四，九三二元，另裝運費五〇〇元，總共用洋三三，七八七•三一元。較之原來估計，尚未超過。惟辦公室一所，約估二，八〇〇元。若併同計算，則稍有超出。將來建築時，其超出之數，擬仍由本會經常費內，設法勻支。

第二章　計劃大綱

一，計劃旨趣

近年吾國農業衰頹不振，旱荒實為最大原因，救旱之道，惟恃灌溉。本會職掌水利，對於灌溉事業之提倡，不遺餘力。十八年夏，開辦第一屆暑期灌溉講習所，招集各省學員，授以淺近之灌溉工程智識。並經第四次委員會議決，籌設模範灌溉區，用科學方法改良灌溉，以示規範，而資仿效。當於是年勘定平東薊運河下游勾疊沽荒地二百餘頃，與其鄰接之崔與沽地主合辦模範灌溉場。於十八年十二月擬具平東模範灌溉場計畫，及組織章程等，提經費大會核議，在案。祗以經費竭蹶，未能積極進行。崔與沽地主亦願將一部分地畝，讓與本會，地面較小，舉辦較易。爰於二十年九月，呈准內政部購置該地，計四十九頃，備作模範灌溉場之用。並擬將全場分為二部，以十分之一地畝，設灌溉試驗場，研究農作物之試種與灌溉之關係；其餘為灌溉放租區，招致當地佃農種植，即以租入為試驗之經費。至全部工程計畫，按照灌溉所需之各項設備，分別妥擬，務取其最經濟者。同時又用各種式樣，以示模楷，而資研討。所得結果，可以公布全國，使與辦灌溉，有得資借鏡，以免無謂之消費與損失。故本計畫規模雖小，設備較全，他日工程完竣，即字之曰灌溉模型，亦無不可。此本計畫之旨趣也。

二，灌溉場形勢

本灌溉場位於薊運河右岸，距下游北塘入海口為程三十五公里，薊運河至此為一大灣，正臨深水。該場佔地計三平方公里，合四千八百七十五華畝，地勢過於平坦，高度在大沽水平面上三•二公尺。上下地段為狹長形，東西長度為四公里，南北平均寬約六百餘公尺，最狹處僅三百三十公尺，實為該地段之缺点。北界為勾疊沽三姓共有地，約計二百餘頃，南為張姓地，約計一千餘頃，均因缺少灌溉與排水之設備，致終年荒蕪不種。本場位置其間，正可使鄰近仿效。至於該地土質，略帶鹼性，經本會委託塘沽黃海化學工業研究社化驗結果，該地土質所含膠狀體量甚高。査生產率與膠狀體之含量，有密切關係，該地適合於灌溉之用。關於水源，就薊運河取水，甚爲便利。薊運河水位及流量，經本會測驗結果，最低潮位在大沽水上二，三公尺，低水位爲〇•五公尺，最小流量無記錄，（九王莊薊運河流量最小爲每秒五立方公尺）但水源無虞不足。而該塲交通，東距北寧路茶淀車站僅三公里。又薊運河爲通航河道，吃水六呎之船隻，通行無阻，故水陸交通，至爲便利。

三，計劃綱要

本塲爲規模較小之灌溉塲，全部計劃採擇最經濟之方法，如渠道之闢築，使挖土與墊土之方數，大致均衡，其引水及進水渠之容量，預留將來本塲擴充之需要。但各項設備，特具完全，以期實施後作爲模楷。玆將計劃各項，分述如下：

（一）需水量及進水機關　本塲擬植之農作物，暫不限定種類，但需水量假定爲三公寸，需水時期爲五月至七月，每次灌溉一公寸，共灌三次。按本塲面積爲四千八百七十五畝，除擬闢築渠道大車路及抽水站等基地外，實計灌溉地約爲四千七百畝。每次共需水量爲二十八萬二千立方公尺，用十一吋徑抽水機兩部，並以二十七匹馬力柴油引擎拖動，每分鐘可吸水七•四五立方公尺，每日吸水時間十小時，則於三十二天內，全塲面積全得沾溉一次。如將來事實上有不足之虞，則可增加灌溉時間，或添設抽水機，以應需要。

（二）進水渠系統　本計劃之進水方法，自薊運河起闢挖引水渠，使水導至抽水站處，即用抽水機抽入儲水池，使水中泥沙略經沉澱。然後放入進水渠或分水管，經流水槽與閘門，輸入分水渠。然後由分水渠放入分水溝，以達放水口門，入灌溉地。其各項渠道及節制閘門之分布，見本計劃總平面圖。

（三）引水渠　該渠自薊運河右岸起点，利用舊有渠道浚深，至崔興沽折向西南，另闢新渠一段，以達本塲抽水站。該渠剖面之規定，容水量爲每秒二•三立方公尺，即每日除漲潮與落潮之時間，於十小時內可灌地一千六百七十畝。水深爲一公寸。但在本場現在並不需此水量，爲免修改之繁費計，不得不預留將來擴充之容量，該渠底縱剖面傾度爲五千分之一。自抽水站起，爲大沽水平零点高度，向薊運傾斜，以至渠口，爲大沽水平下〇•二三公尺。此項設施，爲使該渠作進水與排水兩項之用，而薊運河挾入之泥沙，在退潮時易於洩去。

（四）進水及分水渠溝　進水渠之容量，規定每秒爲〇•七五立方公尺，即六部十一吋徑抽水機出水量。渠底傾度爲一萬分之一，底寬七公寸。分水渠之容量，爲每秒〇•三七五立方公尺，即可分三部十一吋徑抽水機之出水量。分水溝之容量，規定爲每秒〇•一二五立方公尺，即三分之一水渠容量。

（五）排水渠系統　本場排水設備，分爲總渠分溝及支溝六項。因該處土質本帶鹼性，若無排水之設備，不免因灌溉而更增，故支溝之渠底，最少低於地面一公尺，依次擬定各渠溝縱傾度，至總渠出口處，其渠底低於地面爲二•三公尺。又渠道之排水量，係按雨量及蒸發量而定，惟該處尙無記載，擬取較近之天津記載爲根據。查天津在民十二年至十八年間，最高七月之雨量爲三四四公厘，減去蒸發量一八〇公厘，淨雨水量爲一六四公厘。照此妥擬各項溝渠之適當剖面，並限於一月期完全排盡，又爲避免潮水逆流入排水總渠，於該渠出口以上一百公尺處，擬建閘門一座，以便洩淡拒鹽。

（六）抽水站及試驗場之佈置　抽水站位於該場東北角，與水池相連。抽水廠之面積，可裝設抽水機及引擎各六部。儲水池之最高容量，爲六千三百立方公尺，約能儲二部抽水機一日所吸之水。其試驗場佔全場之東部，佔地四百五十畝，除東邊五十七畝，用地下埋置溝管進水與排水外，其餘均爲明溝。

（七）交通設備　查本場內原有崔興沽通茶淀車站大車道，因渠道關係，故將其路線重行劃定，並於跨越引水渠及排水總渠之處，各建木橋一座。又於場內另添築大車道三道，以便運輸。

（八）場地之分劃　全場地畝按分水渠之佈置，分爲灌溉試驗場一區，模範灌溉場八區。其試驗場之分坵，爲每坵十畝及五畝，使各種種試驗結果，容易統計。全區五畝者十二坵，十畝者四十二坵在。灌溉場者每坵按普通一戶農民領種能力，定爲每坵三十畝，八區共爲一百四十三坵。

四，工程經費估計

	(數量)	(單位)	(單價) 元計	(總價) 元計
(一)各項總渠及儲水池				
(1)開挖引水渠土工	一四，八〇〇	立方公尺	〇•二〇	二，九六〇
(2)開挖進水及排水總渠土工	二〇，〇〇〇	立方公尺	〇•二〇	四，〇〇〇
(3)開挖分水渠土工	六，二〇〇	立方公尺	〇•一五	九三〇
(4)開挖儲水池土工	四，五〇〇	立方公尺	〇•二〇	九〇〇
以上共計八，七九〇元				
(二)試驗場溝管				
(1)開挖分水溝土工	一，六〇〇	立方公尺	〇•一五	二四〇
(2)開挖排水溝土工	三，六〇〇	立方公尺	〇•一五	五四〇
(3)埋設混凝土分水管	二一〇	公尺	四•〇〇	八四〇
(4)埋設排水缸瓦管	四四〇	公尺	一•二五	五五〇
以上共計二，一七〇元				
(三)灌溉場溝渠				
(1)開挖分水溝土工	七，四〇〇	立方公尺	〇•一五	一，一〇〇
(2)開挖排水渠土工	九，〇〇〇	立方公尺	〇•一五	一，三五〇

以上共計二，四五〇元

(四) 各項閘門

項目	數量	單價	總價
(1) 儲水池出水口門	二座	二〇〇	四〇〇
(2) 進水木槽進閘門	四座	三五〇	一，四〇〇
(3) 分水閘	一座		六〇〇
(4) 攔水閘	九座	三〇	二七〇
(5) 分水槽	五三座	二〇	一，〇六〇
(6) 灌水口門	一八五座	六	一，一一〇

以上共計四，八四〇元

(五) 抽水機件

項目	數量	單價	總價
(1) 十一吋徑抽水機	二部	六六〇	一，三二〇
(2) 二十七匹馬力柴油引擎	二部	二，七〇〇	五，四〇〇
(3) 九吋徑鑄鐵進水管	三〇公尺	一二	三六〇
(4) 機件運費及裝置費			五〇〇

以上共計七，五八〇元

(六) 房屋及橋梁等建築

項目	數量	單價	總價
(1) 抽水廠房	一所		一，四〇〇
(2) 辦公室	一所		二，三〇〇

(3) 工人住房	二所	六〇〇	一，二〇〇
(4) 跨引水渠木橋	一座		七〇〇
(5) 跨排水渠木橋連閘門	一座		一，一〇〇
(6) 抽水站岸牆	二〇公尺	三〇	六〇〇

以上共計七，三〇〇

以上六項共計三三，一三〇元，加預備費一，八七〇元，總共爲三五，〇〇〇元。

五，試驗範圍

本試驗塲之設立目的，前已言及。其試驗之範圍，分爲下列各項：（一）各種農作物用水之時間，與水量之關係。（二）灌溉方法。（三）排水方法。主要農作物之試驗，爲水稻旱稻麥棉高粱玉米大豆等。

六，放租辦法

本模範灌溉塲之放租辦法，招當地農民領種，每坵之分水溝及排水溝，均應由佃農自挖。其農田所需之水，暫取水税制，以每畝每年六角計，其地租照現在該地收租辦法，按收穫量三分之一徵收。並爲耕者有其田計，如農民願購本塲地畝者，得於第二年起，按年分繳地價，每畝二元，於十年內完全繳清，該地即可爲農民所有。

七，施工步驟及經費支配

本工程計劃擬分兩期實施。第一期爲開挖各項總渠，建築抽水站及跨渠橋梁，與購裝抽水機件。應於第一年五月動工，限於七月底完工，則八月起開始抽水，灌入現不能耕種之地，冲洗地面，使土中所含之鹼質，經過三次輪流放水排水，大流洗盡，即於十月間招致農民，先行認領租種。第二期爲築造分渠，建設各項分水設備，及辦公房屋。於次年三月開工，限四月竣工，即於五月起進行灌溉，實行試驗。玆將工程經費，按實施步驟及估計表，分列如左：

第一期工程

第一項　各項總渠及儲水池全部　需洋八，七九〇元

第四項　儲水池出水口門一座及流水木槽四座　需洋一，六〇〇元

第五項　抽水機件購裝　需洋七，五八〇元

第六項　抽水廠房及岸牆及工人住所一所木橋兩座　需洋四，四〇〇元

總計第一期工程需洋二二，三七〇元，加意外費一，一三〇元，共需洋二三，五〇〇元。

第二期工程

第二項　試驗場溝管全部　需洋二，一七〇元

第三項　灌溉場分渠分溝全部　需洋二，四五〇元

第四項　繼續未建各工　需洋三，三四〇元

第六項　繼續未建各工　需洋二，八一〇元

總計第二期工程需洋一〇，七六〇元，加意外費七四〇元，共需洋一一，五〇〇元。

（完）

海河紀遊

悌菴

海河爲華北五河之尾閭，其通暢與否，直接關係天津商埠之隆替，至爲重大，凡治水利工程者，莫不對其整治問題，感深切之注意，民國二十三年四月，清華大學張仲伊兄率工學院同學來津參觀，由高鏡瑩兄與海河工程局接洽，於十一日備船沿河至大沽口外，參觀全河工程，予亦偕行，歸而紀此，以介紹于世之關心海河問題者。

早八時約於英租界公園對過海河碼頭齊集，海河工程局有吹泥船在此，係該局主要工作之一種，在光緒三十二年以前，浚渫泥沙，均堆置河中，嗣經福拿森氏倡議，以泥漿鋪填池塘窪地，不但泥沙有地存積，而低地亦得逐漸增高，化爲良田，歷年以來，各租界之窪地賴以填平者，不勝枚舉，昔日之一片荒涼者，今則崇厦峻閣，已成繁華之區，其於市政之發展，裨益實多，固不僅爲挖濬海河已也。茲將光緒三十二年至民國二十二年填地之泥量列表如左：

年份	填地泥量以方計 每方計一百立方英尺
光緒卅二年	一四，〇〇〇
光緒卅三年	一一，〇〇〇
光緒卅四年	二〇，〇〇〇
宣統元年	一二，七八三
宣統二年	三八，五八六
宣統三年	六〇，七九〇
民國元年	五三，八八五
民國二年	九三，五二四
民國三年	三一，〇〇〇
民國四年	一九三，三七一
民國五年	三三六，三九〇
民國六年	一一九，〇五二
民國七年	二〇，六七〇

民國八年	二四三，九八五
民國九年	一九八，〇二五
民國十年	一六八，九三七
民國十一年	二〇八，四三四
民國十二年	一五五，一六九
民國十三年	一七〇，七八五
民國十四年	八六，四八〇
民國十五年	一八八，三〇〇
民國十六年	二二四，六九〇
民國十七年	一六六，四〇五
民國十八年	一一七，三八七
民國十九年	一六二，九六四
民國二十年	一三四，九六七
民國廿一年	一七六，八七五
民國廿二年	一〇八，五一一
總　計	三，六〇七，七四五

海河工程局爲吾等所備之開凌號船，即停候於此，該局馬守讓君任招待，並言其工程師稷勒君亦將陪往，九時稷君始姍姍其來，船遂開行，時雲霧瀰漫，風勢甚急，與機聲相雜，立甲板上領略兩岸風光，亦殊快意。經特別一區，海河工程局址即在右岸，屋頂懸有信號，所以示轉船處有無挖泥船也。因念海河爲害，國人最初絕不過問，外人乃得爲所欲爲，由計畫研究而討論實施，此海河工程局遂於光緒二十七年正式成立，及辛丑和約告成，更爲條約所束縛，迄今已三十餘載，治理海河之權，仍完全操諸外人之手，年來國事蜩螗，紛亂日甚，收回自主，徒成空談，每一念及，百感交滙矣。

北地天寒，冬季全河皆冰，無法通航，惟海河因津埠商業關係，自民國二年起，即購撞凌機船，冬分從事工作，俾塘沽海口間之交通，不致中斷，歷年以來，成效甚佳，吾等所乘之開凌號，即撞凌船之一也。

大直沽對岸，爲現市政府計畫修築隧道之地點，論者多謂依目下兩岸繁榮情形而論，似尚無此項建築之必要，稷君丹麥籍，居華二十餘年，於中國情形極熟悉，性爽直健談，對此問題，尤刺刺不休。再行將出天津市境，有紗廠數家，均以營業虧累停業，此種現像，至爲普遍，不僅天津一隅如此也。

是時風勢並不稍殺，而舟行至速，經過四處裁灣，實海河工程局完成工程事項中極重要者，穆君吏津津樂道之。茲分述如次：

（一）第一裁灣，自掛甲寺起，至楊莊止，長〇・八二海浬，光緒二七年十月動工，翌年八月通船。

（二）第二裁灣，自下圈起至何家莊止，長〇・九九海浬，與第一裁灣同時動工，至光緒二十八年九月通船。此雖裁去吳家寺方面一大灣曲，惟以下仍有數段灣曲過甚，及民國十年六月，乃動工另施一大裁灣工程，較前減少距離約五千英尺，挖土七十一萬餘英方，民國十二年十月完工通船，即今所稱之墳山裁灣者也。

（三）第三裁灣，自楊家莊起，至新莊止，長一・九〇海浬光緒二十九年九月動工，翌年七月通船。

（四）第四裁灣，自趙北莊起至蔡家莊止，長二・〇五海浬，自宣統年春間動工，至民國二年七月通船。

此外在鄧善沽地方，曾擬作第五裁灣計畫，徒以工款無着，迄今尚未能實現。

治河工程中，浚渫極佔重要位置，而海河以泥沙過多，澱淤最甚，對于此項工作，特別努力，實則任永定河治本計畫未能實施，泥沙未能免除以前，舍此亦別無善策，其在津港內河者，有挖泥船抓泥船數艘，吾船過陳塘莊附近時，見新河號挖泥船方從事于工作也。茲將該局在民國二十二年年終所存機船列表于左，以見其設備之一斑。

類別	名稱	購置年月	每小時速度以英里計	挖泥量	購價
濬灘機	快利	一九二〇	八・〇〇	泥鏟能容五〇〇立方公尺	一三六,〇〇〇鎊
電船	海河	一九二三	一五・〇〇		五,〇〇〇鎊
小電船	御河	一九二三	七・〇〇		一,六五〇兩
拖船	濬捷	一九一〇	九・〇〇		一九,四〇〇兩
撈凌船	開凌	一九二三	一一・〇〇		六,五八〇鎊
仝右	通凌	一九一三	一一・五〇		一三,六五〇鎊
仝右	沒凌	一九一四	一一・七八		一一五,〇〇〇兩
仝右	清凌	一九一五	一一・七五		一四〇,〇〇〇兩
仝右	工凌	一九二三	一一・二五		六一,〇〇〇兩
仝右	飛凌	一九二五	一一・五〇		七六,五〇〇兩
鐵抓泥船	一號	一九〇二		每抓能容一立方碼每小時三十次	六,〇〇〇兩
仝右	二號	一九〇二			四,〇〇〇兩
固定泥船	北河	一九〇二		每小時一八〇立方公尺	六,〇〇〇鎊
仝右	西河	一九一四		每小時三〇〇立方公尺	一二九,九〇〇兩
挖泥船	高林	一九二四		仝右	一九,〇〇〇鎊
通用挖泥船	新河	一九一〇	八・〇〇	每小時五〇〇立方公尺	二六二,八〇〇兩

吸泥船	中華	一九二三	每小時五〇〇至七〇〇立方公尺	二八，七三〇鎊
吹泥船	雪燕	一九一〇	每小時五〇〇立方公尺	八五，七〇〇兩
泥船	一至五號	一九一〇	一三〇立方公尺或二四〇噸	一五，〇〇〇兩
仝右	六七號	一九一三	仝右	八，〇〇〇兩
仝右	八九號	一九二四	仝右	一四，五〇〇兩
架管子船		一九一五		一七，八〇〇兩
泥船	蜈蚣	一九一五	二一四立方公尺	共四三，〇〇〇兩
仝右	螞蟻	一九一五	仝右	
鐵船	一二號	一九一五	二五立方公尺	二，〇〇〇兩
木船	一至十一號			
舢板	一至四號			
舿船子	一號			

海河之護岸工作，最重要者厥惟迎水埧之修築，於木椿間編以柳枝，汎期泥沙淤積，矯正流向，為效甚著，俟某處完成目的後，則撤去其木椿，以備來年他處脩埧之用，天津塘沽間，此項工程，隨處可見，其柳樹則於第三截

灣以下，有廣大面積，種植甚爲繁茂，固無虞其取用之竭也。

馬君于第四裁灣直流之部，以測繪縱斷面方法示諸同學，用長竿於船行動時在兩旁測深，法至簡易。及抵新河，已下午一時。登岸參觀船塢及工廠，係民國十三年至十六年間所修建者。該局在天津特四區以下本有工廠船塢之設，嗣以不敷應用，乃于新河作較爲完善之設備，以備將來大沽淺灘方面，如有重大工程，則一切修繕，均可賴此，現船塢業經應用，而工廠則屋宇鍋爐電機等均已備齊，至于所需機器，隨時可以裝置也。

塘沽除碼頭護岸工程外，別無其他可紀之点，此下又有一極大灣曲，大沽造船廠適位其右岸，遙望其規模，似亦宏敞，惟外強中乾，現除修理舊船外，並無建造新船之能力，亦可哀已。大沽以下，停泊漁艇桅檣如林，此方居民，固多恃此爲生者。出海口，北岸有砲台一，兩岸有炮台二，地踞要衝，實華北門戶，咸豐八年之戰，與庚子聯軍之禍，皆以此爲攻守必爭之点，辛丑和約，炮台拆毀，國防不守，門戶洞開，九一八以後，更值空前之國難時期，今觀炮台遺址，追懷往昔，瞻念將來，曷勝慨然。

海口標誌極多，其指示淺灘海道方面者，有高柱二，稱曰海道前後標誌，船隻入口，須循二柱在一直線上之方向以行，而後方免擱淺之虞。標誌左右更有較小豎柱，距離約一百五十英尺，所以示海道浚濬之寬度也。此外指示淺灘海水深度者，則于高架上以每只代表五呎之方牌懸于右，以每只代表一呎之圓牌懸于左，俾得一望了然，而架頂更有尖牌，以其尖端之上下向而示潮汐漲落情形。沿淺灘海道出海口東行，一望無際，三數漁艇，揚帆隨波濤上下，極悠美之致。惟風勢仍急，吾舟顛播甚劇，同學不慣乘舟者，至是多感不適，幸不久即到目的地之快利號濬灘船工作處矣。

關于大沽沙灘之整理，海河工程局在光緒三十一年決定開挖航道，並用挖泥機繼續工作以保持之。歷年以來，工作不輟。更自民國十三年起于南北兩岸各築長海堤一道，藉以抵抗潮流冰塊，而便開挖工作。及民國十九年又建築一欄冰垻于北港，于抵抗冰力保護海口上，均有美滿之結果，雖其對于冰之溢流港上，甚少防止，然其對于在港上所結之冰，則能阻其進入河內，因以減少航運之困難。此垻經逐年延展，現共長六三二〇英尺。

現在從事挖濬沙灘海道者，僅快利號一艘，係民國九年購進，每日可挖六百英方。吾等到達該船時，已下午三點，管理全船工作者爲一日人，登船參觀，該船遂內向海口開行，且行且挖，工作情形，得以盡覽無餘，莫不驚其壯偉。及距海口近處，仍返原舟，至塘沽登陸，時方五点半，適該北甯路工務處王鼎文校友坐駁，六点三刻乘北甯車于八時返津。

（完）

工程消息

全國礦展始末記

開會情形

全國礦冶地質聯合展覽會，於七月八日上午九時在西沽北洋工學院正式開幕。大會會長陳公博於即晨赶到參加，該會籌備委員多數出席，中央黨部代表王正廷，國府代表于學忠，教育部代表周炳琳，交通部代表朱謙，及各界領袖張伯苓紀仲石等，共到六百餘人。奏樂開會後，由會長陳公博主席領導全體行禮如儀，並致開會詞，對提倡礦冶事業問題，闡發頗詳。繼由籌備委員會主任委員翁文灝代表胡博淵報告籌備經過，中央執行委員會代表王正廷訓話，國民政府代表于學忠訓話，次由教育部代表周炳琳致詞，交通部代表朱謙致詞，天津市長王韜致詞，復由籌備委員會副主任委員李書田宣讀行政院長汪精衛，副院長孔祥熙，及教育部長王世杰等祝文。來賓演說畢，即由主席致[illegible]答詞。攝影後，即由會長揭幕，引導全體參觀各陳列室參觀，下午一時始散會。

籌備經過報告

翁文灝代表胡博淵報告，略謂，此次大會之籌備于二月十八日教育部召開首次籌備會議，同月廿七日常務委員會成立，開始工作，其間實際籌備所費時日祗有三個多月。經費一項，初本擬教實兩部各籌五千元，旋以不敷甚鉅，又定為三萬元，更經國府審計部核議結果，復減去五千元，經費既少，不敢稍涉鋪張。在征集各地出品期中，曾向財部鐵道交通等部接洽，請援照我國參加之加哥博覽會及鐵展前例，將廳征出品之關稅及船車運費全部豁免，但結果亦未辦到。諸賴黨政各方帮忙，大會得於今日開幕，同人深爲感謝，並請不吝指教是幸。

會場布置概況

會場共分兩大館，(甲)地質礦產館，(乙)礦冶機械模型館。內復分置各陳列室如下。

(甲)地質礦產館，設於北洋工學院新大樓，各種陳列室共十有七。爲北洋工院礦物標本陳列室，又普通地質陳列室，經濟地質陳列室，實業部地質調查所第一陳列室，又第二陳列室，又第三陳列室，兩廣湖南地質調查所陳列室，中央中山大學及北平研究院陳列室，浙江西湖鑛務館陳列室，湖南湖北河南地質礦產陳列室，山東河北地質鑛產陳列室，其他各省地質鑛產陳列室，結晶鑛產陳列室，西北科學考查團陳列室，鑛冶地質出版品陳列室，金屬非金屬產品陳列室，幻燈表演室。

(乙)鑛冶機械模型館，設於北洋工學院西部舊有教室及試驗室內，各種陳列室，計二十有二。爲中興煤礦陳列室，中福六河溝等鑛陳列室，北洋工學院試金實驗室，井陘煤礦陳列室，怡立等礦陳列室，焦作工學院鑛冶模型陳列室，北洋工學院選礦室，又電機實驗室，又鑛冶模型陳列室，晉北等鑛陳列室，德商鑛冶機械模型儀器陳列室，北洋圖書館書庫，水利材料等實驗室，中央研究院工程研究所陳列室，淮南華東等鑛陳列室，湖南水口山煉鉛廠陳列室，北洋工學院土木建築模型陳列室，鑛山機械修理廠設備陳列室，熱機設備陳列室，洗煤機及燃料製煉圖表陳列室，實業部度量衡局陳列室，開灤鑛務局第一第二陳列室，鐵路沿綫各廠商陳列室，此外並有美國瑞典等國洋行陳列各品甚多。

展覽盛況

展覽期限定爲二十日，自開幕日起，男女老幼，絡繹於途。北寧路局加開由東站至西站臨時車每日往返各兩次，市政府公共汽車由東南城角開駛，終日無缺，洵稱便利。該會復於大街滿貼標語，大胡同南口建立新坊一座，上書「全國礦冶地質聯合展覽會開幕」字。頗能引人注意，卒至成績甚佳。

閉幕情形

展覽會期滿，遂於本月廿八日上午九時舉行閉幕典禮，到會來賓百餘人，開會行禮如儀後，即由主任委員胡博淵代表會長致閉幕詞，繼由河北省主席于學忠代表國府致詞，來賓演說。至十一時攝影閉會。

閉幕之詞

胡主任委員代表會長致詞。大意畧謂現時吾國事業首推建設，而建設礎基，第一要鑛冶發展。此次本會於無把握中，不辭困難，舉辦礦展，即由於自信，「凡事如果努力，定有相當效果。」此次之礦展，至少所得之成績、為喚起國人對於鑛冶注意，增加知識，並明瞭鑛冶與發展經濟上之重要，此即為發展實業上第一步。國人得此初步知識，即可自行走向第二步，如何開發地下富源，以發展國內之實業，此即本會所引為成功之点。且並能得到政府及全國人民以合作精神完成之，尤為榮幸。次復報告大會開幕二十日之經過，參觀人數，為約在二萬九千八，每日平均一千三百餘人，而學術專家來津參觀者甚多。惟因天氣太熱，地處偏僻，及交通不便種種原因，故人數只此。各省遠道送陳列品，於開幕後尚陸續而來，如浙江，雲南，廣西等地，最近所寄到物品，均尚未開箱。凡此各項不週之處，甚為抱歉。關於結束本會事宜，如送還物品，或以物品贈本會者，當設法保存，一切結束，至少一月以內，始可辦竣。茲者本會即行閉幕，敝人特代表兩會長感謝各方給予本會之便利云云。

公路建築計劃

全國經委會第三次常會，公路處長陳體誠提出擬定之兩年公路建築計劃，內容，，(甲)開發西北，(子)水利建設。(丑)公路(一)西蘭公路，由西寧至蘭州，(二)蘭肅公路，由蘭州至肅州，(三)西漢公路，由西安至漢中，總共綫長四千五百餘公里。(乙)繼續完成七省公路，並加七省內興建水利事業。(丙) 改良江南公路路面工程。(一)錫滬公路。(二)京滬公路(三)錫宜公路，京杭公路(丁)西南公路，包括初建，幷注重浦漳公路建設，由浦城至漳州，以上工程用費約需五千萬左右，均限兩年內完成，討論結果，已有具體定決。

又該會公路處，會同鐵道部規定築路程序，定十年內，完成本部綫，廿年內完成邊防綫為目的，此項公路建設，現第一步已完成國道五千餘公里，第二步正在開始，茲統計已成路綫如下。

京桂路線　自南京至廣西龍州，其間從蘇浙閩粵桂五省，故由各省建設廳分段建築，其已成者，為京至湯山四十公里，蘇浙邊至閩邊二百四十公里，閩邊至桂邊二百六十公里，廣西境內一千零十公里，總計二千一百四十公里。

京滇康路　京滇康路蘇邊至鄭邊完成六十公里，湘邊至滇邊二百二十公里，未成路面尚有三千七百八十公里，尚有京藏綫，已完成者，只有陝邊至成都段五十公里，未完成一千六百公里。

閩新路線　自福州起至新疆伊犁止，為閩新路綫，現已完成者，祇有鄂邊經西安而至甘邊一路長三百二十公里，尚有漢口至陝邊，長八百四十公里，將於第二期內開工，又綏遠至新疆亦有綏新綫，路長二千二百五十公里，尚有寧夏至西寧一千一百公里，及包頭至新疆長六百八十公里，均在進行之中云。

綏新長途車之實況

綏新長途汽車公司第二次車由哈密返綏後，公司方面，以各方對此行皆甚關懷，因發表一報告書，原文云，

敝公司路綫，由綏遠至迪化，本已早經勘定計劃，需時十四日可達迪站，惟本年戈壁雨量較多，第一次車遭逢異外天時，道路泥濘，駛行困難，故第一次車行念九日始克到達哈密，二次車通過時，地面雖稍乾燥，然以沿途被洪水沖成之河槽溝渠，均為流沙積聚，車行其上，即行陷入，時所帶之渡沙工具，亦失效力，非卸貨推挽，萬不能出，如離海雅阿馬闊東南數里處，竟有一極深河槽，底有厚沙，環圍又皆沙山，車行槽中約三數里，竟費時十六小時，查萬國牌車，前於黑沙闊，業已損壞一輛，至此又損其一，當經修理，始勉強開行，蔡汗典禮俗站，此段經過之土壤，地面多被雨水浸漬，異常鬆軟，此亦行車速度未能加高之一因，迨行經居正海時，該處地質鬆軟，較前尤甚，行車更感困難，時見第一次車所行轍跡，竟深至尺餘，於此可以想見其行駛艱難矣，再前行路面轉佳，一日可行六百餘里，過波子泉，遇一次車停滯該處，除一輛已開赴迪化外，尚餘四車，候油待駛，惟其中一部，亦已損壞，查敝公司二里子河以西汽油，原定由迪化輸送供給，孰意戰事驟起，交通中斷，以致無法接濟，幸二次車事前載油尚

多，故即開至哈密，到達後馬仲英師長張城防司令及當地長官均甚歡迎，蒙予極優渥之待遇，滯留波子泉之車井，蒙張司令差兵載糧，前往保護，其熱心維護交通事業，令人感佩，二次車抵哈時，僅餘福特牌汽車四輛，而其中二輛，前弓亦有損傷，在哈停留三月，馬司令專事扶助，極感安適，因戰事關係，不便久留，因請馬師長備給汽油，將完好之車，計福特二輛，及第一次開到之萬國牌車一輛，仍由牟主任率領東駛，於十二月九日由哈密出發，共行十日，即抵綏遠，蓋此路既經兩次載重車之壓碾，車轍已漸堅硬，故速度得以增加，將來由綏至迪，最多十四日，即可到達，與原定日期，無甚出入，此次車雖空行返回，然蒙各地當局及各界人士，多方予以贊助，敝公司一於感謝之下，亦堪自慰，而此次隨車職員及司機，在萬分辛苦中，仍能振刷精神，努力工作，誠能表現中華民族堅苦耐勞之個性，實殊令人嘉慰，查敝公司先後開車二次，目的雖均達到，而損失至鉅，但同人愈感困難，愈加奮鬥，刻益砥礪心志，仍繼續努力，不敢有負愛護人士之原望，現第三次應開新車一列，早已在站預備，稍緩即可出發也，

統一全國水政

統一水利行政問題，醞釀已久，近始由中政會擬定辦法綱要，交由行政院及全國經濟委員會詳擬進行計畫，茲聞中國水利工程學會會長李儀祉，副會長李書田二氏，業具呈行政院及全國經濟委員會，貢獻對於統一水利行政之意見，茲誌其呈文如次，竊查關於統一水利行政一案，自民國十八年建設委員會呈請國府設立全國水利局以還，數年來，提議者雖先後相繼，然屢議屢輟，迄至今日，尚無具體之規定，近見報載中政會已擬定辦法綱要，交由鈞院會與全國經濟委員會行政院詳擬進行計劃等因，行見多年未定關係國計民生之統一水利行政問題，即將得一解決，無任欽仰，惟以我國水政系統紊亂已極，一旦糾正，滯礙至多，是必熟慮深思，精心擘畫，不在便於一時，而要在樹百年之大計，然後方能行之久遠，事半而功倍，儀祉，書田，服務水利，或歷半生，或歷年所，而才識兩疏，愧乏建樹，本不敢冒昧妄陳，上瀆清聽，但以愚者千慮，或有一得，謹貢管見，幸乞垂察，一、全國水道應劃定國家及地方隸屬權限也，我國水道如織，大者流貫數省，小者

或僅一縣，雖可劃分爲各省水利行政，由建設廳主管，各縣由縣政府主管，水利涉兩省以上者，由中央統籌辦理，涉兩縣以上者，由建廳或省水利局辦理，然各河之性質不同，如海河黃浦珠江等或僅及一二縣，或亦僅達一省，而其重要性，不在各大河流之下，似亦應劃入國家隸屬權限之內，他如各大河之支流，雖範圍甚小，而其治理與幹流有密切關係者，亦應與幹流統籌整治，一、隸屬於中央水道應按流域分道管理也，關於水道劃分問題，既如上述，則凡隸屬於中央者，自以按流域分道管理爲宜，如白河道，黃河道，淮河道，長江道，西江等道，俾能統籌辦理，而不致有顧此失彼畸輕畸重之弊，一、應製定全國通行之水律也，查我國關於給水用水，向無法律之規定，旱則爭水以灌田，潦則以鄰而爲壑，以致糾紛迭見，集衆械鬬之事，時有所聞，爲統一水利行政前途之大障，前者內政部有鑒及此，曾擬具水利法草案，分請國內水利專家參加意見，迄今多日，尚未見公佈施行，似應從速製定，以免糾紛，而資信守，關係統一水利行政，實非淺鮮，一、統一水利行政機關，應隸屬於行政院，惟特種關係經濟建設之水利事業，如水電事業，灌漑事業等，儘可與全國經濟委員會會同辦理也，查水利行政與交通行政，同爲國家行政之一種，自應隸屬於行政院，以符五權憲法之旨，至於特種水利事業，可與全國經濟委員會會商，分別輕重緩急，循序辦理，以上數端，爲儀祉等千慮一得之愚，當早在鈞院會明察之中，蓋我國自清季迄今，數十年來，天災人禍，幾無寧歲，以致農民不能安於耕種，生產日見衰落，農村破產，國本動搖，於是以復興農村進而維繫國本，已成今日全國朝野上下一致努力共趨之目標，然復興農村，首在水利，而欲振興水利、袪除水患，尤貴在水利行政之早日統一，使中央機關通盤籌劃於上，地方機關分工合作於下，庶幾農村可以復興，國本於斯永固，用敢不揣冒昧，具文上陳，除分呈全國經濟委員會，行政院外，伏祈鑒核，酌予採納，實爲公便，謹呈行政院院長汪，全國經濟委員會常務委員，中國水利工程學會會長李儀祉，副會長李書田，中華民國二十三年七月四日。

江浙兩省災況報告

行政院於七月二十一日舉行臨時會議，商討救災辦法，蘇浙贛省建設廳長即席提出災情報告，茲誌如次，（一）江蘇省政府代表沈百先報告，江蘇省江南各縣河道縱橫，灌溉素稱便利，惟本年天氣奇熱，河水日降，田土拆裂，本省政府爲救濟農田灌溉起見，先後擬訂救旱辦法大綱及汲引江湖水源救旱辦法，至關於農事種植方面，並已通飭各縣指導農民，改種耐旱作物，所需種子由各縣縣長妥籌的欵，向外埠整批購買，廉價散發，至此次旱災損失估計，江南各縣耕地總面積約計二六、〇〇〇、〇〇〇畝，內稻田佔十分之八，約計二一、〇〇〇、〇〇〇畝，平時每畝收稻四担，共約收八四、〇〇〇、〇〇〇担，本年耕地因旱不能栽植者，佔十分之五，約計一〇、五〇〇、〇〇〇畝，全無生產，因旱作物生長不良者，佔十分之四，約計八、四〇〇、〇〇〇畝，收穫五成，未受旱害者，佔十分之一，約計二、一〇〇、〇〇〇畝，收穫九成，共計收稻約二四、〇〇〇、〇〇〇担，較平時少收約六〇、〇〇〇、〇〇〇担，每担售價三元，損失約一八〇、〇〇〇、〇〇〇元，浙江省政府代表曾養甫報告，本省入夏以來，雨量稀少，本府爲預防旱災，即於七月五日通令各縣，斟酌當地情形，集中力量，採取必要手段，作有效之急救！擬具辦法四項，並設立防旱辦事處，至各縣報旱情況，計重災者海甯、餘杭、嘉興、吳興、德清五縣，輕災者杭州市、杭縣、富陽、臨安、新登、於潛、昌化、平湖、海鹽、桐鄉、崇德、武康、安吉、孝豐、長興、鄞縣、慈谿、鎮海、定海、紹興、蕭山、餘姚、嵊縣、諸暨、新昌、仙居、天台、蘭谿、東陽、義烏、永康、浦江、湯溪、衢縣、龍游、開化、常山、桐廬、景寧、宣平、遂昌等一市四十縣，無旱象者，上虞、永嘉、泰順、樂清、瑞安、平陽、麗水、慶元八縣，未報者二十二縣云。

江西境內公路

蘇浙皖豫鄂湘贛七省公路聯絡幹線之通過江西者，有汴粵，湘桂，京黔三線，而其聯絡支線之在江西境內者，計有八線，江西自二十年興築以來，截至本年三月底止，可通車之幹支各線，共一千四百八十一公里，當各省廳長專員在南昌集會時，行營楊秘書長，對於江西公路建設成績，認爲首屈一指，其實江西境內之公路，除七省幹支各綫已大部完成外，關於省道縣道亦興築不少，茲將已完成各綫，及正在修築各綫分誌如次。

七省幹支各綫大部完成

江西已完成之幹支各公路，計汴粵幹綫，南昌至遂川長三百三十八公里，贛縣至小梅關九十六公里，牛行至萬家埠四十四公里，笠溪至界牌五十五公里，滬桂幹線已完成者，由江山界經廣豐，上饒玙玕，長二百一十六公里，由東鄉經臨川崇仁至八都，長一百八十二公里，由吉安至安福，長九十五公里，京黔幹綫之已完成者，由景德鎮至蓮塘，長二百三十二公里，由牛行經萬載至瀏陽，長二百六十二公里，此外溫澤支線，由溫家圳至黎川，長一百六十八公里，城贛支線，由南城至廣昌，長一百公里，永通各線，由永修至修水，長一百六十四公里，咸宜支線，由萬載至宜春，長三十八公里，宜（宜春）萍（萍鄉）線，長六十公里，永吉縣，由永豐至龍岡段，長八十八公里，崇（崇仁）宜（宜黃）綫三十五公里，崇（崇仁）鳳（鳳岡）綫二十五公里，宜新綫，由宜黃至河口長一十八公里，新（新淦）載（載坊）段二十七公里，宜南線由宜黃至棠陰長十三公里，朱（朱家山）吉（吉水）線，長三十五公里，石（石塘）樂（樂安）線長一十五公里，上（上饒）玉（玉山）線長四十一公里。

完成各縣道一千餘公里

已經修築完成之縣道，共一千零五十四公里，計有玉常縣路，由玉山至藻萍鎮，九瀘縣道，由九江至蓮花，廣（廣豐）玉（玉山）縣道吉（吉安）阜（阜田）縣道，吉（吉安）固（固江）縣道，泰（泰和）三（三都）縣道，臨（臨川）金（金溪）縣道，臨（臨川士碩渡）宜（宜黃）縣道，長（長山晏）李（李家渡）縣道，杉（杉溪）玉（玉山）縣道，奉（奉新）大（大城）縣道，安（安義）萬（萬家埠）縣道，定（定南）虔（虔南）縣道，虔（虔南）翁（古家營）縣道，餘（餘江）黃（黃金埠）縣道，安（安福）阜（阜田）縣道，廣浦縣道，由廣豐已達二渡關，修平縣道，由修水已達龍門廠，玉（玉山）臨（臨江湖）縣道，臨（臨江湖石（石人殿）縣道，玉（玉山）八（八都）縣道，五（五都）應（應家口）縣道，八（八都）青（青石橋）縣道，鷹（鷹潭）金（金溪）縣道，上（上饒）橫（橫山）縣道，鉛（鉛山）江（江村）

縣道，貴(貴溪)塘(塘清)縣道，安(安義)靖(靖安)縣道，乾(乾州)奉(奉新)縣道，定(定南)安(安遠)縣道，南建縣道，由南豐可達荷田岡，信雄縣道，由信豐可到均下，安遠縣道由安遠可達嚴田，黎常縣道，由白沙關可至九都，鉛崇縣道，由鉛山可到石塘，二十縣道由二十三都可到十六都，玉白縣道由玉山可至青口，萬樂縣道，由萬年可至株林村，貴萬縣道，由貴溪可達泗瀝橋，上臨縣道由上饒可達八都，上橫縣道由上饒可至大路口，上甘縣道，由上饒可至四十八都，汪花縣道，由汪二渡可達陳坊，樂德縣道，已完成樂平至香屯一段，吉古縣道，已完成吉水至黃江亭一段，峽阜縣道，已完成阜田至泥田一段，總計江西公路，連幹支各線共完成三千五百零五公里。

溽暑中各縣猶努力興築

七省幹線計已完成，所餘汴粵幹線之遂川贛縣段，萬家埠藕潭段，總計不過一百三十公里，正在興築中，滬桂幹綫之東鄉臨川界段僅有二十四公里，京黔幹線之景德鎮張王廟段。不過七十餘公里，正在着手趕修中，此外溫澤支線，黎川光澤段，永古支線蓮花界化壠段，蓮支縣道蓮花良方段，峽阜縣道峽江泥田段，新載縣道，麥斜楓秋段，宜南支線，棠蔭見賢橋段，南建縣道荷田岡建寧段，烏鰲縣道，烏潭段家段，樂德縣道之香屯德興段，以及鄱田縣道，景湖縣道，樂田縣道，鉛湖縣道，塘變縣道，貴文縣道，楊港縣道，黃大縣道，德南縣道，上魚縣道，上遍縣道，樂望縣道，臨棧縣道，金洋縣道，吉永縣道，八往縣道，安分縣道，盧大縣道，上宜縣道，九星縣道，亦均在興築中，閒值此溽暑時期，各縣築路工作，仍未稍息，其雇用民工及徵用民工固佔最大，而軍工協助之力，亦頗收成效云。

模範灌溉場工竣

華北水利委員會在寧河縣境崔興沽興辦之模範灌溉場工程，自去歲九月興工，刻已落成，七月二日下午一時特舉行放水典禮，並邀各界來賓參加，屆時到該會委員林成秀，技術長徐世大，內政部代表陳湛恩，黃河水利委員會委員長李儀祉，財政廳廳長魯穆庭，實業廳廳長史靖寰，省府代表李曉衫等二十餘人，均於上午九時由津搭北寧路車前往，在工地用午餐後，即行開車放水，陳港恩係代表內政部驗收工程者，當由技術長徐世大引導，分至各溝渠閘門，開閘放水，並至引水機器房，試驗柴油引水機，成績均甚良好。

主席開會詞

顧即至會場宣布開會，由林成秀主席，行禮如儀後，首由主席致開會詞，略謂今天本會因所辦崔與沽模範灌溉場落成，特舉行放水典禮，承各界親臨參加，無任榮幸，值此酷暑，諸君不避勞苦，遠道惠臨，尤深感謝，查引水灌溉，自古已有，現時西北尚有秦漢之遺渠，事不足奇，似無特別紀念之必要，且吾國自清季迄於今日，天災人禍，幾無寧歲，致農民不克安於耕種，生產日形衰落，農村破產，國本動搖，爲患之鉅，不堪設想，於是欲以復興農村進而維繫國本，已成爲全國上下一致努力共趨之目的，是本會縱使可獲灌溉之益，而其利至狹，似更無紀念之價值，但灌溉事業，雖自古已有，然其時科學尚未大昌，只知藉天然地勢，開渠引水，至晚近始有利用科學興辦灌溉之舉，以最經濟之方法，收最大之效率，崔與沽模範灌溉場工程費，共合三萬五千元，約計每畝工事費不過七元，若範圍較大，則所耗更少，而一切設備，應有盡有，無一不具，以之稱爲模範灌溉場，名義似尚相符，且本會辦理該場之意義，深以華北需要灌溉地方極多，而水量缺乏，故特闢一部分，設灌溉試驗場，研究農作物之試種，與灌溉之關係，以明各種農作物需水量之多少，藉以最經濟之水量，而獲灌溉最大之利益，其餘爲放租區，招致當地佃農種植，即以租入爲試驗之經費，而將試所辦崔與沽模範灌溉場，亦不過盡本會對於復興農村努力之一種，本爲應盡之職責，況崔與沽模範灌溉場佔地不過三平方公里，僅合五十頃，較之涇惠民生各渠，實渺乎其小，試驗結果爲之提倡推行，使農民有所倣效，則由一隅而擴至全省，普及全國，所謂行遠必自邇，登高必自卑，對於復興農村，維繫國本之目的，庶幾有達到之日，或亦諸君所許可以紀念者也，除關於崔與沽模範灌溉之籌辦經過及計畫大綱，另有徐技術長報告外，謹向諸君敬致謝意云云。

籌備之經過

次由徐世大報告籌備經過及計劃大綱，略謂，此次本會建築模範灌溉場，擬議遠在民國十七年，因種種困難，迄去歲九月三十日始克興工，歷時數月，方得有今日之微小成績，蓋第一層困難爲經費問題，自有擬議以來，即苦於經費無着，此次得有工款，乃本會同人每月減發薪金，節省經費積蓄一年，存足三萬餘元，遂以此款，籌劃創辦，其目的即在試驗，工程雖甚小，然包括工類甚雜，致招工承包困難，冬季前尚有人包工，結果因未獲利，今春再開工時則已無人問津，最後乃得由永全承包，此爲籌備經過之困難，至工程之計劃，爲開挖引水渠，引薊衛河之水，導入抽水站，經儲水池，使水中泥沙略經沉澱，然後放入進水渠，再輸入分水渠，放入分水溝，入於灌溉地，於農田需水時，可隨時自分水溝開閘放水灌溉，每日除漲潮與落潮之時間，於十小時內可灌溉地一千六百七十畝，水深爲一公寸，以現時之農場面積言，實不需此量，故將來儘可擴充，又灌溉後之水即歸入排水渠，而復流歸薊衛河，如此得循環不已，利用河水灌田，現工稱雖竣，因地含鹹質，故決定先將區內地土用水濾鹹，至秋後始能正式灌田，將來耕種仍係租與佃農，按年收租云云。

陳湛恩致詞

繼由內政部代表陳湛恩致詞，略謂，華北水利委員會諸同人，用節餘薪俸，興辦工程，此種硬幹苦幹之精神，實極可佩，此項灌溉工程，雖規模甚小，然其對於河北省農業之影響甚大，願祝華北水利委員會諸同人本此精神繼續努力云云。

來賓之演說

旋由水利委員會委員長李儀祉演說，略謂國難之招致，即由自己國內空虛，惹起帝國主義者覬覦，故今日言救國，必自充實國力，補足空虛着手，內政部華北水利委員會，與河北省政府，以合作之努力，從事地方土水利發展，前途光明，意義偉大，實可慶祝，並盼本此精神，繼續不休云云，後由省府代表李嘯彬，實業廳長史靖寰，寧河縣長陳贊虞相繼演說，最後由主席致答詞申謝，隨即攝影散會云云。

疏濬淮河入海水道

導淮疏濬入海水道，自去冬由導淮委員會計劃動工後，蘇皖人士即紛請中央力促其成，故中央乃令由全國經濟委員會籌資，於今春三月間撥發五十萬元，擬分段興工，三月初乃召工伕三萬餘人先行疏浚由漣水至阜甯一段，甫經動工，而經委會因計劃開發西北尙且乏資，該項工程補助費自難按期撥付，故於三月中輟工，惟淮水入海水道已十餘年未浚，積游至甚，今若不加澈底疏治，江北固無水利可言，淮流所經大水時更有陸沉之患，江蘇建設廳以該項工程關係江北全部既深且鉅，乃由建設廳長沈百先擬具計劃，分呈行政院暨江蘇省政府，請以蘇省省欵疏浚淮河入海水道，以發展江北建設，行政院及蘇省府均已核准，蘇主席陳果夫，並決向上海金融界息借工欵七百萬元，以促其成，建設廳長沈百先日前並親來江北視察路線，認爲淮水經漣水陳家港至阜甯套子口一道最爲經濟並且完妥，以前有人主張經漣水，灌雲至臨洪口一道入海路線，排洪不暢，決不取此道，沈氏現因視察完畢，已返抵省垣，至工費已由財廳長趙棣華數度赴滬接洽，現正組織工程處（地址在清江浦），開工期當在秋間云。

綏遠民生渠工程

中國華洋義賑救災總會總幹事章元善前曾偕全國經濟委員會西北辦事處主任劉景山前往綏遠，出席民生渠水利

公會第三次理事會，日前華洋義賑會舉行執行委員會時，章氏報告赴綏經過，據謂，在綏會議討論中之最關重要者有二事，一、水利公會理事會照章本由三方面組成，即綏遠省政府，華洋義賑會，及當地代表是也，此次開會議決，公請經委會加入理事會，二、經委會已同意劃撥一部份欵項，作爲修理及完成該項工程之用，查民生渠係於民國十八年之夏興修，是時綏省正值大旱之後，災民死亡相繼，華洋義賑會爲救濟當時災民及防止以後再發生旱災起見，特與綏遠省政府簽訂合同，撥借欵項，由該會工程股修築薩托民生渠，至民二十年夏大部份工程告竣，即於是年六月廿二日舉行放水典禮，去年一月一日水利公會組織成立，全部工程亦即移交該會接管，惟上年夏季華北各省雨水過多，黃河汎濫，因之民生渠幹渠支渠多處均被河水山水冲刷，渠身亦被淤塞，據經委會工程專家言，以現時之情形，渠工工程方面經修理或增添後爲一有用之工程，在綏省農事方面，裨益甚大，據估計，此項修補工程，約需欵三十萬元，茲據水利公會所宣佈者如下，（一）本年度應需之工程用費已由經委會撥欵，（二）所有工程，由經

委會水利處駐薩工務所担任，由水利公會執行部協助辦理，（三）除工程費之外，關於水利公會所需經費，由經委會酌量撥款，由上述各点觀之，經委會加入水利公會，實爲綏省之一大幸福，渠工之完成，已無問題，據經委會工程師之估計，將來此項工程之灌溉面積，約七十萬畝，按水利公會之計劃，除一方進行工程外，一方則擬在附近鄉村辦理關於利用水渠之教育及組織合作社等事，以期於水渠完成之後，綏省農村可以充分獲其幸福云。

玉萍鐵路近況

杭州鐵路自奉令改爲浙贛鐵路後，該路工程局，即組測量隊探鑽隊，先後出發，除玉南段已踏勘完畢，上饒至貴溪一段，因尚須測量信河北岸路線，正在趕辦外，其餘各綫，大致均已確定，並將總分段劃分，計全段玉山至南昌，分爲四個總段，每一總段，復分四個分段，自玉山站起點，至上饒縣境之沙溪爲第一分段，自沙溪至上饒縣第二分段，第三四兩分段，及第二總段之五六七八等分段，現尚在測量，俟路綫確定，再行劃分，第三總段，自貴溪縣境之太橋陳家起，至貴溪縣境棕茅崗爲第九分段，自棕茅崗至東鄉縣境之楊溪陳家爲第十段，自楊陳家至東鄉縣境之寺前爲第十一分段，由寺前至進賢縣境下埠集爲第十二分段，第四總段，自下埠集至進賢縣境之高橋爲第十三分段，自高橋至南昌縣境之梁家渡爲第十四分段，由梁家渡至南昌縣境之蓮塘爲第十五分段，自蓮塘至南昌爲第十六分段，各段土石方工程，均在招標承築，並訂于七月二十五日開標，分別發包，同時興工，俾得早日完成，至玉萍路公債，本月一日已發行，票額爲一千二百萬元，其中八百萬元，由承抵之滬銀行，轉抵于購買鐵路材料之商行，並組銀團辦理，關于沿路改善之處，經該局副局長侯家源視察後，以金玉段各項營業設備，未臻完善，擬即設法補充，並派副工程司陳祖鈞，前往平漢隴海兩路考查橋樑工程，藉資借鏡，所有各站貨物倉庫，雨蓬站頭等工程，迅行興築，此外如抽調路警訓練，研究推廣營業辦法，均分別在進辦中云。

魯東煤礦合作公司

山東省府建設廳，以魯東淄博一帶煤礦事業，年來受外煤在華傾銷影響，遂致營業一落千丈，幾致不振，特令魯東各煤礦商人，合組魯東煤礦合作公司，採取分產合銷辦法，以政府力量代謀出路，以抵外煤，魯東各礦，即進行籌備，建設廳復派礦務局長黃永泰，前往督促指導，現黃即在博山會同各鑛商積極籌備，當將該公司之組織章程，草擬完畢，昨日已經大會全體修正通過，候分別呈准山東省政府，青島市政府及實業部後，即公佈施行，預計該公司八月間可望正式成立，七月十一日黃永泰，特由博山返抵濟南，向建設廳長張鴻烈報告進行經過與所擬章程，經新聞記者晤之於建廳，誌其談話如下，

黃永泰談籌備經過

據談，魯東煤礦合作公司，自組織公約及借款協定擬妥，建設廳復派余負責督促指導，當即在博山會同各礦商積極籌備，至關於該公司之基本問題，厥為組織章程，故於月前由其籌備委員中推舉莊舒庭，丁良臣，曲志雲，姚定歐，梁錫三五人為起草委員，迭經開會討論，業將章程草案擬妥，其內容完全依據公約規定而草擬者，此項草案已經全體籌備大會會議，修正通過，一俟呈准山東省政府，青島市政府，實業部後，即公佈施行，正式組織合作公司，預計八月間可望成立，余為報告該公司籌備經過情形，特來濟謁見張廳長，報告並請示今後進行方針，在濟事畢，三五日內即返博山云。

水利專號

永定河治本計劃擬築之官廳壩地點形勢圖（上游）

河北省工程師協會月刊

二卷七八期合刊

二十三年九月出版

北甯鐵路簡明行車時刻表

中華民國廿二年十一月十六日重訂

下行車

列車次數 \ 站別 開到時刻	北平前門 開	豐台 開	郎坊 開	天津總站 開	天津東站 到	天津東站 開	塘沽 開	蘆台 開	唐山 開	古冶 開	灤縣 開	昌黎 開	北戴河 開	秦皇島 開	山海關 到	錦縣	遼寧總站
第七次 中慢 各等膳車	五●五〇	六●二五	七●四三	九●二六	九●三五	九●四五	一〇●四八	一一●四四	一三●〇一	一三●四八	一四●四三	一五●四四	一六●四四	一七●一三	一七●三五		
第十一次及第十九次 混合三等客貨慢車	六●五〇	九●〇五	一二●五六	一六●二五	一六●四五	停	第十九次	自唐山起	五●〇五	六●五〇	九●〇八	一一●三〇	一三●〇八	一四●二四	一四●五〇		
第三○一次 平瀋直達特別快車 各等臥膳	八●〇〇	八●二〇	九●三六	一〇●五三	一一●〇五	一一●二七	開	往	上	海							
第三次 特別快車 各等臥膳	八●二五	八●五五	不停	一一●一七	一一●二六	一一●三五	一二●三三	一三●二六	一四●二四	一五●〇五	一五●四五	一六●三七	一七●一六	一七●四〇	一八●〇〇		
第九次 快 各等臥膳	一四●一〇	一四●四二	一五●五二	一七●二〇	一七●三〇	一七●四五	一八●四五	一九●四八	二〇●五三	二一●二四	二二●一七	二三●一〇	二三●〇五	〇●一〇	〇●三〇		
第五次 快 各等車膳	一六●二五	一六●五五	不停	一九●一六	一九●二五	停											
第一○一次 快 各等臥膳	二〇●二五	二〇●四八	二二●〇八	二三●四二	二三●五〇	二四●〇〇	一●一〇	二●一三	三●二四	四●一四	五●〇六	六●一七	七●〇九	七●三七	七●五九		
第四○一次 平瀋直達貨車 第五十三次 混合三等客貨慢車 及	二〇●一五	二一●一〇	〇●二〇	二●四〇	二●五〇	四●五〇	七●一七	九●五五	一二●三〇	停							
第一次 直達 平浦特別快車 各等臥膳	一八●三五	一九●一三	二〇●三三	二一●四〇	二一●四九	二二●一五	開	往	浦	口							

上行車

列車次數 \ 站別 開到時刻	遼寧總站	錦縣	山海關 開	秦皇島 開	北戴河 開	昌黎 開	灤縣 開	古冶 開	唐山 到	唐山 開	蘆台 開	塘沽 開	天津東站 到	天津東站 開	天津總站 開	郎坊 開	豐台 開	北平前門 到
第八次 中慢 各等膳車			五●五五	六●二三	六●五三	七●四三	八●四九	九●四七	一〇●二六	一〇●三三	一一●五三	一三●一二	一四●二二	一四●三四	一四●三九	一六●一五	一七●四七	一八●二〇
第四次 特別快車 各等車膳			九●二五	九●二八	一〇●〇七	一〇●五〇	一一●二八	一二●二五	一二●五七	一三●〇〇	一四●〇八	一四●五六	一五●五〇	一六●〇〇	一六●一三	一七●三二	一八●四三	一九●一〇
第二十次及第二十二次 混合三等獨貨慢車			一一●〇〇	一二●〇〇	一三●〇四	一五●〇七	一七●四四	一九●二五	二一●四六	停	第二十二次	自天津起	四●二〇	四●五五	一〇●〇六	一四●四〇	一六●〇八	一五●〇〇
第十次 快 各車膳			一三●〇〇	一三●二五	一三●五〇	一四●二八	一五●二〇	一六●〇七	一六●三九	一六●四五	一七●四五	一八●五三	一九●四五	二〇●〇〇	二〇●一一	二一●二四	二二●四八	二三●一五
第二○一次 快 各等臥膳			二一●五五	二二●一八	二三●〇七	二四●〇〇	一●〇五	二●〇〇	二●四〇	三●二〇	四●三二	五●三三	六●三七	六●五〇	七●〇六	八●二六	九●四三	一〇●一〇
第十六次 客貨混合 三等慢車										一四●三〇	一七●三三	二〇●二五	二三●二八	〇●一五	〇●三五	三●三三	六●四〇	七●五五
第六次 特別快車 各等膳車													九●一五		九●二六	不停	一一●四八	一二●一五
第二○二次 平瀋直達特別快車 各等臥膳							由	上	海		開	來	一七●〇〇	一七●二五	一七●四六	一九●〇九	二〇●一六	二〇●四八
第二次 平浦直達特別快車 各等臥膳							由	浦	口		開	來	一七●二〇	一七●五〇	一八●二二	一九●三六	二〇●四三	二一●一〇

19902

河北省工程師協會月刊

中華民國二十三年九月出版

二卷七八期

本會啟事一

按照本會簡章第十四條之規定，「仲會員及初級會員至相當時期，得函請執行委員會按章升級」。希仲會員初級會員隨時將經歷函告執行委員會，以便審察照章升級。

本會啟事二

本會成立年餘，承工程界同志踴躍參加，現會員人數已逕四百，會務發達，同深欣慰。此後更宜廣事徵求，以期擴大充實，努力團結。故第十二次執委會議有「本會會員仲會員于第二次年會前每人應至少介紹新會員一人」之決議案。查本會年會例于九月間舉行凡我全人尙希按照是項決議，共謀會務之發展。入會志願書及簡章，均已印備多份，請隨時向會務主任索取爲幸。

本會啟事三

本會徽章，業已製妥，每枚價洋三角。經第十三次執委會議決議「仍按原價售于本會仝人」即請備價向會務主任處購取可也。

本會啟事四

本會現製有信箋一種，印本會信約及會徽精緻美觀，極適于用。每百張僅售洋三角。欲購用者，請與會務主任接洽。

本會啟事五

本會現備會員通信紙兩種（其樣張均見會務報告欄內：一係會員近況自述，務望每人詳細塡寫，藉可刊印月刊「會員通訊」欄內，以收互通聲氣聯絡感情之效。一係更改行止通告，亦希隨時塡寄爲盼。

河北省工程師協會月刊

水利專號　二卷七八期合刊目錄

民國二十三年九月出版

改進河北省縣建設機關芻議

李書田

國民政府成立以還，於軍事底定之省份，先後設置現行之各省政府及所屬各縣政府之省縣政制。在省政府設有建設廳或分設建設實業兩廳，（如我河北省然）在縣政府設有建設局，原爲積極辦理地方建設，意非不美，法非不良，特行之六七年，未見縣建設機關，有若何成績，慰我人民，是不得不考其癥結所在，妥籌良方，以期縣建設機關，每耗費一文，即生一文之效力，血汗脂膏，胥有益於人民。

各縣建設局長之任用辦法，省異其制，就我河北省言，其修正河北省各縣建設局長暫行任用辦法之第　條規定：「本省建設局局長，須經考試及格，幷受相當訓練，期滿方得任用。但於此項合格人員，各縣尚未普遍以前，得就曾經訓練或甄錄及存記各項合格人員任用之。』又其第三條規定：「有左列各款情事之一者不得任用：一、有反革命行爲審查確實者二、被人控告查有實據者，三、曾經褫奪公權或受破產宣告尚未復權者，四、曾受撤職處分尚未復職者，五、虧欠公款尚未繳清者，六、年力衰弱或有精神病及不良嗜好者。」以上兩條規定，關係建設局長資格問題，爲我河北省各縣建設局長暫行任用辦法全文六條中最重要之兩條。其次則爲第四條規定：「本省各縣建設局長，遇有缺出，由各縣縣長就第二條各項合格人員，遴保二人以上，檢同履歷，由建設廳實業廳轉報省政府委員會通過委任之。」此僅手續問題，無關宏旨．其他則屬修正及公佈等條文而已。

綜觀上述暫行任用辦法第三條，於消極限制，雖似規定綦嚴，然俱屬當然，無裨實際．其第二條規定廣泛，未有專門技術能力之限制，難期勝任建設之工作。縱經考試及格並受相當訓練者，亦虞缺乏基本應用之專門知識。況訓練每屬短期，『相當』二字，尤覺籠統，既未明定建設局長應具最低限度技能之條文，何從依據以嚴格審核縣長所遴保人員之當否？又何從絕對避免廳中各科有司依法審核之時，而不至因人請託玩弄任免耶？

所以縣建設成績未彰者，主要原因，並不在於縣政府政制之未備，吾謂縣政府組織法中關於建設局職掌等之規定，其範圍有過之而無不及；亦不盡在於縣建設經費之多寡有無，吾謂各縣，無論大小貧富，當均能就地籌措若干建設款項，舉辦些許建設事業。惟若按現有之建設局人才，縱予以多量建設經費，仍恐其不知如何利用與利用之先後緩急及最經濟利用之辦法。各縣建設局所以竟毫無成績之可言者，最主要之原因，莫過於縣建設局長之未當其任。不有辦理建設之專門人才，徒有局組織法，局址局所局長局員及實不符名之技術員，而欲其推行地方建設，豈如所期，不亦緣木而求魚乎!?

夫僅祗不當其任，由建設局之職員共同月分數百金，而無所事事，雖無補於縣建設，然尙無大害焉。第充任建設局長者，雖亦時有才能之士，然較而論之，類多不學無術；專門技能無論矣，即紙上談兵，亦遠遜前清之廩貢；其尤劣者，又復捨建設而不顧，貼標語以舖張；甚至包攬詞訟，植黨營私，派別傾軋，壓搾良民，極土豪劣紳之能事！在昔無建設局之設，紳士尙少一辦公處所，今則以舊紳士之頭腦，擔任革命建設之工作，且有衙門以便其行動而助其威嚴，幷出席縣政會議焉！然細察其政績，四郊則遠不如數十年前之舊觀，迭經兵匪之損毀而不圖恢復，公共場所，夷爲邱墟，即城關一帶，亦且道路不治，城垣不修，鼓樓縣署，胥淪殘破於不堪，所謂土木建設也，所謂生產建設也，尙堪聞問哉？吾民何需斯建設局耶？

國民政府統一全國以後，所宣示於人民及黨國所最努力以從事者，在地方建設，即人民之所最切盼如大旱之望雲霓者，亦在地方建設。所以於頒行縣政府組織法中，規定縣府所轄公安財政教育各局之外，復有建設局之設置，極見中央重視地方建設之至意。地方人民本切盼建設之進行，亦即竭誠負擔縣建設局之消費，從未有裁撤之請求。是上自中央，立法本善，下迄人民，渴望殊殷；安能不亟謀更張，以期早收實效耶？爲今之計，懲前毖後，必須嚴定辦理縣建設者，務才堪勝任，選拔工程專門人才，以代替現有之建設局長。實在現任之大多數縣建設局長，本不知如何建設，殊不必責其成績毫無。其遴保者，係各縣縣長，不擇才堪勝任者，固屬究無旁貸，但其遴保也，則大抵依現行任用辦法，亦難苛責。爲求澈底改進，必須變更現行任用辦法及嚴格依新定辦法，以任用各縣建設局長或其代替者。

縣建設局之等於虛耗人民脂膏，早有見及而痛更其制者。在山東省所屬各縣，早經廢止建設局制，縣屬各局倂入縣府爲科，山東各縣政府之第四科，即昔之建設局也。其科長人選，由山東省政府建設廳逕行委派國內大學工科畢業者充任。又另設置縣有建設工程師，更非國內大學工科畢業者不得充任。近年來更制以後，國內大學工科畢業生之就任山東各縣政府第四科長及縣有建設工程師者，實繁有徒。山東省地方建設之邁進，良有以也。

吾河北省戰禍水患，連年頻仍，民不聊生，所需要於交通水利及其他生產建設者，較魯省尤切，而經費難籌，殆莫遜焉。故魯省之良規，必須取法，而經濟之道，在我冀省尤不容不三致意耳。吾以爲在我河北省各縣，極宜迅倣山東成規，設置縣有建設工程師，但同時盡行裁撤各縣建設局，以節經費，即將來縣府合署辦公時，亦勿須設置第四科，所有全縣土木建設及生產建設各事項，悉歸縣有建設工程師辦理之，由省政府建設廳與實業廳委派河北省籍之國內大學工科畢業生充任。倘一時適當人選，不敷任用時，尚可一人兼領兩縣之縣有建設工程師，或劃分兩三縣為一建設區。總期寧缺勿濫，實事求是，先建設一個辦理地方建設之良好制度，庶幾地方建設，推行盡利矣。

吾河北省工程師協會，本促進本省建設之宗旨，囑書田草斯文以為倡議改進地方建設之先聲。義不容辭，謹貢芻議，尚望賢達，急起而論定並實現之。

專家行政

語有云，政以人興，市政又何獨不然？方今天下為公之說興，而尚賢與能之說反湮沒無聞，一般政治之混亂，市政之難於整飭，有自來矣。…………試考歐美各國，市政制度不同，組織亦異，而咸有其相同之点在。此相同之点為何，曰尚賢與能任用專才而已。蓋歐美各市之政務官，固不必人人皆善，而事務官任用專才之原則，則顛撲不破者也。欲有良好行政，必先澄清吏治，尚欲澄清吏治，必須樹立專家行政之原則。蓋專家行政，其理本極明顯。譬諸有病，必求於醫。譬諸補鞋，必求於匠。未聞有病找鞋匠，鞋破找醫生者。醫生鞋匠之工作，其關係僅限於個人，而市政工作則關係全市；其需要專才處理，更無庸置疑也。（見張銳著吏治與行政）

潦與旱

徐世大

一部中國史，殆全為災荒所佔有與轉動。災象較輕，範圍較狹之時，稱為治世。災情重大，範圍遼廣之時，即釀大亂。遠者姑不論，即民國成立二十三年，災害洊臻，無歲無之。舉其大者，有如左列：

一、民國五年淮系水災，災區廣達三萬四千方里。

二、民國六年河北省大水，被災縣數一〇三縣，災區廣一萬方里，被災人口六百三十五萬餘人，受災時間十個月，賑濟用款四百六十三萬餘元，損失約三四千萬元。

三、民國九年，華北冀魯豫晉陝五省旱災，被災縣數三百十七縣，災民總數幾二千萬人，公私振災集款三千七百十三萬餘元。

四、民國十年淮系水災，區域約二萬七千方里。黃河決口於立家墻，堵口費用一百五十萬元。

五、民國十一年江浙皖三省水災，受災人民一千一百萬人，賑款二百五十一萬餘元。

六、民國十三年水災，佔省區九，災民二千另二十七萬餘人，淹斃者一萬三千一百十五人。是年賑欵預計二千萬元，實際所發甚少。

七、民國十四年，河決濮陽等處，堵口費用六百萬元。

八、民國十七年華北八省旱災，被災縣數五百三十五縣，災民三千三百三十九萬餘人，賑災用欵三百四十萬元。

九、民國十八年河北水災，陝西旱災。

十、民國二十年江淮運流域大水，被災區域達十一萬方里，災民一千萬人，損失約二十萬萬元，賑災用欵二千一百餘萬元。

十一、民國二十二年黃河決口於長垣。

十二、民國二十三年江浙皖諸省大旱，估計損失達三萬萬元。黃河復在長垣決口。

上表所列僅就記憶及一二種參考書(中國經濟年鑑等)所得，吾國天災之嚴重，已可概見，無怪吾國號稱以農立國，而每歲農產物之入超，與年俱增，竟列爲進口貨物之第一也。

天災之流行，於國富民力之損失，猶有所限。其重大者，釀成普遍之騷亂，文化之摧殘，國力之喪失，外族乘虛，侵凌壓迫，而致於亡國者有之。漢末黃巾之亂，開五胡亂華之始。唐末黃巢之禍，奠遼金侵略之基。明末闖獻之浩劫，實滿州入關之先鋒。淸季洪楊之革命，成天津條約之恥辱。而民國二十年之大水，促東北四省之淪陷，尤吾人所常刻心鏤骨，永矢不忘者也。

國運一時之盛衰，在人類歷史中，不過一小小起伏，當無關於一民族之永久生命也。惟文化之摧殘，民智之低下，民德之墮落，使一民族呈衰老之象，馴致不能維持其生命，斯可悲耳。災害過頻，實能促進民族之衰老，不特一時之擾亂，毀滅文物，使古人所遺留者，不能發揚而光大之，且自優生學言之，災害所摧殘者，尤在汰良善而留劣弱之民衆，使一切進步爲之阻碍。中華民族美德之一在儉約自持，能菲衣惡食，而最大之劣根性，則在自私自利，嫉功忌能，缺乏同情性。此種風氣之養成，持優生說者謂淵源於饑饉之過頻，殆非虛語。蓋例以適者生存之說，惟能儉約積蓄者，能免饑饉之恐慌，亦惟自私自利者，能苟延殘喘於饑饉之世。賣兒鬻女，以饑饉之處爲多，而惟自私自利之人，能忍骨肉分離之痛。故凡見義勇爲，富於同情性之徒，多不免於饑饉之世，而饑饉所遺留者，乃傳此自私自利之根性於後世而日益深固。此中華民族之絕大損失，實大受饑饉之賜也。

普遍的水旱災饉，已數數見，而局部的水旱現象，則更僕難數。卽在平時，有沉淪水底者，有赤地千里者，其地居民終年菜色，救死不贍，言力旣不如人，言智更爲低劣，如此民衆，何以立國，古人有言，「衣食足而後知禮義」，無衣無食，而欲求其身心之健全，以迎受近世之文明，直如背道而馳，終不得達。

中國水旱災荒之頻速，甲於全世界，非中國之得天特薄也。水旱偏災，何地蔑有，然或防患於未然，或救濟於事後，或化磽薄爲沃土，或易海底爲陸地，制天而用之，凡以爲民生國計者，無不竭心力而爲，務使天災流行之時，害至於最低最小，此近世謀國之大道也。然在中國，補苴旦夕之不遑，遠大之謀，聞者掩耳，生利之計，徒爲害藪。歷代盛世，何嘗不以水利爲急務，然或人亡政熄，名存實無。舉其事者，恒多一勞永逸之談，繼其後者，常安苟且因循之務。故雖有良法美意，久而淪亡，不復措意。即以關中一隅言之，自鄭白開渠，歷二千餘載，興廢不常，今之涇惠，仍爲草創。假使二千年來，發明展大，關中當庶，何啻江南・闖獻之禍，可以不作。

故今日之急務，當濟災興利，以謀生聚，衣食既足，然後方能教民以戰。濟災興利，雖似殊途，而實同歸。潦與旱，水量多寡之別名。水能害稼，亦能生稼，有水之鄉，所穫倍蓰於無水之地，水災之後，多見豐年，故水者，利多而害少者也。地上之水，來自雨雪，雨雪之量不常，係乎宇宙之運行，倘非人力所能完全控制。雖曰植林可以致雨，然其幾甚微，非可恃也。若夫天氣之水汽，降而爲雨以達地，霪則成潦，曠則成旱，潦旱之間，若能就地調節，損有餘以補不足，則雨量雖有參差，而應用曾無二致。潦之爲害在水過剩，過剩之水，得蓄積之區，則流緩勢削，潦不成災。蓄積之水，以時宣洩，或以灌溉，或以通航，或以發電力，或以供飲料，皆民生之所資，胥受水利之賜。今吾國雖有蓄水之區，如天然之湖沼大澤，猶且破壞之，侵佔之，至於人民蓄水之區，功艱費鉅，在歐美猶爲新興事業，固非所望於昔日之吾國。故滔滔洪水，任其下流而莫之惜，一遇旱熯之年，欲求涓滴之水而不可得，歸咎於天，天豈任受。

復次，雨降於地，非特注江河而入海也，亦有滲入地層而下行，待隙上升而爲泉者。泉眼若在陸地與江河，猶可引用，若在海中，終歸損失。地上水之蓄量，較之地面有過無不及，故地下水之利用，尤爲盡水利之要。吾國北方水量素缺，鑿井引泉，猶有發明，然以民窮財盡，鑿井之力，恆有未逮，故資以爲利者，不能普遍。南方多雨之鄉，除飲水所資及灌菜畦外，引井灌溉，鮮有用者。故一遇大旱，除禁屠求神外，束手無策矣。

至於地上之水，匯爲川河，其勢過卑，莫盡其用。若施以人工，升其水位，或堰或引，以淤以灌，旱有所資，潦無所懼，斯在吾國，不乏先例。西蜀富庶，甲於全國，關中沃野，古所艷稱，何莫非恃灌溉之利。以吾國江河如織，若此類者，豈少地利相宜之處。然政安因循，人習偷惰，百世之利，棄而莫舉者，比比是也。去年河北省在滹沱河築堰引水灌溉，一般民衆，且有以攔河築壩爲創舉者，民智如此，可勝浩歎。

旱之爲災，非不可治，既如上述。至於天降洪水，破隄決岸，農稼喪失，一時之害，尤甚於旱。蓋以其來旣驟，猝不及防也。然攷民國二十餘年來之水災，非天之獨苦吾民，實人事有所未盡也。江河之患，亘數千載，而根本治理之道，未有所聞。隄防之制，較爲完備，而負修守之責者，未能盡職。事前疎於防範，當時每失搶護。此方河隄，較爲堅固，使防守得宜，至少可免除一部之災害。如十八年永定河之決口，揆諸流量，實不應在爾時也。至於南方之隄，類多單薄，而建屋穴葬，侵佔無禁。嘗過數處隄防，壘壘者皆陳死人所居也。以此防水，焉能不決，至於湖沼低窪之區，含蓄所資，豪富佔墾，日以削弱，上游無所容納，下游胥受其害，故政府有廢田還湖之議，非徒然也。近年以來，各河整治，稍受注意，基本工作，正在進行，然亦有以此爲不急之務。歲月蹉跎，吾輩其復卸此重責於吾後人乎，則吾又何譏於古人。潦旱之爲害，與防治之法，已略述於前矣。請言施政宜採之方針，以與潦旱作殊死戰。

甲　根本治理方針

一、各主要河流之水文測驗，必須賡續進行，且加以擴展精密，以爲研究任何水利問題之根據也。按水文測驗，近來各水利機關，多已努力進行，然經費不裕，未能充分進行。局外人多不知水文測驗之重要，每視此種工作爲通常行政之一部，於是以爲水利機關，徒糜國帑，並無成績。殊不知無水文測驗以爲計畫施工之根據，正如盲人摸象，無有是處。中國講求水利者數千年，而成績之表現者甚稀，豈無材智特出之士，謀百世之利者，然無精密之水文記錄，以為根據，卒至功敗垂成，利不永久，且使後來者引以為戒，抱不求有功，甯求無過之態度，而潦旱盛行，惟歸咎於天矣。若有水文記錄以為根據，則或蓄或疏，或防或引，皆可有眞知灼見，以最經濟之方法，得最大之利益也。

二、測量工作，必須有全國一致之規劃，期以最短期間完成之也。按近來水利機關所消耗之經費，大部份在於測量，其一部分河道測量，如河道之詳細地形，縱橫剖面，固水利機關所應辦，而以中國無詳細地圖可用，水利計劃，又常關係廣大之面積，於是水利機關，乃代理大地測量之勞。此在全國經濟，固無損失，而水利機關，乃且蒙不白之寃，以其少直接成績之表現也。今後施政方針，應由測量機關與水利機關通盤籌畫，分工各作，各以全力趨之，方能有成。

三、全國河道應行大檢查也。全國河道之形勢，在測量未完之先，應由中央或各省政府派遣適當技術人員（包括水利及地層專家），舉行大檢查一次，期以二年至三年。凡可疏可蓄可引之地點，與開發地下水之處，一一詳細調查，編為報告，以為今後治理之目標。華北水利委員會曾舉行調查四次，如永定河上游，如潮白河上游，如漳河上游，如黃河上游，均有相當之結果。張潮白河及漳河水庫地點，即自調查得來。全國各河流類此者甚多，若能舉行大檢查一次，所費不多，而實際得益，實非淺鮮。

四、各河根本治理計畫，必須限期完成也。各重要河流之根本計畫，現在已成者，尚不多見。然如能照前列三項分頭努力並進，大約十年內，必可使各河完成一種計畫草案。此種草案，當然須逐步施行，故不妨就獲利最鉅及問題最少者，先行動工。仍根據以後所得計畫資料，逐步修正，務使於二十年內完成精密合理之各河，治本計畫，再行規定施工年限，分頭進行。大約今後五十年內，可以全部完成，此種步驟，驟視之似不免迂緩，實則欲求潦旱之免除，捨此別無途徑。吾輩生當斯世，自應以此事爲己任，豫備工作，尤爲吾輩所應負責。至治本計畫之已成者，自應從速促其實現，不特時不我與，災害接踵，且可使後繼者得甚多之經驗與智識，以擔當更重大艱難之責職也。

五、水工試驗必須積極提倡也。水利工程學說，在歐美尚未臻完善之域，最近各國競行水工試驗，以模型在試驗室中加以研究檢討，故能多所發明修正。模型所費無幾。而所得結果，當關經估數百萬工程之堅固與經濟。美國著名水利工程師費禮門有凡投資而能得十倍之紅利者，世無其事，惟水工試驗爲能。可知水工試驗之重要矣。中國人窮財匱，所投資本，尤不應浪費一文，故水利試驗，寔爲防潦防旱之急務。愚以爲今後二十年內，至少須造成完備之水工試驗所三處，一在華北，一在南京，一在廣州，凡有水工建築及學理之探討，均可於水工試驗所中求得最經濟堅固或適當之方法以解決一切困難。現在華北之中國第一水工試驗所正在建築，初步建設，可於今年完成，將來成績，必可與國人以共見。

乙　治標方針

急則治標，古有明訓，中國水旱之災亟矣，根本治理，類非十年乃至數十年不能辦，而此時期中所受損失已難以數計。局市救濟，猶勝於無，一分之力雖微，若能保存，亦可以積久而成鉅，故治標爲不可緩也。

一、愼選河防職員並切寔改革積弊也。河防之弊，爲世大詬已久，降至今日，更難收拾。故今日急務，首在改革防守機關。凡河務人員，務須愼選賢能，崇其待遇，與以權力，久其任期，充寔其經費，而嚴其攷核，方能收寔效而免虛耗也。河務機關之積弊，在汎前漫無攷核，雖有河兵，而餉糈短缺，難期效死。其機關長官，又不能指揮地方官吏，遇事掣肘者有之，袖手旁觀者有之。至於河防經費，常不能先期籌撥，有汎水既至，束手無策者，及釀禍害，追求負責之人，負責者固振振有詞矣。愚以爲中央政府宜制定河防人員任用規程，河務局組織綱要，及河防經費預算。此項經費，無論出自中央或地方，均應列爲專款，槪不得挪作別用。並制定河防人員及沿河官吏奬懲條例，功不吝賞，過不姑息，此其大要也。

二、中央及地方政府應籌集農田水利專款以備貸借也。按局部水利，所在多有，而均苦於無力開發。土地整理，尚未舉辦，金融機關，莫肯投資。無告之農民，惟有呻吟於天災蹂躪之下，而莫可奈何。此眞至慘之境也。愚以為中央及地方政府應勵行獎掖水利合作社，同時籌集農田水利專款，特別存儲，凡有可興水利之區，或由地方人民自動請求，或由政府發現，必須派遣專家，詳細研究計劃，其研究計劃之費，應由政府担任，若財力所及，經濟所許，便當貸與款項，立時興辦，其本金則視其受益之厚薄，分年攤還，再移用於他處。凡灌溉之地，較之無水之區，可得一倍之收穫。大都投資於農田水利者，約計少則一年，多不過五年，可收回成本而有餘。即以平均三年而論，其利息亦莫有大於此者。設中央政府能於短期內籌集千萬，各省政府平均百萬，則平均每年所得利益，已逾千萬，足以賞振災之費矣。十年之後，國富增加，籌款更易，人民得觀摩之益，知水利之穫利，自行籌資興辦者，當亦不少。國家但能獎掖而節制之，則大部分之潦旱可免。且因平時收穫之增多，以時積貯，則雖有水旱之災，而民無凍餓之患。

以上種種，拉雜書來，未能詳盡，他日當分別論列，以質當世有志之士。至於備荒之策，積穀之法，以及最近所謂糧食統制諸問題，非本文範圍所及，不贅叙。

德盛成美記建築公司

修築整理海河委員會進水閘工程攝影

啟者，敝公司自經營建築事業以來，迄已數十餘載，圖樣新奇，工料堅美，早已馳名中外，而於市政建設，溝渠路政，橋樑河工，以及河壩碼頭，各項偉大工程，歷年承辦，更有特別經驗，諸如前包華蒙冷汽房，及特別第三區河沿洋灰碼頭，並近年東馬路瀝青道，及整理海河委員會當家莊附近之進水閘工，均為本埠有一無二之偉大建築，頗蒙中外工程專家所贊許，餘如各區馬路溝渠歷年承包各項偉大建築，指不勝屈，俱有過去事實可考，茲敝公司為求工作完善起見，不惜鉅資，並特購備新式打洋灰樁大小汽拕二架，及大小水火電磅，大小煤油電磅，大小起動機，大小攪練，以及做溝渠用大小各樣鉄管皮約數十餘種，凡屬工作應用各項傢俱，無一不備，絕無因傢俱不完，中途發生障碍，延無期限之虞，如蒙委辦各項工程，尤為歡迎之至，謹啓

天津德盛美記建築公司謹啓

坐落特別第三分局大王莊八緯路門牌一號電話三局二五三八號經理住宅電話四局一七一號

學術

開闢青龍灣河七里海南新引河計畫

華北水利委員會

（一）計畫旨趣

民國元年潮白河改道後，箭桿下游，水患彌增，而北運及海河則同受淤淺之弊。于是有蘇莊水閘之建設，所以引潮白一部分之水使歸北運。此于海河之沖刷，固多裨益，但大部分洪水則仍由洩水閘以通箭桿，香寶水災仍無所減。故本會在箭桿薊運根本整治方案中，最主要者厥惟減少潮白來水，在上游建築水庫，同時兼顧下游之整理。其全部計畫，需款三千餘萬元，以目下國家情形而言，短期內絕難望其實現。

蘇莊上游，有沙務決口二百餘公尺，為由潮白洩水入北運之故道。亦關係複雜，多年迄未堵修。是以溝通潮白北運者，實不僅蘇莊水閘而已。惟北運下游容量有限，必須謀所以分洩其洪水之方而後可。于是整理青龍灣河，乃屬當務之急。其計畫可分為（甲）疏濬舊槽，（乙）圍築七里海堤防，（丙）另闢下游新引河。其目的在導北運洪水，由青龍灣減河入七里海，再由新引河導入金鐘河，下行達海。總共需費約一百萬元。箭薊治本方案中，有人造湖之計畫，蓋以箭桿下游，各河匯集之處，多有窪地。一遇雨水，便遭湮沒，久而不能宣洩，常受陰水之害。遂致地價口落，等于廢棄。救濟之法，擬將窪地圍築土堤，使成大湖。則潦水有歸宿之處，箭薊兩河之負擔以減。潦水既平，閉閘畜水，翌年苦旱，啟閘灌田。前言之七里海，即治本方案中之第三湖也。此外排水渠之開闢，亦極重要，務使溝渠縱橫，息息暢通，不惟排洩積潦，且可用資灌溉。前言之青龍灣減河，及擬闢之新引河，即治本方案中之南三渠也。

整理青龍灣計畫，數年來早已完成。徒以工款無着，因以停頓至今。茲擇其開闢新引河一部，名曰開闢青龍灣河七里海南新引河計畫：需款僅二十餘萬，且其所佔土地，業已購得，所經路線，業已測定。地方既無窒礙，進行自極順利。雖人造湖不克實現，而排除窪水，為利已自可觀。矧其地適在戰區，辦理工振，尤屬相宜。倘工款可以決定，則工程實施指日可待也。

(二)工程計畫

查開闢青龍灣河七里海南新引河計畫，原為分洩北運河注入青龍灣河之洪水，使由金鐘河入海，以減輕寶坻一帶之水患。其洩量定為每秒二百立方公尺。現在金鐘河尚未疏濬，驟加以此項負擔，誠恐危及上游。又七里海圍堤尚未修築，水面不能抬高。新引河所需容量，亦不如原定者之巨。茲為兼籌並顧，仍符工振原旨起見，擬將開闢青龍灣河七里海南新引河計畫加以修正，將新引河橫斷面積縮小，其洩量為每秒一百立方公尺。並加築七里海南堤，使七里海積水，由新引河宣洩，不致漫溢于南部一帶。又擬將寶口河加以相當疏濬，以利該地之航運。庶幾一舉數益，而無偏枯之弊。

一、新引河自七里海南汪家台處起，向南至傅家堂接金鐘河，計長一二二公里。河槽剖面規定為兩級式，上級河底總寬為三十公尺，下級小引河底寬為十公尺。邊坡一比一，縱坡一萬分一。平均深一、六九公尺。兩岸新堤外坡坡脚距離二百公尺，堤頂寬五公尺，內外堤坡一比二，平均高二、〇一公尺。引河洩量約為每秒一百立方公尺，流速每秒〇、五公尺。將來仍可展寬，上級河槽，增培兩堤，使成為最有效之排水道。並於新引河接入金鐘河處，建節制閘一座，計三孔，各裝設活動閘門，使七里海下注洪水，經過新引河，由閘門洩出，而在金鐘河高潮時，亦能關閉閘門，限制鹹潮倒灌。

二、七里海南堤，由造甲城以東竇口河南岸起，東至家王台新引河進水口，再東至樂善莊附近東引河西堤止。計長一二、二公里。堤頂寬六公尺，內外堤坡一比二，平均高二、三〇公尺。使七里海積水由新引河洩入金鐘河，不致漫溢于南部一帶。

三、竇口河淤墊處加以相當疏浚，以利薊運金鐘二河間之航運，並排洩七里海東部積水。

（三）工程費估計

一、挑挖新引河土工約計一六〇、〇〇〇華方（每方平均工價六角） 需洋九六、〇〇〇元

二、修築七里海南堤土工約計一〇〇、〇〇〇華方（每方平均工價六角） 需洋六〇、〇〇〇元

三、疏濬竇口河土工約計一六，〇〇〇華方（每方平均工價七角五分） 需洋一二、〇〇〇元

四、建築節制閘一座計三孔 需洋三〇、〇〇〇元

五、意外工事費 需洋一四、〇八〇元

六、工程行政費（按一至四、四項工程費百分之四計算） 需洋七、九二〇元

總上六項共需洋二二〇、〇〇〇元

編者按：本計畫業經華北戰區救濟委員會急振組第五次組務會議議決採取，交由華北水利委員會與河北省建設廳合辦。俟於急振組結束時，將本計畫所需工款二十二萬元撥交河北省建設廳專款儲存，以備開工動支。現正由華北水利委員會，與河北省建設廳會同設置青龍灣河工振處辦理本計畫實施事宜。定於本年十月開工限三月內完成。

洪水近是率公式應用簡單化

裴梯斯原著
歐陽寶銘譯

計算洪水之約數，以近百年之洪水爲最適宜之基本單位。此百年之洪水，可以界說之如下：即百年中之任何時期內測站所發生最大流量之最近是數值，以每秒立方呎計之。此百年之洪水與洪水連續曲線(Duration curve)所列在二百五十年以內可有一次相等或超過之洪水量，彼此適應。

一九二七年著者研究彭雪文尼亞省洪水問題時曾介紹一「寬度」公式，可應用於任何地点百年之洪水。在彭雪文尼亞及其他隣州之許多河流皆於是時研究之，因彼處之雨量情形頗屬一致，且天氣亦較濕潤也。就所研究之河流觀察，此公式所得之數值，較任何現存之公式殊爲精確此公式示之於下：

$$Q=CPW^{1.25}$$

其中：Q=近是百年之流量，以每秒立方呎計
C=數值係數
P=雨量指數
W=流域面積之平方寬度以哩計

一九二九年著者曾得機會作科羅拉多(Colorads)雨量及逕流之詳密研究，該處之天氣爲半乾燥性。研究之結果，證明此公式應於科省亦可得同佳之效果；惟係數必須改變，以切合當地雨量之情形也。以此推論，可顯知在全美之任河洪水，必須依其特有之雨量性質而分類研究之，自是著者擴大其研究，除包含通行工程刊物所載之記錄外，且包羅美國地質測量局出版之全部工作記錄，此第一次所示，即其研究之結果及原始公式之不變也。

在原始之公式，雨量指數約以六日之雨水爲基礎。而在此新公式內，則係用一日之雨水。此種變化，不能增加公式之精確，然於雨量之統計，則大可簡化。在原公式內P之方數爲1，在新公式內則爲1.25，而於W之方數相同。依理論言之，頗爲不錯。因P與W可被合方向下流之小稜柱體(未變態時)之橫斷面之兩種尺寸(Dimension)也。

在P之數值有限制時，有一部分河流應用舊公式之結果，與新公式同一精確。對於任河含有廣衍雨量情形之研究，則新公式較佳且較準確。

僅當地面於大雨前，已有相當濕潤時，則大風雨之後，始發生相當之洪水。在此情形中，大雨之降量與河中流量，必有一互接關係，可以公式表示之。由此公式，吾人可於任何降雨量中，推算其逕流。如是，可使吾人用以比較其他逕流特性相似地段之流量。降雨量與逕流量之關係，對於逕流之研究，頗為有益。蓋降雨量之報告，究比逕流量報告完全多多也。

公式中所用雨之指數，係根據約百年中一日之雨量。附列之地圖，用於美國東部各州者係根據相似米亞米地之地圖；美國西部，則係根據康奈爾大學施爾剛及米勒二君所備之地圖。該圖復經改訂，以合更多之有用報告。特別在西部山地地方，尤有更加詳密改訂之必要。

其記錄之總年數約為二萬。就美國言，以每百年記錄之百年洪水為根據，判約有二百之百年洪水記錄。除西部若干乾燥地方記錄不全外，大致言之，對於逕流之研究，則有極佳統計之根據也。

新「寬度」公式

此新寬度公式，就前面所示大綱展拓之為：

$$Q=C\,(pw)^{1.25}$$

其中：

Q＝約百年洪水之最大流量以每秒立方呎計，

C＝係數，依不同之地段而異，尤以按照乾燥度為最，有時亦因地形，而變化之。

P＝自地圖上查出之雨量指數，約百年中一日之雨量以吋計。

W＝流域面積之平均寬度，以哩計。

平均寬度W，係由測站以上之河長（亦哩計）除平方哩數之流域面積而得之。自圖上以每吋等於十哩之比例尺，量出河之長度，不甚重要之河灣可以不計，如是，則所得之河流長度較實在之河長，相差僅少許耳。

巨暴之風雨，即如所傳論中之預兆，一若顯示一種不定之趨勢而漸漸增高，且稍不規則而至一定之極峯時，乃漸漸低下，普通吾人可以假設大部分之雨，約為三分之二，係在一二十四小時期內降下。尋常吾人可謂任何測站之最大流量，將發生在暴雨極高期中，包含有流於該地上方流域最寬處之雨水，流過該地之時。如是，則洪水之波浪可臆爲一向下游流出之稜柱體矣。山谷中積水可使洪浪漸平，並使其最大水斷面與平均寬度成正比例，而不與其流域之最大寬度成正比例也。此最大洪水稜柱體之斷面與W P成正比例，此處P爲落雨之深，W爲流域之平均寬度。於是吾人假設一已知之測站比降永持不變，且諸斷面之圖形相似時，則從謝濟(Chexy)公式，因不同之洪水，流量乃據斷面積之方數1.25而變化之。此寬度公式即循照已知之假設條件，故解說簡而不全。但據此可以指明寬度公式係合理化。

應用之範圍

此種討論係限於流域面積介於100至40.000平方哩之間，如逾10.000平方哩。流域面積之水流，則較由公式所計算者略小。在 1.000平方哩之面積以內，則近是之雨量稍高；但風雨之聚集影響，對於小面積之地則稍小，此兩種情況有彼此相抵之趨勢。

此公式可直接應用於未加人工轄制之水流，一天然湖能統轄其上游流域面積之水流，地形則無影響，除非流域面積之較大部分可分類爲微曲之小丘及高峻之山嶽。廣衍之平原能有減縮之水流，由於水流之退縮，適如爲人工所轄制，並滲漏亦同時發生也。其有係數 $C=310$ 之公式，除去海濱平原與密西士比河所淹沒諸地，以及意利諸省平原等他方外，似可實用於密西士比河以東諸河。在平原地方內水流所具有之係數C，約爲上面所定者三分之一。奇異形狀之流域，能影響河中流量。如流域之面積爲梨形，而測站在較大之一端時，測流量將較由公式所示者爲大。若測站在較細之一端時，則流量將較公式所示者爲小。職是之故，對于流量率有超過百分之十五之可能。且有數種奇異形狀之流域，其流量之變化則較大焉。

公式中所需用C之值，由地圖上之數目可以示知。其數字可以意會之處，亦係根據多量之記錄而尋得，以資增進推算時之自信心。其數字下面未書線者，由於特別地点記錄之不足，故倘有可疑處。所有可疑之數字，可由該地更加詳密之研究，而改進之可也。

對於密西士比河東部濕潤地方及治太平洋海岸，C之值爲 310。密西士比河東部河流，C之數值與上列之數大不相同者，只係在意利諾平原地方，其C之值爲 100。

對於半乾燥之山地，例如科羅拉多 (Colrqlo) 一地，C＝200 。在勞科斯(Rockies) 東部大平原內，無充足之記錄以訂C之數值，當地情形與地形大致對於該地有相當之影響。

此種研究，係根據較大風雨附生之情形，美國之全部，雲暴之發生，其中落於較小面積之降雨量，可爲由圖上所示者兩倍以上。根據合宜之記錄，此公式對於1.000平方哩以上之面積，甚爲平妥。任何小面積其發生雲暴之機會甚爲稀少，但在少數多山地方且該地地形適於此種現象時，則爲例外。

百年洪水之記錄於重要工程之設計，不甚充足。以下所述係根據一種有統計性之証據，默察而得之。近是一千年之洪水，約較百年之洪水大百分之二十；又近是一萬年之洪水，約比百年之洪水大百分之三十；吾人可確信之最大洪水 (20.000年) ，約較百年之洪水大百分之三十五。

綜上觀之，可知此，「寬度」，公式應用於具統計性之需要，頗爲人滿意與邏輯焉。

19930

俄國的水工學研究院

田淑媛譯

編者按：水工試驗，年來漸爲國人所注意。此文係美國工程圖書目錄編輯葛憾滿氏（Gutmqnn所著，對于世界規模最大之蘇俄水工試驗研究組織，敘述基詳，頗可供治水利工程者之參考。原載Engineering News-Record第一一二卷第二四期，玆由田淑媛女士譯出，以獎讀者。

現在蘇俄已被美國承認而且恢復了兩國的友誼、當美國的工程師們爲了自己國家的工業而生狂熱運動的現代、正是他們和俄國同業者認識更親密的時候。這篇文章僅論到俄國工程界研究最顯明而且最能引起大衆的興趣的一部——關於水力工程的室內試驗和實地調查的結果。

俄國的水力試驗機關、是把同等的試驗所集中於政府在列寧格勒所經營的水工學研究院。此研究院是世界最大的水力研究機關、在一九三一年由原有的十一個設備完善的水工試驗所合組而成。後來又增建了九個研究試驗室，共合是二十個設備齊全的試驗室。現在男女職員共四百二十一人，其中一百五十八人是科學專家，工程師及大學教授。全年的用費在一九三一年是九十二萬盧布，一九三一年增至二百一十九萬二千，一九三三年就到二百五十二萬了。要和美國比較一下，則威克斯博的水工試驗所在美洲爲最大，其職員有一百四十名，其中七十八是工程師及助理員，全年經費約爲二十一萬五千元美金。

這個水工學研究院內，有六個不同的研究部分。（1）水力學及水力建築，（2）水電，（3）水工設計，（4）現有建築之審查，（5）冰的研究，（6）特殊水工問題。此外尚設有以下特別試驗室，供各種單獨研究：一個滲透作用試驗室，兩個土壤研究室，一個水文研究室，一個地下水研究室，一個水力機械研究室，一個水力建築材料試驗室，一個電影實驗室，和一個率規驗定館所有這些部分，都設在列寧格勒及其附近，其對於普通水力的進展固極注意，而關於其他散在俄境的水電工程，灌溉工程，水道工程，鑛產及石油工程等，亦都非常熱心，研究院有些出外的工作人員，及專家攜帶活動儀器親到各地作種種的研究及試驗。

實地工作計劃

當一件工程完成之後，研究院往往還要履行監理的義務，作繼續的研究。所以在布哈拉(Bokhara)地方有在研究院指導下的灌溉工程，在阿美尼亞(Armenia)地方可以看到研究院正在研究的運河及蓄水湖內泥沙處置，在北極圈附近結冰問題所給與水電工程上的困難，研究院也有人在當地設法解除。這些都是出外工作人員的職務，所以這研究院除在列寧格勒作主要研究以外，隨地在各處還有各樣的實地試驗室，研究院經費，用於普通研究及實地試驗者，其比例列表如左：

年份	經費總數	經費分配之百分數 普通研究	實地試驗
一九三一	九二〇、〇〇〇盧布	九一	九
一九三二	二、一九二、〇〇〇盧布	七〇	三〇
一九三三	二、五二〇、〇〇〇盧布	四三	五七

由此可見這個機關很快的變成給社會服務的組織，為俄國工程界傳統上的一個顯著的轉變。俄國工程界本來是傾向於理論方面的研究。在這空前進步的時代，他們仍舊是保守的。例如設計一個鋼筋混凝土橋，還是例用很多不同的公式來計算。美國工程界慣用的捷近辦法，近似定理，及各種圖表，在俄國工程師們看來卻認為是非常不可靠的。

所以我們不能不佩服這研究院院長波羅撥羅夫(P. N. Provorov)對於水工試驗的見解。他的意思，以為我們作水力建築工程的設計，應當承認僅根據現有的理論是不夠用的。所以試驗室工作須要積極努力，不僅是要找到適應急需的近似的設計方法，而且還是以鼓勵理論公式的發明。水力方面的工程，實在多是實行先於原理，但我們在計劃一種實驗之前，也得要先有一個理論以估定實驗應生的現象。「試驗工作離不開自然科學，二者結果須相附合。」這是研究院的工作規律，雖然未必一定能辦到。

模型試驗的注意

現代水力工程的建築，幾乎沒有不是先經過模型試驗而後着手的。所以關於斯瓦斯楚(Nvirstroy)水電及航運工程之建築，列寧格勒研究院裏同時作了二十多組模型試驗。包含有：

(1)選擇普通情形下水閘建築的樣式。

(2)試驗在暫時情況下前項水閘的運用。

(3)確定閘門上水的壓力。

(4)進水機關的布置及水力方面的研究。

(5)前渠(Fore-bay)的水力研究。

(6)在整個計劃中之冰的流量。

(7)決定河流兩岸挖掘土方的形狀和數量。

(8)決定嵴頂分水柱頭的長度。

(9)擋水壩完成後建築步驟的研究。

(10)實地驗證在試驗室所得的結果。

(11)第一計劃中第二步建築的水力研究。

(12)第二計劃中第二步建築的水力研究。

(13)自斯瓦斯楚至列寧格勒電力運輸問題的探討。

(14)右堤三十種做法滲透性質的研究。

(15)右堤模型各種外坡坡度滲透試驗——不透水基礎。

(16)右堤模型各種外坡坡度滲透試驗——透水基礎。

(7)右堤模型各種外坡坡度滲透試驗——兩種混合基礎。

此外有關水道灌溉水電等工程建築的模型試驗，其最有興趣的尙有：

(1)溢流拱壩的流量。

(2)無引吸作用的洩水坡面的實驗。

(3)虹吸式溢水道之模型試驗。

(4)兩種隧道式溢水道的比較研究。

(5)黏土培堤的設計。

(6)北極圈外水電建築工程內九種攔水壩的試驗。

(7)傾石入河築堰方法的試驗。

自然，還有些同樣有興趣而且重要的問題，——特殊的或普通的——在其他試驗室內研究。在伊加即羅夫教授指導之下，水電工程試驗方面有渦輪或水門上下游的水面曲形的研究，進水機關冲刷和淤墊的防止方法，及調壓水塔的設計試驗。在土壤和水力建築試驗室裏，有魚道改進的計劃，和土壤建築方面的問題，如土垻等。其工程師目下方致力於設計一個土石合成的溢流堰，在這堰上溢流的水力能消散於堰的下游石頭上面。他們還計劃一種透水堰垻，用以代替鐵路或公路的橋樑。

實驗儀器

要描寫這機關內的個個試驗室是不必需的。我們可以概括的說，它是最新式的，有精密計劃的，而且非常有效率的一個組織。它具有新式的實驗儀器，如玻璃水槽時計標尺以及不常見的電影合照像的設備，茲擇要將第一試驗室所用的儀器列後：

(1)一種測量較高流速的電氣設備，包括有四個能讀到百分之一秒的電時計和一個繼電器。當水面浮標豎直小鋼針，流過一定的地點時，和橫在水槽內的鐵線相觸，就有電流通過，電時計上就有記錄出來。

(2)電氣水面指標。這種儀器，有一個固定的指針，當它剛剛碰着水面時，立刻就有電流通過到一個千分之一的電流表。看了這表上指針的擺動，同時在一個直立的刻度尺上就有記錄記出來。由這方法所得的數字，都認為非常的精確。

(3)斷面測量器。此種裝置用在室內水槽中，包括一個長二、八公尺有刻度的鋼條。兩端有輪能在水槽上滑動。一個指針連到一個小筒上，這小筒能沿着鋼條滑動，和水槽縱軸成垂直的方向。鋼條和指針的位置，可以用很精細的微測計來調節裝置。由試驗結果，此種裝置可以確定水面高度至〇、一公厘，即〇、〇〇〇三三英尺。

此外在水電試驗室裏，沿着長二四六英尺的主要水槽，裝有二十個電氣記錄計，記錄浮標的變動。其詳細的裝置這裏不再描寫了。

照像記錄

用浮標測量流速，已成為很成功的一個方法。可是利用發光的浮標來測量流速更有價值。其法是用照像機拍照，照像機的開關是被一個電擺所管制，在底片上呈現出一串線段，代表浮標流動的路線。每個線段與線段間之距離和起來，就代表在每次電擺擺動期間那浮標所走的距離。沿着水槽裝置上帶有刻度的尺寸，同時也須照上。由這照片上求得的距離和已知道的擺動的期間，我們就可算出流速來。

以上辦法有時可以變更如下。不用照像機拍那浮標的過程，而是把這個過程用鉛筆畫在照像機後面的毛玻璃上。然後再描繪在蠟布上。照像機以大者為佳，在列寧格勒試驗室用的是一個三二公分長二四公分寬的底片的照像機。

另外還有一種照片記錄水流的方法。水流上洒一些碎白的乾木屑，在強烈的光下，像就可以照出。

同樣的照像方法，也可以用來研究水面下水流的情形。自然這種還得需要特製的浮標，普通多是空心石膏球或空心玻璃球。球上用蠟加重，使能懸浮水中。這些浮球普通多是十公厘的直徑，是不大容易看見的。同時還沈在水面下幾吋深，所以當拍照時必得有很強的光線。光点強度的選擇，是很不容易的，尤其是在慢流的情形之下。當水流很淺，同時距離照像機的鏡頭較遠時，水的折光對於拍照設有什麼妨碍，但若水深至四吋以上時，水的折光就要加以校正了。

照像和在毛玻璃上畫圖辦法，在研究河床流動和冲刷等情形上，也是很有用的。在白玻璃上蓋以蠟布可以代替毛玻璃，可以把圖直接畫到布上。

用這些方法得出的結果，就實用方面說，很為正確。當然照像機必須是正光鏡頭，同時還運用得謹慎得法。普通把鏡頭放在模型以上平均十至十三呎的距離時，那整個模型就可以作平面看。但若模型的高度有很大的變化時，例如溢流壩的上下游，就須分開來拍照和研究。由經驗所得，這種方法所有的錯誤並不大於用浮標觀察所得者。若工作時特別注意，其結果錯誤當不會大於百分之一。這在現時水工試驗技術上，已經是很精確使人滿意的了。

水電動力的同理試驗

斐夫洛夫斯基教授(N. N. Pavlovsky)發明的水電動力同理試驗法 (Method of electro-hydrodynamical anology) 在研究透水基礎上建築的堰閘等底下的水流情形方面，

是一個公認爲最得力的工具。其原理第一次發表於一九二〇年，到一九三二年有俄文書籍出版，專講此法。一九三四年在萬國通曆上此種試驗成了本年工程研究收獲中最主要的一項。但是蘇俄以外注意它的似乎還不很多。

簡短說來，這種方法是根據觀察所得，當所有滲透係數傳導係數水頭及電壓都等於一的時候，通過一個均勻的透水層的水流，和經過一個錫箔導體的電流，完全都由這些水流和電流發生面的幾何形狀而定。假設那錫箔片和地下透水層的斷面成絕對相似形時，則電量和電壓的紀錄，就可以代表水的流量和壓力。這種試驗是把類似定理和模型試驗聯合引申起來弄成功的。用電流代替水流，用傳電體代替地下水滯。所以那模型的相似點是限於幾何形狀和水流性的。

水工學研究院設備了一個特別部份，來研究應用和推廣這水電動力的同理試驗法。瑞爾托夫氏正在研究利用無線電作這種試驗。戴維德維盧氏正在試驗用此法來研究通過三面體建築如堰墩一類的周圍滲透作用。

在這特別試驗室內，用此方法校核改進了完全建築在透水層上高有六十九呎的九個堰閘和土壩的設計。其中一壩差不多經過二百種試驗，因爲各種特殊的情形的不同，海漫遮牆排水井等，也可有很多不同的設計方法。另有一壩也作了十六種試驗，結果確定了上游海漫的長度，並且很清晰的證明了那上游海漫上遮牆的過於冗長。

在研究地下層或各種建築內的不規則情形上，此水電動力同理試驗是很有成效的。例如在冲積土層中含有水脈或各種不透水物質，專靠理論不能解決，模型試驗又有困難的問題，都可以很快而且很容易的用此試驗方法來解決。

此法在研究堰壩上游海漫破裂的影響，最經濟且最有效。在一九三一年曾作了大約二百個關於此項問題的實驗。關於研究穿過土壩本體的滲透作用，要確定各種深度不同的木質遮牆的影響也作過五十多個試驗。

堰壩土壤的研究

在土壤和水力建築試驗室裏，由普濟瑞夫斯基 N. E. Puzyrwsky 教授指導做着重要而且極有興趣的試驗。曾發明了一種測定土壤內阻力角的儀器，現仍在繼續研究中。

這試驗室特別注意土壩和石壩的建築。成績最著者要算溢流式堰壩的進展。一個高三十三呎的溢流壩建築在曾有一萬六千秒呎的洪流的梯哈亞河Tikhaya上，差不多九千秒呎流過洩水隧道，剩下七千秒呎從三六〇呎長的土石合成的壩頂上流過。壩的上游一面是用土填築，坡度一比三，上部三分之二在沙土上舖砌石塊以資保護。下游一面舖砌石塊，下層也是石土合成。壩的中心有一道頂厚九呎底厚三十六呎的石牆把上下游隔開。

將來壩的下游一面打算用重至四噸的大石塊或混凝土塊舖砌保護，希望溢流一部從砌石內流過，如此可以使其水力消散，並且對於溢流壩面的一部份水，產生一種「水墊」(water cushion)作用。這種設計在土壤和水力建築試驗室裏，已經作過很多不同流量的模型試驗了。

還有預備在鐵路上用碎石築成透水堤壩，用以代替橋樑涵洞，此種設計，在這試驗室內也曾詳細地研究過。這種壩大概起源于英國印度，現在蘇俄的邊遠地方也常常看見。

此外關於各種用黏土培壩的試驗，也都得到很有價值的結果。

或者有人要問為甚麼蘇俄五年計劃中在尼波爾河Dnieper River世界著名的最大水電廠，此處沒有提及？因為此項工程，在蘇俄中央航空動力研究院內的水工試驗所，已經作過詳細的研究與試驗。此研究院中有五百多科學家和工程師工作着，也是一個很出名的研究組織。

(完)

水工試驗所

全國第一水工試驗所，經建設委員會模範灌溉管理局，太湖流域水利委員會，黃河委員會，導淮委員會，華北水利委員會，及國立北洋工學院，省立工業學院等，會同在津籌設以來，建築工程，頃已略具規模，本年十一月底決可竣工，據悉已委託此間西門子及禮和等洋行，向德國購備各項應用之機械儀器，該試驗場內部主體之設備，計有儲水池，回水池，大試驗渠，溢水管，引水管，洩水管，玻璃渠，及高水箱，低水箱等，其第一步試驗工作，除擬以整理黃河為對象外對於永定河工程及水庫計劃亦從事試驗云。

市政工程

李吟秋先生著

本書爲河北省立工業學院選爲叢書第一種。平裝紙皮二百四十餘頁。售價一元五角外埠郵費另加二角。寄售處，天津黃緯路河北省立工業學院。

全書概分緒言，道路工程，給水工程，排水工程，土木工程五編。提要鈎玄，綱舉目張，以歐美學術原理爲標準，而以實際經驗爲藍本，文字言簡賅，讀是書者，可收事半功倍之效。實爲服務工界人員學校教員學生之參考不可多得之書。

鑿井工程

李吟秋先生著

此書係救濟旱災專門著作，對於鑿井，濬泉及汲水等法，討論極爲詳盡，誠各界救濟旱災不可不備之書，書內插圖百餘幅，二百二十餘頁，精紙洋裝一巨冊，每冊訂價二元，本埠購者九折，外埠不扣，但不索郵費，現在書存不多，購者從速。

（代售處）天津市政府技正室及特一區自來水廠

洲泰工務所營業廣告

本所專門衛生暖氣電燈工程兼繪各種房屋建築詞樣

工程師——黃述善

寓日租界秋山街二十一號

電話二一一三七零

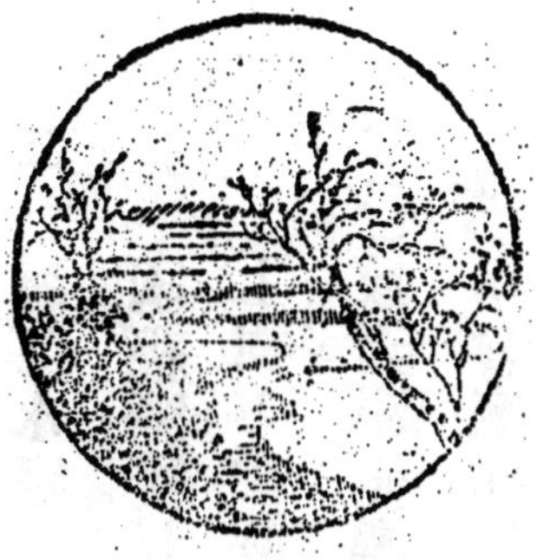

會務報告

(二)會議記錄

七月份聚餐

七月二十日下午七時在法租界大華飯店屋頂舉行聚餐大會，盛極一時。到廿八人。

劉介塵　張　鵬　雲成麟　李書田　馬修文　趙正權　霍佩英　張士偉
闞樹楠　鄭兆珍　田淑媛　賈殿魁　歐陽寶銘　王華棠　孫松年　顧　禮
徐邦棠　顧　敏　賀藕宸　高鏡瑩　張金鎔　杜聯凱　宋瑞瑩　馮顯文
張潤田　呂金藻　李吟秋　史靖寰(王昭章代)

第十七次執委會議

19939

時間　二十三年七月二十五日下午七時

地點　法租界北安利

出席委員　宋瑞瑩　李吟秋　高鏡瑩　劉子周　王華棠　張潤田　雲成麟　劉家駿　張蘭格

　　呂金藻

主席　呂金藻

一、開會

二、決議事項：

(一)審察新會員資格，通過王鼎文爲仲會員。賈殿魁　胡雲龍　李炳荀　馬修文　劉崇質　張錫純　田淑媛爲初級會員。

(二)海河永定河利害相關，必須同時治理，本會應電內政部行政院駐平政務整委委會全國經濟委員會河北省政府天津市政府，請其注意，並繼續主持籌欵辦理永定河治本工程，藉減水患而利民生。

(三)致天津領團備妄錄，促其注意永定河治本工程，盡力協助，以期早日實現。

(四)本會應印製會員證，如名片大小，每年度開始繳費時，更換一次，推高委員鏡瑩負責設計。

（五）為聯絡感情，互通聲氣起見，月刊內增闢「會員通訊」欄，即應製定表格，包括本人近況，對本會意見等項，分寄會員填寫，以便在月刊公佈。

（六）本會應設一諮詢委員會，為公衆解決工程上之疑難問題，推李委員吟秋負責草擬簡章，提交執委會討論進行。

三、散會。

第十八次執委會議

時間　廿三年八月廿八日下午七時

地點　法租界東興樓

出席委員　呂金藻　雲成麟　王華棠　李吟秋　宋瑞瑩　張蘭格　高鏡瑩　劉子周　劉家駿　李書田

主席　呂金藻

一、開會

二、決議事項

(一)按照簡章之規定，執行委員呂金藻　李書田　王華棠　劉振華　劉家駿五君任期已滿，應即發票改選，於年會時將結果揭曉。

(二)通過會員證式樣，自下年度起始採用。

(三)審查新會員資格，通過卞學曾爲初級會員。

(四)通過推舉張伯苓先生爲本會名譽會員。

(五)本會徵文經審查結果，僅張振典一名合格，即公布給獎三十元。

(六)決議九月二十三日舉行第三屆年會，推舉呂金藻王華棠張蘭格三君負責籌備。

(七)決議自年會之日起，舉行公開講演一週或十天，由本會會員担任。

(八)本省建設落後，實因各縣負責無人，本會應促省府注意，請倣山東辦法，每縣任用大學工科畢業者一人爲縣工程師，以資設計建設。爲鄭重起見，由會務主任起草提案，以執行委員會名義于年會時提出。

三、散會。

(二)文件擇要

海河永定河二者，關係至切，欲求消弭水患，自必同時治理，當局亦有鑒于此，曾決定將津海關附加稅延長六年，用以舉辦兩河工程。本年大汛期間，永定河水盛漲，屈家店附近且發生鄉民扒堤情事，以致操縱機關失其效用，海河亦受不良影響，益証永定河治本計畫之不容再緩。本會以此事關係桑梓民生至鉅，經第十七次執委會議決，于七月二十八日電內政部全國經濟委員會行政院駐平政務整委會河北省政府天津市政府並致天津領事團備忘錄，促其注意，務期此項工程于本秋可以起始。茲將往還函，電彙錄于後。

致內政部河北省政府等代電

(銜略)竊查中華以農立國，已有數千年之歷史，降至今日生產衰落，國力潛消，人民流徙，農村崩潰。按其原因，雖由於內憂外患之無已，而人謀之不臧，亦居其半。故本會深惟處今日危急存亡之秋，而謀建設，當急其所急，就與農村關係最切之水利事業，儘先舉辦，庶幾國力可充，外侮斯禦。本會會員，均籍隸河北，對於本省水利，素所關心。吾省河道縱橫，其中以海河永定河為最重要，而兩河利害相通，尤須連帶加以治理。蓋海河為津市通海之孔道，兼為河北各河之尾閭，乃以受上游永定濁水之侵襲，泥沙沉墊，日漸淤淺，運輸艱難，商民交困，是以有海河治標工程之實施，於北倉屈家店間開闢新引河，為永定改道，引其渾水，向淀北窪地放淤，並於屈家店左近，建造操縱機關，以事節制。工成以來，雖不無功効，然以上游永定洪水量之未加節制，終不能一勞永逸。近閱報載，永定河連日暴漲，其改道上游，洪流漫溢，附近村民，為保全其身家財產，要求啓放節制閘宣洩未遂，乃於夜間將舊河口扒開，致永定洪流，及其巨量泥沙，盡由故道入北運，下注海河，上游屈家店之節制閘，已失其效用，等語。未幾各輪船公司，則於報端登載，因海河現狀不良，輪船不克進口，暫泊塘沽，所有貨物，每噸加駁運費二元五角四分之廣告。於此可見永定不治，則海河永無改善之可能。而永定河本身，復每隔數年，必有潰決之患，民六民十三民十八之往事可鑑，每決一次，沿河田廬之漂沒，生命之犧牲，其損失殆不可以數計。故果欲求海河通暢，永定安瀾，當先求節制永定之洪水，及減輕永定之泥沙。此則非於上游修築水庫，并同時辦理沿岸放淤工程不爲功。本會同人等，情關桑梓，利害切己，有見於僅辦海河工程之無補實用，且爲減輕永定河以往因災損失起見，敢請主持繼續籌欵，舉辦永定河治本工程，以濟沉災，而利民生。實爲德便。河北省工程師協會叩儉。

行政院駐平政務整理委員會復電 明字第八二號 八月八日

河北省工程師協會鑒，儉代電悉，已據情令行河北省政府核議具復矣，行政院駐平政務整理委員會齊秘印。

內政部復電 八月六日

河北省工程師協會鑒，儉電誦悉，貴會意見極所贊同，永定河治本工程，本部已在籌畫進行，特復，內政部魚印。

天津市政府復電 市字第一〇九號 八月十七日

河北省工程師協會鑒，儉代悉。查閱所陳各節，深中肯綮，除轉呈省府核辦外，特復，天津市政府篠印。

致天津領事團領袖領事貝斯備忘錄

MEMORANDUM

To Dr. H. Betz.

German Consul-General and Senior Consul

Tientsin.

Re necessity of carrying out the urgent part of the the Radical Improvement Scheme for the Yung Ting Ho in order to render the improvement work to the Hai Ho effective.

The undersigned, members of the Association of Hopei Engineers, being all natives of the province of Hopei and familiar with the prerent and past situation of the rivers within its boundary, are of the opinion that of all the rivers the Hai Ho and the Yung Ting Ho, which are so closely related to one another that improvement work must be done to both at the same time, should receive the prompt attention of all directly or indirectly concerned with their conservancy work.

The Hai Ho, the main waterway between the sea and the port of Tientsin, has lately become shallower and shallower on account of the silt-laden waters of the Yung Ting Ho flowing into it as a receptacle. The business people at Tientsin, having experienced difficulties in transportation, urged on the realization of the Palliative Scheme for the improvement of the Hai Ho. As a result a new leading channel was excavated at a place north of Pei Tsang so that the silt-laden waters of the Yung Ting Ho might be diverted to a new course and the silt deposited at the lowland of Tien Pei, and in the meantime regulating works were constructed in the neighborhood of Chu Chia Tien. Although certain benefits have been derived after the completion of the aforesaid works yet since the flood discharge in the upper course of the Yung Ting Ho is not under control the palliative scheme for the improvement of the Hai Ho has so far been rendered much less valuable.

According to newspaper reports, in July of this year, when the waters in the Yung Ting Ho were steadily rising due to incessant rainfall upstream the villagers in the neighborhood of the newly constructed regulating works, with a view to saving their lives and property, demanded that the gates of the regulator be opened in order to lower the flood level above. As their demand was not complied with, on one night they cut the west dyke of the Pei Yun Ho at the site of the old Yung Ting Ho outlet. The flood waters of the Yung Ting Ho together with its enormous quantity of silt have since then been flowing in its old course to the Pei Yun Ho and thence to the Hai Ho, thus rendering the regulating works at Chu Chia Tien nearly out of function.

Subsequently advertisements by many shipping companies appear in the newspapers to the following effect: "due to the heavy silting that has recently occurred in the Haiho their steamers will cease extending to Tientsin as from July 16, 1934. From that date full lighterage surcharge will be collected at the rate of $0.25 per quintal or $2.54 per ton."

From the above it is evident that if the Yung Ting Ho were left to itself it would be impossible to improve the Hai Ho by any means. Therefore if it is at all desired to have a navigable waterway for the Hai Ho, the flood waters of the Yung Ting Ho must be put under control and its silt must be reduced before it flows downstream. This problem, however, can be only solved by building detention basins in the upper course of the Yung Ting Ho and by disposing the silt along its banks.

Being quite aware of the fact that the urgent part of the Radical Improvement Scheme for the Yung Ting Ho must be carried out in order to render the improvement work to the Hai Ho effective, the undersigned beg to submit this Memorandum to the Members of the Consular Body at Tientsin with the hope that they would see their way to assist the Central and the Provincial authorities concerned in the conservancy of these two rivers.

Respectfully submitted

By The Association of Hopei Engineers,

C. T. Lu, Chairman of Executive Committee,

H. T. Wang, Secretary of Executive Committee.

貝斯復函

Tientsin, July 30th 1934

C. T. Lu, Esquire,

Chairman of the Association

of Hopei Engineers,

Tientsin

Sir,

I beg to acknowledge receipt of your Memorandum, dated July 26, 1934. re: the improvement scheme for the Yung Ting Ho.

The Consular Body is quite aware of the urgency of the Yung Ting Ho improvement, but considers that it is not so urgent as the completion of the Palliative Scheme.

The Consular Body would raise no objections against the use of the surtax for the improvement of the Yung Ting Ho if the funds for the completion of the Palliative Scheme are secured.

The conditions under which the Consular Body could agree to the proposed organization of a Committee of Custody for carrying out the Palliative Scheme and other

River Conservancy Work have been communicated some time ago to the Chinese Authorities concerned.

I have the honour to be,

Sir,

your obedient servant

Dr. H. Betz

Senior Consul.

編輯部函

啓敬者，本會月刊自發行以來，已有十數餘期。秋忝主其事，自愧心微力拙，罕有供獻。証之以過去之經驗，深知欲達到材料豐富，趣味濃厚之地步，實非分工合作不爲功。玆後深望我同志，時惠大著，以實篇幅，是所至禱。又本會第十五次執委會議，談話決定，「本會月刊」分出各種專號，以新瞻視，而資改進。玆定於九月份出水利專號，擬請高同志鏡瑩，王同志華棠，主持編輯。十月份出礦務專號，請劉同志仙舟，張同志用霖，主持編輯。十一月份出建設專號，請呂同志振廷，宋同志劍村，主持編輯。十二月份出紡織專號，請袁同志祥和，張同志梁山，主持編輯。二十四年一月份出化學工藝專號，請姚同志文林，宋同志鏡清，雲同志子玉，主持編輯。此外並請孫同志紹宗，王同志翰辰，邵同志子嘉，劉同志香圃，尹同志贊先，按期供給各項材料，以光篇幅，尤爲至禱。此致

同志

李吟秋敬啓八月二十八日

(三)雜件

河北省工程師協會

會員通信紙第一種（會員近況自述）

……年……月……日

發信人：……………… 通信處：………………

用法說明：

(一)本通信之設其目的純爲聯絡感情，互通聲氣，並供本會月刊刊印會員消息之材料。

(二)通信內容暫分下列三項，第一項範圍極大，隨意敘述，不厭其詳。第二項對於總會之希望及建議，事無大小，均盼直告。本會可以酌爲採納。第三項係爲預留伸縮之餘地，填否聽便。

(三)此紙填好後請隨時寄交本會會務主任，以便刊佈。

---

(1) 我之近況：……………………

……………………

……………………

……………………

(2) 對於總會之希望及建議：……………………

……………………

……………………

……………………

(3) 其他：……………………

……………………

……………………

河北省工程師協會

會員通信紙第二種（更改行止通告）

……年……月……日

發信人：……………… 通信處：………………

用法說明：

(一)凡會員之職業住址通信處有所更改時務盼卽用此紙通告總會，以便刊佈於本會月刊及更改會員錄。否則會中一失聯絡，卽極難寄遞一切刊物通告，其他會員亦將深感無從問訊之苦。

(二)此紙請詳細塡明隨時寄交本會會務主任以便刊佈週知。

我謹通告我最近更改後之：

(1) 職業名稱：………………………………

(2) 服務所在地：………………………………

(3) 住址：………………………………

(4) 通訊處：………………………………

更改時日：　　年　　月　　日

自　　年　　月　　日起會中一切通訊請寄現在之通訊處。

瑞芝閣南紙書局

本局開設津市歷有年所專售國貨紙張西洋簿册信封信箋湖筆徽墨文房雜品中西文具各種賬簿古今書籍喜壽屏聯名人書畫無不全備並自設工廠聘請優良技師承印石印鉛印各機關學校應用公文封牋護照證書簿册單據名片柬帖訃文哀啟仿單招貼更仿古篆刻金石牙角象皮各質圖章裝訂書籍各等類應有盡有不及詳述如蒙各界惠顧無不竭誠歡迎定價尤當格外克己兼設函售部外埠通郵訂購寄貨迅速決無延誤

開設天津大胡同中間路東　電話二一局三五一九

專載

華北水利建設概況

華北水利委員會

引言

華北之有水利建設機關，當以前順直水利委員會爲始。該會成立於民國七年，正値天津大水之後，曾辦理各項測量及數種治標工程，於十三年發表順直河道治本計畫報告書，所有歷年工作成績，記載頗詳，無庸再述。

民國十七年八月，南北統一後，經中央政治會議議決，將前順直水利委員會，交建設委員會接管。旋於是年九月，正式改組順直水利委員會，爲華北水利委員會。即由建設委員會制定組織條例公布，規定本會水利建設區域，暫以冀魯豫三省及平津兩特別市爲限，俟經費充裕，再行擴充。嗣本會以水利建設，應以河流爲系統，不便以省區爲限。乃呈准建設委員會，改以黃河白河及其他華北河湖流域爲範圍。然歷時未久，國府又特設黃河水利委員會，專司該河之規畫治理。乃復由建設委員會重加修正，規定本會所轄區域，以華北各河湖流域及沿海區域爲範圍，於十八年五月用會令公布。至十九年十一月，中央舉行四中全會，於決議刷新政治案中，規定建設委員會專注重設計，不屬於行政範圍。並經第八次國務會議議決，建委會所轄之華北水利委員會，及太湖流域水利委員會，改隸內政部。本會遂於二十年四月一日起，移歸內政部接管。由部修正章程，規定本會所轄區域，以黃河以北注入渤海之各河淵流域及沿海區域爲範圍。

本會成立以來，歷時將及六載。中間以政治系統之變遷，組織條例，一再更易。所轄區域，遂亦隨之而稍異。加以時方多故，經費支絀，本會環境，乃倍極艱苦。然以職責所在，仍不敢稍事放懈。力之所及，必竭誠以赴。對於一切水利計畫，各河治理方案，地形水文測量，以及實施蓄洩濬瀹各工程，無不本其一貫之精神，努力進行。茲撮其六年來關於水利建設之概況，略述於次：

一，河道地形測繪及水文氣象觀測

1 河道地形測繪　華北各河在民國六年以前，尚無水道地形詳圖。自前順直水利委員會成立於大水災之後，爲研究水患之原因，籌籌整理起見，乃先以測量河北平原各河水道地形爲第一要務。本會成立後，除就前會測量未竟者，繼續施測外。並以本會水利建設區域，擴充於華北各河，故對於黃河灤河遼河衛河等，亦均加以測量。其中黃河測量，因黃河水利委員會之設立，未久即行停止，此外復就設計各河整理計畫之需要，隨時派員前往施測一部分地形，以供參考。惟在民國二十年以前，本會經費比較充裕，故常年設有兩大測量隊，分頭測量，成績較多。自二十年冬國難方殷，經費停頓，人員星散，測量工作，遂致中輟，其後本會經費，雖按月可領，然經減發五成，仍無力充分從事測量，僅組有一二小測量隊，成績自遠遜於前。現本會正擬補測漳衛流域地形，已商由冀魯豫三省建設廳，合組一大測量隊，派往施測，約本年秋後可以實行。茲將本會歷年所測河道地形成績列表如後，以見一斑。

測量流域	測量時期	所測地形(以公里計)	比例尺	所測橫斷面
河北平原測量	十七年十二月——十八年六月	二四五五	一萬分一	
	十八年十月——十九年四月	一八二四	一萬分一	
黃河測量	十七年十二月——十八年四月	三二〇 八二〇	一萬分一 五千分一	河身一一〇個 堤身一五五個

測量名稱	時期	面積	比例尺	水準標點
灤河測量	十八年十月——十九年七月	三二五二	一萬分一	
	二十年六月——二十年七月	一九〇	一萬分一	
	二十年十月——二十年十二月	六四四	一萬分一	共測三七九個
遼河測量	十九年五月——十九年七月	三六〇	一萬分一	一四三個
	十九年十月——二十年一月	九一六	一萬分一	三三三個
	二十年三月——二十年七月	一五八八	一萬分一	四九二個
永定河上下游測量	十八年四月——十八年五月	踏勘下馬嶺至官廳		
	十九年四月——十九年七月	西石滚崖至官廳兩岸 一〇三	一萬分一	三五個
	二十年十一月——二十年十二月	複測盧溝橋至雙營 六〇〇	一萬分一	河身一七〇個 堤身三三四個
塌河淀測量	十八年三月——十八年五月	金鐘河北運河地形各一段	二千分一 五千分一	河身堤身共二六三個
湖白河測量	二十一年十月——二十二年三月	三九九	一萬分一	二〇三個
衛河測量	二十二年四月——二十二年六月	一七六	一萬分一	八三個
沙河唐河測量	二十二年十二月——二十三年二月	二〇一	一萬分一	八個
滹沱河治河測量	二十三年二月——二十三年六月	三六六	一萬分一	二九個

關於繪圖工作，以五千分一及一萬分一測量原圖，經校對後，施以墨繪描繪，再將此項原圖，縮為五萬分一總圖。十萬分三備印圖，係自一萬分一原圖縮成，經過濕片照像，製成鋅版，再印為五萬分一三色圖。百萬分三總圖

，係自十萬分三備印圖縮小十倍，留要去繁，以供參考。至各河之縱橫斷面圖，係根據測量記載，先繪製橫斷面圖，繼准照橫斷面圖及河道地形圖，繪製縱斷面圖。此圖包括河底高度，兩岸高度，兩堤高度，堤外地面高度，及歷年最大洪水位。

2水文測量　水文測量，與水利建設，有絕對密切之關係。蓋水利建設，如無水文記錄，以供計畫之根據，實等於盲人捫象，都無是處。本會所辦水文測量，除雨量另詳於下節氣象觀測外，在華北各大河沿河各段，設立水尺，逐日記載水位之漲落，謂之水標站。現共設有五十五處，分為主要次要兩種。主要者，每日自上午八時至下午八時，每隔兩小時觀測水位一次。在汛期盛漲時，則改為每一小時或半小時觀測一次，且晝夜繼續觀讀，以防最高水位之遺漏。其次要者，在平時僅上午八時及下午四時，觀測兩次。惟在汛期增加觀測次數，并晝夜觀測，與主要站同。其中主要者，約居百分之八十。此外尚有流量含沙量之測驗，於各河要衝，河槽較直，斷面較均之處，設立水文站。或以浮標，或以流速計，施測流量。在平時每二三日施測一次，若遇洪水有漲落，或河底有變遷時，則隨時施測。同時並測驗含沙成分之多寡。現共設有水文站十六處。在汛期中，並於平漢鐵路各大橋梁處，增設臨時水文站，施測水位流量含沙量。所有上項觀測記載，均按月核核統計，編製彙表，并按年編製總表。顯示最大流量，最高水位，便於察閱。

3氣象觀測　按水利工程之設計，向多依據歷年水位流量之高低。而洪水來源，在乎雨量，雨之成因，在乎天氣變化。而天氣變動，常有恆軌可尋，果能加以研究，明其真象，未嘗不可防患於未然，或補苴於事後。即以華北而論，歷年山洪暴發，均由暴雨。此項暴雨若來自颶風，多自溫州附近登陸，三四日後，即達平津一帶，轉趨東北，確有常軌。此氣象觀測，所以亦為水利建設基本資料之一種。本會成立後，迄今已陸續設立雨量站八十四處，分布各河流域附近地方。尚有其他機關所設雨量站約二十餘處，亦按月將觀測記載送會。並於十八年二月，就本會屋頂，設立測候試驗所。嗣經迭次擴充，至二十年四月，設備較具，乃改測候試驗所為測候所。復經陸續添購儀器，故現時所有設備，已超過二等測候所之規模。而一切儀器之精，觀測之勤，均足與一等測候所相埒。每日觀測氣壓氣溫風速濕度雲向雲狀雲量蒸發量能見度以及天氣概況等等十六次。並有各種自記儀器，以資校對。所有觀測結果按日分送無線電台廣播，及交通部所設天津船舶無線電台傳遞入口各輪船，並送大公報公布。同時拍送國立中央研究院氣象研究所，及山東建設廳測候所。關於氣象紀錄，除核算統計，以資研究外，並將每日觀測之氣象要素，編印氣象月報。

二、調查鑽探

1永定河上游調查　本會因規畫永定河治本工程，兼籌該河流域之各項水利建設事宜，對於上游情形，如沙泥之來源，地層之構造，支流之狀態，可造水庫之地位，可興灌溉之區域，可辦水電之地址，均須詳細考證，以為計畫之根據。用特組織永定河上游調查隊，派往實地勘測。於十七年十一月初出發，至十八年二月初回會。以察哈爾懷來為起點，以山西寧武為終點。費時三閱月，歷程約六百公里。時屆嚴冬，兵匪充斥，該隊窮流溯源，備嘗艱苦，卒底於成。且所得資料，極為詳實。本會永定河治本計畫之完成，得助於此次之調查者，殊匪淺鮮。

2潮白河上游水庫地址調查　民國元年，潮白河奪道改入箭桿河後，寶坻一帶，每遇洪水，輒成澤國。故欲整理箭桿河，非先整理潮白河不為功。惟潮白河發洪期間，流量既大，且時有泛濫之虞。整理之法，宜在上游適當之處，建築水庫，以蓄洪水。不但水災可免，且蓄水以資灌溉及航運，尤為一舉兩利之事。惟上游有無適當地址，可建水庫，實一問題。故本會於十八年秋間，擬定調查水庫辦法，派員於是年十一月由津出發，溯潮白黑三河，實地調查，並隨時勘測一切，於十二月半事畢返會。其所勘得之建築水庫地址，約有四處。業經本會於整理箭桿薊運計畫中，酌量採取。

3漳河上游水庫地址調查　華北各河流域之大者，除永定河外，當推衛河。流經冀魯豫三省，而其上游漳河，復發源於山西，實關係四省之航運灌溉。因久失疏治，河身淤墊，上游洪流下注，時有泛濫之災。故本會深以衛河根本治理之道，非消納上游洪流，與疏浚下游河身，同時舉辦不為功。乃於二十二年九月，派員前往調查漳河上游流域情形，及可建水庫地址，於十月底回會。途程所歷，由冀之豐樂鎮，循河西上，經磁縣而入豫境之涉縣，轉沿濁漳，入晉省經平順黎城潞城等縣境，而至襄垣縣，復由長治屯留沁縣武鄉榆社等縣而至遼縣，然後沿清漳而下，經涉縣返津。對於漳河上下游，均親歷勘查，極為詳盡。建壩地址，在沿河山谷中，幾每隔數公里，即可得到，但最相宜之地點有二。本會現正籌備與冀魯豫三省建設廳合測漳衛地形，屆時當就調查地址，詳細測量，以為計畫整理漳衛之依據。

4鑽探官廳壩基地質　十九年四月，本會因官廳水庫，為永定河治本計畫中主要工程之一。對於該處地質，是否合於建築，亟應明瞭。乃商借平漢鐵路局鑽地機器，於五月運往懷來，開始鑽探。共鑽二孔，其一鑽至十公尺下，已達石層。其一鑽至七公尺餘時，發現似已到石底之情形，樣品亦似石層。乃旋重機適於其時陷落，工作停頓，多方打撈不獲。其時雨季將至，河水漸漲，致未能繼續鑽探，石層形勢無由明瞭。現正購置新式鑽探機一架，以備於施工前詳細鑽探，以為計畫之根據。

5鑽探滹沱河攔水堰基礎　本會於二十二年秋，設計滹沱河灌溉工程之攔水堰時，係根據當地居民之陳述，及實地察勘情形，照沙土基礎計畫。惟河床土質之實在情形有實行鑽驗之必要。乃於本年三月，仍商借平漢鐵路局鑽探機，運往探驗。於三月七日開始工作，至四月二十七日完竣，為時五旬。計攔水堰全長五百公尺，共鑽十孔。各孔所探土質大致與設計時假定相符。

6鑽探衛水河泉源　靈壽縣東有衛水河，其泉源出自該縣良同村北高地。據縣志，是泉本甚暢旺後因良同富室甚多，驟馬成羣，飲泉遺溺，乃堵塞泉眼。是區正在滹沱河灌溉工程中擬闢第二高水渠之北，倘能利用泉源之水，引入渠道，以資灌溉，則工費可省。惟該泉源之範圍，水量之多寡，及水位高度，須經探驗，始能明瞭。當借調北方大港籌備委員會鑽探隊，於本年三月，開始進行，至六月底共鑽七孔。檢驗土樣，知該處地層情形，大致相同。每孔在第三層即得泉水，惟水量無多。而北港之鑽探機，不能穿過石層，遂暫停止。將來或當重行試探也。

三，工程設計

1海河治本治標計畫大綱　天津海河，爲通海唯一之孔道。其航運暢阻，關係津市之榮枯。惟邇來淤墊日甚，運輸維艱。據本會之研究，海河河床之淤刷，悉視上游各河之流量及挾泥狀況爲轉移。而永定河泥沙最多，影響尤鉅。是以欲治海河，當先去永定之泥沙，然後海河本身施工，方著成效。乃擬具治本方法三種：（甲）減少含沙量，（乙）增加低水流量，（丙）增加大沽口淺灘深度。同時擬具治標方法四種：（甲　增加挖泥工作，（乙）改正灣度寬度及護岸，（丙）裁灣取直，（丁）借清刷渾。惟本計畫大綱中之關於治本部分者，均有賴於上游各河之施工整理，本會永定河治本計畫，獨流入海減河計畫，子牙河洩洪水道計畫等，均有詳細估計，以爲實施之根據。關於治標部分者因暫係海河工程局所管，故未加以估計。

2獨流入海減河計畫　前順直水利委員會爲規畫永定河改道，及救濟大清河水災問題，主張另築新沙澱地，開闢獨流入海減河。經本會詳細研究，另造新沙澱地計畫，窒礙滋多。惟欲減輕大清河下游水災，及排洩永定河一部分之洪流，開闢獨流入海減河，實爲根本辦法。故特擬定詳細計畫。估計工欵，共需一千一百五十六萬元。

3平津通航計畫　平津航道，因通惠河淤塞，北運河現狀不良，幾成廢棄。本會於十八年初，受北平特別市政府之委託，對於平津航道，通盤規畫，詳加設計，擬定整理北運河通惠河計畫。估計工欵，共需三百零五萬餘元。嗣於二十年一月，復經河北省政府會議議決，疏浚北運河，復興平津航道，由建設廳會同本會測量勘估。當復由本會就平津通航原計畫，擬定分期施工辦法，以便易於集事。

4永定河治本計畫　永定河爲華北最大之河流，爲患亦最烈。本會成立後，即籌畫根本治理方案，歷時數載，始於民國二十年春完成永定河治本計畫。其內容分（甲）攔洪工程：一，建築官廳水庫，二，建築太子墓水庫。（乙）減洪工程：一，改建盧溝橋操縱機關，二，修理金門閘。（丙）整理河道工程：一，整理堤防，二，約束河身。（丁）整理尾閭工程：一，疏浚永定河以下之北運河，二，疏浚金鐘河，三，培修堤岸。（戊）攔沙工程：一，建築洋河及支流攔沙壩，二，建築桑乾河及支流攔沙壩。

（己）放淤工程：一，北岸放淤，二，南岸放淤，三，建築龍鳳河節制閘，及疏浚永定河口以上之北運河。全部工程需款二千餘萬元。現經內政部河北省政府會同呈准行政院，延長津海關附稅六年，除以一部分稅款辦理整理海河未竟工程外。其餘指定由本會與建設廳會同辦理關係永定河最重要之各項工程。如（一）建築官廳水庫工程，（二）金門閘南岸放淤工程，（三）增固永定河堵口工程及修理盧溝橋滾水壩工程等。正在進行抵借工款，約二十三年秋後可以施工。

5整理箭桿河薊運河計畫　箭桿河受潮白之水而入薊運，香河寶坻一帶，受災之年，十居八九。前順直水利委員會於蘇莊建閘後，雖能挽回一部分潮白河水入於北運，大部分則仍洩入箭桿河，香寶各縣之水災，仍無大減。故本會對於整理箭桿薊運之根本方案，首在減少潮白來水。而其方法，不外挽潮白入北運，及在上游建築水庫兩種。然挽歸北運，必非北運所能容納，救此失彼，殊非所宜。乃決取建築水庫之法，并於下游加以整理。當根據調查建築水庫之適宜地點，暨一切水文地形資料，擬定計畫大綱。其工費概算，共需三千三百餘萬元。

6子牙河洩洪水道計劃　子牙河上游支流凡二，曰滹沱河，曰滏陽河，兩河會於獻縣，乃名子牙河。其最大容量，僅每秒四百立方公尺。而滹沱滏陽兩河上游，又有若干支流，皆經滹沱滏陽而入子牙河。每當汛期，上游來水洶湧，非子牙河所能容，致洪水漫溢於支流之間，連成三角形之窪地。計佔安平饒陽深縣衡水武強諸縣，面積達六百餘方公里。民國十三年洪水積深七八尺，水量約九百六十兆立方公尺，非數月所能洩盡。秋稼既損，春麥亦無從下種。而各縣一百五十餘萬之居民，常淪苦海。不得不急謀救濟之道。前順直水利委員會曾擬開闢減河，導洪經捷地減河入海。復經本會詳加研究，認為較比其他計畫為經濟。當根據十三年洪水，擬具子牙河洩洪水道計畫，於十九年冬完成。其工程經費概算，為一千二百餘萬元。

7疏浚衛津河計畫　衛津河為海河以南，津市南鄉唯一河道。附近田畝之灌溉，及居民之飲料，咸利賴之。當大水之季，且可通航。近因淤塞過甚，水量減少，致附近農田，因取水維艱，價格漲跌，居民亦將有斷水之虞。本會於二十二年春間，准河北省建設廳函請代爲測勘設計，乃派測量隊前往施測。經測得該河壅淤最高部分，爲自大任莊以上，至荀莊子一段。擬定疏浚計劃，土方費共需六萬一千餘元。已送由建設廳，飭交天津縣政府，籌欵辦理。

8黃河後套灌溉計劃　黃河後套，地廣土肥，地勢西高而東下，南高而北下，黃河自西東來，水量充足，坡度適宜，引以灌溉，輕而易舉。且河套諸渠，於引水灌田之外，兼可通行民船，諸凡全區之農作物，均可由黃河轉運。而包寧汽車路，全段均經河套之腹地，與平綏路相接。水陸而運輸，俱稱暢達。故本會於成立之初，即覺河套灌溉事業，亟宜規劃。當時前技術長須君悌，工程師劉鍾瑞，均曾親往測勘。凡該區之地形土質渠道河流，均有確寔之記載。爰根據前項記載，擬具灌溉計劃，可灌地五百萬畝。工費估計，約共需一百三十二萬元。

9陝西渭北灌溉計劃　陝西渭河，南北兩岸，俱居平原。惟以氣候乾燥，雨量稀少，平均每年僅在二十四英尺寸左右。致農田常苦乾旱，動輒成災。所希望者，惟引水灌溉耳。本會前主席李儀祉，前技術長須君悌，曾於民國八年，分任陝西水利局總副工程師。對於渭北灌溉工程，積極籌備。舉凡測量計劃經費，均經分別規劃，編印報告。惟以國家多故，未能進行設計，遂而擱置。本會成立後，即根據上項報告，擬具詳細計劃。工程完成後，可灌溉一百三十餘萬畝，計需工欵三百三十餘萬元。嗣本會前主席李儀祉於十九年秋，任陝西省建設廳長後，積極籌劃。將該項計劃，略加變通，業由陝西省政府與華洋義振會，各籌欵五十萬元，幷由檀香山華僑捐助十四萬元，實施其中一部分之引涇工程矣。

四，已辦工程

1潮白河蘇莊水閘之三次修護工程　蘇莊水閘上游之西南岸與東岸，向建有第一，二，三，四，A，B，C，E，F，及JH等護岸壩。嗣因缺少修理，各垻漸次被水沖刷，時有塌陷之虞。及至十八年春，第一壩第三壩均以垻腳堆石塌陷，危及壩身。本會深慮大汛一至，各壩再受冲擊，於新河之穩固，水閘之效用，均極堪虞。乃趕築新擋水垻一座，並修補舊壩三座，於是年六月竣工。計工料洋一萬二千餘元，此爲第一次之修護工程。十八年大汎後，第一壩雖得新擋水壩之力，而幾保全。但因河流之變遷，第一壩與築E垻間之堤岸，乃更形吃緊。溜勢迫近堤根，若不設法防止，全部操縱機關，或竟因之廢棄。本會復擬定在該地上游建築順水垻一座，藉以防止頂衝，引溜歸於中槽，庶可收一勞永逸之效。估計工料行政費，約三萬餘元，於十九年三月，呈由建設委員會，轉呈行政院，令由河北省政府在農田水利工振基金項下設法挪撥。嗣因政變，未能實現。而該地堤岸，復經春汎之沖刷，迫急有加無巳。乃改擬修建救急護岸石壩頭兩座，於是年六月二十日完竣，計工料費五千餘元，此爲第二次之修護工程。迨至二十年春，政局底定。乃由河北省政府遵照行政院前令，由農田水利基金項下撥欵，令由建設廳會同本會修建蘇莊順水垻。於是年七月十八日竣工，實用工欵三萬六千餘元，此爲第三次修護工程。旋即根據本會組織條例第四條所載本委員會辦理之水利工程完竣時，得斟酌情形，交由該管省府管理之規定。將蘇莊水閘移交河北省建設廳接管。

2青龍灣河土門樓閘之修護工程　土門樓閘，係爲節制北運河入青龍灣河之洪水而設。關於該閘之修護工程，較爲簡單。惟十八年秋，北運河盛漲，水勢至猛，致土門樓閘下游砌坡，被水沖刷塌陷。本會深慮繼續損壞，必至危及閘身。乃趕急派員前往督工，修護完竣。以輿工之速，損壞未甚，故工費亦極有限。同時因青龍灣河在荒莊朱莊一帶，被大水沖刷，南岸堤身坍塌百數十丈，危險巳極，再遇洪水，即有潰決之虞。本會經派員前往勘測，擬定修護工程計畫，約需工料洋四千餘元。當經函達該管香河縣政府，抄同原計畫，暨工費估計，由其就近籌欵修補，以固堤防。

3堵築馬廠新減河決口　馬廠新減河，位於馬廠減河小站上游南岸，東南流約十三公里，直達淺灘。並建節制閘操縱流量，其效用在分洩南運河之洪水，完成於民國九年十月。嗣因新減河兩岸居民，掘堤放淤，以致洩水不暢，下游遂漸淤墊，乃於民國十五年發生決口情事。懸案多年，久未堵築。兩岸居民，頻受水災。本會曾一再派員查勘，擬定堵築計畫，需費三千餘元。於民國二十年呈准內政部，由本會經常費項下撥發。旋亦根據本會組織章程第四條之規定，將馬廠新減河及其節制閘，移交河北省建設廳接管。

4永定河決口之測勘及堵築計畫與督修工程　民國十八年七月，永定河在金門閘上游決口後，本會曾一再奉建委會電令，派員前往測勘，並迅擬堵築計畫暨預算工費。旋即遵令於派員測勘後，會同河北省建設廳及永定河河務局，擬具堵築決口，及連帶工程計畫大綱，連同工費概算，呈報建委會核定。嗣經建委會轉呈行政院令交河北省政府，組織堵築永定河決口工程處辦理，並令建委會代表中央監督施工。乃以指撥各款，難於籌集，以致工款無着，至十九年三月，河北省政府方以長蘆鹽稅附加捐為抵押，向銀行借款六十萬元。於是年七月間完成第一期工程。至二十年一月，復經河北省政府議決，辦理第二期堵口工程。由建設廳會同本會從新派員勘估完竣，當即恢復堵築決口工程處，調用建設廳及本會工程人員辦理，並呈請中央派員督修。嗣由內政部委派本會技術長為督修專員。但以所籌工款無多，僅擇要施工，於是年冬暫告結束。其未竟工程，現已由內政部及河北省政府於呈准延長津海關附稅六年辦理海河永定河工程案內，指定補辦。

5寶坻縣油香淀建閘洩水工程　青龍灣河下游油香淀地方，在民國以前，因排洩積潦，曾於青龍灣河之西新堤，建有涵洞。嗣因河水漲發，倒灌淀內，涵洞周圍淤高，因而埋沒，其後遂無洩水設備。淀內田地，約計一萬二千餘畝，長罹昏墊。本會於民國二十年春，徇當地人民之請，派員代為測勘，擬定最經濟之建閘洩水計畫，僅需工費二千二百元之譜。嗣經當地人民集款，并由寶坻縣政府補助一部分，本會於是年五月派員前往監修，六月七日完工。

6滹沱河灌溉工程　民國二十年十月，靈壽縣政府擬用機力引滹沱河水舉辦灌溉，函請本會測量計畫。當派員前往，至同年十二月測竣。旋既擬定「靈壽縣灌溉計畫概要」，約需款二十一萬元，因工款難籌而擱置。嗣於二十二年春，由河北省建設廳派員來會，調閱計畫，并商進行辦法。議定由河北省農田水利基金項下撥款舉辦，待建築完成後，由地主分年攤還。惟以計畫僅具概要，有再詳細測勘之必要。乃於是年四月下旬，復經本會與建設廳會同派員前往實地考查，以定最後之方針。及至原定引水地点，則河道已大有變遷，原定計劃已不適用，不能不別謀解決之道。因詳細測勘，悉心考慮，乃改機力引水為築堰逼水。且同時兩岸之獲鹿縣，亦有引滹沱水灌溉之議，曾請本會指導。若築堰逼水而流量充足，則獲鹿之灌溉工費，亦可節省甚多。故決定修正原計劃，以期達到最經濟之辦法。且以灌溉地面，可以增加，不僅限於靈壽一縣，因正名為滹沱河灌溉計劃。既於八月十日，由河北省民財實建四廳及本會，共組滹沱河灌溉工程委員會，並於其下設工程處，聘本會技術長為處長，負責施工。進行以來，極為順利，約明春可以竣工。計自流渠高水渠暨堰閘工費，共合六十萬元。可灌溉地畝約二十萬畝。將來如再繼續擴充，則每畝工事費更可減省。

7崔興沽模範灌溉場及灌溉試驗場工程　本會素日積極提倡灌溉，並以我國對於灌溉之試驗研究，深感缺乏，久擬創辦模範灌溉場或試驗場，以資提倡。惟以經費之支絀，時局之不靖，遲遲未能實現。迨至民國二十年十月，始購定崔興沽于姓地畝，約四十九頃。該處位於蓟運河畔，便於灌溉，乃擬定計劃，共需工費三萬五千元。以五頃設立灌溉試驗場，其餘四十四頃，即作模範灌溉場基地。至二十二年九月，乃克以本會經常費之結餘，撥充辦理，分兩期施工，於本年六月底全部完竣。即以模範灌溉場之四十四頃，放租於當地農民領種。即以租入，為試驗之用。全場工程，規模雖小，而設備極為完全。嗣後擬將試驗結果，公諸全國，使興辦灌溉者，得所借鏡，以免無謂之消費與失敗，其效用當更大也。

8水工試驗所工程　近百年來，歐西各國，對於水工設計，莫不先以模型加以試驗。以免理想未週，實施以後，效果未如所期，工款虛耗，有乖經濟之原則，爭相設立水工試驗所。本會有鑒及此，爰聯合黃河導淮太湖各委員會，建設委員會模範灌溉管理局，暨國立北洋工學院河北省立工業學院等七機關，建築中國第一水工試驗所於津市河北黃緯路西口。所有計劃，由本會正工程師李賦都擬具完成，經德國水工專家恩格爾教授及方修斯教授等審查，認為允當。於二十二年十月，合組董事會，主持進行。旋決定先以所籌備工款十一萬元，建築初步工程。已於二十年六月一日奠基開工，將於同年十月竣工。完成後，除以之試驗各項水利工程外，并兼爲研究水利工程學子教學實習之資，我國之有水工試驗設備，尙以此爲首創。惟其全部計畫，需工款四十餘萬元，現正繼續徵求合作機關，籌款完成。

五、籌辦工程

1 永定河官廳水庫工程　永定河治本計畫，全部工程，需款二千餘萬元。非現時之國家財力，所能舉辦。是以久有擇其最關重要者，先行籌款辦理之擬議。二十三年春，經內政部與河北省政府會同呈准行政院，以延長津海關附加稅六年，辦理海河永定河工程。并規定官廳水庫工程，爲應辦之一項。蓋其減洪效果，在最高洪水，可以減少流量百分之七十以上，關係永定河之安全，至爲重大。現正一面進行以附稅向銀行界抵借工款，一面籌備關於施工手續。本項工程工款總額，約需二百五十萬元，預計三年可以完成。

2 永定河中游工程　永定河中游工程，分金門閘南岸放淤工程，及增固永定河堵口工程兩項，亦爲延長津海關附加稅案內規定應行舉辦者。金門閘南岸放淤工程，可以減少永定河泥沙之輸入海河，估計工款約十五萬元。增固永定河堵口工程，可免永定河之決堤改道，並可保持海河治標工程之效用，估計工款約四十餘萬元，現均在籌辦之中。

3 開闢青龍灣河七里海南新引河工程　本會因華北戰區救濟委員會急振組，辦理工振，繼更修築平唐路計畫，尙有餘款二十二萬元。乃將本會整治箭桿河薊運河計畫中之「開闢青龍灣河七里海南新引河工程計畫」，備函送請該會急振組，即將停修平唐路餘款，撥充爲開河之用。嗣經急振組組務會議，議決採取，隨提請該會大會通過。該計畫可以救濟箭桿河薊運河一部分之泛濫，且完全爲土工，極適合於救濟戰區，以工代振之旨。所需工款，因開河佔用地畝，早經購定，故只需二十二萬元之譜，停修平唐路餘款，洽敷應用。現華北戰區救濟委員會已告結束，該款已撥交河北省政府，本會正與河北省建設廳籌備一切施工事宜。

4金鐘河新開河間窪地排水及灌溉工程　津市近郊，金鐘河新開河之間，有窪地一段，面積約佔五、七平方公里。每年夏秋之間，雨水匯聚，無處宣洩，耕地盡廢，損失至鉅。本會前徇當地農民之請，代爲擬具排水及灌溉計畫。開渠導引，並用抽水機排入新開河，同時引用新開河水施以灌溉，約需工款三萬一千元。已由本會商請河北省農田水利委員會墊款辦理，將來可按畝抽還。

結論

本會成立，六載於茲。以國家之多故，經費之支絀，一切事業，未能積極進行。僅恃經常費之收入，分配於各項工作。而本會歷年經常費，平均計算，每月只合一萬七千元之譜。其用於河道及地形測繪者，約及百分之四十五，用於水文氣象觀測者，約及百分之二十五，用於設計調查者，約及百分之二十，其間尙以撙節所餘辦理各項修護及灌溉試驗工程，故用於行政及其他費用者，尙不及百分之十。

按華北水利建設事業，百端待舉。上列各項工作，不過滄海之一粟。但所幸各河整理計畫，或已完成，或已具大綱，而地形水文調查所得之資料，亦搜集有年。基礎既立，果能國家安定，財政稍裕，不難循序而進，逐漸擴充。則數年後華北水利建設之概況，與此相較，其事功之猛進，當什佰倍於今日，此不本獨會所企盼，當亦國人所樂聞者也。

堵築永定河決口第二期工程修繕舊第四道石垻工程全景

堵築永定河決口第二期工程保護決口處新堤工程(南端)

堵築永定河決口第二期工程南二段第一新挑水石垻(垻頭)

堵築永定河決口第二期工程南三段新挑水石垻(上游)

滹沱河灌溉工程東洩水閘及進水閘

滹沱河灌溉工程引水渠及忽凍村橋

滹沱河灌溉工程已竣工之北段攔水堰

滹沱河灌溉工程北洩水閘及引水閘

崔興沽模範灌溉場跨排水渠引水木槽

崔興沽模範灌溉場排水閘

雀興沽模範灌溉場儲水池及抽水廠

雀興沽模範灌溉場儲水池西部出水口放水時情形

永定河官廳之山峽形勢

永定河官廳瓿上河道形勢

永定河治本計劃擬築之官廳垻地點形勢(上游)

永定河治本計劃擬築之官廳垻地點形勢(下游)

工程消息

各省水旱災况

今夏各項災害損失甚大，根據政府機關調查，總數約在十萬萬元以上，受影響者幾及全國三分之二，受旱災影響者計十四省三百四十三縣，受水災影響者十三省，受蝗災者有八省六十八縣，受雹霜災者十二省八十九縣，玆畧如下。編者識

浙江

【杭州七月十八日電】此間日來早晚天氣稍涼，但迄未見雨，今年秋收估計，以三分計算，其損失亦在二萬萬以上，而豆棉花玉蜀黍菜類等被旱之損失，尚不在內，又目前切望補種之雜糧，因田土堅硬，在未獲暢雨以前，能否下種，尚成問題，總計今年浙省因旱直接間接之損失，恐在三萬萬之數。

【杭州廿三日電】杭自來水因貯沙河水源枯絕，改取錢江水，因鹹質極重，不能入口，難作飲料，、水井因西湖水涸，亦漸竭，若再繼續亢旱，勢必斷飲，虎跑泉水價昂貴，每擔售洋一元。

河南

【開封通信】豫省入夏以來，除南陽一隅外，皆旱魃爲虐，迨二十四、二十五全省均落雨，方慶禾苗勃興，秋收不至絕望，而雙洎、沙、澧、乾、潁、洪、淮諸河、相繼潰決，西平、舞陽、葉縣、唐縣、郾

城、上蔡、汝南、臨潁、西華、商水、太康、柘城、淯川等縣，均告水災，即距汴百里之尉氏，亦因霪雨河漲，泛濫橫流，冲入東南兩門，深可沒膝，城樓倒坍，城牆亦倒四丈餘長，縣府、警察所、看守所房屋均有倒坍，二、三、四、五等區，平地水深數尺，淹沒秋禾七百餘頃，冲塌房屋一千五百餘間，牲畜人口，損害無算，昨據由豫南來汴人稱，郾城北堤，一片汪洋，許昌沿鐵道兩旁，大水一望無涯，田禾盡付波臣，災情甚重云。

湖北　【漢口八月十日電】張羣九日晚赴贛謁蔣，請示鄂省救災辦法，據民廳統計，全省因天久不雨，災情日益擴大，現缺食災民全省達二百八十萬，被災面積九千三百三十六萬一千公畝，糧食損失二千五百九十七萬四千二百九十公石，計水災沔陽等十一縣，旱災黃安等二十四縣，九日武漢天又大熱，室內達一百零一度。

湖南　【長沙四日電】湘省府以各縣呈報旱災者已達五十餘縣，昨將湘省本年各種災況切實電呈行政院核察，辭甚沉痛，未有『當茲金融枯竭，民力困憊之秋，水旱蟲疫，又張其淫威，爲之滋虐，猶未有已，我爲司牧，亦有心肝，誠不忍不爲鈞座瀝泣言之，且願鈞座不以照例呈報視之，生死骨肉天地仁慈』等語。

綏遠　【歸化八月五日電】臨河於亢旱之餘，復遭大雨，永濟剛濟等渠決口，縣城危岌，城垣多被冲塌，鄉村多成澤國，損失極重，刻在詳查中，傅作義四日再電汪，請速撥賑欵，原電云，南京行政院院長汪鈞鑒，有（二十五日）電奉悉，仰見鈞座垂恤邊民，曷勝銘載，惟本省連日大雨滂沱，續據歸興涼豐和及薩拉齊陶林集寧臨河安北固陽等縣紛紛電報，災情益趨嚴重，各地田廬冲毀，糧畜無存，區域雖非普遍，情況亦極慘重，遍野哀鴻，盼救迫切，本府當以災民待救甚急，未容稍緩，除已飭民廳及賑會按照近日報載中央救災治標辦法，趕速籌辦外，合再電請鈞院，迅賜撥發賑欵，以資拯救，無任感企待命之至，綏遠省政府主席傅作義叩。

安徽　【蕪湖通信】今夏皖省以久亢不雨，旱象已成省主席劉鎮華方卸去邊區剿匪軍務，於廬山請訓歸來，因見皖省襟江帶淮，水流水暢穩即使久旱亦應以人工方法修堰開閘，圖謀補救，而各縣報文旱電，如雪片飛來，深以災情重大，特命令各省總動員，進行救旱工作劉並同全體省委，分兩組出發，躬往上下游沿江十一縣查勘，凡有圩之所，無泛濫危險者，擊即開閘灌田云云。

四川

四川雖多山地，而河流亦復不少，蓋四川之名，即因金沙江（大江上游）岷江、沱江、嘉陵江、四條大川，貫注其間而名之，惟其多山多水，正合乎自然地理之公例，「兩川之間，必有一山，兩山之間，必有一川」而每川上游，均係千百溪流匯合而成，源出深山窮谷，形勢陡峻，一旦山洪暴發，奔瀉不及，每易釀成水災，司空見慣，遭遇者逆來順受，外間固少知之，無知今歲入夏以來，各地霪雨為患，以致沿江河地帶，釀成百來未有之奇災，剿匪區域如綏宣萬源廣元南江等縣，非匪區如什邡廣漢彭縣新繁溫江珙縣等縣，受災最重，此間安撫委員會以四川匪禍未了，復遭此奇災，千瘡百孔，實無力自救，特電懇中央蔣委員長汪院長孔部長暨全國賑委員，垂念用民，撥予巨款賑濟云。

山西

【太原通信】入夏以來，水旱兩災，殊失節調，本省雁北各縣，霪雨成災，山洪暴發，淹沒村莊人畜田禾等甚鉅，晉南各縣，則旱魃為虐，田禾多數枯萎，中路各縣，狂風驟作，冰雹頻降，各縣請撥款賑災者，日必數起，據民廳統計，本省被水災者，有代縣，定襄等十七縣，被旱災者，有絳縣，陽城等三十縣，被風雹霜災者，有榆次，盂縣等十四縣，發生瘟疫者，有永濟，文水等十二縣，合省百零五縣，被災者竟達七十三縣，災民達五十餘萬，現在各縣雖先後落雨，瘟疫亦漸減殺，無奈災象已成，措手莫及，人心惶惶，寢饋難安，省府以經費支絀，正無法籌措，適中央賑委會電令省府詳細查報災情以便設法撥款賑濟，省府奉令後，於上月三十一日省務委員會議決議，依據呈報，除由徐主席電呈行政院請求賑濟外，省賑務會亦於日前電呈中央賑務會，請轉呈行政院，飭內財兩部，迅撥賑款，以救燃眉，並請籌劃此後一勞永逸之賑濟辦法，其原電略謂，本省連年水旱，災情奇重，民困已極，已迭電呈報在案，本作入夏以來，晉南荒旱，兼以癘疫流行，晉北霪雨，山洪暴發，河堤決口，一片汪洋，中路則狂風肆虐，鉅雹成災，報災者已達七十餘縣，田禾儲粮及房舍，漂沒無算，罹災難民，約在五十萬人以上，而災情繼續擴大，各縣仍在陸續呈報中，以致人心恐慌，感極度之不安，數十萬難民，待哺孔亟，而本省以連年災患，無法籌賑，縱盡力籌措，亦屬杯水車薪，無濟於事，懇請中央，速撥賑款，以資急賑濟難云云。

黑龍江

（哈爾濱八月四日電）上星期杪鴨綠江水暴漲，汎濫兩岸，安東一地，成爲澤國，損失甚重，聞居民溺斃或失踪者共六百人，無家可歸及乏食者，達六萬人，該地與外界交通，完全斷絕，直至今日，始能從事修理，先是星期五日大雨如注，次日江水急漲，在二十四小時內，全城被淹，星期六夜，安東之地，淪於水中者，達百分之八十，星期日，續降大雨，終日不已，蓄水池兩所被毀，居民困苦益甚，紛趨高地或屋面暫避，據此間所接最近消息，現仍有屋一萬二千所，陷於水中，約值日金六百萬元，並毀小船七百五十艘，橋樑五座，據該地傳來消息，江水入市後，其勢甚激，衝倒房屋數百所，時屋中之人，皆棲於屋面，或集於樓上，皆隨屋淪於水中，漁民與其舟俱沉者亦夥，城中因蓄水池壞毀，故患水荒，災民現需水甚急，若不速予救濟，則死者恐必多也，昨日侵晨交通業已恢復，昨夜雨已止，城中數部分，水已稍退，火車復能開行，聞僞當局現正趕運糧食與食水，前往救濟災民云。

長垣水災

水災情況

八月十四日據交通界訊，冀南長垣縣，去年因黃河決口，十室九空，距十二日該縣石頭莊地方河堤，在北岸九股路決口，寬五丈餘，冀建設廳已電黃河河務局加緊搶險云。

又訊，省境黃河，伏汛以來，尚無大漲，勢頗平穩，距近頃因豫境陝州山洪暴發，泗湧下注，於八日已流達冀境，致水勢突然盛漲，各段已拍岸盈堤，去長垣太行堤，歲堵潰決六口，業經堵合，而此次大水，各新工均幾遭漫溢，危險萬狀，善後工程處，除飭長垣縣征集民夫，連夜趕行搶加子埝外，以工情緊急，間不容髮，昨特分電省府及民財建三廳，報告水勢工情，並請電催沿河各縣，多集民夫，上堤協同防護，以利搶堵，期保無虞，建設廳於當日下午已分電東明，長垣，濮陽三縣縣長，儘量征集民夫，督率上堤協防，毋稍疏懈，玆誌工程處來電如次，主席于，民政廳魏廳長，財政廳魯廳長，建設廳林廳長鈞鑒，庚日(八日)陝水到境，各段已拍岸溜堤，太行堤所堵六口處，新工幾遭漫過，已飭長垣集夫，連夜搶加子埝，陝州蒸日大水再到，太行堤及北一段，益形危險，除竭力搶護外，請再電催各縣，多集民夫，即日上堤協防為禱，胡源匯，孫慶澤叩，文(十二日)午。

【濟南十五日電】魯河務局長張連甲由陶城埠電韓稱，長垣九股路及孟崗集決兩口門，已各寬二十餘丈，深一丈六七，水勢直趨東北，約走二分溜，洶猛下注，九股路下約五里之集渠東了青又決兩小口，均寬十丈餘，深一丈餘，現水頭高二尺，已過西門鎮，距魯境上界僅百餘里，韓十五日晚接濮縣長電告水流甚緩，水頭尚未過開州，距魯濮縣境只七八十里，韓電濮范壽陽各集民夫數千，準備防堵，陝水續落一公尺六寸，水位二九一公尺六寸，

【開封十五日電】長垣黃堤潰決，八號，十七號，二十一號，二十五號四口門，前二口寬百二十公尺，三口寬百公尺，四口百三十公尺，該縣數十村全淹沒，潰決原因，(一)溝流阻於孟崗小埝，向新堤衝擊，(二)新堤沙多泥少，(三)民夫未履行看守職務，(四)漏洞過多，(五)缺乏工料，陝州黃河十五日落四公寸三，鄭落一公寸四，黑崗漲一公寸。

【本市消息】冀省府前據黃河善後工程處呈報決口堵塞情形，當經派員前往查勘，並嚴令東長濮三縣，星夜搶堵，一面將黃河務局長孫慶澤行廳從嚴懲處，並呈報行政院，玆將呈院原文節錄如下，(上略)查石車段大堤，於本年七月二十八日，准工賑組孔主任咸電，爲該段工程，業經報竣，請轉催善後工程處，會同驗收等因，本府當以大車集至石頭莊一段堤身，土性沙鬆，堤內外又概被上年洪水淤平，雖已加高培厚，而水勢一至，堤根即有潰決之可能，復值伏秋大汛，至堪憂慮，經一面轉飭遵照驗收，一面令其迅將防汛搶險事宜，趕速籌辦，接收不過旬餘，(據該處呈稱八月二日接收完竣，至十三日即行潰決)，所有禦水工程，均尚未能一律趕修完竣，不意洪水驟至，時促欵絀，以致防護不及，遂先後潰決九口，災後孑遺，重

濉浩刦，衷懷焦灼，憂心如焚，除一面已飛派專員前往查勘，並電飭修築黃河善後工程處，及濮陽東明長垣三縣縣長會同督率所屬負責星夜搶堵，務早合龍，並令濮陽縣縣長加堵金堤，以防不虞，一面令行民政廳，速先撥欵籌放急賑，又以黃河河務局長孫慶澤，防護不力，已行建設廳從嚴懲處外，所有黃河石東段大堤潰決及令搶堵辦理各緣由，理合繪具潰決形勢圖表，具文呈請鑒核施行云云。

派員視察

（十八日消息）河北省府以長垣黃河決口，縣民重罹鉅浸，至堪憫惻，除已撥欵辦理急賑，並向中央籲請救濟外，惟以堵口工作，乃最要之圖，否則洪流外溢，災區蔓延益廣，前途將不堪設想，故特派由建設廳長林成秀，前往視察決口情形，及被災狀況，俾便迅籌堵築，並妥為救濟，林氏定今明日首途云。

（北平消息）冀省長垣縣本年再度決口，災民待救，冀建設廳長林成秀於廿日下午六時四十分由津到平，即晚十二時五十分乘平漢快車赴新鄉，轉往長垣縣視察一切，記者昨在站晤林氏，據稱，長垣縣石東段間（石頭莊至大車集）於本月十二日潰決四處並有多處危險，幸經搶護得法，未及潰決，而潰決四處，經搶護，三處已不過水，其餘一處過水，仍在搶堵中，按照現今情形觀察，堵口實甚有把握，本年水災情況，在決口後幸河水未陸續大漲，出口之水，旋亦陸續消去，災情較去年稍輕，不過靠近河堤兩岸居民，損失較大，現時水頭已至滑縣老安堤，按十七日來電稱，距濮陽仍有十餘里，水頭深只尺餘，且流行甚緩，或不致再到濮陽，善後工程處之善後工程將屆完竣，而又屆汛期，今一旦潰決，善後工程處處長胡源滙及黃河工務局長孫慶澤當負一部責任，但處分辦法，尚未能決，本人在長垣除視察外，並將親飭河工搶堵，俟恢復原狀，再行返平，日期未定，關於救濟方面，省府前派後補縣長王文琳於災後攜帶賑欵五千元，前往施放，至冀省各河本年度不至再有其他危險，永定河秋汛期在白露尚有月餘，因秋間永定河大水較小，且搶護得法．不至再有危險，永定河上游修築水庫，已由華北水利委員會擬定計劃，正由該會，海河善後工程處，建設廳，向銀行團借款五百萬元，一俟借成，即可施工，海河公債前以津海關附加百分五作為償還本息基金，今此項借款亦以此項附加為基金，抉俟海河公債清償後，再延長六年云云。

處分主管人員

（南京十六日電）黃河水利會十六日電行政院，報告河北長垣縣九股路大堤決口，數十村悉被淹沒，此次決口四處，均為去年潰決舊口，顯係堵築未曾得法，而防汛時期，主管人員事前缺乏準備，臨時工料兩缺，張皇失措，國家已費鉅款，人民仍未獲安全保障，除嚴令河北河務局火速搶堵外，祈速派大員，澈查肇事原因，以明責任，嚴懲不貸，以儆疏忽等語，該會委員許心武十六日午謁汪請示救濟辦法，汪囑造具出險情形，呈報核辦，並由院電飭冀省府，迅即防堵搶護。

文電）行政院十六日晨會議，以接黃河水利會委員長李儀祉十五日電陳，冀長垣縣九股路大堤及長垣境河北河務局所轄北一段八號，二十五號，三十一號，各口相繼潰決，長垣數十村悉被淹沒，其決口四處，均為去年潰決舊口，顯係堵築未曾得法，而防汛時期主管人員事前缺乏相當準備，除嚴令火速搶堵外，請迅派大員澈查，嚴儆不貸案，決議令黃河水災救濟委會查明當日經辦人員，從嚴究辦，並急籌救濟。

（南京二十二日電）汪二十一日電于學忠，據孔電，此次黃河決口，據李儀祉孔祥榕電呈情形，全由防守不力，該管河北河務局長孫慶澤，事前既不能嚴加防護，臨時又復徬徨無措，遂致無數人民生命財產犧牲於狂瀾之中，殊為痛心，且查該前局長前後在永定河黃河河務局長任內決口業已記過，似此庸懦玩忽，實屬溺職殃民，請轉令河北省府先將該局長撤職扣留，再行依法懲戒等情，據此，着該省府即將該局長孫慶澤停職查辦，以肅官方，並將遵辦情形具報為要。

（本市消息）九月四日河北省政府委員會，昨晨九時開第五六二次會議，主席于學忠，並追認前開談話會議決議各案，秘書長報告，修繕黃河善後工程處正處長胡源匯，副處長孫慶澤　電報告石車段決口原因及搶護情形，並請分別處分，決議，黃河河務局長兼善後工程處副處長孫慶澤，已撤職查辦，工程處處長胡源匯，候查明議處。

（本市消息）河北省黃河水災救濟委員會，於三日下午三時，假省府禮堂，開第四次會議，出席委員于學忠，魏鑑，魯穆庭，林成秀，史靖寰，周炳琳，（盧郁文代）張仲元，王曉岩，魏明初等，主席于學忠，討論兩案，（一）主席提議，本年黃河決口，長濮兩縣淹沒浩劫，應如何籌欵救濟，決議，（一）電中央請恢復查放處，籌辦急賑冬賑，（二）由省盡力籌欵賑濟，（三）函上海平津各慈善團體協助救濟，（四）請華商萬國兩賽馬會，舉辦賑災加賽，並推魏鑑，魯穆庭，向李律閣接洽籌辦，（五）徵收娛樂捐，推雍劍秋，王曉岩，孟少臣，潘子欣，李少田，分頭接洽籌辦，（六）舉辦義務戲，推孟少臣王曉岩籌劃進行，（二）委員田家鼐，王鳳鐸，關兆鳳提議，黃河堵口及救災辦法案，決議，一三兩項通過照辦，二項函黃災獎券辦事處查酌辦理，至六時散會，茲探錄田等所提辦法如下，（一）查近日報載，黃河上游暴漲，一旦流入冀境，已決者勢必至口門愈沖愈大，未決者恐又繼續崩潰，似應聯合魯豫兩省，分電中央，共同擔負，俾易收効，（二）查本省黃災獎券已分銷三期，可否範圍擴大，改為五元一張，每月規定推銷四萬，計二十萬元，分咨重要各省推銷，以便多收賑欵，救濟災民，（三）災區難民過多，擬請就本省已籌之欵，分期移民西北云。

勘查經過報告

自黃河在長垣決口後，建設廳長林成秀，即於上月十九日，奉命赴黃河工地查勘，林氏在工地共勾留半月，前日返津，昨晨赴省府謁于主席，報告一切，午後召開黃災救濟會，商討救濟辦法，會後林氏對記者談，余自上月十九日，由津動身赴平，轉平漢路前往工地，二十二日始到達，當晚黃災救委會工賑組主任孔祥榕，亦由開封前來會晤，翌日遂偕赴長垣工次，詳細勘查，決口係在長垣縣境石頭莊段，二十五號，二十一號，十七號，八號等四口，均為去年之舊決口，新由中央工振組堵築者。

決口原因　要有三項，（一）孟岡小埝阻水，查去歲黃河決口三十餘處，中以石頭莊口門，最為險要，工賑組為便利堵口起見，當時在臨河修做石垻一道，垻之兩翼長六十里，復由兩翼築土埝直達石頭莊大之埝兩端，成一六十里寬方城，迨口門堵合，工賑組以工程浩大，需欵甚鉅，自應嚴防固守，故主張將埝壩完全保留，以為石頭莊口門之藩離，所謂孟岡小埝，即係兩翼之埝，上月河水暴漲，泗湧下注，距上游來水，因被該埝之阻滯，不能暢流，水位漸次過高，致浸上河灘，灘地居民當時即聚衆擬往扒掘，而在圈埝內二十村之居民，因禾稼茂盛，深恐將埝扒開，故亦聚衆持械防守，幾演械鬥，嗣經人調解，停止扒埝，但另由埝內各村籌款給付灘地各村，以作救濟，長垣縣李縣長及孫河務局長，對此項問題，因工賑組會令飭該小埝注意保護，且當時水勢猛悍，亦恐一旦扒掘，急遽下注，影響大堤，故躊躇未決，此爲失策，致釀決口之第一原因，(二)新堤不固，因石頭莊至大車集之一段所築堤工，臨河取土，沙多泥少，缺乏黏合性，不堪淘刷，且上年堤根淤積過高，所築堤工，等於重新修築，當水勢盛漲時，新舊堤銜接處，即向外出水，當時河局工巡夫並民夫等拚命搶護，詎大部多係泥沙，經水，水窩漸漸加多，爲時一久，竟自下部塌陷，無法挽救，此亦爲決口重要原因之一，(三)禦水工程，未及修做，查築堤工程，於五月間始行施工，殊覺過晚，若得早日築成，俾有從容時間，辦理防水工程，或可免致成患，是與防汛費籌撥過晚有關，蓋黃河七月一日上汛，防汛費除石車段外，尚估需二十四萬元，因省庫支絀，直至七月底始籌撥五萬元，故備防物料過少，貽誤事工，綜上三大原因河務局實不能辭其咎，本廳亦同負其責。

被災區域

據查報，長垣被災村莊三百餘村，面積一千九百餘方里，災民十三萬餘口，損失一千三百餘萬元，濮陽約七八十編鄉，面積九百餘方里，災民五萬餘口，損失約二百餘萬元，其勢雖甚慘重，但較去年災情爲輕，已報請省府盡量籌振，關于

責任問題

統查決口原因，不能諉過於天災，實屬人謀之不臧，現中央已將河務局長孫慶澤撤職，至責任問題，已由行政院令黃河委員長李儀祉，工振組主任孔祥榕負責調查呈報，但以堵口工程驗收係八月十二日，後未及十日即告決口，故責任問題實尚待考究也，現孫仍在工次戴罪效力，繼任人選刻委員由

善後工程

處主任工程師滑德銘暫行代理，以資駕輕就熟，查黃河撤防須在十月底，當其汛水落，尤爲最要關頭，蓋水勢突然退落，楷埽爲其淘刷，即有倒塌之可能

，每致演成災患，已飭河局妥慎注意，至已決之四口門現已掛柳，尚未堵築，因災勢已成，倘現時堵築，非十五萬元不辦，倘水落後，堤根稍乾有五萬元足矣。且估計入九月後如不漲水，則漲期已完全渡過，嗣後直至十月水可漸漸退落，迨汛過後，再事修堵，並無妨害云云。

河北各河水災

南運河

本年入夏以後，省境名河，屢見暴漲，險象環生，南運因上游滹河決口，水勢洩去，故於伏汛期內，得獲安瀾，現秋汛已屆，洪水暴發，猛濤下瀉，復現汜濫之虞，南運河河務局日來迭據各段電報，泊頭、滄縣、唐官屯、小站等處，均因河身過狹，經此暴漲，水已平槽巨流無法宣洩，並以霪雨連綿，沖激愈甚，以致險工迭出，堤防至為吃緊，該河局長汪德森，監防委員王守廉，除於昨晨八時，同赴沿河各段勘查，督飭加緊防護外，並電呈建設廳，報告出險經過，（電一）據第五段長林著新防汛員賀士琪二十一日午電稱，該段東岸自李家樓起至良王莊八十五丈堤心，近因暴雨傾注，堤土鬆散，致沖成浪窩水溝共二十七處，其被沖最甚者、堤身崩潰，橫斷下陷，異常危急，當於二十日晨招集民夫，雇用卯夫，竭力搶修，較大深坑，用蔴袋裝土，夯填穩固、較小水溝，用石土培築，暫保無虞等情，除飭仍督率員夫嚴密巡護外，謹電奉聞，二十三日酉叩，（電二）據第二段長趙毓楨二十一日電稱，泊頭東岸大王廟渡口上頭，堤根被猛浪沖淘過水，勢極危急，常經督率工巡夫長夫人等，就該處砍伐小柳二株，中柳一株，斜掛搪護以緩溜勢，而免坍塌，同時又據第一段長林管連防汛員魏士田哿電稱，十九日晚東光縣東岸小圈村北臨河唇埝，被水搜刷坍塌、水已趟過灘地，該處大堤二百餘丈，土質沙鬆，久未着手，一旦被浸，危險萬分，即經督率員夫，加僱卯夫，會同東光縣王縣長督率民夫三百七十餘名，積極搶修唇埝六十二丈餘 寬七尺高六尺，以禦急溜，至二十日，晚始行搶修竣工，暫保無虞，同時又據第五段長林著新二十日代電稱，本段大金家堤因近陰雨連綿，雨水由堤上向河內傾注，致沖成大水溝三道，均深約三尺，寬約八九尺，溝底均與水面相連，而各該處又皆當灣迎溜，情勢實屬異常危險，當於十九日晨招集民夫加僱卯夫，積極堵墊，近河身處，均用蔴袋裝土，排壓穩固，務打堅實各等情據此，除由局長委員親往該段督率員夫切實梭巡，認眞防護外，謹電奉聞二十三日辰印。

減河

滄縣減河白捷地提閘，水勢洶湧，到處有潰決之虞，李天木辛莊汛地，因去歲決口，新築隄岸，不甚堅固，十三日夜間，被水冲潰，看守民夫，以水勢猛激，搶護不及，馳告村人，時已深夜，追往搶護，爲時已遲，致潰決三十餘丈，一時狂濤怒吼，遍地汪洋，所有田疇，盡成澤國，平地水深將及丈餘，秋禾均遭淹沒，被淹村莊約五六十村，均成水中島嶼，冲倒房屋，溺斃牲畜，不計其數云。

子牙河

連日本市霪雨連綿，子牙河方家套磚堤，經大雨傾注，坍塌二段，勢極危險，旋經該局第二段員夫搶護，幸告無事，昨建廳接該河務局報告出險情形，原電如下，案據第二工巡段段長尤崑照，防汛員陸家祜等呈稱，竊查入秋以來，霪雨連綿，於前日大雨如注，澈夜未息，現仍未放晴，續降不已，方家套磚堤堤身土質沙鬆，經此大雨冲刷，將中段舊堤堤後銜接堤身坍塌二段，一寬一公尺，長二公尺，一寬一公尺五公寸，長二公尺二公寸，下段新磚堤後銜接隄身，前一段寬一公尺四公寸，長三公尺，勢極危險，段長防汛員等，當即督率員夫挑壓新工，填墊堅實，復將冲落舊磚撿出，分別拋築搶護穩固，除督率員夫不分雨夜加意防護外，所有搶護方家套磚壩險工情形，呈報鑒核，等情據此，查該段堤岸土質不良，一經大雨，最易冲坍，除指令該段長等勤加考查，督率員夫認眞防守，毋稍疏懈外，理合電請鑒，子牙河監防委員馬興忠，河務局長江衍坤叩。

大清河

大清河水勢，因連日陰雨，突行雄漲，據河務局楊金顯報告，雄縣娘娘宮舊磚壩，於二十一日上午被水冲刷，坍塌一處，又雄縣二堡大堤冲塌長十五公尺，均經會同督飭長夫，掛柳搶護，暫得平穩，又據報告，新鎮縣大口子決口一道，寬約四五丈，寧家窪處，相繼漫溢，計約三十餘丈，均加嚴緊防護，當局急電督飭各段員工，加意防護稍毋疏虞云。

塌河淀放淤問題

海河明年春汛放淤，改在塌河淀施放，善後工程處已定日施工，修築放淤區圍堤，天津縣政府以村民方面對此事尚有持反對態度者，深恐釀出意外，縣長陳中嶽特召見村民代表，剴切曉諭，囑對工程進行，不得阻撓，或出無意識之舉動，如有合理之請求，縣府當據情轉爲呼籲云云，又省府前派宜興埠村民代表王廷襄等呈，以海河明年在塌河淀施放春汛，各村農民因生命財產所關，誓死反對，擬請變更地点，將春汛引入武清縣境，俾可交受其益等情，府方以塌河淀放淤，爲海河第二期治標工程重要計畫，自難輕易變更，且改在武清縣施放，是否可行，亦屬一大問題，當令由海河善後工程處議復，該處頃特依據村民方面所疑慮各節，擬具四項要点詳予解釋，呈復省府轉飭知照，茲誌其四項解釋要点於左，(一)查塌河淀地方，土質雖較淀北差強，如再施以放淤工作，則地勢即可增高，土質當更良好，至現在塌河淀地勢，最低平度爲一、七〇公尺，（以大沽水平基点爲標準，餘同此，）新開河洩水閘下口平度，擬爲一、〇〇公尺，而金鐘河下口平度爲〇，五〇公尺，且兩處河底平度均在〇、以下，則塌河淀放入汛水，自能易於宜洩，又查淀北放淤區域，當水位漲至四、五公尺時，其容積量爲二一〇，〇〇〇立方公尺，而賴以排洩，此水之處新河閘，其每秒最大流量不過二〇〇立方公尺，已能應付裕如，再查塌河淀放淤區域在同等水位時，其容積量爲一七〇，〇〇〇，〇〇〇立方公尺，實較淀北爲少，計劃中擬以排此水者，爲洩水閘兩座，一在新開河北堤，每秒最大流量規定爲八〇立方公尺，一在金鐘河北堤，每秒最大流量規定爲二二立方公尺，合計爲一二立方公尺，較之處新河閘洩量，業已增大一〇〇立方公尺，互相比較，其排水量之此勝於彼，絕無疑義，并擬淀內最低〇一、七公尺之處，開一引水溝渠，宜洩低地積水，則淀內當無停畜汛水之虞，(二)查每年春伏兩汛如在塌河淀及淀北兩區域分地洩放，則每區均可得收穫一次，復按淀北放淤實施情形，春汛閉閘時期，約在每年清明節前後，兩淀居民，多在立夏節後，方始播種高粱玉米等穀，又伏汛約在夏至開閘，春麥已屆收成，至閉閘時期，均先寒露，於佈種秋麥，當不過晚，則區內一水一麥之收穫，當不能因放淤而影響也，(三)查淀北淤積之地，均可播種，村民等所稱淤沙之處，變成石田一節，在淀北既無此項現象，則在塌河淀放淤區亦自難獨異也，（四）查放淤之舉，雖爲整理海河實則繁榮津市，而塌河淀之生產建設，尤在切慮之中，惟就地勢而論，於淤區域之擴大，以塌河淀爲最宜，淤積之地，對於農植更屬有利，該代表等所謂，摧毀農田者，顯於放淤計畫，有所誤會也，至於淀北迤上武清縣內，地勢高仰，放淤不易，所謂改變地点一節，殊難照辦云。

河北訓練鑿井人才

民國十八年前徐永昌主冀期，以本省水旱頻仍，民生凋敝，曾設河北省農田水利委員會，呈准中央，指定基金，嗣以時局多故，會務不免停頓，至去歲戰事結束，行政院駐平整理委員會，根據徐氏提議，訓令河北省政府，恢復該會，現該會計劃開始推行工作，先就鑿泉著手，現預備招考各縣鑿泉籌備員，資格限專門學校以上畢業，籍貫限大興、宛平、房山、三河、薊縣、昌平、密雲、懷柔、平谷、遷安、灤縣、撫寧、昌黎、盧龍、都山、臨榆、遵化、玉田、豐潤，興隆、满城、徐水、唐縣、望都、完縣，易縣、淶縣、來源、定縣、正定，獲鹿、非陘、阜平、行唐、平山、靈壽、元氏、贊皇、新樂，邢台、沙河、內邱，永年、邯鄲、磁縣、臨城等四十七縣，自八月十五日，在省政府民衆問事處開始報名，二十五日截止，自二十六日假女師範學院舉行考試，共取二十四人，錄取後入河北省總泉臨時傳習所，授以鑿泉應備知識，然後派往各縣籌備鑿泉事宜云。

綏遠民生渠整理計劃

民國十六年綏遠薩托兩縣大旱，人民死亡載道，省政府用工賑辦法，與辦民生渠，引黃河水灌溉田地，十七年，從事開掘，集資二十餘萬元，以四分之一用於工賑，與工一載，用款達六七萬元，後由省府及建設廳、與華洋義賑會商妥繼續辦理，於民國十八年訂立合同，雙方集款完成未竣工程，二十一年冬大部告成，計幹渠長一百二十餘里，各支渠共長約一百四十餘里，並建有橋梁及閘門等，總計用款八十餘萬元，華洋義賑會復與綏遠省府籌議組織民生渠水利公會，於二十二年一月成立，接管渠工及農村事宜，惟民生渠在開工挑濬時，重在急賑，未及詳細量測、即行與工，是以渠床坡度洩永路道，均甚平垣，致生流綏淤塞之弊，二十二年山洪暴發，冲决渠堤，流入幹渠，渠底淤澱益高，引水灌溉，障礙愈多，北平地質研究所，薩拉齊區土壤報告，又謂，薩拉齊區含有多量鹽質之土壤，佔有全區面積百分之八十六，將來幹支各渠完成，有豐富之水量灌溉，將使全水區潛水面上昇，必至土壤中所含鹽鹼類聚積表面，結果危害，殆得過於預期之利益，後經實地勘察，證明區域內土壤，含有鹽鹼質確甚豐富，妨礙農產，至引水灌溉，能否溶解土壤中所含之鹽鹼，並將來生產效力如何，種種重要問題，尤非事前詳加研討不爲功，又原定第十四支渠位於幹渠極東端，東鄰黑河，原擬開掘該渠，爲全渠之總洩水渠，可使使區內潛水而不上昇，但經測量，支該渠兩端高度，相差極微，欲求洩水無渠，寔有困難，水流勢必停滯，反使潛水面上昇，引起土壤中所含之鹽鹼質類浮上，妨害農事，故在民生渠區域以內，欲得水利全功之效，必先求洩水道之通暢，欲求洩水道之通暢，必先經詳細測量設計，可獲得美滿之效果，爲澈底解決計，水利會特擬定工務進行之步驟如下，(一)自渠口至第三支渠間施測地形，以築洞水渠道，使水入總渠口後，經洞水渠道暢水無阻，以免淤塞總渠口，(二)自第九支渠至黑河間，施地形測量，另覓適宜渠道，以謀總排洩之水道，(三)測量各支渠兩端至黃河地形，以謀支渠直接排洩，(四)土壤中所含之鹽鹼問題，已延北平地質調查所土壤專家邵普（THORPE）及國聯技術合作社代表，瑞威（BREWET）兩氏來薩，對於土壤加以研究化驗，務期求得改善及利用之方法。

甘省十二渠工程

建廳調查全省水渠，擬具計劃，共需工程費一百六十萬元，但因財政困難，難同時辦理，擬分期修築，其等一期擬修之水渠，計臯蘭等十縣，共十二渠，經該廳估計工程費應需六十七萬三千元，由經濟委員會撥借五十萬元，其餘之十餘萬元，由本省設法籌撥，並由經委會派水利技正何之泰，技士邱錫爵來蘭，作技術上之指導，工程上之勘查，並由建廳編組測量隊，每隊五人，共編十隊，預計於本年年底測量完竣，明年春即可開始動工，茲誌第一期計劃興修之各渠如次。

(一)臯蘭縣　達家川渠，工程費約十萬元，灌溉田畝約三萬畝，引導西河之水，渠身約長十五公里。

(二)臨洮縣　一●民生渠，工程費約七萬元，灌田約三萬畝，引導洮河之水，渠身約長三十公里，二●安川渠，工程費約三萬元，灌田約一萬畝，亦引導洮河之水，渠身長六公里。

(三)永靖縣　一●喇嘛川渠，工程費約三萬元，灌田約三萬畝，引大夏河之水，渠身約長十四公里，二●永豐川渠，工程費約三萬元，灌田約三萬畝引黃河之水，渠身長約七公里。

(四)永登縣　紅古城渠，工程費約十四萬元，灌田約六萬畝，引導西河水，渠身約長三十七公里。

(五)景泰縣　黑馬川渠，工程費約八萬七千元，灌田約七萬畝，引導黑馬川河水，渠身約長三十公里。

(六)隴西縣　隴西南渠工程費約十萬元，灌田十萬畝，於該縣南二十里淍河流之中設閘開渠，渠身約長十二公里。

(七)涇川縣　一○涇河渠，工程費約二萬五千元，灌田四萬畝，引導涇河水，渠身約長三十六公里，二●汭河渠，工程費約十萬元，灌田約十萬畝，引導汭河水，渠身長約十三公里。

(八)平涼縣　平涼川渠，工程費約五萬元，灌田約二十萬畝，引導涇河之水，渠身長約五十公里。

(九)靜寧縣　苦水河渠，工程費約四千元，灌田約二萬畝，引導苦水河之水，渠身長約十二公里。

(十)靖遠縣　北灤河工一處，約需工程費一萬二千元，係修築被水冲壞堤垻，約長三百公尺堤成之後，可保存淤地三萬餘畝云。

修築成渝鐵路

四川成渝鐵路，在兩年以前，曾經二十一四兩軍負責籌備，以全權交由前四川督軍周道剛負責辦理，周接辦後，即親到江南，考察京杭國道之建築方法，並聘藍子玉為總工程師，入川測勘路線，殆路線踏勘方畢，而二十一四兩軍之戰役遂起，於是各種進行，均告停滯，善後督辦劉湘自入駐成都以後，即提出生產建設主張，期與川民更始，更經籌劃，以建築成渝鐵路，為目前急切之所需，又因經濟力量薄弱，不能單獨進行，乃倣滇越鐵路辦法，交由法人包修，限期完成，雙方已於成都簽訂合同草約三十八條，諒此全文，當能明瞭個中一切眞象，爰誌如次。

立草合同人（甲）四川善後督辦公署代表人周見三、高泳修（以下簡稱甲方）（乙）承辦成渝鐵路建築工程人法國實業自組團法國巴黎解士曼街二十七號代表人柯米斯基（以下簡稱乙方）茲因甲乙雙方同意，議定建築成都至重慶一段鐵路，特訂主欵如下，

第一條　甲乙雙方代表人先行簽訂建築成渝鐵路包工購料草合同，由四川善後督署轉呈中華民國國民政府批准立案後，雙方不再另訂合同，即以本草合同爲正式合同。

第二條　成渝鐵路一切主權，完全屬於甲方，所有關於此路建築工程，由乙方負責承辦，其權責經雙方議定，訂明合同內，共同遵守之。

第三條　甲方負責交付建築成渝鐵路全部經費，其總額不得出於中國國幣三萬萬元，此項經費，包括薪工料價運費及鐵路正式營業所需一切建築與設備之價欵等在內。

第四條　建築成渝鐵路所需經費，除以甲方在建築工程進行期內，所有交付年之金支付外，其不足之額，作爲甲對乙方之欠資，此項欠資，自成渝鐵路全部建築工程完成之日起由甲方在十五年內付淸，並按每月欠資餘額，給予年息六厘，甲方付與銀行之年金，按月儘收得之數撥交，但每半年所交之總額，不得出於一百五十萬元，甲方應付之利息，於每年六月底十二月底各結算一次，此項利息，仍包括在年金三百萬元以內。

第五條　年金自國民政府立案後六個月起，開始交付。

第六條　甲方委託妥實銀行經乙方同意後。向乙方擔保全部建築經費。

第七條　甲方每年籌足之年金交甲方委託之銀行代理乙方收受，並即日轉入乙方帳內，作爲甲方付給工料價欵之數。

第八條　本路路線由重慶至成都止，其建築工程，如勘定路線，製定圖樣，估定價格，及各項工程之設計，與乎固定及活動之各種材料及營業上一切建築物與設備等等，均包括之。

第九條　自民國政府批准後，在四個月期內，乙方應卽開始勘測路綫，擬定工程標準，估定價格，交由甲方核定之，如乙方逾期，仍未開始此項工作，甲方認無工作誠意，

即將合同取消，上述勘測路線，擬定工程標準，估定價格，經甲方核定後，在三個月期間內，乙方即應開始工作，上項開工期間，如乙方方逾限三個月，合同即失效力，若甲方因此所受損失，乙方應負賠償責任，但期到乙方將不能開工之正大理由通知甲方，請求展期，經認可者，不在此限，惟展期以一次並以三個月為限

第十條　成渝鐵路建築工程，自開工之日起，限定三年半以內全路通車，屆滿四年，所有全路一切建築工程，一律完竣，倘遇天災人禍，不可抵抗之原因，致工作停滯，乙方將聲明理由，提出證據，請予展期，其展限時間，不得超越實在停頓之時間。

第十一條　本路一切建築工程，由乙方負責擬定計劃估價，經甲方核定後，由甲乙雙方用公開投標方式，招商承辦，無論何人中標，乙方須負全責，以求適合原定工程計劃。

第十二條　本路一切建築工程之保險條議，應照中國鐵道部規定規章辦理。

第十三條　建築工程，每段完成可以通車時，由乙方交與甲方驗收管理，開始營業。

第十四條　在本路建築期間，除總工程師由乙方保薦，經甲方審核決定後任用外，其各級工程人員名額，由總工程師擬具清單，經甲方核准後任用之，此處所需員工，甲方應乙方之請求，可代為招雇，在本路建築期間，乙方得保薦會計師一員，由甲方審核任用之。

第十五條　各級工程人員，皆受總工程師之指揮，如有契約任用之工程人員不稱職時，經甲方提出理由，商同乙方撤換之，照第十四條辦法另行補用。

第十六條　總工程師之職務，除辦理第九條所指之勘測路線，擬定工程標準，估定價格及第十一條所指之擬定計劃各項外，並負責管理工程，造具購料單，支配各級工程人員之工作。

第十七條　全部工程人員之生命財產，甲方負責保護

第十八條　本路全部完成，經甲方驗收後，所有工程人員之職務，即行停止，但甲方所負乙方欠資未償清以前，為保養建築材料起見，乙方得保薦工程師一人，為成渝鐵路專管機關之職員，受專管機關指揮。

第十九條　本路建築期內，一切薪工以及辦公費用，概以中國國幣爲本位，由第四條所需之建築經費內撥支，至乙方由法國直接寄來作本路工程用費之法國佛郎與工料價款等之另有合同訂明以佛郎爲本位者，其支配及記帳方法，均以法國佛郎爲本位，欠資及利息之支付，其記帳方法，照此辦理。

第二十條　本路所需之土地，無論直接間接，由甲方供給之。

第二十一條　本路材料之種類，經乙方選擇，送由甲方核准之。

第二十二條　本路材料之採購，由甲乙雙方用公開投標方式准商競賣，至購買手續，由乙方負責辦理。

第二十三條　甲方派華籍代表一名，常川駐紮巴黎，負責檢驗本路所購材料，有不合投標標準者，由該代表通知乙方在法代表，負責向承辦廠家交涉，掉換與投標標準相符合之材料，乙方在法國巴黎應派常用代表一人，負責與甲方代表接洽事務。

第二十四條　材料在中國境外運輸，通由乙方辦理，在中國境內運輸，通由甲方辦理，其運費概由第四條建築經費內開支，至入口之一切稅捐及類似之擔負等，概由甲方負責。

第二十五條　經甲方接收之材料及建築物，甲方負責保管。

第二十六條　付給材料價款辦法，應在投標單內明白規定，於材料自廠家起運完全時，一次付清，並自付款之日起，轉入材料欠資帳內，即自該日起，計算利息，按第四條辦理。

第二十七條　凡一切材料如爲中國所有者，其價格合宜，並適合技術條件，應該採用。

第二十八條　甲方爲便利路務之進行，組織專管機關，管理成渝鐵路一切事務，並賦與在合同內甲方應行使之職權，乙方應派代表一人，常川駐川，根據合同，代表乙方負責與甲方接洽事務。

第二十九條　專管機關之長官，有監督指揮全路員工與任免黜陟之權，但在合同內有專條規定者，應照該條辦理。

第三十條　本路未完全竣工以前，倘遇天災人禍，爲人力所不可抵抗者，致使工作停頓，或工作發生障礙時，甲乙兩方應於天災人禍之後，在最短可能期內，盡力恢復原狀。

第三十一條　甲方所負乙方之欠資，應按照第四條辦理，至本路正式營業，每年所得收入，除正式開支外，如有盈餘時，以百分之五十付給乙方作爲提前償付欠資之用，甲方并對提償付欠資之數，其利息照額截止。

第三十二條　甲方與代辦收支銀行所給之契約，應通知乙方。

第三十三條　自正式合同生效之日起，甲方即以全年年金十分之一（即十五萬元）撥交委託之銀行，轉付乙方，作爲定金，此項定金抵作甲方第一年應交數目之一部。

第三十四條　乙方承辦建築事務，除工料價及運輸等費用，作爲正開支外，另由甲方按工價料運輸費用之總額，百分之五給與乙方，作爲投標開標包工購料等辦事費用，此項辦事費，由甲方在每年所付年金內按所得欠資數目百分之五，提出無利付給，以達到工料價款運輸費用總額百分之五爲限。

第三十五條　甲乙兩方履行合同內條款，如因辦理發生異議時，應用仲裁方法解決之，由雙方各派代表二人，再由雙方代表共同推選第三國籍人一人，共同組織仲裁委員會仲裁之，經仲裁委員會，依照合法手續議決後，雙方均應遵守，不得再有異議。

第三十六條　本合同內如有未盡事宜，由甲乙雙方用公正方法協商議定辦理之。

第三十七條　本草合同自甲乙雙方簽字之日起，發生效力，俟中國國民政府批准立案後，即成爲兩方間正式合同，其有效期間，以至甲方將欠資利息付清爲止，如有第九條所指定之情形發生時，應照第九條辦理。

第三十八條　本合同用中法兩國文字，各繕一式三份，經雙方核定無訛，由甲乙兩方各執一份，另一份由甲方轉呈中國國民政府備核履行，合同條文如有異議時，以法文爲標準。

中國工程公司

辦理測量設計繪圖監工一切事務

承造土木建築等項工程

天津英法交界路信義里十二號

電話三三二七五

天津義租界菜市內

忠利成五金電料銅鐵廠

電話東局七十四號

啓者本廠開幕迄今多年頗蒙各界贊許今爲擴充營業酬謝主顧起見所售各件物美價廉如承光顧無任歡迎茲將包辦及所售物件開列於左

※暖汽衛生 本廠特請技師包辦樓房中按設各種暖汽爐子衛生冷熱自來水管子恭桶澡盆臉盆便池厨爐熱水鑪等件工程巧妙堅固耐久

※電燈電料 本廠揀選上等電料裝按樓房新式電燈電鈴電扇電滾各種電料工程及紅白喜壽事花彩電燈等件經驗宏富盡美盡善絕無危險之虞

※五金工程 本廠包辦大小粗細各種五金工程花鐵欄杆銅鐵鍍白無論大部工程小部零活皆能應承定期不悞

※零活零件 本廠售賣各種電料零件鉛鐵器具各樣烟筒爐子等件並配各樣五金零件接授各樣零活

本廠所售物件名目繁多筆難盡述賜顧者請 駕臨本廠或電知本廠當即派人前來接洽可也

本廠主人謹白

雜俎

藥野山人

雪廬漫鈔

惟彼陶唐有此冀方

堯舜禹皆都河北。故曰冀方。至太康始失河北。而五子御其母以從之。於是僑國河南。再傳至相。卒爲浞所滅。古之天子。失其故都。未有能國者也。周失豐鎬。而平王以東。晉失雒陽。宋失開封。而元帝高宗。遷於江左。遂以不振。惟殷之五遷圮於河。而非敵人之窺伺，則勢不同爾。唐自玄宗以後。天子屢嘗出狩。乃未幾而復國者。以不棄長安也。故子儀回鑾之表。代宗垂泣。宗澤還京之奏。忠義歸心。嗚乎。幸而澆之縱欲。不爲民心所附。少康乃得以一旅之衆。而誅之爾。後之人主。不幸失其都邑。而爲興復之計者。其念之哉。

夏之都本在安邑。太康畋於洛表。而羿距於河。則冀方之地。入於羿矣。惟河之東與南。爲復所有。至后相失國。依於二斟。於是使澆用師殺斟灌。以伐斟 。而相遂滅。乃處澆於過。以制東方。處豷於戈。以控南國。其時靡奔有鬲。右河之東。少康奔有虞。在河之南。而自河以內。無不安於亂賊者矣。合魏絳伍員二人之言、可以觀當日之形勢。而少康之所以布德兆謀者。亦難乎其爲力矣。

古之天子。常居冀州。後人因之。遂以冀州爲中國之號。楚辭九歌。覽冀州兮有餘。淮南子女媧氏殺黑龍以濟冀州。路史云。中國總謂之冀州。穀梁傳曰，鄭同姓之國也。在乎冀州。（顧炎武日知錄）

紡織之利

今邊郡之民。既不知耕。又不知織。雖有財力。而安於游惰。華陰王宏譔著議。以爲延安一府。布帛之價。貴於西安數倍。既不獲紡織之利。而又歲有買布之費。生計日蹙。國稅日逋。非盡其民之惰。以無教之者耳。今當每州縣發紡織之具一副。令有司依式造成。散給里下。募外郡能織者爲師。即以民之勤惰工拙。爲有司之殿最。一二年間。民享其利。將自爲之。而不煩程督矣。計延安一府。四萬五千餘戶。戶不下三女子。固已十三萬餘人。其爲利益。豈不甚多。按鹽鐵論曰。邊民無桑麻之利。仰中國絲絮，而後衣之。夏不釋複。冬不離窟。父子夫婦。內藏於專室土圜之中。崔寔政論曰。僕前爲五原太守。土俗不知緝績。冬積草伏臥其中。若見吏以草纏身。令人酸鼻。吾乃賣儲峙。得二十餘萬。詣雁門廣武。迎織師。使巧手作機。乃紡以教民織。是則古人有行之者矣。漢志有云。冬民旣入。婦人同巷相從。夜績女工。一月得四十五日。八月載績。爲公子裳。豳之舊俗也。率而行之。富強之效。惇龐之化。豈難致哉。

吳華覈上書。欲禁綾綺錦繡。以一生民之原。豐穀帛之業。謂今吏士之家。少無子女。多者三四。少者一二。通令戶有一女。十萬家則十萬人。人人織績。一歲一束。則十萬束矣。使四疆之內。同心勠力。數年之間。布帛必積。恣民五色。惟此服用。但禁綺繡無益之飾。且美貌者。不待華采以崇好。豔姿者。不待文綺以致愛。有之無益。廢之無損。何愛而不暫禁。以充府藏之急乎。此救乏之上務。富國之本業。使管晏復生。無以易此。方今纂組日新。侈靡彌甚。斬雕爲樸。意亦可行之會乎。（同上）

官樹

周禮野廬氏。比國郊及野之道路。宿息井樹。國語。單襄公述周制以告王曰。列樹以表道。立鄙食以守路。釋名曰。古者列樹以表道。道有夾溝。以通水潦。古人於官道之旁。必皆種樹以記里。至以蔭行旅。是以南土之棠。召伯所發。道周之杜。君子來游。固已宣美風謠。流恩後嗣。子路治蒲。樹木甚茂。子產相鄭。桃李垂街。下至隋唐之代。而官槐官柳。亦多見之詩篇。猶是人存政舉之效。近代政廢法弛。任人斫伐。周道各砥。若彼濯濯。而官無勿翦之思。民鮮侯甸之芘矣。續漢百官志。將作大匠。掌修作宗廟路寢宮室陵園土木之功。幷樹桐梓之類。列於道側。是昔人固有專職。後周書韋孝寬傳。爲雍州刺史。先是路側一里。置一土堠。經雨頹毀。每須修之。自孝寬臨州。乃勒部內。當堠處植槐樹代之。旣免修復。行旅又得芘蔭。周文帝後問知之。曰。豈得一州獨爾。當令天下同之。於是諸州夾道。一里種一樹。十里種三樹。十里種五樹焉。册府元龜。唐玄宗開元二十八年正月。於兩京道。及城中苑內。種果樹。代宗永泰二年正月。種城內六街樹。舊唐樹吳湊傳。官街樹缺。所司植榆之補之。湊曰。榆非九衢之玩。命易以槐。及槐蔭而湊卒。人指樹而懷之。周禮朝士注曰。槐而言懷也。懷來人於此。然則今日之官。其無可懷之政也久矣。(同上)

橋梁

唐六典。凡天下之造舟之梁四。石柱之梁四。本柱之梁三。巨梁十有一。皆國工修之。其餘皆所管州縣。隨時營葺。其大律無梁。皆給船人。量其大小難易。以定其差等。今幾甸荒蕪。橋梁壞廢。雄楔之間。秋水時至。年年陷絕。曳輪招舟。無賴之徒。藉以爲利。潞河渡子。勒索客錢。至煩章劾。司空不修。長吏不問。亦已久矣。况於邊陲之遠。能望如趙充國治湟 以西道橋七十所。令可至鮮水。從枕席上迎師哉。五代史。王周爲義武節度使。完州橋壞。覆民租車。周曰。橋梁不修。刺史過也。乃償民粟。爲治其橋。此又當今有司之所愧也。(同上)

水利

歐陽永叔作唐書地理志。凡一渠之開。一堰之立。無不記之。其縣之下。實兼河渠之志。亦可謂詳而有體矣。蓋唐時爲令者。猶得用一方之財。興期月之役。而志之所書。大抵在天寶以前者。居什之七。豈非太平之世。吏治修而民隱達。故常以百里之官。而創千年之利。至於河朔用兵之後。則以催科爲急。而農功水道。有不暇講求者歟。然自大曆以至咸通。猶皆書之不絕於世。而今之爲吏。則數十年無聞也已。水日乾而土日積。山澤之氣不通。又焉得而無水旱乎。崇禎時。有輔臣徐光啟作書。特詳於水利之學。而給事中魏呈潤亦言。傳曰。雨者水氣所化。水利修。亦致雨之術也。夫子之稱禹也。曰盡力溝洫。而禹自言。亦曰濬畎澮距川。古聖人有天下之大事。而不遺乎其小如此。自乾時著於齊人。枯濟徵於王莽。古之通津巨瀆。今日多爲細流。而中原之田。夏旱秋潦。年年告病矣。

龍門縣今之河津也。北三十里有瓜谷山堰。貞觀十年築。東南二十三里。有十石壚渠。二十三年。縣令長孫恕鑿。溉田良沃。畝收十石。西二十一里。有馬鞍塢渠。亦恕所鑿。有龍門倉。開元二年置。所以貯渠田之人。轉般至京。以省關東之漕者也。此即漢時河東太守番係之策。史記河渠書。所謂河初徙。渠不利田者。不能償種。而唐人行之。竟以獲利。是以知天下無難舉之功。存乎其人而已。謂後人之事。必不能過前人者。不亦誣乎。

唐姜師度爲同州刺史。開元八年十月詔曰。昔史起溉漳之策。鄭白鑿涇之利。自茲厥後。聲塵缺然。同州刺史姜師度。識洞於微。智形未兆。匪躬之節。所懷必罄。奉公之道。知無不爲。頃職大農。首開溝洫。歲功猶昧。物議紛如。緣其忠欵可嘉。委任仍舊。暫停九列之重。假以六條之察。白藏過半。績用斯多。食乃人天，農爲政本。朕故茲巡省。不憚祁寒。將申勸恤之懷。特冒風霜之弊。今原田彌望。畎澮連屬。繇來榛棘三所。徧爲秔稻之川。倉庾有京坻之饒。關輔致放金之潤。本營此地。欲利平人。緣百姓未開。恐三農廢業。所以官爲開發。冀令遞相教誘。功既成矣。思與共之。其屯田內。先有百姓注籍之地。比來召人作主。亦量準頃畝割還，其官屯熟田。如同州有貧下欠地之戶。自辦功力能營種者。準數給付餘地。且依前官取。師度以功加金紫光祿大夫。賜帛三百匹。讀此詔書。然後知無欲速。無見小利二言。爲建功立事之本。孫叔敖決期思之水。而灌雩婁之野。莊知其可以爲令尹也。魏襄王與羣臣飲酒。王爲羣臣祝曰。今吾臣皆如西門豹之爲人臣也。史起進曰。魏氏之行田也。以百畝。鄴獨二百畝。是田惡也。漳水在其旁。西門豹不知用。是不智也。知而不與。是不仁也。仁智。豹未之盡。何足法也。於是以史起爲鄴令。引漳水溉鄴。以富魏之河內。爲人君者。有率作興事之勤。有授方任能之畧。不患無叔敖史起之臣矣。

漢書召信臣爲南陽太守。爲民作水約束。刻石立於田畔。以防紛爭。此今日分水之制所以始也。

洪武末。遣國子生人才。分詣天下郡縣。集吏民。乘農隙。修治水利。二十八年。奏聞天下郡縣塘堰。凡四萬九百八十七處。河四千一百六十二處。陂渠堤岸。五千四十八處。此皇祖勤民之效（同上）

裹足禁令

康熙三年。遵奉上諭。議政王貝勒大臣九卿科道官員會議。元年以後所生之女。禁止裹足。其禁止之法。該部議覆等因。於本年正月內臣部題。定元年以後。所生之女。若有違法褒足者。其女父有官者。交吏兵二部議處。兵民交付刑部。責四十板。流徙。其家長不行稽察。枷一個月。責四十板。該管督撫以下文職官員。有疏忽失於覺查者。聽吏兵二部議處。在案。查立法太嚴。或混將元年以前所生者。揑為元年以後。誣志出首。牽連無辜。受害亦未可知。相應免禁止可也。(見清朝野史大觀)

祭禹陵

康熙己巳二月上巡幸武林，因渡錢塘。親謁大禹陵。諭總督侍郎臣王騭曰。朕巡行江表。緬懷禹德。躬率羣臣。展祭陵廟。顧瞻殿宇圮傾。禮器缺略。人役寥寥。荒涼增歎。愚民風俗。崇祀淫祠。俎豆馨香。奔走恐後。宜祀之神。反多輕忽。朕甚慨焉。自昔帝王陵寢。理應隆重培護。況大禹道冠百王。身勞疏鑿。奠寧率土。至今攸賴。豈可因循。特書地平天成四字。懸之宇下。着地方官即加修理。畢備儀物。守祀人役。亦宜增添。俾規模弘整。歲時嚴肅，兼賜銀二百兩。給與守祀之人。此後益令敬慎。地方官亦須時為留心。以副朕尊崇遐慕之懷。其即遵諭行。蓋是行原因視河。故於禹陵。特加崇重如此。(全上)

康熙朝停止閏月

楊光先者。新安人。明末居京師。以劾陳啓新妄得敢言名。實市儈之奎也。康熙六年。疏言西洋曆法之弊。遂發大難。逐欽天監監正加通政使湯若望而奪其位。然光先實於曆法毫無所解。所言皆舛謬。如謂戊申歲當閏十二月尋覺其非。自行檢舉。時已頒行來歲曆。至下詔停止閏月。光先尋事敗論大辟。光先刻一書曰不得已。自附於亞聖之闢異端。可謂無忌憚矣。(全上)

李衛興浙江水利

李敏達公衛為浙江總督時。疏言鄞縣大嵩港灌民田數萬畝。日久淤淺。且無支河蓄水。請疏通大嵩港。於港口建壩。分濬支河。於通海之橫山頭等處。築土塘並石閘六。又鎮海之靈巖太邱二鄉。有浦口通流入海。閘已圮廢。應築塘修閘。以資蓄洩。並從之。鄞郡僻處海東。距省會四百餘里。大吏耳目所不及。寇亂已前。凡指輸抽釐之事。則以為商賈輻輳。土壤膏沃。所以擾民者無不至。而農田水利。及守土長吏之貪廉。大府無過而問者。敏達雖恃氣驕倨。不純用儒術。而澤及海隅。蓋封疆中之佼佼者。(同上)

(完)

編輯後記

編者

河北省的建設成績，不客氣地說，實在不足以饜民衆之望。李晉田先生的一篇「改進河北省縣建設機關芻議」，是一個重要切實的建議，很希望當局能採納施行。現在各縣的建設局長，有的月薪才十二元，這樣的待遇，如何能希望有好的人才肯就？如果設縣工程師，也許有人以爲經濟方面不容許，但我們知道，苛稅雜捐，可以盡量徵收，兵差給養，可以隨意攤派，如果當局誠心謀地方的建設，難道說這一点正當款項，反倒沒有辦法麼？

× × × × ×

事前不作準備，臨事張皇，事後便又輕輕忘掉。這是一種亡國的徵象，此而不改，中國永遠沒有希望。水旱天災一年一度地降臨。今年損失統計，總數在十萬萬元，災區幾及全國三分之二，這是如何驚人的數字！現在全國上下，經此事實的教訓，應當痛切反省，努力救亡工作。徐世大先生的「潦與旱」，痛論時弊，是一篇重要文字，望讀者注意。

× × × × ×

「開闢青龍灣河七里海兩新引河計劃」是將要用華北戰區救濟委員會的二十二萬賑款在「戰區內舉辦的一項工程。東北四省失掉後，河北省已處於特殊地位，塘沽協定後，又加添了一個很深的傷痕。讀此項工程計劃者，不要忘了它那慘痛的背景與恥辱。

× × × × ×

洪水量的估算在水利工程上很要緊，但很難準確。雖有公式，因各處地勢氣候雨量一切不同，適用于此地的未必適用于彼地。歐陽實銘先生所譯之文，係爲美國所用，可供研究此項問題者的參考。

水工試驗的重要性，已爲水利界所公認。中國第一水工試驗所是由黃河水利委員會導淮委員會華北水利委員會太湖流域水利委員會國立北洋工學院建設委員會模範灌溉管理局河北省立工業學院七機關合辦。其初步建築工程，已于六月一日開工，預計本年冬季竣工，開始試驗。當此項事業在中國起始的時候，田淑媛女士爲我們譯就「俄國的水工學研究院」一文，看看俄國對此是怎樣地努力！

× × × × ×

華北水利委員會，是民國十七年由順直水利委員會改組而成。最近編有「華北水利建設概況」一文，詳述工作情形轉載本期，介紹給一般關心華北水利問題者。

× × × × ×

長垣黃河決口，是今夏水利界極足駭人的一件事，本期有詳細紀載。我們感覺此次決口，固由于洶湧的水勢，但人事方面，並非絕無遺憾！老百姓受了無妄之災，不只是政府的罪戾，同時也是水利界之恥！

× × × × ×

本期是水利專號，但因篇幅關係，不能不有所限制。黃河差不多可算世界最難治的河，所有河道的弱点，黃河都已具有，所以各國的水利學家，莫不對它感極深的興趣。去年十月本刊曾出一本黃河專號，實即水利專號，可與本期參看。